"十三五"国家重点出版物出版规划项目

中国矿山开发利用水平调查报告

黑 色 金 属 矿 山

主编 冯安生 许大纯 吕振福

U0314884

北 京

冶 金 工 业 出 版 社

2019

内 容 提 要

本书是"中国矿山开发利用水平调查报告"系列丛书之一。"中国矿山开发利用水平调查报告"全面介绍了我国煤炭、铁矿、锰矿、铜矿、铅锌矿、铝土矿、钨矿、锡矿、锑矿、钼矿、镍矿、金矿、磷矿、硫铁矿、石墨矿、钾盐等不同矿种 300 余座典型矿山的地质、开采、选矿、矿产资源综合利用等情况,总结了典型矿山和先进技术。丛书共分为 5 册,分别为《煤炭矿山》《黑色金属矿山》《有色金属矿山》《黄金矿山》《非金属矿山》,该系列丛书可为编制矿产开发利用规划,制定矿产开发利用政策提供重要依据,还可为矿山企业、研究院所指引矿产资源节约与综合利用的方向,是一套具备指导性、基础性和实用性的专业丛书。

本书主要介绍了铁矿和锰矿重要矿山的开发利用水平调查情况,可供高等院校、科研设计院所等从事矿产资源开发利用规划编制、政策研究、矿山设计、技术改造等领域的人员阅读参考。

图书在版编目(CIP)数据

黑色金属矿山/冯安生,许大纯,吕振福主编. —北京:
冶金工业出版社,2019.3
(中国矿山开发利用水平调查报告)
ISBN 978-7-5024-7471-3

Ⅰ.①黑… Ⅱ.①冯… ②许… ③吕… Ⅲ.①黑色
金属矿床—矿山开发—调查报告—中国 Ⅳ.①TD861

中国版本图书馆 CIP 数据核字(2019)第 038602 号

出 版 人 谭学余
地　　址　北京市东城区嵩祝院北巷 39 号　邮编　100009　电话　(010)64027926
网　　址　www.cnmip.com.cn　电子信箱　yjcbs@cnmip.com.cn
责任编辑　徐银河　美术编辑　吕欣童　版式设计　孙跃红
责任校对　王永欣　责任印制　牛晓波
ISBN 978-7-5024-7471-3
冶金工业出版社出版发行;各地新华书店经销;三河市双峰印刷装订有限公司印刷
2019 年 3 月第 1 版,2019 年 3 月第 1 次印刷
787mm×1092mm　1/16;25 印张;606 千字;392 页
98.00 元

冶金工业出版社　投稿电话　(010)64027932　投稿信箱　tougao@cnmip.com.cn
冶金工业出版社营销中心　电话　(010)64044283　传真　(010)64027893
冶金工业出版社天猫旗舰店　yjgycbs.tmall.com
(本书如有印装质量问题,本社营销中心负责退换)

前　言

2012 年国土资源部印发《关于开展重要矿产资源"三率"调查与评价工作的通知》，要求在全国范围内部署开展煤、石油、天然气、铁、锰、铜、铅、锌、铝、镍、钨、锡、锑、钼、稀土、金、磷、硫铁矿、钾盐、石墨、高铝黏土、萤石等 22 个重要矿种"三率"调查与评价。中国地质调查局随即启动了"全国重要矿产资源'三率'调查与评价"（以下简称"三率"调查）工作，中国地质科学院郑州矿产综合利用研究所负责"三率"调查与评价技术业务支撑，经过 3 年多的努力，在各级国土资源主管部门和技术支撑单位、行业协会的共同努力下，圆满完成了既定的"全国重要矿产资源'三率'调查与评价"工作目标任务。

本次调查了全国 22 个矿种 19432 座矿山（油气田），基本查明了煤、石油、天然气、铁、锰、铜等 22 种重要矿产资源"三率"现状，对我国矿产资源利用水平有了初步认识和基本判断。建成了全国 22 种重要矿产矿山数据库；收集分析了国外 249 座典型矿山采选数据；发布了煤炭、石油、天然气、铁、萤石等 33 种重要矿产资源开发"三率"最低指标要求；提出实行矿产资源差别化管理和加强尾矿等固体废弃物合理利用等多项技术管理建议。

为了向开展矿产资源开发利用评价、试验研究、工业设计、生产实践和矿产资源管理的科研人员、设计人员以及高校师生、矿山规划和矿政管理人员等介绍我国典型矿山开发利用工艺、技术和水平，中国地质科学院郑州矿产综合利用研究所根据"三率"调查掌握的资料和数据组织编写了"中国矿山开发利用水平调查报告"系列丛书。该丛书共分为 5 册，分别为《煤炭矿山》《黑色金属矿山》《有色金属矿山》《黄金矿山》《非金属矿山》。

《黑色金属矿山》共分两篇。第 1 篇为铁矿，包括 52 个重要铁矿山开发利用水平调查情况；第 2 篇为锰矿，包括 11 个重要锰矿山开发利用水平调查情况。

本书的出版得到了自然资源部矿产资源保护监督司及参与"三率"调查研究的有关单位的大力支持，在此一并致谢！

囿于水平，恳请广大读者对书中的不足之处批评指正。

编　者
2018 年 11 月

目　录

第 1 篇　铁　矿

1	白草铁矿	3
2	白马铁矿	10
3	白石崖铁矿	20
4	白云鄂博铁矿	24
5	北洺河铁矿	31
6	北营铁矿	36
7	陈家庙铁矿	44
8	磁海铁矿	47
9	大顶铁矿	53
10	大孤山铁矿	59
11	大红山铁矿	69
12	大西沟铁矿	81
13	东鞍山铁矿	89
14	东沟铁矿	97
15	峨口铁矿	101
16	弓长岭井下铁矿	115
17	弓长岭露天铁矿	128
18	孤山子铁矿	132
19	官地铁矿	140
20	哈叭沁铁矿	145
21	海寺铁矿	151
22	罕王傲牛铁矿	156
23	尖山铁矿	163
24	尖山朱家包包铁矿	169
25	解营铁矿	176
26	肯德可克铁矿	181
27	李楼铁矿	186
28	娄烦铁矿	194
29	马耳岭铁矿	201
30	马兰庄铁矿	206

31　马圈后沟铁矿 ……………………………………………………… 211

32　庙沟铁矿 ……………………………………………………………… 215

33　南芬铁矿 ……………………………………………………………… 220

34　齐大山铁矿 …………………………………………………………… 228

35　三合明铁矿 …………………………………………………………… 234

36　上青铁矿 ……………………………………………………………… 239

37　石碌铁矿 ……………………………………………………………… 246

38　石人沟铁矿 …………………………………………………………… 253

39　水厂铁矿 ……………………………………………………………… 260

40　司家营铁矿 …………………………………………………………… 267

41　天宝铁矿 ……………………………………………………………… 278

42　铁蛋山铁矿 …………………………………………………………… 280

43　歪头山铁矿 …………………………………………………………… 286

44　吴集铁矿 ……………………………………………………………… 292

45　西台铁矿 ……………………………………………………………… 298

46　小汪沟铁矿 …………………………………………………………… 300

47　小营铁矿 ……………………………………………………………… 306

48　眼前山铁矿 …………………………………………………………… 310

49　羊鼻山铁矿 …………………………………………………………… 314

50　杨家坝铁矿 …………………………………………………………… 323

51　英山铁矿 ……………………………………………………………… 327

52　张家洼铁矿 …………………………………………………………… 330

第 2 篇　锰　　矿

53　大新锰矿 ……………………………………………………………… 339

54　斗南锰矿 ……………………………………………………………… 348

55　高燕锰矿 ……………………………………………………………… 352

56　古城锰矿 ……………………………………………………………… 356

57　龙头锰矿 ……………………………………………………………… 359

58　盆架山锰矿 …………………………………………………………… 363

59　天等锰矿 ……………………………………………………………… 368

60　天台山锰矿 …………………………………………………………… 373

61　瓦房子锰矿 …………………………………………………………… 377

62　杨家湾锰矿 …………………………………………………………… 382

63　遵义锰矿 ……………………………………………………………… 387

参考文献 ………………………………………………………………… 392

第1篇 铁矿

TIE KUANG

1 白草铁矿

1.1 矿山基本情况

　　白草铁矿为开采铁矿的大型矿山，共伴生矿产有钛矿、钒矿；1997年进行露天建设，1998年建立选矿厂，1999年正式采矿生产。矿山位于四川省会理县鹿厂区小黑菁乡，距米易—攀枝花公路上的垭口镇约25km，至会理109km，对外交通方便。白草铁矿开发利用情况见表1-1。

表1-1　白草铁矿开发利用简表

基本情况	矿山名称	白草铁矿	地理位置	四川省凉山州会理县
	矿床工业类型	岩浆晚期分异型铁矿床		
地质资源	开采矿种	铁矿	地质储量/万吨	4769.5
	矿石工业类型	钒钛磁铁矿石	地质品位（TFe）/%	29.94
开采情况	矿山规模	460万吨/年，大型	开采方式	露天-地下联合开采
	开拓方式	公路运输开拓	主要采矿方法	组合台阶缓剥陡采工艺
	采出矿石量/万吨	414.86	出矿品位（TFe）/%	22.0
	废石产生量/万吨	1784	开采回采率/%	93.46
	贫化率/%	16	开采深度/m	2525~2100（标高）
	剥采比/t·t⁻¹	4.3		
选矿情况	选矿厂规模	480万吨/年	选矿回收率/%	62.50
	主要选矿方法	三段一闭路破碎，阶段磨矿—磁选—浮选		
	入选矿石量/万吨	308.86	原矿品位（TFe）/%	22
	精矿产量/万吨	铁精矿77.22，钛精矿19.86	铁精矿品位（TFe）/%	55
	尾矿产生量/万吨	211.78	尾矿品位（TFe）/%	11
综合利用情况	综合利用率/%	50.63	废石处置方式	排土场堆存
	废石排放强度/t·t⁻¹	23.10	尾矿处置方式	尾矿库堆存
	尾矿排放强度/t·t⁻¹	2.74	尾矿利用率	0
	废石利用率	0		

1.2 地质资源

1.2.1 矿床地质特征

白草铁矿矿床类型为岩浆晚期分异型铁矿床，矿区内出露的主要为岩浆岩，占该区总面积90%以上，包括海西期形成的含钒钛磁铁矿基性-超基性岩、海西晚期的基性火山岩-玄武岩，碱性正长岩及各种脉岩，矿山钒钛磁铁矿产于海西早期基性-超基性岩中，含矿岩体自上而下分为辉石岩相带和辉长岩相带，两个相带均赋存钒钛磁铁矿体。

海西早期基性-超基性岩体两个岩相带分别形成Ⅰ含矿层和Ⅱ含矿层。

Ⅰ含矿层：位于下部辉石岩相带，为矿床主要矿层，呈层状、似层状产出。含矿层在地表断续出露，长度为1500m，最大宽度为91m，最小宽度为30m。一品级矿（Fe_{2+3}）厚度2~50m，平均厚度23.6m，平均品位32.19%；二品级矿（Fe_4）厚度4~28m，平均厚度11m，平均品位16.84%，以一品级矿石为主。

Ⅱ含矿层：位于含矿岩体中上部的辉长岩相带，底部与Ⅰ含矿层顶部为过渡接触关系。矿体呈透镜状、似层状产出。主要赋存二品级矿（Fe_4），厚度4~60m；一品级矿（Fe_{2+3}）较少，平均厚度18.2m。

白草铁矿矿石类型主要为钒钛磁铁矿。按构造和铁钛氧化物可分为浸染状矿石和致密块状矿石；按含矿母岩可分为辉石型和辉长石型矿石。矿石矿物种类较多，但工业矿物种类不复杂，主要有铁、钛、钒三种有价金属，赋存在钒钛铁矿和钛铁矿中。

矿石结构主要为填隙状陨铁、海绵陨铁、粒状镶嵌、嵌晶结构等；矿石构造主要为稀疏-中等浸染状构造，其次为条带状构造及块状构造。

1.2.2 资源储量

白草铁矿矿石中主矿种为铁，矿石中伴生矿产主要有TiO_2、V_2O_5，另外有益组分还有Ni、Cr、Co，目前达不到综合利用标准。矿山累计查明资源储量47695kt，矿床规模为大型。截至2013年年底，矿山保有资源储量29898kt。矿山查明工业矿石量TFe品位29.94%；查明低品位矿石量24835kt，TFe品位17.76%。

共伴生矿产矿山累计查明工业矿石量47695kt，钛金属6157437t，钒金属123976t。

1.3 开采情况

1.3.1 矿山采矿基本情况

白草铁矿为露天-地下联合开采的大型矿山。目前为露天开采，采取公路运输开拓，使用的采矿方法为组合台阶缓剥陡采工艺。矿山设计年生产能力460万吨，设计开采回采率为90%，设计贫化率为10%，设计出矿品位（TFe）23%。

1.3.2 矿山实际生产情况

2013年，矿山实际出矿量414.86万吨，开采低品位矿石230万吨。排放废石1784万吨。矿山开采深度为 2525~2100m 标高。具体生产指标见表 1-2。

表 1-2　矿山实际生产情况

采矿量/万吨	开采回采率/%	贫化率/%	出矿品位/%	露天剥采比/t·t⁻¹
414.86	93.46	16	TFe 22	4.3

1.3.3　采矿技术

穿孔：一次穿孔选用 KQ-200 型露天潜孔钻机进行穿孔作业，孔径 200mm，孔深 14.37m，台班穿孔效率为 35m，穿孔设备选用 4 台潜孔钻机。大块矿石的二次破碎、边坡及根底的处理均采用 YT-25 型凿岩机打眼，并配备 YT-25 型凿岩机 12 台。

爆破：采用多排孔爆破，炮孔布置呈三角形，后排依次比前排少一个炮孔。钻孔网度 5.7m×5m，每米钻孔爆破量为 30m³。由于开采范围内无地下水，爆破使用铵油炸药，选用一台 4t 炸药混装车。二次爆破 2 号岩石炸药，人工装药。台阶爆破和二次爆破的起爆采用非电毫秒管和塑料导爆管复式微差爆破及火雷管。为保证中深孔爆破起爆效果，非电毫秒管先引爆起爆体，再由起爆体引爆铵油炸药，起爆体布置在孔底，每次起爆 2 排孔，每排 32 个炮孔，一次爆破崩落矿量 44834.4t。

装载：露天开采的矿岩装载，均采用 4m³ 挖掘机完成，矿石和废石分别分装。同时配 5.4m³ 前装机。

运输：采场采出矿石经挖掘机装入自卸汽车运至选矿厂原矿堆场。选用载重 20t 的自卸汽车运输废石。

采矿主要设备型号见表 1-3。

表 1-3　采矿主要设备型号及数量

设备名称	型号或规格	单位	数量	备注
潜孔钻机	KQ-200 型	台	4	
凿岩机	YT-25 型	台	12	
挖掘机	WD-400 型	台	3	
前装机	ZL-100 型前装机	台	1	
自卸汽车	东风 20t 汽车	辆	14	岩石运输
推土机	T-180 型	台	2	
移动空压机	DVY-12/7 型	台	4	
炸药混装车	4t	辆	1	
洒水车	WSD-5B	辆	1	

1.4　选矿情况

1.4.1　选矿厂概况

白草铁矿选矿厂为设计年选矿能力 480 万吨的大型选矿厂，设计铁矿入选品位

28.14%，最大入磨粒度 25mm，磨矿细度 -0.074mm 含量占 60%。白草选矿厂破碎工艺流程为三段一闭路流程，采用阶段磨矿阶段选别的工艺富集回收铁和钛，其中磁选回收铁，强磁—浮选回收钛。

选矿厂处理铁矿石 308.86 万吨，TFe 品位 22%，生产铁精矿 77.22 万吨，精矿品位 55%。白草铁矿选矿厂选矿能耗、水耗概况见表 1-4。

表 1-4　白草铁矿选矿能耗与水耗概况

每吨原矿选矿耗水量/t	每吨原矿选矿耗新水量/t	每吨原矿选矿耗电量/kW·h	每吨原矿磨矿介质损耗/kg
4.2	0.8	22.89	0.63

1.4.2　选矿工艺流程

1.4.2.1　破碎筛分流程

破碎筛分作业采用三段一闭路流程。粗破排矿产品经皮带送至中破作业，中破产品和预先筛分筛下物一起运送到筛分间矿仓，经振动筛筛分后筛上产品进入细碎作业；细碎产品返回筛分间形成闭路筛分；筛下产品分别进入磁选车间和三选车间。破碎设备技术参数及指标见表 1-5，破碎筛分工艺流程如图 1-1 所示。

表 1-5　白草铁矿选矿厂主要破碎筛分设备技术参数及指标

工序	设备名称及规格	单位	数量	功率/kW
给矿	板式给矿机	台	1	55
粗碎	颚式破碎机	台	1	200
细碎	圆锥破碎机	台	1	160
中碎	圆锥破碎机	台	1	200
筛分	圆振动筛	台	2	30

1.4.2.2　铁精矿回收流程

铁矿回收采用阶段磨矿—单一磁选工艺流程。其中有三段磨矿、八段磁选。工艺流程如图 1-2 所示。原矿给入一段棒磨机，与双螺旋分级机构成闭路，溢流进入一段磁选粗选，一段磁选尾矿扫选抛尾，粗选与扫选脱磁后进入二段球磨机。二段球磨机与高堰式单螺旋分级机构成二段闭路磨矿。二段磨矿合格产品进入二段磁选粗选抛尾，二段粗选精矿通过精选提高品位，二段精选尾矿通过二段扫选抛尾，二段精选与二段扫选精矿脱磁后分级。粗粒产品进入三段磨矿，三段磨矿产品返回分级构成闭路，-0.076mm 含量占85% 的合格产品进入三段粗选，三段粗选精矿通过精选进一步提高品位，三段精选尾矿通过三段扫选抛尾，三段精选与三段扫选精矿合并后脱磁形成最终铁精矿。二段粗选、扫选，三段粗选、扫选尾矿合并进入钛回收流程。

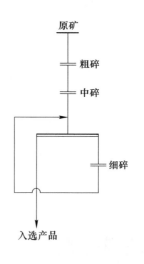

图 1-1　破碎筛分工艺流程

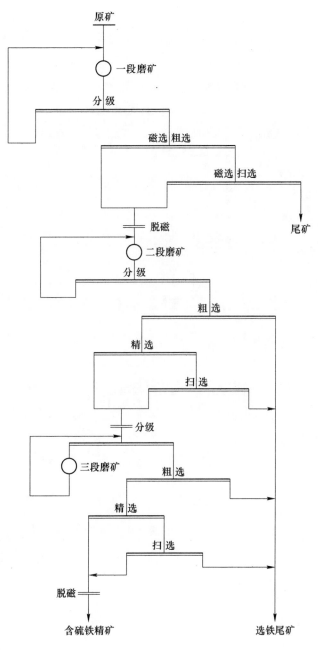

图 1-2 选铁工艺流程

1.4.2.3 钛（钴）回收工艺流程

钛（钴）回收采用优先浮选钴的工艺流程，选铁尾矿经强磁出铁后进入选钴流程，采用一粗—二精——扫—中矿顺序返回流程获得最终硫钴精矿。选钴尾矿进入选钛流程，采用一粗—二精——扫—中矿再磨—弱磁选除铁后集中返回的工艺流程获得最终钛精矿。工艺流程如图 1-3 所示。

磨矿分级、磁选主要设备见表 1-6。

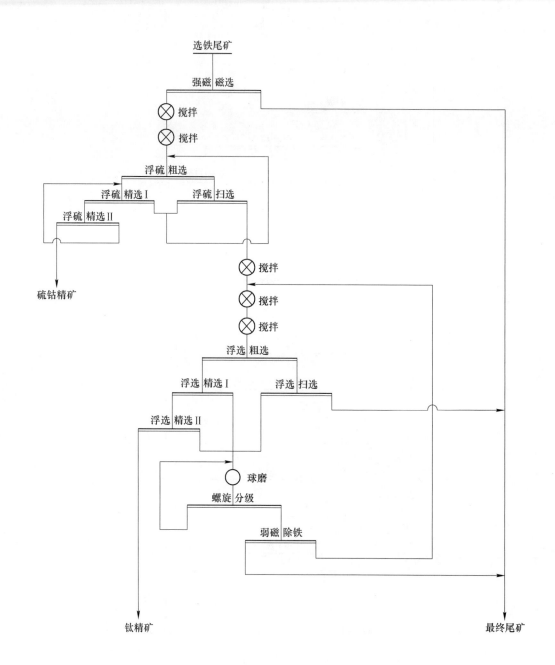

图 1-3 钛钴回收工艺流程

表 1-6 主要磨矿分级与选别设备

设备名称及规格	单位	数量	功率/kW
湿式格子型球磨机	台	2	400
高堰式双螺旋分级机	台	2	30+3×2
半逆流永磁筒式磁选机	台	2	5.5

设备名称及规格	单位	数量	功率/kW
半逆流永磁筒式磁选机	台	2	5.5
湿式溢流型球磨机	台	2	280
高堰式单螺旋分级机	台	2	11+2
半逆流永磁筒式磁选机	台	2	5.5
半逆流永磁筒式磁选机	台	2	2.2
半逆流永磁筒式磁选机	台	2	4
浓缩磁选机	台	3	4
真空永磁过滤机	台	3	2.2
尾矿周边传动高效浓缩机	台	1	30+7.5

1.5 矿产资源综合利用情况

1.5.1 共伴生资源综合利用

白草铁矿共伴生矿产主要是钒、钛、镍、铬、钴，其中，钒和钛达到综合利用品位，矿山进行了综合回收。采用磁选法回收钒钛磁铁矿实现钒的综合回收；对选铁尾矿，使用强磁—浮选工艺流程和F968捕收剂及其他调整剂，获得钛精矿。

矿山入选的钒品位0.24%~0.25%，入选的钛品位9%~10%。2011年，钒选矿回收率63.25%、钛选矿回收率12.31%、共伴生矿产资源综合利用率12.53%、综合利用率43.62%；2013年钒选矿回收率62.50%、钛选矿回收率33.58%、共伴生矿产资源综合利用率32.07%、综合利用率50.63%。

1.5.2 尾矿、废石综合利用

白草铁矿开采产生的废石主要集中堆放在废石场，废石未综合利用。截至2013年年底，矿山废石累计积存量6171万吨，其中2011年、2013年排放量分别为1236万吨、1784万吨。废石利用率为零，处置率为100%。

矿山选矿厂排放的尾矿堆存在尾矿库，尾矿未综合利用。截至2013年年底，矿山尾矿库累计积存尾矿4046万吨。其中，2011年、2013年尾矿排放量分别为249.15万吨、211.78万吨。尾矿利用率为零，处置率为100%。

2　白　马　铁　矿

2.1　矿山基本情况

　　白马铁矿矿区位于四川省攀枝花市米易县白马镇境内，东南紧邻成昆铁路湾丘站，并有矿山公路（矿山自建水泥路）与火车站以及省道 214 线（及与西攀高速公路）相联，距米易县城公路里程约 35km，交通方便。矿山于 2003 年年底开始基建，2007 年 1 月建成正式投产。矿山主要开采矿种为铁矿、钒矿，共伴生矿产为矾矿、钛矿，是攀钢集团建设的全国矿产资源综合利用示范基地。白马铁矿开发利用情况见表 2-1。

表 2-1　白马铁矿开发利用简表

基本情况	矿山名称	白马铁矿	地理位置	四川省攀枝花市米易县
	矿山特征	全国矿产资源综合利用示范基地	矿床工业类型	岩浆晚期分异型铁矿床
地质资源	开采矿种	钒钛磁铁矿	地质储量/万吨	99803.2
	矿石工业类型	钒钛磁铁矿石	地质品位/%	TFe 24.85
开采情况	矿山规模	1500 万吨/年，大型	开采方式	露天开采
	开拓方式	公路运输开拓	主要采矿方法	组合台阶采矿法
	采出矿石量/万吨	1821.03	出矿品位/%	TFe 25.36
	废石产生量/万吨	3780	开采回采率/%	93.37
	贫化率/%	6.92	开采深度	2267～1270m（标高）
	剥采比/$t \cdot t^{-1}$	2.11		
选矿情况	选矿厂规模	1500 万吨/年	选矿回收率/%	67.04
	主要选矿方法	三段一闭路破碎，两段磨矿阶段磁选—半自磨流程回收铁，强磁—重选—再磨—磁选—浮选流程回收钛		
	入选矿石量/万吨	1439.63	原矿品位（TFe）/%	25.99
	精矿产量/万吨	450.06	精矿品位（TFe）/%	55.74
	尾矿产生量/万吨	989.57	尾矿品位（TFe）/%	12.47
综合利用情况	综合利用率/%	62.76	废石处置方式	排土场堆存
	废石排放强度/$t \cdot t^{-1}$	8.39	尾矿处置方式	尾矿库堆存
	尾矿排放强度/$t \cdot t^{-1}$	2.19	尾矿利用率	0
	废石利用率	0		

2.2 地质资源

2.2.1 矿床地质特征

2.2.1.1 地质特征

白马铁矿含矿岩体为华力西期早期形成的含钒钛磁铁矿基性-超基性层状岩体（白马岩体），区内岩浆活动强烈，岩浆岩十分发育，具有分布广（约占矿区面积的95%）、岩石类型多（酸性、基性-超基性、碱性岩类都有）、形成期次多（华力西早期-燕山期）的特点，生成了种类繁多、系列齐全的各种各样火成岩共生组合体。

白马岩体呈南北向分布。根据岩石的矿物组成及化学成分的差异，整个白马岩体自下而上可分为六个岩相带，即橄长岩相带、斜长橄辉岩-斜长橄榄岩相带、橄榄辉长岩相带、含磷灰石橄榄辉长岩-橄长岩相带、斑点状黑云母化辉长岩相带和辉长岩-似斑状橄榄辉长岩相带。

白马岩体除上部两个岩相带基本不含工业矿体外，下部的四个岩相带都含有规模大小不一的工业矿体。矿床自下而上划分为Ⅳ、Ⅰ、Ⅱ、Ⅲ四个矿体，其中Ⅰ矿体是矿区的主要矿体。矿体产状与含矿基性-超基性层状岩体产状一致。

Ⅰ矿体为一厚大层状矿体，赋存于基性-超基性岩体中、下部，产出稳定，近南北走向，向西倾斜，倾角50°~70°，在纵向方向上矿体底部呈平缓波状起伏，矿体内常夹有1~3层透镜状或薄层状橄榄辉长岩夹层，使矿体形态出现分枝复合、膨胀收缩。

Ⅱ矿体由多个透镜状矿体首尾相连或尖灭再现构成似层状矿体，产状与Ⅰ矿体平行产出。单个矿体规模相差悬殊。小者厚度一般为5~8m，沿走向和倾向在延伸几十米至一百米后尖灭。大者呈似层状，单个矿体厚度多为10~30m，最厚达50多米，走向长度大于1000m，倾斜延深大于500m。

Ⅳ矿体由于受后期辉长伟晶岩墙的吞蚀破坏而出露不全。呈多个透镜体，少数呈似层状产出，矿体产状与上述Ⅰ、Ⅱ矿体产状一致。单个矿体沿走向和倾向延长一般为150~250m，少数可达700~800m。

Ⅲ矿体在该含矿层内呈十多个单个小矿体，矿体在含矿层内分布极不均匀。单个矿体呈透镜状，产状与含矿层的流动构造一致。就目前控制程度而言，该矿体基本上不具工业意义，且远离Ⅰ含矿层的工业矿体，多数不能被附带开采。各矿体特征详见表2-2。

表2-2 矿区主要矿体特征

矿层	矿体形态	倾向	倾角/(°)	最大长度/m	最大斜深/m	厚度/m	TFe 品位/%	
							Fe_{2+3}	Fe_4
Ⅰ	层状矿体	西	50~70	5720	950	70.80~77.36	25.61~28.11	17.11~17.13
Ⅱ	透镜状，似层状、层状矿体	西	50~70	>1000	>500	40.55~49.38	22.94~23.31	16.88~17.19
Ⅳ	透镜状，似层状矿体	西	50~70	800	800	10.05~11.35	23.21~24.87	16.94~17.20
Ⅲ	数个小透镜状矿体	西	50~70	>600	>500	8~20	21.96~24.51	16.94~17.20

2.2.1.2 矿石质量

矿石类型简单，为单一型钒钛磁铁矿石。矿石的金属矿物主要为钛磁铁矿、钛铁矿及少量硫化物，脉石矿物主要为硅酸盐矿物及少量磷酸盐、碳酸盐矿物。其中，钛磁铁矿是最主要的含铁矿物，也是含钒、钛、铬、镓的主要矿物。矿石含有钴、镍、铜等有益元素，但平均品位较低，未利用；矿石有害元素主要是磷、硫。根据矿石含矿母岩、结构构造、副矿物含量等可细分为不同类型。

按含矿母岩划分：可分为含橄榄辉长岩型矿石、橄榄辉长岩型矿石、斜长橄榄岩型矿石、斜长橄榄岩型矿石、辉长橄榄岩型矿石、辉长橄榄岩型矿石、斜长橄榄岩型矿石、含长纯橄岩型矿石等，其中以橄榄辉长岩型、斜长橄榄岩型矿石为最主要的矿石类型。

按矿石结构构造划分：可划分为星浸矿石、稀浸状矿石、中-稠浸状矿石、致密块状矿石 4 种矿石类型。

按矿石中副矿物划分：富硫化物型矿石，矿石内金属硫化物含量一般为 0.4%～2%，局部可达 3%～5%，主要分布于 I 矿体和 IV 矿体；富磷灰石型矿石，矿石中磷灰石含量 3%～7%，P_2O_5 0.747%～3.25%，分布于 IV 矿体。

2.2.2 资源储量

白马铁矿主要矿种为铁，矿床规模为大型，矿石中伴生资源主要是钛、钒，但白马铁矿只进行了钒的利用，钛进行了资源量估算，并未进行利用。钴、镍、铜等平均品位都低于伴生组分评价指标，未进行资源量估算，矿山也未回收利用。

矿山累计查明资源储量 998032kt。截至 2013 年年底，矿山保有资源储量 915286kt。矿山累计查明资源储量平均品位（TFe）为 24.85%。其中，工业矿石（w（TFe）≥20%）776604kt，占比 77.81%，平均品位 27.06%；低品位矿石（15%≤w（TFe）<20%）221428kt，占比 22.19%，平均品位 17.08%。

矿山累计查明伴生钛矿资源储量 979176kt，平均钛品位 5.70%，钛金属量 55850823t。其中，工业矿石量 776604kt，平均钛品位 6.18%，钛金属量 47994127t；低品位矿石量 202572kt，平均钛品位 4.02%，钛金属量 8112387t。截至 2013 年年底，矿山保有伴生钛矿资源储量 915286kt，平均钛品位 5.62%，钛金属量 51475809t。

矿山累计查明伴生钒矿资源储量 979176kt，平均钒品位 0.24%，钒金属量 2326346t。

2.3 开采情况

2.3.1 矿山采矿基本情况

白马铁矿为露天开采的大型矿山，采取公路运输开拓，使用的采矿方法为组合台阶缓剥陡采工艺。矿山设计年生产能力 1500 吨，设计开采回采率为 94%，设计贫化率为 6%，设计出矿品位（TFe）27.27%。

2.3.2 矿山实际生产情况

2013 年，矿山实际出矿量 1821.03 万吨，排放废石 3780 万吨。矿山开采深度为 2267～1270m 标高。具体生产指标见表 2-3。

表 2-3　矿山实际生产情况

采矿量/万吨	开采回采率/%	贫化率/%	出矿品位（TFe）/%	露天剥采比/t·t^{-1}
1808.04	93.37	6.92	25.36	2.11

2.3.3　采矿技术

白马铁矿分为及及坪和田家村两个采场。具体的采剥工作如下。

2.3.3.1　及及坪采场

阶段高度为 15m，工作台阶坡面角为 70°~75°，临时境界风化层中适当放缓，以保证二次扩帮的安全。及及坪采场为长条形，一般分层水平走向长约 2000m，宽 300~500m，采用斜向采剥，同时布置 8~10 个台阶。采场采剥工作线推进方向主要为斜交矿体走向由南向北推进。最小工作平台宽度一般为 40~50m，挖掘机工作线长度 100~200m，采场同时工作水平数 8~9 个，段沟底宽为 30m。

2.3.3.2　田家村采场

阶段高度为 15m，工作台阶坡面角为 70°~75°。工作线推进方向为斜交走向，由东南向西北推进。最小工作平台宽度 40~50m，挖掘机工作线长度 150~200m，采场同时工作台阶数为 4~6 个，段沟底宽 25m。

矿山选用主要采矿设备见表 2-4。

表 2-4　矿山主要采矿设备明细

序号	设备名称	设备型号	数量	备　注
1	挖掘机	WK-10	3	
2	挖掘机	WK-4	7	
3	挖掘机	PC360-7	2	配破碎锤用
4	挖掘机	PC360-7	10	
5	牙轮钻	KY-250D	6	
6	潜孔钻机	DI500	2	
7	前装机	WA470-6 型	3	
8	推土机	SD32 型	3	
9	碎石机	CHB-1500 型	2	

2.4　选矿情况

2.4.1　选矿厂概况

白马铁矿选矿厂主要选矿回收钒钛铁精矿和钛精矿，目前具备年处理原矿 1500 万吨，年产品位为 55% 的钒钛铁精矿 510 万吨、钛精矿 10 万吨的能力。一期选矿处理及及坪矿区矿石，设计年处理能力 650 万吨，设计年产精矿 233 万吨，工艺流程采用三段破碎—中破前加洗矿流程—二段常规阶段磨矿阶段磁选流程回收铁精矿。二期处理田家村矿区矿石，设计选矿年处理能力 900 万吨，使用半自磨—球磨—阶段磨矿阶段磁选流程回收铁精矿；一期、二期选铁尾矿通过重选—浮选回收钛精矿。

白马铁矿选矿车间主要分布在及及坪矿段的及及坪半自磨车间、田家村矿段的田家村 500 万吨/年半自磨车间和万年沟东南山坡上的破碎车间与一二期选矿厂。

（1）及及坪半自磨车间。分布在及及坪采场中部东侧，主要处理及及坪采场 200 万吨/年风化矿，风化矿自磨后，由管道输送至万年沟选矿厂。

（2）田家村半自磨车间。二期建造的田家村 500 万吨/年半自磨车间用来处理田家村采场矿石，半自磨后的矿浆采用管道输送至万年沟选矿厂。

扩能改造设计在田家村采场旁新建产能 300 万吨/年的 2 号半自磨系统，处理田家村南采场扩能的 300 万吨/年的矿石，矿浆通过管道系统送至万年沟扩能主厂房。田家村 2 号半自磨车间布置在距离田家村采场东侧约 400m 处 2 号矿石破碎站下方。

（3）万年沟选矿厂。一期、二期选矿厂集中分布在及及坪矿区东 4km 的万年沟东南山坡上，一期选矿厂用来处理及及坪采场生产原矿，生产设施由粗、中、细破碎车间，筛分车间，中间矿仓，磨矿仓，装运站，主厂房，尾矿浓缩池等组成。二期工程选矿厂主要处理二期扩能矿石，位于一期工程选矿厂主厂房东侧，两厂紧邻，沿山坡由上至下布置矿仓、选铁主厂房、矿浓缩池、尾矿加压泵站等设施。

扩能改造设计在万年沟一期破碎分厂后山上新建的 550 万吨/年半自磨系统，处理及及坪采场扩能的 450 万吨/年的矿石和从一期调配来的 100 万吨/年的矿石。矿浆通过管道输送至二期主厂房。

万年沟一期选矿厂西侧新建处理 800 万吨/年矿石的扩能主厂房，接受来自田家村 500 万吨/年半自磨及田家村 2 号 300 万吨/年半自磨的矿浆。

入选矿石 1439 万吨，入选矿石平均品位（TFe）25.99%、TiO_2 3.5%，年产出铁精矿 450.06 万吨，钛精矿 10 万~12 万吨；铁精矿平均品位 55.74%，钛精矿平均品位 47%；二氧化钛回收率约 20%。

白马铁矿选矿能耗与水耗概况见表 2-5。

表 2-5　白马铁矿选矿能耗与水耗概况

每吨原矿选矿耗水量/t	每吨原矿选矿耗新水量/t	每吨原矿选矿耗电量/kW·h	每吨原矿磨矿介质损耗/kg
4.2	0.8	22.89	0.63

2.4.2　选矿工艺流程

2.4.2.1　破碎筛分流程

白马选矿厂破碎系统采用三段一闭路常规破碎工艺流程，对粒度在 0~1000mm 之间的原矿采用三段一闭路破碎流程；对粒度在 0~350mm 之间的原矿，采用两段一闭路破碎流程，产品为小于 12mm 粒度含量不小于 90% 的原矿。破碎设备技术参数及指标见表 2-6，破碎筛分工艺流程如图 2-1 所示。

表 2-6　白马铁矿选矿厂主要破碎筛分设备的技术参数及指标

工序	设备名称	规格型号	给矿粒度/mm	排矿粒度/mm	处理量/t·h⁻¹	数量/台
粗碎	颚式破碎机	JM1513HD				
中碎	圆锥破碎机	CH880	0~350	0~90	650~1400	2
细碎	圆锥破碎机	CH895	0~120	0~51	178~1170	2
筛分	双层振动筛	2YKK3073				6

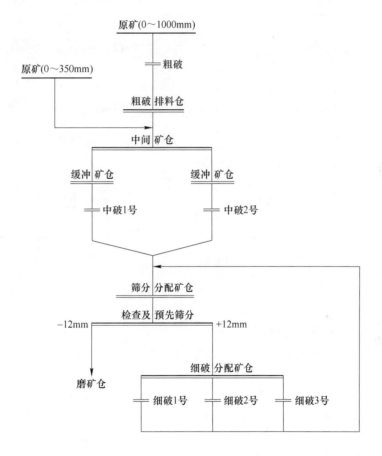

图 2-1　白马选矿厂破碎筛分工艺流程

2.4.2.2　二期工艺流程

白马选矿厂二期采用的破碎—半自磨—磁选—球磨—磁选流程，简称一段破碎两段磨矿阶磨阶选半自磨流程。采场矿石经颚式破碎机破碎后通过带式输送机进入地面矿仓，经集料带式输送机给入半自磨机给料口；半自磨机排料端配有圆筒筛，筛下自流进直线振动单层筛进行分级，圆筒筛和直线振动筛的筛上通过皮带返回半自磨，筛下产品由管道输送至万年沟二期新主厂房矿浆分配矿池，进入一段磁选粗选，一段磁选精矿直接给入二段球磨机再磨，球磨排矿与脱水磁选尾矿混合自流进入二段磁选，二段磁选精矿泵送至高频振动细筛，筛上产物经永磁筒式半逆流型磁选机脱水后返回二段球磨机，筛下产品进行精选产出钒钛铁精矿。工艺流程如图2-2所示。

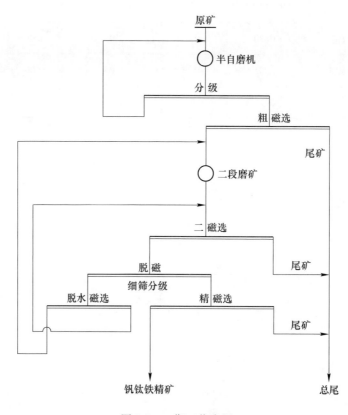

图 2-2　二期工艺流程

2.4.2.3　扩能项目工艺流程

白马铁矿扩能改造项目采用选矿厂二期的半自磨工艺，即一段破碎—二段磨矿的阶段磨矿阶段磁选半自磨流程。

及及坪矿：采出矿石在采场旁破碎，破碎后矿石通过胶带运送到万年沟选矿厂的新建地面矿仓，万年沟新建扩能半自磨间内配置有 2 台 $\phi8530\times4720$ 半自磨机，矿石经半自磨后泵送至万年沟新建扩能主厂房进行一段磁选抛尾，一段磁选精矿进入二段磨矿，二段磨矿采用了 2 台 MQY5085 湿式溢流型球磨机，二段磨矿后经过二段、三段磁选和精磁选后即获得最终铁精矿，所有尾矿进入综合回收的选钛流程。

田家村矿：采出矿石在采场旁破碎，田家村采场旁新建地面矿仓和半自磨间，半自磨采用 1 台 $\phi8530\times4720$ 半自磨机，矿石经半自磨后通过管道输送至万年沟新建扩能主厂房进行选别，所有尾矿进入综合回收的选钛流程。扩能项目主要设备见表2-7。

2.4.2.4　钛回收工艺流程

铁精矿中 V_2O_5 进入炼铁工艺，可在冶炼过程中回收。白马铁矿的选铁尾矿中钛品位低，选钛采用强磁—重选—再磨—磁选—浮选流程。工艺流程如图2-3所示。

表 2-7 扩能项目主要设备

序号	设备名称规格	数量/台	工序
及及坪矿			
1	颚式破碎机	2	粗破碎
2	CH880 标准圆锥破碎机	1	中破碎
3	C880 标准圆锥破碎机	1	细破碎
4	1.8m×6.0m 重型板式给料机	4	放矿
5	ϕ8.53m×4.72m 半自磨机	2	一段磨矿
6	ZKR3070 直线振动筛	4	一段分级
田家村矿			
7	颚式破碎机	1	粗破碎
8	1.8m×6.0m 重型板式给料机	4	放矿
9	ϕ8.53m×4.72m 半自磨机	1	一段磨矿
10	ZKR3070 直线振动筛	2	一段分级
11	ϕ1.2m×3.0m 顺流型磁选机	12	粗磁选
12	ϕ1.2m×3.0m 顺流型磁选机	18	脱水磁选
13	ϕ5.03m×8.5m 球磨机	3	二段磨矿
14	ϕ1.2m×3.0m 半逆流型磁选机	12	二磁选
15	五路层叠高频细筛	12	精矿分级
16	ϕ1.2m×3.0m 半逆流型磁选机	6	精磁选
铁精矿过滤			
17	72m² 圆盘过滤机	8	过滤
18	20t 电动桥式抓斗起重机	1	装矿

选铁尾矿分粗尾矿和细尾矿，一段磨矿后一段磁选的尾矿为粗尾矿；二段磨矿后的磁选尾矿为细尾矿。

（1）粗尾矿。粗尾矿隔粗后进入一段弱磁选，弱磁选精矿返回选铁流程，磁选尾矿浓缩后经一粗—二扫——精的螺旋溜槽重选，重选精矿再磨，再磨产品经弱磁除铁、强磁抛尾获得钛中矿。

（2）细尾矿。细尾矿隔渣浓缩后进入一段弱磁选，弱磁选精矿返回选铁流程，一段磁选尾矿与粗尾矿重选精矿合并进入再磨，再磨产品经弱磁除铁、强磁抛尾获得钛中矿。

（3）钛中矿浮选。磁选获得的钛中矿先浮选脱硫，经过一粗—二扫—三精的浮选流程获得硫精矿，采用一粗—四精—二扫流程获得最终钛精矿。

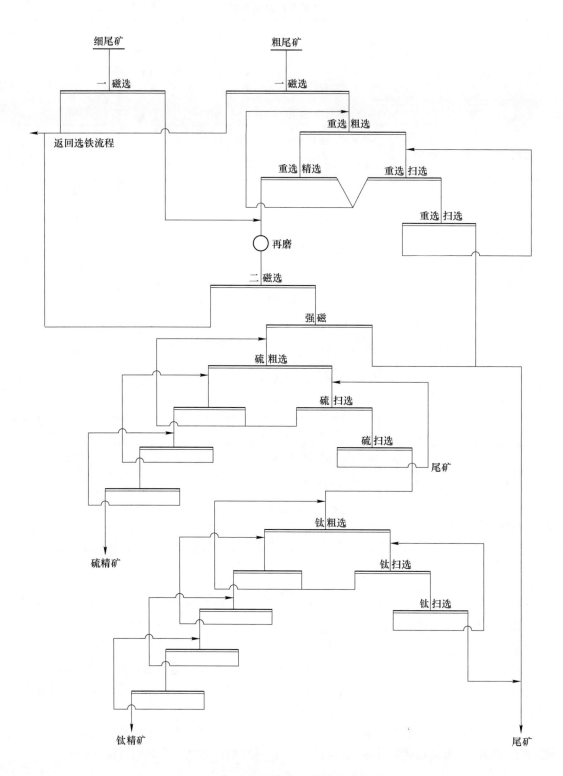

图 2-3 钛回收工艺流程

2.5　矿产资源综合利用情况

2.5.1　共伴生资源综合利用

白马铁矿共伴生矿产主要有钒、钛、镍、钴、铜，镍、钴、铜未达到综合利用品位，没有进行综合回收，钒主要随钒钛磁铁矿精矿进行综合回收。2011 年、2013 年钒选矿回收率分别为 83.46%、84.52%，2013 年共伴生矿产综合利用率 78.92%，矿产资源综合利用率 62.76%。

2.5.2　尾矿、废水、废石处置与利用情况

废石集中堆存在矸石场，暂未利用。截至 2013 年年底，矸石场累计堆存废石 15405 万吨，其中 2011 年、2013 年排放量分别为 2539 万吨、3780 万吨。废石利用率为零，处置率为 100%。

尾矿集中堆存在万年沟尾矿库，暂未利用。截至 2013 年年底，矿山尾矿库累计积存尾矿 3444 万吨，其中 2011 年、2013 年排放量分别为 561.58 万吨、989.57 万吨。尾矿利用率为零，处置率为 100%。

2.5.3　低品位矿利用情况

2013 年，回收低品位矿石 114.25 万吨，原矿石 16.34%，采用一段闭路筛分破碎将低品位矿石破碎至 40mm 以下，破碎后的矿石通过干式磁选生产 TFe 20% 的粗精矿，回收率达到 72.62%，将预选粗精矿再送主流程进行选矿回收。

3　白石崖铁矿

3.1　矿山基本情况

白石崖铁矿位于都兰县察汗乌苏镇南 32km 处，为都兰地区一处典型的矽卡岩型铁多金属矿床。矿山成立于 2002 年，为地下开采的中型铁矿山。白石崖铁矿开发利用情况见表 3-1。

表 3-1　白石崖铁矿开发利用简表

基本情况	矿山名称	白石崖铁矿	地理位置	都兰县察汗乌苏镇
	矿床工业类型	矽卡岩型铁多金属矿床		
地质资源	开采矿种	铁矿	地质储量/万吨	796
	矿石工业类型	磁铁矿石	地质品位（TFe）/%	34
开采情况	矿山规模	50 万吨/年，中型	开采方式	地下开采
	开拓方式	竖井开拓	主要采矿方法	留矿采矿法
	采出矿石量/万吨	12.69	出矿品位（TFe）/%	31.7
	贫化率/%	12.3	开采回采率/%	90
	掘采比/米·万吨$^{-1}$	129		
选矿情况	选矿厂规模	70 万吨/年	选矿回收率/%	83
	主要选矿方法	三段一闭路破碎—中碎干选抛废——段磨矿—两段磁选		
	入选矿石量/万吨	23.9	原矿品位（TFe）/%	31.7
	精矿产量/万吨	10.99	精矿品位（TFe）/%	60
	尾矿产生量/万吨	12.91	尾矿品位（TFe）/%	10.39
综合利用情况	综合利用率/%	66.6	废石处置方式	排土场堆存
	尾矿处置方式	尾矿库堆存	尾矿利用率	0
	废石利用率	0		

3.2　地质资源

白石崖铁矿矿床类型为矽卡岩型铁多金属矿床，矿区位于祁漫塔格-都兰海西期铁、钴、铜、铅、锌、锡、锑、铋成矿带。区内出露地层主要为：下石炭统大干沟组砂岩、细砾岩、页岩、石英砂岩等；上石炭统缔敖苏组砂砾岩、薄层页岩和团块状燧石灰岩；晚三叠统鄂拉山组陆相火山岩系，主要由安山岩、流纹岩、英安质凝灰岩、凝灰角砾岩和底砾岩组成；第四系冰碛物、洪积物等。其中，大干沟组为区内主要赋矿层位。矿区断裂构造以北北东向逆断层和北西向层间破碎带为主，控制了区内岩浆岩和矿体的展布，为后期成矿岩体及成矿热液的上侵提供了重要通道和储矿空间。区内花岗岩类侵入体分布广泛，主要发育海西-印支期花岗斑岩、黑云母花岗岩、花岗闪长岩等，多呈小岩株和岩脉产出，与区域内铁、铜、钴成矿作用关系密切。矿山累计查明资源储量为7960kt，矿床规模为小型。

3.3 开采情况

3.3.1 矿山采矿基本情况

白石崖铁矿为地下开采的中型矿山，采取竖井开拓方式，使用的采矿方法为留矿法。矿山设计年生产能力50万吨，设计开采回采率为90%，设计贫化率为12%，设计出矿品位（TFe）为30%。

3.3.2 矿山实际生产情况

2013年，矿山实际出矿量12.69万吨。具体生产指标见表3-2。

表3-2 矿山实际生产情况

采矿量/万吨	开采回采率/%	贫化率/%	出矿品位（TFe）/%
12.69	90	12.3	31.7

3.3.3 采矿技术

矿山主要开采东区南段和北段矿体：东区南段主要回采M7、江麻范围内Ⅲ$_1$铁矿群的大部分和Ⅲ$_2$铁矿群的极小部分及其伴生的多金属矿体。东区北段主要回采下8号和8号范围内Fe$_1$、Fe$_2$矿体及铅锌矿体。

3.3.3.1 东南矿区

开拓方式采取竖井开拓。

（1）坑内运输。Ⅲ$_1$、Ⅲ$_2$铁矿体的矿石运输各中段由人工或电机车牵引0.55m^{3}翻转式矿车至竖井井底车场，由竖井提升至地表。坑内深部电机车运输巷道铺设15kg/m钢轨，轨距600mm，全部采用木轨枕，线路坡度3‰，重车下坡。

（2）通风。通风采用单翼抽出式通风系统。由6-1号竖井进风，7-10号竖井出风。

（3）坑内排水。在+3100m水平中段井底车场设泵房、水仓。泵房安水泵三台，电机功率90kW。各中段涌水经钻孔下放到+3100m中段进入水仓，由水泵排出地表。

（4）坑内供水。采用集中供水方式，矿区在6-1号竖井口附近建生产水池，分设两条供水管路，一条供水管道沿6-1号竖井敷设，另一条沿7-13号竖井敷设。管路沿竖井至各中段，为各中段用水地点供水。

（5）供风系统。采用集中供风方式，矿区在6-1号竖井口附近建空压机房，供风管路沿竖井敷设至井下各中段，为各工作面供风。

3.3.3.2　东北矿区

开拓方式采取竖井开拓。

（1）坑内运输。各中段的矿石由人工推 0.55m³ 翻转式矿车至竖井井底车场，由竖井提升至地表。坑内运输巷道铺设 12kg/m 钢轨，轨距 600mm，全部采用木轨枕，线路坡度 3‰，重车下坡。

（2）通风。通风采用单翼抽出式通风系统。Fe_1、Fe_2 矿体开拓由 8-2 号竖井进风，8-1 号竖井出风。铅锌矿体开拓由 8-3 号竖井进风，8-4 号斜井出风。

（3）坑内排水。分别在 8-2 号竖井底部 +3234m 及 8-3 号竖井底部 +3333m 设水泵房，各中段涌水经钻孔下放到 +3234m、+3333m 中段进入水仓，由水泵排出地表。

（4）坑内供水。设计采用分散供水方式，在各竖井口附近建生产水池，管路沿两提升竖井敷设至各中段，为各中段用水地点供水。

（5）供风系统。利用原有集中供风系统。空压机房已建于 8-2 号竖井口附近。两条供风管路分别沿 8-2 号竖井及 8-3 号竖井口敷设至井下各中段，为各工作面供风。

3.3.3.3　采矿方法

矿山回采包括凿岩爆破、布局放矿、平场、处理松石和破碎大块，在采用顺路天井的采场中，还包括架设顺路天井。凿岩常用 01-45、YSP-45 型等上向凿岩机打上向炮孔，孔深 1.5~1.8m，也有 YT-25 等气腿子凿岩机打水平或微倾斜炮孔的，孔深 2~3m。爆破主要采用硝铵、铵油、铵松蜡等安全炸药，用火雷管或导爆管等非电起爆。每次崩下的矿石，放出 35%~40%，使回采作业空间保持 2m 高度。

3.4　选矿情况

3.4.1　选矿厂概况

白石崖铁矿选矿厂为成立于 2000 年的西旺选矿厂，主要生产工艺流程为三段一闭路破碎—中碎干选抛废—一段磨矿—两段磁选。年处理量 70 万吨，拥有两条日处理能力 1500t 的破碎生产线、两条日处理 2000t 的磁选生产线，年产铁精矿 30 万吨、铜精矿 4000t、铅锌精矿 3000t。

2009 年，西旺选矿厂进行技术改造，充分利用现有的破碎生产和球磨系统及尾矿系统，新建与日处理 2000t 铁矿石生产线配套的再磨生产线和磁选生产线及配套设施，新建日处理量 1200t 的尾矿回收项目，进一步综合回收铁尾矿中的铁资源。

3.4.2　选矿工艺流程

3.4.2.1　破碎筛分流程

破碎筛分作业采用三段一闭路破碎—干选抛废流程，破碎筛分工艺流程如图 3-1 所示。

3.4.2.2　技改前磨选工艺流程

2009 年以前，西旺选矿厂采用一段磨矿、一粗一精的单一磁选工艺流程，工艺流程如图 3-2 所示。

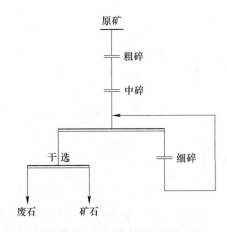

图 3-1　破碎系统工艺流程

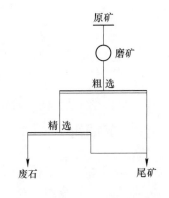

图 3-2　技改前磨选工艺流程

3.4.2.3　技改后磨选工艺流程

2002 年选矿厂投入生产以来，西旺选矿厂累计开发铁矿石 300 万吨，产生尾矿 180 万吨，尾矿中全铁品位 16% ~ 17%，其中含有部分可回收的磁性铁。2009 年西旺选矿厂进行技改充分回收尾矿中的铁矿，技改后原则工艺流程如图 3-3 所示。原矿经破碎、一段闭路磨矿后，−0.074mm 含量占 62% 的磨矿产品进入一段磁选，一段磁选精矿、尾矿扫选精矿经二段闭路磨矿后，−0.074mm 含量占 90% ~ 95% 的磨矿产品经二段磁选获得合格铁精矿。

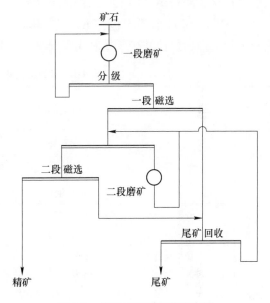

3.5　矿产资源综合利用情况

图 3-3　技改后原则工艺流程图

白石崖铁矿无共伴生矿产，资源综合利用率为 69.56%。

4　白云鄂博铁矿

4.1　矿山基本情况

白云鄂博铁矿为露天开采铁矿的大型矿山，主要矿产为铁矿，主要共伴生矿产为轻稀土矿和铌矿；是第四批国家级绿色矿山试点单位，也是全国矿产资源综合利用示范基地。矿山于 1957 年 2 月 27 日建矿，1957 年 12 月 27 日投产。矿山位于内蒙古自治区包头市白云鄂博矿区，距包头市约 120km，东距达尔罕茂明安联合旗政府所在地百灵庙镇约 45km。矿区经 S104、S211 省道至包头市区约 150km；矿区内有包-白铁路专线与包钢厂区相通，交通方便。白云鄂博铁矿开发利用情况见表 4-1。

表 4-1　白云鄂博铁矿开发利用简表

基本情况	矿山名称	白云鄂博铁矿	地理位置	内蒙古自治区包头市白云鄂博矿区
	矿山特征	国家级绿色矿山、全国综合利用示范基地，世界上著名的超大型稀土、铌、铁矿床	矿床工业类型	沉积变质-特种高温热液交代型矿床
地质资源	开采矿种	铁矿	地质储量（铁矿）/万吨	50671.0
	矿石工业类型	混合铁矿石	地质品位（TFe）/%	34.70
开采情况	矿山规模	1200 万吨/年，大型	开采方式	露天开采
	开拓方式	斜井胶带，公路-汽车运输联合开拓	主要采矿方法	分层组合台阶法
	采出矿石量/万吨	1176.79	出矿品位（TFe）/%	30.93
	开采回采率/%	98.35	开采深度/m	1650~1230 标高
	贫化率/%	1.78	剥采比/t·t⁻¹	3.61
选矿情况	选矿厂规模	1200 万吨/年	选矿回收率/%	74.17
	主要选矿方法	三段一闭路破碎，阶段磨矿—磁选—细筛再磨—磁选—浮选联合选别		
	入选矿石量/万吨	1200	原矿品位（TFe）/%	29.50
	精矿产量/万吨	铁精矿量 553	精矿品位（TFe）/%	64
	尾矿产生量/万吨	647	尾矿品位（TFe）/%	14
综合利用情况	综合利用率/%	64.65	废石处置方式	排土场堆存
	废石排放强度/t·t⁻¹	10.85	尾矿处置方式	尾矿库堆存
	尾矿排放强度/t·t⁻¹	2.0	尾矿利用率	0
	废石利用率	0		

4.2　地质资源

白云鄂博矿床属沉积变质-特种高温热液交代型铁、稀土和铌多组分共伴生的大型矿床。矿床开采深度为 1650~1230m 标高。该矿床矿物成分十分复杂，已发现的元素有 71 种，矿物达 170 余种。矿石工业类型为混合铁矿石，主矿产为铁矿，共生矿产主要为轻稀土矿和铌矿。

该矿床规模为大型，截至 2013 年年底，矿区内累计查明铁矿资源储量（矿石量）50671.0 万吨，其中探明的（可研）经济基础储量（121b）为 30104.1 万吨，控制的经济基础储量（122b）为 13913.5 万吨，推断的内蕴经济资源量（333）为 6653.6 万吨；铁矿地质品位（TFe）34.70%。矿区内累计查明共生轻稀土矿资源储量（矿石量）63403.1 万吨，轻稀土氧化物 3.51002×10^7 t，稀土氧化物（REO）5.536%。矿区内累计查明共生铌矿资源储量（矿石量）65963.0 万吨，氧化铌（Nb_2O_5）868560t，平均品位（Nb_2O_5）0.129%。

4.3　开采情况

4.3.1　矿山采矿基本情况

白云鄂博铁矿为露天开采的大型矿山，采取斜井胶带-汽车运输联合开拓，使用的采矿方法为分层组合台阶法。矿山设计年生产能力 1200 万吨，设计开采回采率为 98%，设计贫化率为 2%，设计出矿品位（TFe）34.7%。

4.3.2　矿山实际生产情况

2013 年，矿山实际出矿量 1176.79 万吨。矿山开采深度为 1650~1230m 标高。具体生产指标见表 4-2。

表 4-2　白云鄂博铁矿实际生产情况

采矿量/万吨	开采回采率/%	贫化率/%	出矿品位（TFe）/%	露天剥采比/t·t^{-1}
1174.90	98.35	1.78	30.93	3.61

4.3.3　采矿技术

白云鄂博铁矿自 1957 年建矿投产至今，一直采用露天开采方式。经多次技术改造，现已形成斜井胶带和公路-汽车开拓运输系统，分层组合台阶采剥方法。采矿工艺由穿孔—爆破—采装—运输—排土等工艺组成。矿山使用的主要采矿设备有穿孔钻机、电铲、矿用自卸汽车、推土机、装药车、装载机、液压破碎机等。

目前，白云鄂博铁矿采场最大采矿深度：主矿 198m、东矿 280m；生产能力：主矿 700 万吨/年、东矿 500 万吨/年。现有工作台阶：主矿 5 个，分别是 1486m、1500m、1514m、1528m、1542m；东矿 5 个，分别是 1362m、1376m、1390m、1404m、1418m。最低采掘平台底板标高：主矿 1486m 水平、东矿 1362m 水平。

4.4　选矿情况

4.4.1　选矿厂概况

包钢选矿厂始建于 1958 年，1965 年第一个生产系列投产。与白云鄂博铁矿各为独立的管理和核算单位，包钢选矿厂以白云鄂博矿为主要原料基地，不仅是包钢的铁精矿生产基地，也是国内主要的稀土生产基地。

包钢选矿厂分三种工艺流程处理矿区铁矿石，设计年处理原矿 1200 万吨，矿石主要来源于白云鄂博铁矿主、东矿，采用连续磨矿—弱磁—反浮选工艺，设计磁性铁选矿回收率为 90%，年产铁精矿 590 万吨。2001 年 12 月，选矿厂将一个氧化矿系列改造为外购粗精矿再磨再选系统，年处理外购粗精矿 180 万吨，年产铁精矿 160 万吨。2005 年 10 月，新建外购粗精矿再磨再选系统，年处理粗精矿 280 万吨，年产铁精矿 230 万吨。目前包钢选矿厂年输出综合铁精矿 840 万吨。

2011 年，入选矿石量 1250 万吨，入选品位（TFe）31.0%，选矿回收率铁 76.59%。2013 年入选矿石量 1200 万吨，入选品位（TFe）29.5%，选矿回收率（TFe）73.88%。2013 年稀土氧化物原料入选品位（REO）5.10%，选矿回收率 40.40%。

4.4.2　选矿工艺流程

4.4.2.1　破碎流程

包钢选矿厂破碎作业采用五段一闭路—细碎前预先筛分流程，如图 4-1 所示。其中，粗碎采用两段开路破碎，将矿石从 -1200mm 破碎至 -200mm 后给入中碎圆锥破碎机，破碎后矿石经 20mm 惯性振动筛预先筛分，筛上部分进入细碎圆锥破碎机。细碎产品与筛下产品一起给入 13mm 振动筛，筛上部分给入第五段圆锥破碎机破碎，破碎产品返回振动筛形成闭路，振动筛筛下产品为破碎最终产品，进入选矿流程。主要破碎筛分设备见表 4-3。

表 4-3　白云鄂博铁矿选矿厂主要破碎筛分设备

工序	设备名称	规格型号	给矿粒度/mm	排矿粒度/mm	处理量/t·h⁻¹	数量/台
粗碎	旋回破碎机	φ1500	0~1200	0~900		1
粗碎	旋回破碎机	φ900	0~900	0~200		1
中碎	圆锥破碎机	PYBφ2200	0~300	0~75	531	6
细碎	圆锥破碎机	PYDφ2200	0~100	0~20	241	12
超细碎	圆锥破碎机	7SHD	0~20	0~12	550	4
超细碎	圆锥破碎机	HP800	0~150	0~12	590~690	1
预先筛分	惯性振动筛	1860	0~75	0~20		
超细碎筛分	圆振动筛	YA2460	0~20	0~13		6

4.4.2.2　磁铁矿选矿工艺流程

选矿厂采用阶段磨矿—磁选—细筛再磨—磁选—浮选联合的工艺流程处理磁铁矿，其

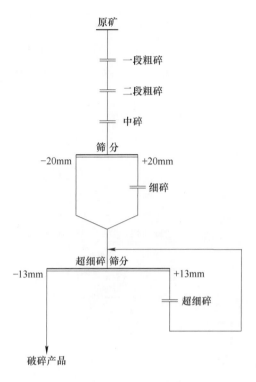

图 4-1 破碎工艺流程

中有三段磨矿、三段磁选、一段细筛、一次浮选粗选、两次浮选扫选。选矿原则工艺流程如图 4-2 所示，主要磨矿分级设备见表 4-4。

表 4-4 磁铁矿主要磨矿分级设备

工　序	设备名称	规格型号	数量/台
一段磨矿	棒磨机	φ3.2×4.5	9
二段磨矿	球磨机	MQG3640	7
三段磨矿	球磨机	MQY3660	11
一次分级	螺旋分级机	φ3000	9
二次分级	水力旋流器	φ350	9

破碎后原矿给入一段棒磨机，一段磨矿产品经螺旋分级机一次分级；分级机沉砂给入二段球磨机，二段球磨机磨矿产品返回螺旋分级机组成二段闭路磨矿。分级机溢流进入一段弱磁选抛尾，磁选精矿进入一段细筛。筛上产品进入三段磨矿，磨矿产品进入水力旋流器二次分级，二次分级沉砂返回三段球磨机组成三段闭路磨矿。二次分级溢流与细筛筛下产品一起进入二段磁选抛尾，二段磁选精矿进入三段磁选。三段磁选尾矿返回水力旋流器二次分级，三段磁选精矿浓缩脱水后进入浮选流程。经过一次粗选—两次扫选的反浮选获得最终铁精矿。

通过细筛与一段弱磁选机组合预先分级、分选出合格精矿可以减少进入三段磨机的矿

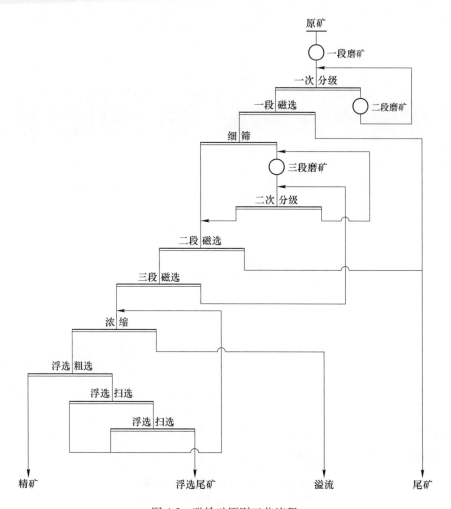

图 4-2　磁铁矿原则工艺流程

量，细筛筛上产品作业产率 75% 左右，大大降低了进入三段磨机的矿量，提高三段磨机的磨矿细度。选矿回收率（TFe）74. 17%，选矿比 2. 96，实际生产原矿 854 万吨。

4.4.2.3　中贫氧化矿选矿工艺流程

白云鄂博中贫氧化矿选矿采用阶段磨矿—磁选—细筛再磨—磁选—浮选联合的工艺流程，选矿原则工艺流程如图 4-3 所示。

中贫氧化矿选矿采用与磁铁矿相同的磨矿分级流程、磁选—反浮选流程回收其中的磁铁矿。一段磁选、二段磁选尾矿合并浓缩后经中磁选粗选获得粗精矿，中磁尾矿经强磁扫选，扫选精矿强磁精选后获得粗精矿，强磁扫选与扫选精矿精选尾矿合并给入稀土深加工流程作为浮选稀土原料，采用浮选工艺回收稀土矿物。强磁粗精矿与中磁粗精矿合并浓缩后进入反浮选，反浮选尾矿经两次扫选后抛尾，扫选精矿集中返回反浮选粗选前浓缩作业。反浮选粗选精矿浓缩后经一次正浮选粗选、一次正浮选精选获得浮选精矿，浮选精矿与弱磁精矿浮选所得精矿合并得到最终氧化矿精矿。

磁选精矿品位在 55%~58%，浮选温度 45~55℃，尾矿产率 25%，浮选浓度 50%。

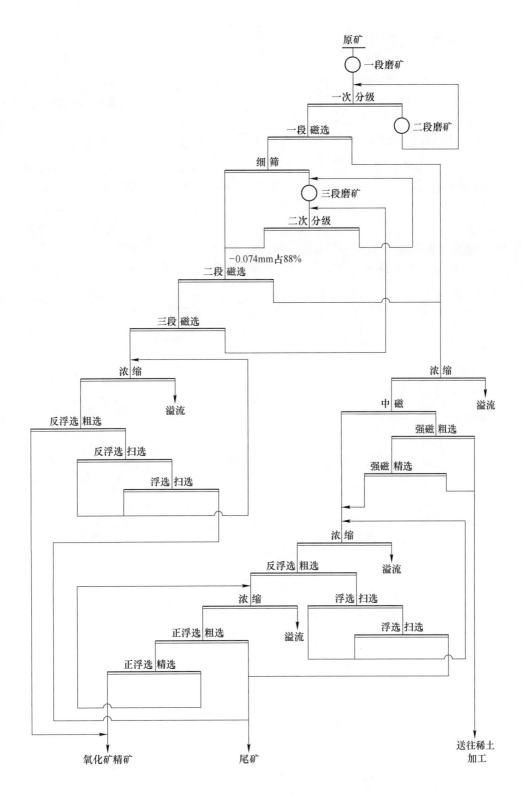

图4-3 选矿原则工艺流程

4.5　矿产资源综合利用情况

矿石属混合铁矿石，主要矿产为铁矿，共生矿产为轻稀土矿和铌矿。矿山采出的未加工利用的稀土资源，现存放于主矿、东矿稀土白云岩堆存场、高铌矿物堆存场和西矿稀土白云岩堆存场等地方。

稀土回收的原料是铁矿选矿过程中的强磁中矿和强磁精选尾矿（稀土回收率 25% ~ 30%），采用浮选工艺回收稀土矿物。经一次粗选、一次扫选、二次精选后得到混合稀土精矿（氟碳铈矿和独居石）。2013 年，稀土氧化物原料入选品位（REO）5.10%，选矿作业回收率 40.40%，共伴生矿产综合利用率 11.31%，矿产资源综合利用率 64.65%。

白云鄂博铁矿年产生废石 4248.21 万吨，废石未综合利用，废石利用率为零，处置率为 100%，处置方式为排土场堆存。

选矿厂尾矿年排放量 800.70 万吨，尾矿未利用，尾矿利用率为零，处置率为 100%，处置方式为尾矿库堆存。

5 北洺河铁矿

5.1 矿山基本情况

北洺河铁矿为从事铁矿石开采、加工的大型采选联合企业，位于河北省邯郸市武安市上团城村北东 1km 处，东距 S222 省道 3.5km，南距邯（郸）-长（治）S312 省道 1.5km。经 S312 省道南东至武安市 8km，至邯郸市 39km，西距京广铁路支线东（马项）-午（汲）铁路 5km，交通方便。矿山开采主要矿种为铁矿，共伴生矿产为钴矿、铜矿。北洺河铁矿开发利用情况见表 5-1。

表 5-1 北洺河铁矿开发利用简表

基本情况	矿山名称	北洺河铁矿	地理位置	河北省邯郸市武安市
	矿床工业类型	接触交代矽卡岩型		
地质资源	开采矿种	铁矿	地质储量/万吨	6974.43
	矿石工业类型	磁铁矿石	地质品位（TFe）/%	49.78
开采情况	矿山规模	180 万吨/年，大型	开采方式	地下开采
	开拓方式	竖井-斜井-斜坡道联合开拓运输	主要采矿方法	无底柱分段崩落采矿法
	采出矿石量/万吨	225.18	出矿品位（TFe）/%	37.78
	废石产生量/万吨	44.15	开采回采率/%	83.04
	贫化率/%	19.53	开采深度/m	292.1~-403 标高
	掘采比/米·万吨$^{-1}$	42.18		
选矿情况	选矿厂规模	280 万吨/年	选矿回收率/%	90.95
	主要选矿方法	两段开路破碎，两段一闭路自磨—球磨，单一磁选		
	入选矿石量/万吨	274.4	原矿品位（TFe）/%	37.78
	精矿产量/万吨	141.67	精矿品位（TFe）/%	66.55
	尾矿产生量/万吨	132.73	尾矿品位（TFe）/%	7.07
综合利用情况	综合利用率/%	75.52	废水利用率/%	76.10
	废石排放强度/t·t^{-1}	0.31	废石处置方式	排土场堆存
	尾矿排放强度/t·t^{-1}	0.93	尾矿处置方式	尾矿库堆存
	废石利用率	0	尾矿利用率	0

5.2　地质资源

5.2.1　矿床地质特征

北洺河铁矿矿床工业类型属接触交代矽卡岩型铁矿床，矿石工业类型为磁铁矿石，矿石中主要有用组分为铁，伴生钴、铜可综合利用。开采主矿种为铁矿，北洺河铁矿埋深 -134~-679m，开采深度为 292.1~-403m 标高。

铁矿区位于华北板块中部，山西断隆武安凹陷区。断裂及褶皱均以北北东向为主，明显具中生代滨太平洋域构造特征。矿区的东侧为北北东向的大兴安岭-太行山深断裂带。该断裂带形成于中生代，在新生代仍持续活动，是华北大陆裂谷带的西缘边界深大断裂带，与太平洋板块活动有着密切的成因联系。另外，本区内呈北北东向展布的紫山-鼓山、矿山、丛井、涉县等断裂带，控制着本区的成矿岩浆岩的分布。北洺河矿区出露的地层主要为中奥陶统马家沟组灰岩层，由于受后期岩浆岩侵入的影响，岩石大都发生变质，重结晶现象明显。花斑灰岩、纯灰岩及白云质灰岩为主要的岩石类型，其中花斑灰岩是主矿层成矿围岩。区内岩浆岩主要是二长闪长岩类，属武安岩体北部边缘。

矿床形态在平面上为向南突出的"新月形"，横剖面上为大小不等的透镜体。矿床走向由近东西向渐渐变为北西方向，长约 1620m，宽度 92~376m，矿体厚度最大为 193.71m，平均为 13.2m。

矿石中主要金属矿物为磁铁矿、黄铁矿，有少量赤铁矿、假象赤铁矿、磁黄铁矿、黄铜矿、斑铜矿、辉铜矿、褐铁矿等。脉石矿物以透辉石为主，其次为透闪石、金云母、方解石、白云石、绿泥石，另有少量的滑石、绿帘石、褐帘石、蛇纹石、石英、玉髓、蛋白石等。矿石绝大部分为原生磁铁矿石，在浅部及构造破碎带附近可见少量氧化矿石。

5.2.2　资源储量

北洺河铁矿矿床规模为中型，截至 2013 年年底，北洺河铁矿累计查明铁矿资源储量（矿石量）6974.43 万吨，保有铁矿资源储量（矿石量）4143.99 万吨，平均品位（TFe）49.78%。

5.3　开采情况

5.3.1　矿山采矿基本情况

北洺河铁矿为地下开采的大型矿山，采取竖井-斜井-斜坡道联合开拓运输方式，使用的采矿方法为无底柱分段崩落采矿法。矿山设计年生产能力 180 万吨，设计开采回采率为 78%，设计贫化率为 22%，设计出矿品位（TFe）39.41%。

5.3.2　矿山实际生产情况

2013 年，矿山实际出矿量 225.18 万吨，排放废石 44.15 万吨。矿山开采深度为 292.1~-403m 标高。具体生产指标见表 5-2。

表 5-2 北洺河铁矿实际生产情况

采矿量/万吨	开采回采率/%	贫化率/%	出矿品位（TFe）/%	掘采比/米·万吨$^{-1}$
274.48	83.04	19.53	37.78	42.18

5.3.3 采矿技术

北洺河铁矿是"九五"期间冶金部唯一批准恢复建设的大型地下矿山，开采北洺河河床之下矿体，矿床地质条件和水文地质条件比较复杂。

采矿方法为无底柱分段崩落法为主，中段高度 60m，分段高度 15m，近路间距 12m。凿岩采用中风压潜钻孔，出矿采用铲运机。

建矿以来，北洺河铁矿开展了以下几个方面新技术、新工艺的研究、引进与应用：

（1）无底柱分段崩落法大结构参数研究与应用。北洺河铁矿初步设计的分段高度为 15m，阶段高度为 60m，结构参数为 12m×15m，分-110m、-170m、-230m 三个水平中段运输。2001 年，对无底柱分段崩落法的结构参数进行了优化。优化后分段高度为 120m，取消-170m 运输系统；结构参数调整为 18m×15m，该结构参数使千吨采掘比降低，减少了掘进工程量，减少了放顶工程量，提高了产能。

（2）AXERA D05 掘进台车应用研究（凿岩作业参数确定）。2004 年引进 AXERA D05 掘进台车，凿岩效率明显提高，巷道成型率高，实现了光爆作业，每月节约综合成本 3.55 万元。

（3）Simba H1354 采矿凿岩台车应用研究（作业参数确定）。2008 年引进了 Simba H1354 采矿凿岩台车。经过五个月的试应用，台车月作业效率达到 7500m。

5.4 选矿情况

5.4.1 选矿厂概况

北洺河铁矿选矿厂始建于 2002 年，2005 年 10 月试生产，2006 年 1 月 1 日正式生产。北洺河铁矿最初设计选矿生产能力 180 万吨，经过多次改造升级现年生产能力 280 万吨。入选矿石主要是磁铁矿，可选性较好。采用一段湿式自磨—二段球磨闭路磨矿—三段磁选的生产工艺。

2015 年，选矿厂实际入选矿石量 274.4 万吨，入选品位（TFe）37.78%。精矿产量 141.67 万吨，精矿产率 51.63%，精矿品位（TFe）66.55%，选矿回收率（TFe）90.95%。选矿厂能耗与水耗概况见表 5-3。

表 5-3 北洺河铁矿选矿能耗与水耗概况

每吨原矿选矿耗水量/t	每吨原矿选矿耗新水量/t	每吨原矿选矿耗电量/kW·h	每吨原矿磨矿介质损耗/kg
7	1.4	11.75	0.2

5.4.2　选矿工艺流程

矿石经两台颚式破碎机开路粗碎后经磁滑轮甩尾，甩尾后矿石给入一段湿式自磨机自磨，一段磨矿产品进入双螺旋分级机分级。分级机与二段球磨机组成闭路磨矿，分级机溢流经三段磁选获得最终精矿，磁选尾矿除渣、浓缩后选硫，选硫尾矿为最终尾矿。选矿工艺流程如图 5-1 所示，主要设备见表 5-4。

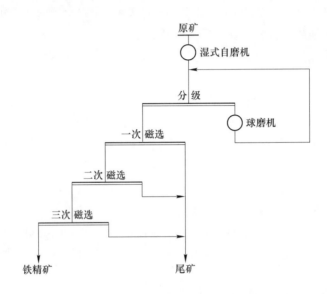

图 5-1　选矿工艺流程

表 5-4　北洺河铁矿选矿厂主要设备

工序	设备名称	规格型号	参　数	数量/台
粗碎	颚式破碎机	PJ900×1200	给矿粒度 0~1200mm 排矿粒度 0~900mm	1
粗碎	颚式破碎机	PJ900×1200	给矿粒度 0~900mm 排矿粒度 0~350mm	1
一段磨矿	湿式自磨机	φ5500×1800 MZS5518	给矿粒度 0~300mm	3
二段磨矿	球磨机	MQY2740		3
分级	螺旋分级机	2FCD-24 沉没式双螺旋	溢流细度 -0.074mm 占 60%~70%	3
一段磁选	磁选机	CTB-1024 永磁筒式	给矿细度 0~1mm 浓度 25%~35% 表面场强 160~170mT	6
二段磁选	磁选机	CTB-1024 永磁筒式	给矿细度 0~1mm 浓度 25%~35% 表面场强 140~150mT	6
三段磁选	磁选机	CTB-1024 永磁筒式	给矿细度 0~1mm 浓度 25%~35% 表面场强 120~130mT	6
精矿过滤	真空过滤机	GYW-12		8

5.5　矿产资源综合利用情况

北洛河铁矿主要有用组分为铁，伴生有钴、铜但未综合利用。2013 年矿产资源综合利用率 75.52%。

北洛河铁矿年产废石 44.15 万吨，累计积存量 236.37 万吨，目前废石未综合利用，废石利用率为零，处置率 100%，处置方式为废石场堆存。

选矿厂尾矿年排放量 132.73 万吨，尾矿中 TFe 含量为 7.07%，尾矿未利用，尾矿利用率为零，处置率为 100%，处置方式为尾矿库堆存。

选矿厂年排废水 193.5 万吨，废水利用率 76.10%，返回到选矿车间进行循环利用。

6　北 营 铁 矿

6.1　矿山基本情况

北营铁矿位于辽宁省本溪市南西 12km 处平山区北台镇，辽溪铁路和辽溪公路距离矿区 1~3km，矿区至辽溪铁路北台火车站设有专用铁路线，交通十分便利。矿山建矿时间为 1965 年 12 月 1 日，投产时间为 1967 年 12 月 1 日，为主要开采铁矿的大型矿山，无共伴生矿产。北营铁矿开发利用情况见表 6-1。

表 6-1　北营铁矿开发利用简表

基本情况	矿山名称	北营铁矿	地理位置	辽宁省本溪市平山区
	矿床工业类型	沉积变质型铁矿床（鞍山式铁矿床）		
地质资源	开采矿种	铁矿	地质储量/万吨	14079.03
	矿石工业类型	磁铁矿石	地质品位（TFe）/%	32.1
开采情况	矿山规模	200 万吨/年，大型	开采方式	露天开采
	开拓方式	联合运输开拓	主要采矿方法	横采掘带采矿法
	采出矿石量/万吨	137.25	出矿品位（TFe）/%	26.23
	废石产生量/万吨	863.3	开采回采率/%	98.95
	贫化率/%	24.33	开采深度/m	188~-4 标高
	剥采比/t·t^{-1}	6.29		
选矿情况	选矿厂规模	230 万吨/年	选矿回收率/%	77.25
	主要选矿方法	三段一闭路破碎，阶段磨矿—阶段选矿—细筛再磨，单一磁选		
	入选矿石量/万吨	196.79	原矿品位（TFe）/%	26.23
	精矿产量/万吨	61.04	精矿品位（TFe）/%	65.32
	尾矿产生量/万吨	135.75	尾矿品位（TFe）/%	8.24
综合利用情况	综合利用率/%	76.41	废水利用率/%	71.43%
	废石排放强度/t·t^{-1}	20.28	废石处置方式	排土场堆存
	尾矿排放强度/t·t^{-1}	2.22	尾矿处置方式	尾矿库堆存
	废石利用率	0	尾矿利用率	0

6.2 地质资源

6.2.1 矿床地质特征

6.2.1.1 地质特征

本溪北营铁矿矿床工业类型为鞍山式沉积变质铁矿床，矿床开采深度为 188~-4m 标高。本溪北营铁矿包括大顶子、张家沟、北台沟三个矿段，大顶子、北台沟露天采区已于 2003 年年底闭坑，目前仅有张家沟露天采区在进行开采。张家沟矿段内共发现大、小 12 条矿体，主要矿体编号为 Fe_4、Fe_5、Fe_6，含矿层走向长 800m，厚度在 2~63m，倾斜最大延深 600m 以上，矿体走向 320°~340°，两端受断层控制，倾角 60°~70°。矿体属稳固矿岩，围岩稳固，水文地质条件简单。

6.2.1.2 矿石质量

本溪北营铁矿矿石工业类型主要为磁铁矿石，根据 TFe 品位多少将矿石分为贫、富两种类型，即 TFe 含量大于 50% 为富铁矿，小于 50% 为贫铁矿。该矿区主要为贫铁矿，富矿仅分布于个别样品中。

矿石一般为中细粒变晶结构，条带状、条纹状和块状构造。矿石主要矿物成分为磁铁矿和石英，有少量的假象赤铁矿、透闪石、阳起石、方解石、绿泥石、黑云母等。

根据大量矿石样品的化学成分分析，已查明矿石中的有益成分为全铁（TFe）、氧化亚铁（FeO），有害成分主要为二氧化硅（SiO_2）等，少量有害组分有硫（S）、磷（P）、锰（Mn）等。

矿石中全铁（TFe）含量一般为 30%~40%。全矿区工业矿体 TFe 平均含量为 32.14%。矿石中 TFe 主要来源于磁铁矿，少量来源于闪石类矿物。矿石中 FeO 含量为 12%~18%，SiO_2 含量为 40%~52%，矿石中 S 的平均含量为 0.095%，P 的平均含量为 0.076%。

根据矿石的矿物组合将矿石分为 6 个自然类型：

（1）磁铁石英岩：矿石呈深灰色，细粒变晶结构，条带状构造。条带宽 0.1~5mm，以 0.1~0.5mm 为主，组成的条带黑白相间，石英组成白色条带，以磁铁矿为主则构成黑色条带。组成矿物主要是磁铁矿和石英，有少量透闪石、方解石。主要矿物特征如下：

1）石英：半自形、他形粒状变晶，粒度较均匀，粒径以 0.2mm 左右为主，含量 50% 左右。

2）磁铁矿：自形、半自形粒状变晶，粒度多为 0.1~0.5m，含量 45%~50%。

（2）透闪磁铁石英岩：矿石呈灰色，细粒变晶结构，条纹状、条带状构造。其他特征与磁铁石英岩相近，只是透闪石含量相对增加。

（3）阳起磁铁石英岩：灰色、灰绿色，细粒-粗粒变晶结构，条带状、块状构造。组成矿物为石英（45%）、磁铁矿（45%~50%）、阳起石（5%~10%）。矿物特征如下：

1）磁铁矿：他形粒状，粒度为 0.01~0.5mm。

2）石英：他形粒状，粒度均匀，粒径 0.2mm 左右。

3）阳起石：柱状、短柱状，浅绿色，粒度一般为 0.5~1.0mm。

（4）含黑云母磁铁石英岩：该矿石特征与磁铁石英岩相近，只是含少量黑云母（3%~4%）。该矿石只分布于个别矿体、个别地段。

（5）假象赤铁石英岩：钢灰色，微显褐红色，条痕为红色，细粒变晶结构，条带状构造。

（6）绿泥磁铁富矿：矿石呈灰绿色，鳞片变晶结构，块状构造，主要组成矿物为磁铁矿（65%）、绿泥石（25%）、石英（5%）、方解石（5%）。矿物特征如下：

1）磁铁矿：他形粒状，粒度为 0.1~0.5mm，均匀分布。

2）绿泥石：细鳞片状，片径 0.1~0.2mm。

3）石英：他形粒状，粒径 0.1~0.2mm。

4）方解石：他形粒状，脉状分布。

6.2.2　资源储量

本溪北营铁矿矿床规模为大型，矿种主要为铁矿。截至 2013 年年底，矿山累计查明铁矿石资源储量为 140790.3kt，保有铁矿石资源储量为 78894.3kt，铁矿的平均地质品位（TFe）为 32.1%。

6.3　开采情况

6.3.1　矿山采矿基本情况

北营铁矿为露天开采的大型矿山，采取汽车-平硐溜井-铁路联合运输开拓，使用的采矿方法为横采掘带法。矿山设计年生产能力 200 万吨，设计开采回采率为 96.5%，设计贫化率为 8.7%，设计出矿品位（TFe）29.5%。

6.3.2　矿山实际生产情况

2013 年，矿山实际出矿量 137.25 万吨，排放废石 863.3 万吨。矿山开采深度为 188~-4m 标高。具体生产指标见表 6-2。

表 6-2　北营铁矿实际生产情况

采矿量/万吨	开采回采率/%	贫化率/%	出矿品位（TFe）/%	露天剥采比/t·t^{-1}
137.25	99.9	19.71	26.45	6.4

6.3.3　采矿技术

本溪北营铁矿包括大顶子、张家沟、北台沟三个矿段，大顶子、北台沟露天采区已于 2003 年年底闭坑，目前仅有张家沟露天采区在进行开采。

该矿山也是一个生产多年的老矿山，矿石开拓运输方式采用汽车-平硐溜井-窄轨铁路联合运输方式。即矿石由电铲装入自卸汽车从采场运至采场外溜井口翻卸。岩石运输方式仍采用汽车运输，由汽车直接运至废石场翻卸。

露天采场采用分阶段逐层自上而下的分层采剥。露天采场边坡构成要素见表 6-3，主要采矿设备型号及数量见表 6-4。

表 6-3 边坡构成要素参数

阶段高/m	10	200 水平以上
	12	200 水平以下
台阶坡面角/(°)	65	
安全平台宽度/m	5	每隔两个
清扫平台宽度/m	10	
最终边坡角/m	<40	

表 6-4 采矿主要设备型号及数量

设备名称	型号或规格	数 量
潜孔钻机	KQ-200A	5
潜孔钻机	CTQ-500	2
电铲	4m³	6
贝拉斯自卸汽车	30t	80
推土机	320	13
液压挖掘机	1.4m³	2
液压挖掘机	1.6m³	3
合 计		111

6.4 选矿情况

6.4.1 选矿厂概况

设计年选矿能力为 230 万吨，设计主矿种入选品位为 29.5%，最大入磨粒度为 20mm，磨矿细度为 -0.074mm 占 90%，选矿方法为单一磁选，选矿产品为铁精粉。磨矿、分级、磁选作业均在选矿车间，一选车间有 6 个选矿系列、二选车间有 2 个选矿系列。一、二选车间均采用三段磨矿的阶段磨矿—阶段磁选—细筛工艺流程。

2013 年，选矿厂实际入选矿石量 196.79 万吨，入选品位（TFe）26.23%。精矿产量 61.04 万吨，精矿产率 31.02%，精矿品位（TFe）65.32%，选矿回收率（TFe）90.95%。选矿厂能耗与水耗概况见表 6-5。

表 6-5 北营铁矿选矿厂能耗与水耗概况

每吨原矿选矿耗水量/t	每吨原矿选矿耗新水量/t	每吨原矿选矿耗电量/kW·h	每吨原矿磨矿介质损耗/kg
9.3	3.84	33.05	0.63

6.4.2 选矿工艺流程

6.4.2.1 破碎流程

破碎生产采用三段一闭路流程，破碎工艺流程如图 6-1 所示，主要设备见表 6-6。原矿运至选矿粗碎原矿仓后经板式给矿机运至 $\phi900\times1200$ 液压颚式破碎机破碎至-350mm，由带式输送机转运至直径为 $\phi2100$ 标准型圆锥破碎机破碎至-75mm，中碎产品由带式输送机运至细碎作业前的中间贮矿仓贮存。仓中原矿由带式输送机送至 1500mm×4000mm 自定中心振动筛预先筛分，筛上产品经 $\phi2100$mm 短头型圆锥破碎机破碎至-25mm 后返回细碎前预先筛分构成闭路破碎。

6.4.2.2　一选车间工艺流程

一选车间采用三段磨矿的阶段磨矿—阶段磁选—细筛工艺流程，如图 6-1 所示，主要选别设备见表 6-6。破碎车间生产的产品进入矿仓后经带式输送机给入一段 $\phi2700\times2100$ 格子型球磨机，一段磨矿产品进入一次 $\phi2000$ 高堰式单螺旋分级机分级。一次分级沉砂返回一段磨矿，一次分级溢流经一次 $\phi2500$ 永磁脱水槽脱水后进入二次 $\phi2000$ 高堰式单螺旋分级机分级。二次分级沉砂进入二段 $\phi2300\times2000$ 溢流型球磨机，二段磨矿产品返回二次分级形成二段闭路磨矿。二次分级溢流经二次 $\phi2000$ 永磁脱水槽脱水后进入一段 $\phi750\times1800$ 半逆流型永磁筒式磁选机磁选。一段磁选精矿经一段、二段筛孔宽为 0.2mm 的 400mm×1200mm 的细筛筛分。细筛筛下产品给入精尾厂房过滤前的 $\phi750\times1800$ 半逆流型永磁筒式磁选机。一段、二段细筛筛上进入二段 $\phi750\times1800$ 半逆流型永磁磁选机脱水，二段磁选精矿给入三段 $\phi2300\times3000$ 溢流型球磨机再磨。三段磨矿产品进入三段 $\phi750\times1800$ 半逆流型永磁磁选机磁选，三段磁选精矿给入三段筛孔为 0.2mm 的 400mm×1200mm 的细筛。三段细筛筛下产品给入过滤厂房的磁选机；三段细筛筛上产品返回二段磁选。一次、二次永磁脱水槽溢流作为尾矿和一、二、三、四段磁选尾矿一并给入精尾车间的浓缩机浓缩。

6.4.2.3　二选车间

一选车间采用三段磨矿的阶段磨矿—阶段磁选—细筛工艺流程，如图 6-1 所示，主要选别设备见表 6-6。破碎车间生产的产品进入矿仓后经带式输送机给入一段 $\phi2700\times3600$ 溢流型球磨机，一段磨矿产品进入一次 $\phi2000$ 高堰式单螺旋分级机分级，一次分级沉砂返回一段磨矿形成一段闭路磨矿，一次分级溢流进入一段 $\phi1050\times2400$ 半逆流永磁筒式磁选机磁选。一段磁选精矿给入二次 $\phi2000$ 沉没式双螺旋分级机分级，二次分级沉砂进入二段 $\phi2700\times3600$ 溢流型球磨机再磨，二段磨矿产品返回二次分级形成二段闭路磨矿，二次分级机溢流给入一次 $\phi2000$ 永磁脱水槽脱水后进入二段 $\phi750\times1800$ 半逆流型永磁筒式磁选机磁选。二段磁选精矿给入一段、二段筛孔宽为 0.2mm 的 400mm×1200mm 的细筛，两段细筛筛下产品给入精尾厂房过滤前的 $\phi750\times1800$ 半逆流型永磁筒式磁选机。二段细筛筛上产品给入三段 $\phi1050\times2400$ 半逆流型永磁磁选机脱水，三段磁选精矿给入三段 $\phi2700\times3600$ 溢流型球磨机再磨。三段磨矿产品进入四段 $\phi750\times1800$ 半逆流型永磁磁选机磁选，四段磁选精矿给入三段筛孔为 0.2mm 的 400mm×1200mm 的细筛。三段细筛筛下产品给入过滤厂房的磁选机；三段细筛筛上产品返回三段磁选机，与三段磨矿形成自循环细筛再磨工艺。一、二、三、四段磁选机尾矿及脱水槽的溢流尾矿一并给入精尾车间的浓缩机浓缩。

6.4.2.4　脱水流程

脱水作业都集中在精尾车间，分精矿脱水及尾矿浓缩两部分。磁选作业产生的精矿，给入 CN-40 型过滤机进行过滤，过滤成含水量不高于 10.5% 的最终精矿。

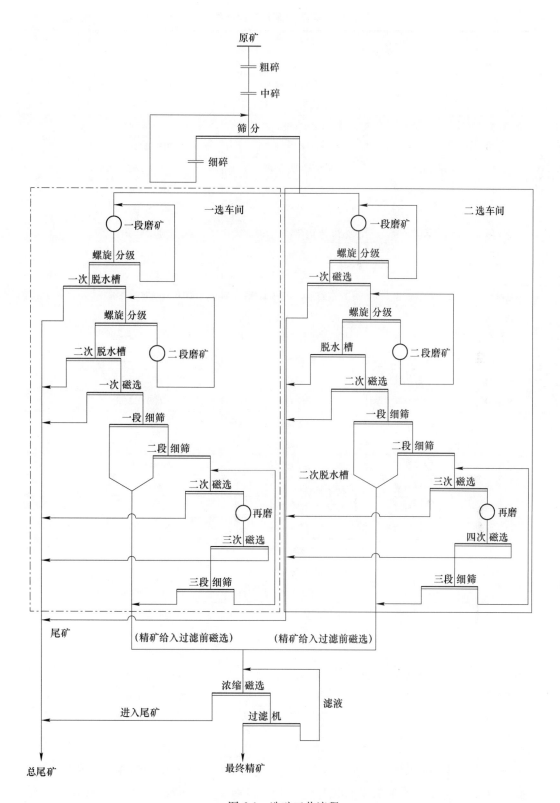

图 6-1 选矿工艺流程

表 6-6　北营选矿厂主要设备

车间	工序	设备名称	设备型号	台数
破碎车间	粗碎	颚式破碎机	PE900×1200	2
破碎车间	中碎	标准圆锥破碎机	PYB-2100	2
破碎车间	细碎	短头圆锥破碎机	PYD-2100	4
筛分车间	筛分	自定中心振动筛	SZZ150×4000	8
一选车间	一段磨矿	格子型球磨机	MQG2721	6
一选车间	二段磨矿	溢流型球磨机	MQG2320	6
一选车间	三段磨矿	溢流型球磨机	MQY2330	3
一选车间	一次分级	高堰式双螺旋分级机	$\phi2000$	6
一选车间	二次分级	高堰式双螺旋分级机	$\phi2000$	6
一选车间	一次脱水	永磁脱水槽	CS-25ϕ2500	6
一选车间	二次脱水	永磁脱水槽	CS-20ϕ2000	6
一选车间	一段磁选	半逆流型永磁筒式磁选机	CTB-718ϕ750×1800	6
一选车间	二段磁选	半逆流型永磁筒式磁选机	CTB-718ϕ750×1800	9
一选车间	三段磁选	半逆流型永磁筒式磁选机	CTB-718ϕ750×1800	9
一选车间	一段细筛	细筛	MVS2020 0.2mm	6
一选车间	二段细筛	细筛	MVS2020 0.2mm	6
一选车间	三段细筛	细筛	MVS2020 0.2mm	2
二选车间	一段磨矿	溢流型球磨机	MQG2736	2
二选车间	二段磨矿	溢流型球磨机	MQG2736	2
二选车间	三段磨矿	溢流型球磨机	MQG2736	1
二选车间	一次分级	高堰式双螺旋分级机	$\phi2000$	2
二选车间	二次分级	沉没式双螺旋分级机	$\phi2000$	2
二选车间	一次脱水	永磁脱水槽	CS-20ϕ2000	2
二选车间	一次脱水	永磁脱水槽	CS-20ϕ2000	2
二选车间	一段磁选	半逆流型永磁筒式磁选机	CTB-718ϕ1050×2400	3
二选车间	二段磁选	半逆流型永磁筒式磁选机	CTB-718ϕ750×1800	2
二选车间	三段磁选	半逆流型永磁筒式磁选机	CTB-718ϕ1050×2400	2
二选车间	四段磁选	半逆流型永磁筒式磁选机	CTB-718ϕ750×1800	2
二选车间	一段细筛	细筛	MVS2020 0.2mm	2
二选车间	二段细筛	细筛	MVS2020 0.2mm	2
二选车间	三段细筛	细筛	MVS2020 0.2mm	1
精尾车间	浓缩磁选	逆流型永磁筒式磁选机	CTB-718ϕ750×1800	10
精尾车间	精矿过滤	过滤机	CN-40	6

　　磁选作业产生的所有尾矿（浓度 3%~5%）给入 4 台 NG-30 周边齿轮传动和一台 NG-53 周边齿轮传动式浓缩机浓缩成浓度为 9%~15% 的矿浆，经两级泵站输送至尾矿库贮存。浓缩机溢流返回选矿车间，作为磨选作业生产用水。

6.5 矿产资源综合利用情况

北营铁矿无共伴生矿产，资源综合利用率为76.44%。

北营铁矿年产生废石1237.81万吨，废石未综合利用，废石利用率为零，处置率为100%，处置方式为排土场堆存。

选矿厂尾矿年排放量135.75万吨，尾矿中TFe含量为8.66%，尾矿未利用，尾矿利用率为零，处置率为100%，处置方式为尾矿库堆存。选矿回水利用率为71.43%。

7　陈家庙铁矿

7.1　矿山基本情况

陈家庙铁矿位于甘肃省张家川回族自治县闫家乡陈庙村，南距陇海铁路天水火车站116km，天宝公路横穿矿区南端，交通便利。矿山成立于 2008 年 6 月，为地下开采的中型矿山，主要开采矿产为铁矿。陈家庙铁矿开发利用情况见表 7-1。

表 7-1　陈家庙铁矿开发利用简表

基本情况	矿山名称	陈家庙铁矿	地理位置	甘肃省张家川回族自治县
	矿床工业类型	沉积变质型铁矿床		
地质资源	开采矿种	铁矿	地质储量/万吨	270.29
	矿石工业类型	磁铁矿石	地质品位（TFe）/%	27.78
开采情况	矿山规模	30 万吨/年，中型	开采方式	地下开采
	开拓方式	竖井-斜井联合开拓	主要采矿方法	浅孔留矿法
	采出矿石量/万吨	3.4	出矿品位（TFe）/%	25.41
	废石产生量/万吨	10	开采回采率/%	87.80
	贫化率/%	10.5	开采深度	—
	掘采比/米·万吨$^{-1}$	190		
选矿情况	选矿厂规模	30 万吨/年	选矿回收率/%	81.10
	主要选矿方法	三段一闭路破碎，一段闭路磨矿，铁矿单一磁选，铜矿石铜硫优先浮选		
	入选矿石量/万吨	3.3	原矿品位（TFe）/%	25.24
	精矿产量/万吨	1.05	精矿品位（TFe）/%	64.41
	尾矿产生量/万吨	2.25	尾矿品位（TFe）/%	7.56
综合利用情况	综合利用率/%	71.21	废水利用率/%	100
	废石排放强度/t·t^{-1}	0.90	废石处置方式	用作建筑石料
	尾矿排放强度/t·t^{-1}	1.97	尾矿处置方式	尾矿库堆存
	废石利用率/%	100	尾矿利用率	0

7.2 地质资源

7.2.1 矿床地质特征

陈家庙铁矿矿床类型为沉积变质型铁矿床，矿区出露地层主要为下古生界牛头河群之（P_{Z1}^b）层位、新近系（N）及第四系（Q）。矿区内断裂发育，其走向近南北向，与矿区含矿层位近一致。断层大多以左推压扭性断裂为主，均为成矿后断裂。其特征如下：F_1断层：为矿区主干断裂，倾向 280°~290°，倾角 40°~60°，倾斜延长大于 600m，破碎带宽数米至数十米，为压扭性断裂。F_5断层：位于 F_1 断层西侧上盘，倾向 300°~325°，倾角 39°~50°，为矿区主要成矿期后断层，与 F_1 斜交。从地表沿倾斜断续延伸大于 700m，宽度 1020m 不等。沿走向有分枝复合现象，沿倾向有尖灭再现特征，为压扭性断裂。矿区主要为龙口峪海西期中酸性石英闪长岩（δo_4^1）和印支-燕山期似斑状角闪花岗岩（$\gamma 5^{1-2}$）。石英闪长岩呈岩基状，似斑状角闪花岗岩（$\gamma 5^{1-2}$）呈岩株状。矿区脉岩弱发育，主要有云斜煌斑岩（x4）、角闪石岩（Φo_4）、花岗细晶岩（γL_4）等。

陈家庙铁矿床勘查的矿体大小不等，平行斜列的铁矿（化）体 23 个。主要矿体有⑥号矿体、盲矿体 1-1 号、1-2 号、17 号铁矿体。矿体均赋存于黑云母更长片麻岩、石英片岩层中，与石英片岩关系密切。

⑥号铁矿体：长大于 700m，倾斜延伸大于 1000m。矿体的形态呈似层状产出，产状基本与围岩一致。矿体产状：倾向 280°~290°，倾角 40°~60°。TFe 平均品位 27.93%，厚度 8.07m。矿体厚度变化沿倾向大于走向方向，沿倾向有尖灭再现特征。

1-1 号矿体：长 300m，倾斜延伸大于 400m。矿体的形态呈似层状产出，产状基本与围岩一致。矿体产状：倾向 280°~290°，倾角 40°~60°。平均厚度 5.99m，TFe 平均品位 28.08%。矿体沿走向和倾向方向均较为稳定。

1-2 号矿体：1-2 号与 1-1 号铁矿体平行分布，矿体长 400m，倾斜延伸大于 400m。矿体的形态呈似层状产出，产状基本与围岩一致。矿体产状：倾向 280°~290°，倾角 40°~50°。TFe 平均品位 26.33%，平均厚度 8.57m。矿体沿走向和倾向方向均较为稳定。

17 号铁矿体：长大于 200m，倾斜延伸近 400m。矿体的形态以呈似层状为主，产状基本与围岩一致。矿体产状：倾向 280°，倾角 20°~40°。TFe 平均品位 28.65%，平均厚度 7.06m。

7.2.2 资源储量

陈家庙铁矿矿石矿物主要为磁铁矿，矿石平均品位（TFe）27.78%。矿山累计查明资源储量为 270.29 万吨，矿床规模为中型。

7.3 开采情况

7.3.1 矿山采矿基本情况

陈家庙铁矿为地下开采的中型矿山，采取竖井-斜井联合开拓方式，使用的采矿方法为潜孔留矿法。矿山设计年生产能力 30 万吨，设计开采回采率为 87%，设计贫化率为 11%，设计出矿品位（TFe）28.68%。

7.3.2　矿山实际生产情况

2013 年，矿山实际出矿量 3.4 万吨，排放废石 10 万吨。具体生产指标见表 7-2。

表 7-2　矿山实际生产情况

采矿量/万吨	开采回采率/%	贫化率/%	出矿品位/%	掘采比/米·万吨$^{-1}$
3.4	87.80	25.41	10.5	190

7.4　选矿情况

陈家庙铁矿有设计年选矿能力为 30 万吨的铁选厂一个。破碎流程采用三段一闭路破碎，其中粗碎作业在井下完成，粗碎产品 0~180mm，粗碎产品经中碎、细碎及筛分后得到 0~12mm 产品。细碎产品经磁滑轮抛尾后进入磨矿作业。铁矿磨矿采用一段闭路磨矿，入选粒度为 -0.074mm 占 58%。磨矿产品经一粗一精一扫的磁选工艺获得最终铁精矿。

7.5　矿产资源综合利用情况

陈家庙铁矿资源综合利用率为 71.21%。

陈家庙铁矿年产生废石 1 万吨，年利用废石 1 万吨，废石利用率为 100%，利用方式为做建筑材料。

选矿厂尾矿年排放量 2.19 万吨，尾矿中 TFe 含量为 7.56%，尾矿未利用，尾矿利用率为零，处置率为 100%，处置方式为尾矿库堆存。

8 磁 海 铁 矿

8.1 矿山基本情况

磁海铁矿位于新疆维吾尔自治区东部哈密市南 285km,在雅满苏铁矿南 115km 处,由简易公路相通,雅满苏铁路有铁路专线约 36km,并与兰新线山口车站相接。矿山成立于 2001 年 4 月,为露天开采的大型矿山,主要开采矿产为铁矿,共伴生矿产为硫矿,是第三批国家级绿色矿山试点单位。磁海铁矿开发利用情况见表 8-1。

表 8-1 磁海铁矿开发利用简表

基本情况	矿山名称	磁海铁矿	地理位置	新疆维吾尔自治区东部哈密市
	矿山特征	国家级绿色矿山	矿床工业类型	陆相火山岩型
地质资源	开采矿种	铁矿	地质储量/万吨	20931.6
	矿石工业类型	磁铁	地质品位	
开采情况	矿山规模	150 万吨/年,大型	开采方式	露天开采
	开拓方式	公路运输开拓	主要采矿方法	组合台阶式采矿法
	采出矿石量/万吨	158.73	出矿品位(TFe)/%	40.58
	废石产生量/万吨	1120	开采回采率/%	98.15
	贫化率/%	16	开采深度	
	剥采比/t·t^{-1}	6.93		
选矿情况	选矿厂规模	180 万吨/年	选矿回收率/%	80.92
	主要选矿方法	三段一闭路—细碎前干磁抛废 阶段磨矿—阶段选别—磁选—浮选联合选别		
	入选矿石量/万吨	159.53	原矿品位(TFe)/%	47.48
	精矿产量/万吨	93.83	精矿品位(TFe)/%	64
	尾矿产生量/万吨	65.70	尾矿品位(TFe)/%	13.54
综合利用情况	综合利用率/%	78.20	废石处置方式	排土场堆存
	废石排放强度/t·t^{-1}	10.31	尾矿处置方式	尾矿库堆存
	尾矿排放强度/t·t^{-1}	0.47	尾矿利用率	0
	废石利用率	0		

8.2　地质资源

8.2.1　矿床地质特征

8.2.1.1　地质特征

磁海铁矿矿床类型为陆相火山岩型铁矿床，矿区由磁海矿段、南矿段和西矿段组成。南东-北西长 10km，北东-南西宽 1km，面积 10km^2。矿区内出露地层主要有蓟县系马蹄山组、下二叠统、古近系、新近系和第四系。

磁海铁矿区由蓟县系平头山群和二叠系地层组成一开阔的背斜，尽管背斜构造的形态受到后期岩浆活动的破坏，大面积的岩浆侵入活动使岩浆侵占了背斜核部，但从残存不全的蓟县系平头山群和二叠系地层出露情况和它们的岩性特征对比，其两翼层位相当，岩石组合相同，完全证明了矿区背斜的存在。

背斜轴向 245°~65°，倾向北，倾角 50°左右。其南翼倒转，北翼正常。矿区的南矿段与磁海矿区分别赋存于背斜核部的靠北侧，该背斜构造的形态控制和制约着磁海铁矿的空间分布。

磁海铁矿床长约 1600m，宽 300~500m，面积约 0.6km^2。在构造上处于磁海背斜的北翼靠核部，矿床为一隐伏矿床，除南、西矿段见零星矿体露头外，全为古近系和新近系及第四系覆盖，并都经过了不同程度的剥蚀。含矿带的原始产状、形态已遭破坏（过去均推测矿体北倾，走向 70°左右）。目前地表已形成了 20~40m 深的大面积采坑，矿体走向 90°左右，倾向南，倾角较陡，为 70°~80°，单矿体形态多为似层状、分枝复合脉状、树枝状和少量透镜状。

含矿带赋存在辉绿岩与长英质片（角）岩接触带附近，相对靠近辉绿岩一侧。矿带的上界面标志明显，当钻孔穿过长英质片（角）岩，见到浅色辉绿岩（发生钠化）后而又出现石榴石-透辉石矽卡岩时，说明已进入含矿带。下界面标志不明显，岩性变化大，主要岩石有辉绿岩、辉长岩、闪长岩等，总体变化趋势是：磁铁矿化、矽卡岩化减弱到消失，辉绿岩浅色矿物增多（往酸性过渡），出现较多的酸性岩脉，表明已出了含矿带。矿带中岩石组合主要为辉绿岩、矽卡岩和磁铁矿（化）体。主要矿体赋存在矿带的膨大部位，矿体产状一般受含矿辉绿岩体的内部构造裂隙所控制。

8.2.1.2　矿石质量

矿石主要结构为半自形-他形粒状结构、他形粒状结构、溶蚀结构、交代结构、文象-次文象结构。次要结构有自形粒状结构、半自形粒状结构、嵌晶结构、网状结构、海绵结构、填间结构、压碎结构、固溶体分离结构等。

根据矿石矿物集合体的形态和空间分布，矿石构造分为 9 种。主要构造类型有块状、角砾状、浸染状和条带条纹状构造；次要构造类型有脉状、网脉状、斑点状、团块状及斑杂状构造等。

8.2.2　资源储量

磁海铁矿矿山主要矿种为铁矿，伴生硫组分，但选矿未回收。矿山累计查明储量为20931.6 万吨，矿床规模为大型。

8.3 开采情况

8.3.1 矿山采矿基本情况

磁海铁矿为露天开采的大型矿山。采取公路运输开拓，使用的采矿方法为组合台阶法。矿山设计年生产能力 150 万吨，设计开采回采率为 95%，设计贫化率为 15%，设计出矿品位（TFe）38%。

8.3.2 矿山实际生产情况

2013 年，磁海铁矿实际出矿量 158.73 万吨，排放废石 1120 万吨。具体生产指标见表 8-2。

表 8-2 磁海铁矿实际生产情况

采矿量/万吨	开采回采率/%	贫化率/%	出矿品位（TFe）/%	露天剥采比/t·t⁻¹
158.73	98.15	16	40.58	6.93

8.3.3 采矿技术

磁海铁矿采区由沿矿体倾向布置变更为沿矿体走向布置，这样不但减少了复杂工作面的数量，而且条带状薄矿体爆破后，爆破矿石的储备量较采区沿矿体倾向布置大大增加，从而对年产量影响的不利因素有所减少。改变原有采场工作线及采场的推进方向。采场的推进方向由东端帮向西端帮推进变更为由南帮（上盘）向北帮（下盘）推进，这样起到了灵活划分采区的目的。

针对矿体和围岩能明确地划分接触带的急倾斜层状矿体，一般都可以通过调节采区的划分方式、工作线及采场的推进方向、穿爆及采掘工艺方法并配以合适的挖掘设备进行开采，可以减少矿物的损失与贫化。

对于矿体和围岩接触带难以明确划分及赋存条件复杂的块状矿体，在有合理挖掘设备的情况下，通过地质人员在工作面爆堆上标出矿岩范围，由挖掘机司机在工作面直接挑选或在采矿场外进行贫矿与富矿的配矿处理，使其达到选矿工艺所要求的稳定的入选品位。

8.4 选矿情况

8.4.1 选矿厂概况

磁海铁矿选矿厂为天宝选矿厂，该选矿厂目前有新旧两个系列，老系列主要采用浮选—磁选联合流程处理雅满苏高硫磁铁矿，由于雅满苏露天矿已闭坑，转井下采后产量减少，天宝选矿厂于 2006 年建成了一套新的选矿工艺系统，选用 SLon-1750 型立环脉动高梯度强磁选机专门处理磁海铁矿。在雅满苏矿采量不足的情况下，选矿厂新老两个系列全部处理磁海铁矿。因入选磁海铁矿为地表氧化矿，硫含量较低，选矿厂取消了浮选脱硫作业，现场为磁选生产。

2013 年，选矿厂实际入选矿石量 159.53t，入选品位（TFe）47.48%。精矿产量 93.83 万吨，精矿品位（TFe）64%，选矿回收率（TFe）80.92%。选矿厂能耗与水耗概况见表 8-3。

表 8-3 磁海铁矿选矿能耗与水耗概况

每吨原矿选矿耗水量/t	每吨原矿选矿耗新水量/t	每吨原矿选矿耗电量/kW·h	每吨原矿磨矿介质损耗/kg
4.1	0.49	24.07	0.36

8.4.2 选矿工艺流程

8.4.2.1 破碎流程

破碎生产采用三段一闭路—细碎前干磁抛废流程，破碎工艺流程如图 8-1 所示。主要破碎设备见表 8-4。0~700mm 原矿进入原料矿仓后，进入颚式破碎机粗碎，粗碎产品进入标准圆锥破碎机中碎，中碎产品进入振动筛预先筛分，筛上产品经过磁滚筒抛废石后进入短头圆锥破碎机细碎，细碎产品返回振动筛构成闭路。筛下产品进入磨矿仓。

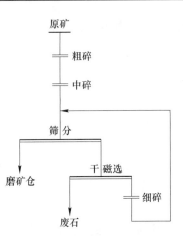

图 8-1 破碎系统工艺流程

8.4.2.2 老系统工艺流程

老系统建成于 2000 年，采用阶段磨矿—阶段选别—磁选—浮选联合选别的工艺流程，其中包括两段闭路磨矿、三段磁选、一段浮选，工艺流程如图 8-2 所示。原矿经原矿仓给入一段球磨机，一段球磨与螺旋分级机构成闭路磨矿，合格磨矿产品进入一段磁选，一段磁选精矿进行二次分级，二次分级沉砂进入二段磨矿，二段磨矿产品返回二次分级构成闭路磨矿。二次分级溢流给入浮选作业脱硫，浮选尾矿经二段、三段磁选获得合格铁精矿。一段、二段、三段磁选尾矿合并给入尾矿浓缩池。

表 8-4 磁海铁矿选矿厂主要破碎设备

工 序	设备名称	规格型号	处理量/t·h⁻¹	数量/台
粗碎	颚式破碎机	900×1200	140~200	1
中碎	圆锥破碎机	PYB1750	280~489	1
细碎	圆锥破碎机	PYD1750	75~230	1

8.4.2.3 新系统工艺流程

新系统建成于 2006 年，采用连续磨矿—单一磁选的工艺流程，其中包括两段闭路磨矿、三段磁选、一段浮选，工艺流程如图 8-3 所示，主要磨选设备见表 8-5。原矿经原矿仓给入一段球磨机，一段球磨与一次螺旋分级机构成闭路磨矿，合格磨矿产品进入水力旋流器进行二次分级，二次分级沉砂进入二段磨矿，二段磨矿产品返回二次分级构成闭路磨矿。二次分级溢流给入一段磁选，一段磁选精矿给入二段磁选精选。一段磁选尾矿给入强

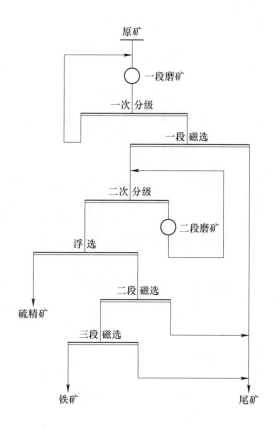

图 8-2　老系统工艺流程

磁选机扫选，强磁选精矿与二段磁选精矿合并进入过滤系统。二段磁选、强磁选尾矿合并给入尾矿浓缩池。

表 8-5　天宝选矿厂主要磨选设备

工序	设备名称	设备型号	处理量/t·h⁻¹	台数
磨矿	格子型球磨机	$\phi3200\times3000$	50~120	1
磨矿	格子型球磨机	$\phi2700\times3600$	40~80	1
磨矿	溢流型球磨机	$\phi2700\times3600$	35~70	2
分级	高堰式螺旋分级机	FLG-ϕ2400	300	2
分级	沉没式螺旋分级机	FLG-ϕ2000	200	2
浮选	浮选机	SF-8	2.4~8	8
磁选	半逆流型永磁筒式磁选机	CTBϕ1050×2100	30~50	10
磁选	半逆流型永磁筒式磁选机	CTB-718ϕ750×1800	20~40	3
磁选	立环高梯度磁选机	SLon-1750	30~50	1

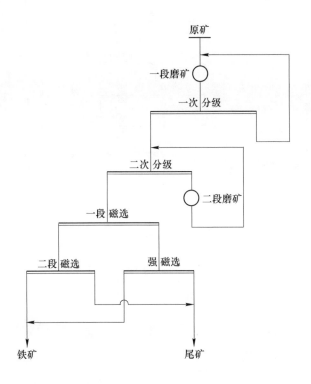

图 8-3　新系统工艺流程

8.5　矿产资源综合利用情况

磁海铁矿伴生有硫，品位为 0.74%，矿山未综合回收，资源综合利用率为 78.20%。

磁海铁矿年产生废石 1120.65 万吨，废石未利用，废石利用率为零，处置率为 100%，处置方式为排土场堆存。

选矿厂尾矿年排放量 50.79 万吨，尾矿中 TFe 含量为 13.54%，尾矿未利用，尾矿利用率为零，处置率为 100%，处置方式为尾矿库堆存。

9 大 顶 铁 矿

9.1 矿山基本情况

　　大顶铁矿位于广东省河源市连平县，至河源市公路里程约73km，由公路相通，距京九铁路和平站约70km，交通便利。矿山1989年获批建设，1992年开始正式开采。矿山为露天开采的大型矿山，主要开采矿产为铁矿，共伴生矿产为锡矿、锌矿。该矿是广东省目前探明储量最大的露天磁铁矿山，是华南地区重要的铁矿石供应基地，第三批国家级绿色矿山试点单位。大顶铁矿开发利用情况见表9-1。

表 9-1 大顶铁矿开发利用简表

基本情况	矿山名称	大顶铁矿	地理位置	广东省河源市连平县
	矿山特征	广东省目前探明储量最大的露天磁铁矿山	矿床工业类型	高温热液接触交代矽卡岩型磁铁矿床
地质资源	开采矿种	铁矿	地质储量/万吨	9738.39
	矿石工业类型	磁铁矿石	地质品位/%	42.13
开采情况	矿山规模	300万吨/年，大型	开采方式	露天开采
	开拓方式	公路运输开拓	主要采矿方法	组合台阶采矿法
	采出矿石量/万吨	295.99	出矿品位/%	42.16
	废石产生量/万吨	728.88	开采回采率/%	99.63
	贫化率/%	1.93	开采深度	781~460m 标高
	剥采比/t·t^{-1}	2.16		
选矿情况	选矿厂规模	300万吨/年	选矿回收率/%	92.5
	主要选矿方法	三段一闭路破碎，阶段磨矿—磁选—浮选		
	入选矿石量/万吨	1439.63	原矿品位（TFe）/%	41.54
	精矿产量/万吨	450.06	精矿品位（TFe）/%	55.74
	尾矿产生量/万吨	110	尾矿品位（TFe）/%	8.8
综合利用情况	综合利用率/%	91.42	废水利用率/%	95
	废石排放强度/t·t^{-1}	3.92	废石处置方式	排土场堆存、建筑石料
	尾矿排放强度/t·t^{-1}	0.59	尾矿处置方式	尾矿库堆存
	废石利用率/%	30.45	尾矿利用率	0

9.2　地质资源

9.2.1　矿床地质特征

9.2.1.1　地质特征

大顶铁矿是广东省目前探明储量最大的露天磁铁矿山，矿床成因类型为高温热液接触交代矽卡岩型磁铁矿。主要开采矿种：铁矿，开采深度：781~460m 标高。

矿区出露地层比较简单，只有三叠系上统大顶群和第四系。根据岩性组合特征，大顶群可分为大顶组和蕉园组。矿区出露的地层产状没有太大的变化，近似单斜岩层，产状 $30°~45° \angle 10°~25°$。其中，大顶组第三段为该矿区赋存钨、锡、铁、铅、锌矿的层位。

矿区位于石背花岗岩体之南，受石背穹窿控制。区内开阔型的次级褶皱大致呈北东向展布。西北部有石坑-铁帽顶背斜，西南部有茅岭背斜，均向南西倾伏。背斜之间有平缓的鹿湖嶂向斜。断裂以北东向压扭性断裂为主，主要为西北向的 F_1 断裂。

矿区北部属石背岩体，区内出露期后细晶闪长岩脉侵入（细粒角闪闪长岩）。石背岩体的主体为似斑状黑云母花岗岩，出露在矿区北部观音座莲及石背一带。花岗岩内见不明显的细粒-中细粒的岩相分带，且或多或少都含有长石和石英斑晶，从而构成普遍的斑状构造。细粒角闪闪长岩脉出露于矿区东部大塘坑、笠麻桥坑一带，呈东西走向脉状产出，厚度、产状不详。岩石呈灰-浅灰黑色，变余细晶闪长结构，块状构造，矿物主要为长石（70%），已绢云母化和黝帘石化；角闪石占 30%；磁铁矿少量。

9.2.1.2　矿石质量

大顶铁矿石主要金属矿物为磁铁矿，少量赤铁矿、褐铁矿；金属硫化物的数量较少；脉石矿物主要有石榴石、透辉石、透闪石、绿帘石、石英、长石、方解石，少量锌铁尖晶石、萤石、白云母等。

磁铁矿产出形式约有三种：（1）磁铁矿呈细小乳浊状包体或散点稀疏分布。（2）磁铁矿与镁铁尖晶石紧密共生连晶交代斜硅镁石，呈交代残余结构，风化后呈细粒松散状。（3）呈细脉充填于镁质矽卡岩的间隙或裂隙中，与透辉石、斜硅镁石呈简单的镶边关系，不平整接触。磁铁矿常交代透辉石、斜硅镁石，并与假象赤铁矿、镁铁尖晶石、硫化物硼镁铁矿紧密共生形成各种矿物组合。

矿石以中细粒他形-半自形等粒或不规则粒状结构为主，少量自形-半自形和半自形-纤柱假象变晶结构以及交代残余结构、细脉充填结构、细小乳状结构、海绵陨铁结构等，偶见自形粒状结构。矿石以致密块状构造为主，浸染状、团块状、角砾状、条带状、细脉状构造次之。致密构造矿石主要构成富矿，而其他构造类型矿石则多贫矿。

原矿中有 75%的锡包含于磁铁矿中，锡主要以胶态锡的形式赋存于磁铁矿中；分散于脉石中的锡占原矿总锡的 18%；以锡石矿物形式存在的锡不到原矿总锡 7%。矿石中的锡无综合利用价值。原矿中有 62%的锌以锌铁尖晶石片晶包含于磁铁矿中；分散于脉石中的锌占原矿总锌的 7%；其余锌以锌铁尖晶石矿物形式存在，这部分锌占原矿总锌 30%。矿石中的锌同样无综合利用价值，并由于锌铁尖晶石具有弱磁性，极易在磁选过程夹带进入铁精矿。

9.2.2 资源储量

大顶铁矿矿床规模为中型，矿床主要矿种为铁，伴生有锡、锌等矿种。截至 2013 年年底，大顶矿区矿山头矿段铁矿累计查明铁矿石资源储量 9738.39 万吨、伴生锡金属资源量 66404.39t、伴生锌金属资源量 157109.09t；保有铁矿资源储量 3846.37 万吨，平均品位（TFe）42.13%，伴生锡金属资源量 19034.15t、伴生锌金属资源量 51140.35t。

9.3 开采情况

9.3.1 矿山采矿基本情况

大顶铁矿是广东省目前探明储量最大的露天磁铁矿山，是华南地区重要的铁矿石供应基地。采取公路运输开拓，使用的采矿方法为组合台阶缓剥陡采工艺。矿山设计年生产能力 300 万吨，设计开采回采率为 97%，设计贫化率为 4%，设计出矿品位（TFe）41.54%。

9.3.2 矿山实际生产情况

2013 年，矿山实际出矿量 295.99 万吨，排放废石 728.88 万吨。矿山开采深度为 781~460m 标高。具体生产指标见表 9-2。

表 9-2 大顶铁矿实际生产情况

采矿量/万吨	开采回采率/%	贫化率/%	出矿品位（TFe）/%	露天剥采比/t·t⁻¹
295.99	99.63	1.93	42.16	2.46

9.3.3 采矿技术

矿山 1989 年建矿，1992 年开始正式开采。分期建设，一期年采矿规模 100 万吨，二期 300 万吨。采矿主要工艺：按照设计参数分台阶（台阶高 12m）自上而下进行剥采（先剥后采，剥离超前），平整剥采位置（勾机），钻孔（潜孔钻机钻中深孔），爆破（乳化油炸药和多排微差非电起爆），铲装（矿石用马旦汽车运输至堆矿场配矿或采场粗碎站、废石用马旦汽车运输进入尾矿库筑坝或排土场，其中大块矿石用液压破碎机（勾机安装炮锤）破碎）。采场排水采用溜井平洞自流排水，采场公路有专用洒水车降尘。

采矿主要设备型号见表 9-3。

表 9-3 大顶铁矿采矿主要设备

设备名称	设备型号	单位	数量
潜孔钻	Atlas 967	台	1
	Atlas 485	台	2
推土机	SD13	台	3
装载机	SEM650	台	2

9.4　选矿情况

9.4.1　选矿厂概况

　　大顶铁矿一期选矿厂 1991 年开始建设，1999 年竣工投产，原设计年生产能力 100 万吨，其中年处理原生矿 50 万吨，其他 50 万吨通过选厂洗矿系统处理粉状氧化矿来实现，现球磨二车间也是 2 台 $\phi2700×3600$ 球磨机，年处理原矿 50 万吨。

　　2002 年大顶选矿厂进行二期设计，新建年处理能力 300 万吨粗碎站，而磨矿能力是通过两次改造完成的，设计增加了 3 号、4 号、5 号、6 号球磨，其中 3 号、4 号是 $\phi2700×3600$ 球磨机，5 号、6 号是 $\phi3200×4500$ 球磨机（$\phi3200×4500$ 球磨机磨矿能力是 $\phi2700×3600$ 球磨机的 2 倍），合计年磨矿能力是 200 万吨，同时利用原有的洗矿系统年处理粉状氧化矿 50 万吨，合计 250 万。2005 年 5 月改造完毕，原矿年处理能力（含氧化矿）300 万吨。

　　伴随开采深度下降，氧化矿减少和贫矿增多，选矿生产能力下降，2005 年 5 月大顶矿业设计增加 7 号、8 号球磨，2008 年 8 月技改完毕。大选厂球磨实际年生产能力（处理贫原生矿）达 250 万吨，加之球磨二车间年 50 万吨处理原生矿能力，即时年处理原生矿量仍然保持 300 万吨。近几年来选矿厂（含球二车间）进行了一系列技术改造，主要是在提高产品质量、节能、淘汰落后设备和清洁生产方面，效果也比较显著。

9.4.2　选矿工艺流程

9.4.2.1　破碎筛分流程

　　大顶选矿厂破碎系统设计采用三段一闭路工艺流程。原设计细碎闭路筛孔为 14mm×25mm，碎矿最终粒度为 0~15mm，随着原生矿比例的增加，矿石硬度增大，筛上返回量大，细碎难以适应，不得不将筛孔放大到 16mm×35mm。碎矿产品中 −12mm 仅占 78.16%，影响了磨矿能力的发挥。

　　2002 年一期工程扩建中对碎矿流程进行了改造，在入磨前增加一道干式抛废作业。根据大顶原矿矿石性质情况，混入的废石多为十分难磨的石榴子石、透辉石等，对后续的磨矿效率和精矿品位都带来较大影响。为实现"早抛多抛"的原则，减少废石入磨，提高入磨矿石品位，在细碎产品入磨矿仓的皮带上增加了一道磁滑轮干选作业，将其中的废石提前抛出。改造后的工艺流程如图 9-1 所示。

　　原矿经粗碎后进行一段洗矿筛分，筛上产品进行中碎，中碎产品与洗矿筛下产品合并给入二段振动筛筛分洗矿，二段筛分分为 +12mm、−12mm+2mm、−2mm+0mm 三个粒级。其中 +12mm 部分进入细碎，细碎产品返回二段筛分形成闭路。−12mm+2mm 粒级经磁滑轮抛尾后进入磨矿料仓。−2mm+0mm 粒级经螺旋分级机分级后，沉砂进入磨矿料仓，溢流进入磨矿产品分级作业。大顶铁矿选矿厂主要破碎筛分设备见表 9-4。

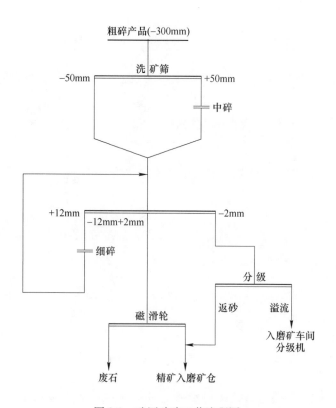

图 9-1　矿厂破碎工艺流程图

表 9-4　大顶铁矿选矿厂主要破碎筛分设备

工序	设备名称	规格型号	给矿粒度/mm	排矿粒度/mm	数量/台
粗碎	颚式破碎机	PEJ 1200×1500	0~1000	0~300	2
粗碎	颚式破碎机	PEJ 900×1200	0~900	0~230	1
粗碎	颚式破碎机	PEJ 600×900	0~900	0~60	1
中碎	圆锥破碎机	PYZ 2200	0~300	0~40	2
中碎	圆锥破碎机	φ1200	0~60	0~30	1
细碎	圆锥破碎机	HP500	0~40	0~12	3
细碎	圆锥破碎机	HP300	0~30	0~8	1
筛分	圆振动筛	YAH2448			6
筛分	振动筛	2YKRH2460			6

9.4.2.2　大顶选矿厂生产工艺流程

大顶选矿厂采用阶段磨矿—阶段磁选的工艺流程，其中包括两段磨矿、两段磁选、两次分级，详细如图 9-2 所示。细碎抛废后的矿石（粒度 12mm 以下）由皮带传送 φ2700×3600 湿式格子型球磨机进行一段磨矿，磨矿产品进入一次螺旋分级机分级，一次分级沉砂返回一段磨矿，一次分级溢流进入一段磁选。一段磁选精矿进行二次分级，二次分级沉砂进入二段 φ2700×3600 湿式溢流型球磨机，二段磨矿产品返回二次分级构成二段闭路磨

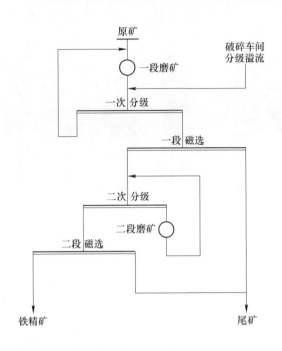

图 9-2 磨选工艺原则流程

矿，二次分级溢流经二段磁选后精矿再经磁选柱精选经陶瓷过滤机脱水产出合格铁精矿产品。

大顶选矿厂铁精矿平均品位 62.5%，设计选矿金属回收率 89.36%，经一系列技术改造，目前金属回收率达 92% 左右。选矿厂主要产品为：机烧精粉、球团精粉、1 号精粉。

9.5 矿产资源综合利用情况

大顶铁矿伴生有锡和锌，品位分别为 0.12% 和 0.29%，锡达到综合利用品位要求，锌未达到综合利用品位要求，但由于锡主要以胶态锡形式存在，矿山未综合回收，资源综合利用率为 91.42%。

大顶铁矿年产生废石 728.88 万吨，废石年利用量 222 万吨，废石利用率为 30.45%，利用方式为做建筑石料，其他废石处置率为 100%，处置方式为排土场堆存和筑坝。

选矿厂尾矿年排放量 110 万吨，尾矿中 TFe 含量为 8.8%，尾矿未利用，尾矿利用率为零，处置率为 100%，处置方式为尾矿库堆存。

10 大孤山铁矿

10.1 矿山基本情况

　　大孤山铁矿为露天开采铁矿的大型矿山，无共、伴生矿产；1949 年 11 月建矿，1950 年 11 月投产。位于辽宁省鞍山市东南郊，行政区划隶属于鞍山市千山区大孤山镇管辖，距鞍山火车站 12km，交通方便。大孤山铁矿开发利用情况见表 10-1。

表 10-1 大孤山铁矿开发利用简表

基本情况	矿山名称	大孤山铁矿	地理位置	辽宁省鞍山市千山区大孤山镇
	矿山特征	亚洲最深的露天铁矿	矿床工业类型	沉积变质型铁矿床鞍山式铁矿
地质资源	开采矿种	铁矿	地质储量/亿吨	4.2
	矿石工业类型	磁铁矿石	地质品位（TFe）/%	33.53
开采情况	矿山规模	600 万吨/年，大型	开采方式	露天开采
	开拓方式	联合运输开拓	主要采矿方法	组合台阶采矿法
	采出矿石量/万吨	672.21	出矿品位（TFe）/%	27.08
	废石产生量/万吨	2580.35	开采回采率/%	99.15
	贫化率/%	2.85	开采深度/m	90~-414 标高
	剥采比/$t \cdot t^{-1}$	3.87		
选矿情况	选矿厂规模	500 万吨/年	选矿回收率/%	72.54
	主要选矿方法	三段一闭路—中破前预先筛分 阶段磨矿—单一磁选—细筛再磨 连续磨矿—单一磁选—细筛再磨		
	入选矿石量/万吨	770	原矿品位（TFe）/%	26.75
	精矿产量/万吨	278	精矿品位（TFe）/%	67.5
	尾矿产生量/万吨	542	尾矿品位（TFe）/%	12.15
综合利用情况	综合利用率/%	71.92	废水利用率/%	0.7
	废石排放强度/$t \cdot t^{-1}$	9.28	废石处置方式	排土场堆存
	尾矿排放强度/$t \cdot t^{-1}$	2.38	尾矿处置方式	尾矿库堆存
	废石利用率/%	0	尾矿利用率/%	0

10.2　地质资源

10.2.1　矿床地质特征

大孤山铁矿矿床工业类型为沉积变质型铁矿（鞍山式铁矿），矿石工业类型主要为磁铁矿石。该铁矿为单一矿产。矿床水文地质条件属于简单类型。矿体属于稳固矿岩，围岩属于稳固岩石。

10.2.1.1　矿体特征及埋深

大孤山铁矿有三个铁矿体，其中以Ⅰ号矿体为主矿体，其资源储量占总资源储量的99.48%。Ⅱ、Ⅲ号两个矿体规模都很小。

Ⅰ号矿体为大孤山矿区之主要矿体，沿走向延长 1200m 左右，沿倾斜延深较大。走向为 310°~315°，倾向北东，倾角 60°~75°，平均厚度为 285m，最厚可达 334m。矿体向下延深可达 -700m 水平标高以下。

Ⅱ号矿体赋存在Ⅰ号矿体上盘绿泥石英片岩层中，距Ⅰ号矿体 15~30m，埋深在 -100m 水平标高以下，与Ⅰ号矿体平行分布，产状与Ⅰ号矿体基本一致。沿走向延长近 350m，厚 10m 左右，向下延深不大，在 -350m 水平标高左右尖灭。

Ⅲ号矿体分布在Ⅰ号矿体东端上盘的绿泥石英片岩中，地表未见出露。与Ⅰ号矿体平行分布，距Ⅰ号矿体 130m 左右，沿走向延长 90m，厚 40m。向下延深不大，在 -187m 水平标高尖灭。

10.2.1.2　矿石类型

A　按矿石的矿物组合特征划分

大孤山铁矿石自然类型可划分为磁铁石英岩、透闪阳起（绿泥）磁铁石英岩、磁铁假象赤铁石英岩和假象赤铁石英岩。

磁铁石英岩是最主要的矿石类型。钢灰色，粒状变晶结构，条带状或条纹状构造，由 55%~65% 的石英、30%~40% 的磁铁矿和少量赤铁矿、黑云母、菱铁矿、黄铁矿等矿物组成。石英呈他形粒状，粒径 0.015~0.7mm，组成浅色条带。磁铁矿边部偶有交代形成赤铁矿，并伴生黑云母。铁矿物粒径一般小于 0.35mm，与少量其他矿物组成暗色条带。

透闪阳起磁铁石英岩。当磁铁石英岩中含有透闪石、阳起石时，则为透闪阳起磁铁石英岩，闪石类矿物常蚀变为绿泥石，则为绿泥磁铁石英岩。透闪阳起磁铁石英岩常呈层状、扁豆状分布于磁铁石英岩中，层厚 5~30m 不等，沿走向延长 100~300m。

假象赤铁石英岩。红褐色、灰黑色，粒状变晶结构，交代假象结构，条带状或条纹状、块状构造。由 45%~60% 的石英、30%~40% 的赤铁矿和少量褐铁矿、黄铁矿等组成。石英呈他形粒状，粒径 0.15~0.35mm，有拉长及定向排列现象。赤铁矿呈他形粒状或保持磁铁矿假象，为交代磁铁矿形成，粒径 0.001~2mm 不等，中心常有未被交代的磁铁矿残留，但含量很低。以石英为主含少量细小铁矿物组成矿石浅色条带，以假象赤铁矿为主含少量石英组成矿石的暗色条带。

磁铁假象赤铁石英岩。灰黑、钢灰色，粒状变晶结构，交代假象及交代残余结构，条带状及隐条纹状构造。由 50%~65% 的石英、15%~20% 的赤铁矿、20%~25% 的磁铁矿及少量菱铁矿、白云石、黄铁矿、黑云母等组成。石英呈他形粒状，粒径 0.02~0.35mm 不等。赤铁矿多包围在磁铁矿周围，成交代环边，且保持磁铁矿假象，磁铁矿呈自形到他形粒状，粒径 0.001~0.2mm，部分被包裹在石英颗粒之间。菱铁矿等碳酸盐矿物呈极细小脉状出现。

B 按矿石品级划分

矿石工业类型可划分为富铁矿石、贫铁矿石（需选铁矿石）和低品位矿石（表外矿）。

富铁矿平均品位（TFe）为 47.99%，呈透镜状分布于贫铁矿层中，厚 5~8m。富铁矿储量仅占矿区总资源储量的 0.11%。

贫铁矿是矿区内主要矿石类型，占矿区总资源储量的 92.42%。平均品位（TFe）为33.66%。根据磁性铁占有率，可进一步划分为磁铁贫矿（未氧化矿）、磁铁假象赤铁贫矿（半氧化矿）和假象赤铁贫矿（氧化矿）。

低品位矿平均品位（TFe）为 23.41%，根据磁性铁占有率，将其细分为磁铁低品位矿、磁铁假象赤铁低品位矿和假象赤铁低品位矿，矿石自然类型分别为磁铁石英岩（透闪阳起磁铁石英岩）、磁铁假象赤铁石英岩和假象赤铁石英岩。低品位矿呈层状、透镜状，主要分布于Ⅰ号矿体的上、下盘附近。全矿区低品位矿石资源量占矿区总资源储量的 7.47%。

大孤山铁矿石中碳酸铁和硅酸铁含量均不高，平均含量分别为 0.94% 和 1.59%。

大孤山铁矿矿石类型比较简单，绝大部分为磁铁贫矿，仅有少量磁铁假象赤铁贫矿、假象赤铁贫矿和低品位矿以及微量磁铁富矿。

10.2.1.3 矿石矿物组成及结构特征

矿石矿物成分比较简单，主要为石英、磁铁矿、假象赤铁矿，其次为镜铁矿、褐铁矿、透闪石、绿泥石、菱铁矿、铁白云石、黄铁矿等。

矿石结构以自形-半自形粒状变晶结构为主，另有交代假象结构、交代残余结构、鳞片粒状变晶结构及碎裂结构。

矿石构造以条带状或条纹状构造为主，另有隐条纹状构造、块状构造及角砾状构造。

10.2.1.4 矿石化学组成

大孤山铁矿的矿石化学组分比较稳定，沿矿体走向和倾向，矿石化学组分变化不明显，铁矿石中含量最多的化学成分是 SiO_2、FeO 和 Fe_2O_3，三者之和大于 90%，其次为 MgO、CaO、Al_2O_3、CO_2 等。大孤山铁矿石品位分布均匀。

该矿全铁（TFe）一般在 25%~40% 之间，富铁矿平均含量为 47.99%，贫铁矿平均含量为 33.59%，低品位矿 TFe 平均含量 23.45%。FeO 含量一般在 8%~15% 之间，富铁矿中 FeO 平均含量 23.07%，贫铁矿中 FeO 平均含量 16.49%，低品位矿中 FeO 平均含量为 10.87%；铁物项分析表明，碳酸铁含量一般在 0.30%~1.5% 之间，贫铁矿种碳酸铁平均含量 0.91%，低品位矿中碳酸铁平均含量 1.21%；硅酸铁含量一般在 1%~3% 之间，贫铁矿中硅酸铁平均含量 3.04%，低品位矿中硅酸铁平均含量 1.68%；贫铁矿中磁性铁平均含量 29.28%，低品位矿中磁性铁含量 19.54%。

10.2.2 资源储量

矿山累计查明铁矿石 4.2 亿吨，铁矿平均地质品位（TFe）为 33.53%。

10.3　开采情况

10.3.1　矿山采矿基本情况

大孤山铁矿为露天开采的大型矿山，也是目前亚洲最深的露天铁矿。矿山采用汽车-破碎胶带联合开拓运输方式，使用的采矿方法为组合台阶法。矿山设计年生产能力 600 万吨，设计开采回采率为 95%，设计贫化率为 5%，设计出矿品位（TFe）29.88%。

10.3.2　矿山实际生产情况

2013 年，矿山实际出矿量 666.68 万吨，排放废石 2580.35 万吨。矿山开采深度为 90～-414m 标高。现在主要采矿平台标高为-246m、-258m、-270m、-282m、-294m、-306m、-318m、-330m 平台。具体生产指标见表 10-2。

表 10-2　矿山实际生产情况

采矿量/万吨	开采回采率/%	贫化率/%	出矿品位/%	露天剥采比/t·t⁻¹
672.21	99.15	2.85	27.08	3.87

10.3.3　采矿技术

整个大孤山铁矿床由玢岩东、玢岩西两部分组成。目前玢西境界内的矿石储量很少，主要出矿部位在玢东，露天采场由西到东形成一个长达 1700 余米，南北宽 1500 余米的椭圆形大坑。矿区开采平台标高，上部最高台阶约+78m，最低约-330m，由于现场实际情况复杂，多数台阶有并段和台阶阶段不足 12m 的现象。

矿山的运输系统主要采用汽车-破碎胶带运输系统和汽车-铁路运输系统。目前，大孤山铁矿有矿岩两套汽车-破碎胶带运输系统，矿石三期胶带系统于 2003 年年末建成投产，岩石三期破碎胶带系统于 2005 年年末建成投入使用，采用固定式破碎站布置。矿山采场内上盘存在"一环""二环"两条铁路干线及-42m 铁路倒装场。目前矿山的铁路系统主要用来弥补胶带系统运力不足部分及为大选尾矿筑坝服务。

矿山现有铁路和胶带两种排土方式，铁路土场主要是为尾矿库筑坝服务，以胶带排土为主。

矿山根据矿床赋存地质条件采用沿倾向由上盘向下盘的推进方式进行开采。

矿山境界参数见表 10-3，主要采矿设备见表 10-4。

表 10-3　境界圈定参数

阶段高（并段后）/m	12（24、36）	最小底宽/m	30
台阶坡面角/(°)	65	道路限坡/%	≤8
安全平台宽度/m	8	缓和坡段/m	60
运输（公路）平台宽度/m	24、16	境界尺寸：上口（长×宽）/m×m	1700×1500
汽车翻卸平台宽度/m	≥40	境界尺寸：下口（长×宽）/m×m	220×50

表 10-4 采矿主要设备型号及数量

设备名称	规格型号	数量/台	设备名称	规格型号	数量/台
牙轮钻机	YZ-35	6	生产汽车	311E	15
电铲	WD400	15	矿用汽车	3307	15
电机车	80t	3	推土机	320	10
电机车	150t	9	破碎机	6089	3

10.4 选矿情况

10.4.1 大孤山球团厂概况

大孤山球团厂原名大孤山选矿厂，前身为大孤山铁矿的选矿车间，始建于 1954 年，1955 年 10 月投产，1983 年 12 月大孤山铁矿分为一厂一矿，大孤山选矿厂正式独立经营。

大孤山球团厂设计年处理原矿 500 万吨，设计铁矿入选品位 29%，最大入磨粒度 12mm，磨矿细度 -0.074mm 含量占 85%。选矿方法为重选—磁选—阴离子反浮选，生产品位 66.5% 铁精矿 210 万吨。2004~2007 年大孤山球团厂进行提铁降硅新工艺、新设备升级改造，改造后全厂年处理能力达 900 万吨。

大孤山球团厂现有一个破碎车间和三个选别车间：破碎车间、磁选车间（一、二车间）和三选车间。破碎车间采用三段一闭路、中破前预先筛分流程，磁选车间采用阶段磨矿—单一磁选—细筛再磨流程，三选车间采用连续磨矿—单一磁选—细筛再磨流程。

大孤山球团厂选矿能耗与水耗概况见表 10-5。

表 10-5 大孤山铁矿选矿能耗与水耗概况

每吨原矿选矿耗水量/t	每吨原矿选矿耗新水量/t	每吨原矿选矿耗电量/kW·h	每吨原矿磨矿介质损耗/kg
0.475	0.124	31.064	0.698

10.4.2 选矿工艺流程

10.4.2.1 破碎筛分流程

2004~2007 年大孤山球团厂选矿工艺进行了提铁降硅新工艺、新设备升级改造。破碎车间在保留原粗破外，新形成中细破、筛分两个主体厂房。破碎主体设备采用瑞典 H 系列圆锥破碎机，筛分设备采用双层振动筛，破碎给矿粒度 1000~0mm，产品粒度 12~0mm。

破碎筛分作业采用三段一闭路—中破前预先筛分流程。粗破排矿产品经皮带送至中破碎预先筛分，经棒条筛筛分后筛上产品进入中破作业，中破产品和预先筛分筛下物一起运送到筛分间矿仓，经振动筛筛分后筛上产品进入细碎作业；细碎产品返回筛分间形成闭路筛分；筛下产品分别进入磁选车间和三选车间。破碎设备技术参数及指标见表 10-6，筛分设备技术参数及指标见表 10-7，破碎筛分工艺流程如图 10-1 所示。

表 10-6　大孤山球团厂主要破碎设备

工序	设备名称	规格型号	给矿粒度/mm	排矿粒度/mm	处理量/t·h⁻¹	数量/台
粗碎	旋回破碎机	B1200	1000~0	350~0	1000~1200	1
中碎	圆锥破碎机	H8800-MC	350~0	70~0	1350	2
细碎	圆锥破碎机	H8800-EFX	70~0	25~0	750	4

表 10-7　大孤山球团厂主要筛分设备

工　序	设备名称	规格型号	处理量/t·h⁻¹
中随预先筛分	固定棒条筛	2600×4200	1600~2000
细碎筛分	双层圆振动筛	2YA2460	450

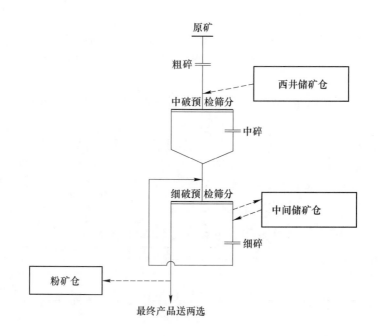

图 10-1　破碎系统工艺流程图

10.4.2.2　磁选车间磁选流程

磁选车间采用阶段磨矿—单一磁选—细筛再磨工艺流程。其中有三段磨矿、六段磁选、两段细筛、三段脱水。磁选车间工艺流程如图 10-2 所示。原矿给入一段球磨机，与一次旋流器构成闭路，溢流进入一段磁选抛尾，精矿用二次旋流器进行二次分级，粗粒级产品进入二段球磨机；二段磨矿产品返回一段磁选；二次分级溢流经一段脱水槽脱水后进入二段磁选，二段磁选精矿进入一段细筛；一段细筛筛下产物进入三段脱水槽脱水，一段细筛筛上产品进入一段浓缩磁选作业，精矿进入三段球磨机再磨；三段磨矿产品经二段脱水槽脱水后给入三段磁选机，三段磁选精矿给入二段细筛，二段细筛筛上物进入一段浓缩磁选，筛下产品给入三段脱水槽，脱水后产品经二段浓缩磁选、过滤后得到最终精矿。

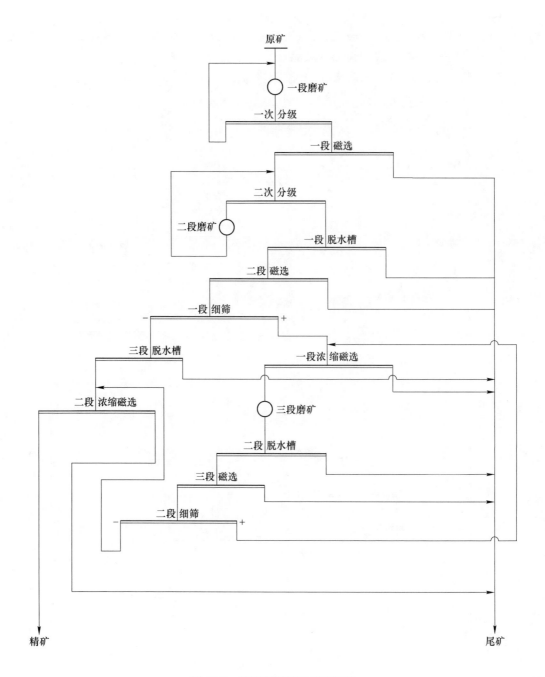

图 10-2　磁选车间磁选工艺流程

10.4.2.3　三选车间选别流程

三选车间采用连续磨矿—单一磁选-细筛再磨工艺流程。其中有三段磨矿、六段磁选、两段细筛、四段脱水槽脱水。三选车间工艺流程如图 10-3 所示。原矿给入一段球磨机，与双螺旋分级机组成一段闭路磨矿系统，一次分级溢流给入旋流器，与二段球磨机组成二段闭路。二次溢流给入一段磁选抛尾后，再经一段脱水槽抛尾后给入二段磁选，精矿进入一段细筛，筛上物进入一段浓缩磁选，浓缩后的产品送到球磨机进行三段磨矿，磨矿产品进入二段脱水槽后精矿给入三段磁选，三段磁选精矿进入二段细筛，二段细筛筛上产品返回一段浓缩磁选。一、二段细筛筛下产品合并进入三段脱水槽抛尾后精矿进行四段磁选，四段磁选精矿进入四段脱水槽脱水后进行二段浓缩磁选，浓缩磁选精矿进入过滤车间过滤后得到最终精矿。磨矿分级技术指标见表 10-8。

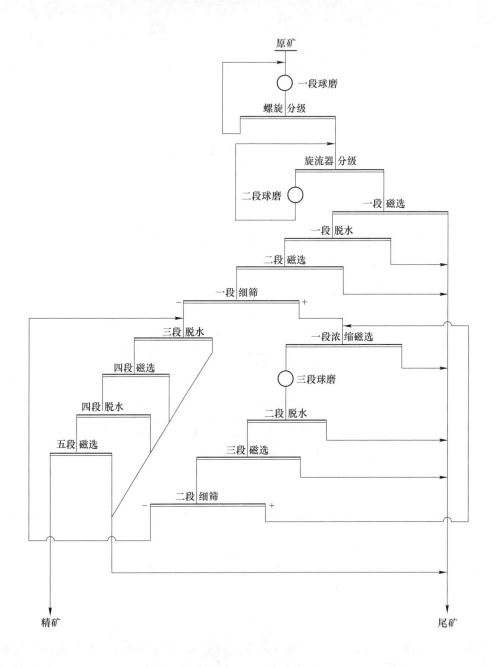

图 10-3 三选车间生产流程

表 10-8 磨矿分级技术指标

车间	入磨粒度（-12mm 含量)/%	磨矿细度（-0.074mm 含量)/%	分级效率/%
磁选	≥93	一段≥60，二段≥90	一次≥40，二次≥40
三选	≥93	一段≥5，二段≥85	一次≥40，二次≥35

磨矿分级与磁选主要设备见表 10-9。

表 10-9 主要磨矿分级与选别设备

工 序	车 间	设备名称	规格型号	数量
一段磨矿	磁选车间	溢流型球磨机	φ3600×6000	6 台
二段磨矿	磁选车间	溢流型球磨机	φ3600×6000	4 台
三段磨矿	磁选车间	溢流型球磨机	φ2700×3600	5 台
一次分级	磁选车间	水力旋流器	φ500×8	6 组
二次分级	磁选车间	水力旋流器	φ500×8	6 组
一段磁选	磁选车间	筒式磁选机	XCTB1232 φ1200×3000	24 台
二段磁选	磁选车间	半逆流型筒式磁选机	BX1024 φ1050×2400	16 台
三段磁选	磁选车间	半逆流型筒式磁选机	BX1024 φ1050×2400	10 台
一段细筛	磁选车间	电磁振动高频振网细筛	MVS2020	20 台
二段细筛	磁选车间	电磁振动高频振网细筛	MVS2020	20 台
一段浓缩磁选	磁选车间	半逆流型筒式磁选机	CTB1030 φ1050×3000	7 台
二段浓缩磁选	磁选车间	半逆流型筒式磁选机	BX1230 φ1200×3000	7 台
一段脱水	磁选车间	永磁外磁脱水槽	φ3000	16 台
二段脱水	磁选车间	永磁外磁脱水槽	φ3000	10 台
三段脱水	磁选车间	永磁外磁脱水槽	φ3000	7 台
一段磨矿	三选车间	格子型球磨机	φ3200×3100	4 台
二段磨矿	三选车间	溢流型球磨机	φ3200×3100	4 台
三段磨矿	三选车间	溢流型球磨机	φ2700×3600	2 台
一次分级	三选车间	螺旋分级机	φ2000	4 台
二次分级	三选车间	水力旋流器	φ500×5	4 组
一段磁选	三选车间	筒式磁选机	XCTB1232 φ1200×3200	8 台
二段磁选	三选车间	半逆流型筒式磁选机	BX1024 φ1050×2400	6 台
三段磁选	三选车间	半逆流型筒式磁选机	BX1024 φ1050×2400	4 台

工　序	车　间	设备名称	规格型号	数量
四段磁选	三选车间	半逆流型筒式磁选机	BX1230 φ1200×3000	4 台
一段细筛	三选车间	电磁振动高频振网细筛	MVS2020	10 台
二段细筛	三选车间	电磁振动高频振网细筛	MVS2020	10 台
一段浓缩磁选	三选车间	半逆流型筒式磁选机	CTB1024 φ1050×2400	3 台
二段浓缩磁选	三选车间	半逆流型筒式磁选机	BX1024 φ1050×2400	5 台
一段脱水	三选车间	永磁外磁脱水槽	φ3000	6 台
二段脱水	三选车间	永磁外磁脱水槽	φ3000	3 台
三段脱水	三选车间	永磁外磁脱水槽	φ3000	3 台
四段脱水	三选车间	永磁外磁脱水槽	φ3000	5 台

10.5　矿产资源综合利用情况

大孤山铁矿无共伴生矿产，资源综合利用率为 71.92%。

大孤山铁矿年产生废石 2580.35 万吨，废石未综合利用，废石利用率为零，处置率为 100%，处置方式为排土场堆存。

选矿厂尾矿年排放量 542 万吨，尾矿中 TFe 含量为 12.15%，尾矿未利用，尾矿利用率为零，处置率为 100%，处置方式为尾矿库堆存。

11　大红山铁矿

11.1　矿山基本情况

大红山铁矿位于云南省新平彝族傣族自治县戛洒、老厂、新化三乡交界处，矿区往东有公路通往新平县城（100km）、玉溪市（200km）、昆明市（290km），往西有公路至楚雄市（178km）、昆明市（344km）。从矿区经新平、玉溪至昆钢本部公路距离299km，对外交通较为方便。1997年7月，铁矿一期采选工程建成投产。矿山为露天-地下联合开采的大型矿山，主要开采矿产为铁矿，共伴生矿产主要为铜矿，其次为金、银、钴、铂、钯等。大红山铁矿开发利用情况见表11-1。

表11-1　大红山铁矿开发利用简表

基本情况	矿山名称	大红山铁矿	矿床工业类型	古海相火山岩型
	地理位置	云南省新平彝族傣族自治县		
地质资源	开采矿种	铁矿	地质储量/万吨	48496.1
	矿石工业类型	磁铁矿石	地质品位（TFe）/%	34.91
开采情况	矿山规模	1100万吨/年，大型	开采方式	露天-地下联合开采
	开拓方式	露天：公路运输开拓 地下：竖井-斜井-平硐-斜坡道联合开拓	主要采矿方法	露天：组合台阶采矿法 地下：空场法、崩落法和充填法
	采出矿石量/万吨	937.38	出矿品位（TFe）/%	27.94
	废石产生量/万吨	2167.7	开采回采率/%	78.59
	贫化率/%	15.95	开采深度/m	0~1150标高
	剥采比/t·t⁻¹	3.48		
选矿情况（一厂）	选矿厂规模	50万吨/年	选矿回收率/%	83.27
	主要选矿方法	粗碎，半自磨-球磨阶段磨矿-阶段选别，磁选-重选联合选别		
	入选矿石量/万吨	83.65	原矿品位（TFe）/%	35.50
	铁精矿产量/万吨	39.93	精矿品位（TFe）/%	61.92
	尾矿产生量/万吨	43.72	尾矿品位（TFe）/%	11.36
选矿情况（二厂）	选矿厂规模	400万吨/年	选矿回收率/%	80.51
	主要选矿方法	粗碎，半自磨—球磨阶段磨矿—阶段选别，磁选-重选联合选别		
	入选矿石量/万吨	493.77	原矿品位（TFe）/%	34.31
	铁精矿产量/万吨	220.27	精矿品位（TFe）/%	61.92
	尾矿产生量/万吨	273.50	尾矿品位（TFe）/%	12.07

选矿情况（三厂铁）	选矿厂规模	380 万吨/年	选矿回收率/%	69.23
	主要选矿方法	粗碎，半自磨—球磨阶段磨矿—阶段选别，单一磁选		
	入选矿石量/万吨	325.19	原矿品位（TFe）/%	28.32
	铁精矿产量/万吨	106.35	精矿品位（TFe）/%	59.95
	尾矿产生量/万吨	218.84	尾矿品位（TFe）/%	12.95
选矿情况（三厂铜）	选矿厂规模	150 万吨/年	选矿回收率/%	铜：89.72，铁：47.3
	主要选矿方法	粗碎，半自磨—球磨阶段磨矿—阶段选别，磁选—浮选联合选别		
	入选矿石量/万吨	246.23	原矿品位/%	Cu：0.368，Fe：21.26
	铜精矿产量/万吨	3.4	精矿品位/%	Cu：23.89
	铁精矿产量/万吨	41.27	精矿品位（TFe）/%	60
	尾矿产生量/万吨	201.56	尾矿品位/%	Cu：0.05，Fe：13.69
综合利用情况	综合利用率/%	57.97	废水利用率/%	85
	废石排放强度/t·t^{-1}	6.38	废石处置方式	排土场堆存和治理塌陷
	尾矿排放强度/t·t^{-1}	2.27	尾矿处置方式	尾矿库堆存和采空区充填
	废石利用率/%	10.15	尾矿利用率/%	12.28

11.2 地质资源

11.2.1 矿床地质特征

11.2.1.1 地质特征

大红山铁矿为古海相火山岩型铁铜矿床，矿区分基底和盖层两套地层，基底为早元古代大红山群（Ptd），系富含铁、铜的浅-中等变质程度的钠质火山岩系，属古海相火山喷发-沉积变质岩；盖层为上三叠统干海子组（T3g）及舍资组（T3s）。铁、铜矿体产于大红山群曼岗河组、红山组地层中。

曼岗河组（Ptdm）：以钠质火山沉积岩为其组成特征，全组为一套较深海相海底火山喷发沉积建造。下部主要为中基性钠质火山岩，上部乃由绿色片岩向白云石大理岩过渡成碳酸盐建造，构成一个火山沉积旋回，可分为四个岩性段。第三岩段（Ptdm3）为大红山矿区铜矿床 I 号矿带，产 I 3、I 2、I 1 三个含铁铜矿体及 I o、I a、I b、I c 四个含铜铁矿体，铜铁矿体彼此呈互层出现。

红山组（Ptdh）：以火山熔岩（细碧-角斑岩）为标志性特征。全组以熔岩为主，下部为浅色碱中性变钠质熔岩（角斑岩），产浅部熔岩 II 5 铁矿组；中部为绿色片岩，产 III 2 铁铜矿组；上部为暗绿色碱基性角闪变钠质熔岩（细碧岩）。

大红山铁矿矿床规模巨大，有 5 个主要含矿带共 69 个矿体。目前开采的主要为浅部 II 5-3、II 5-4、III 2a、V 1 矿体。

Ⅲ2a含铜铁矿矿体：呈层状、似层状产出，连续性好，层位稳定，为一单层产出矿体，东西长1000m，南北宽100~500m，面积0.25km²。埋深0~188m，标高792~1012m。

Ⅱ5-4铁矿体：呈层状、似层状产出，连续性好，层位较稳定，顶部火山角砾明显，对比可靠，为主要铁矿体。东西长1100m，南北宽100~700m，面积0.5km²。为一单矿层。埋深0~218m，标高741~1009m。

Ⅱ5-3铁矿体：呈层状、似层状产出，连续性好，层位较稳定，以顶部有一薄层富矿为特征，对比可靠，为主要铁矿体，一般为一单矿层。东西长1100m，南北宽200~550m，面积0.4km²。埋深0~250m，标高688~985m。

V1铁矿体：矿体结构简单，为一单矿层，埋深149~293m，标高740~930m。为一小型磁铁富矿体。

11.2.1.2　矿石质量

大红山铁矿矿石主要为铁矿体矿石和铁铜矿体矿石，矿石工业类型为磁铁矿矿石。铁矿体矿石金属矿物主要为磁铁矿、次为赤铁矿。矿石结构以粒状结构为主，板状、叶片状结构为次，部分为斑状结构。矿石构造有浸染状、条纹条带状、花斑状、角砾状、斑点状、斑块状、块状和致密块状等。铁铜矿体矿石金属矿物主要由黄铜矿、磁铁矿组成，次为斑铜矿、菱铁矿。矿石结构主要为粒状结构或粒状变晶结构。矿石构造为浸染状、条纹条带状。

根据矿石有无磁性及其强弱程度，铁矿石工业类型分为磁铁矿石、赤磁铁矿石、磁赤铁矿石、赤铁矿石四个类型。根据铁、铜两种主要金属的品位，铁铜共生矿石工业类型可划分为含铁铜矿石和含铜铁矿石两种类型。

铁矿石自然类型按主金属矿物划分为磁铁矿、赤铁矿、磁赤铁矿、赤磁铁矿四大类。按其脉石矿物又可分为石英型铁矿石、长英型铁矿石两亚类。含铜铁矿石自然类型按其主金属、脉石矿物划分为五个亚类型：石英含黄铜磁铁矿石、长英含黄铜磁铁矿石、石榴黑云含黄铜磁铁矿石、长英白云石含黄铜磁铁菱铁混合矿石、长英白云石含黄铜菱铁矿石。含铁铜矿石自然类型按其主金属矿物及含量可分为磁铁黄铜矿石及含磁铁黄铜矿石两大类。

11.2.2　资源储量

大红山铁矿主要矿种为铁，矿石共伴生组分有：铜、铁、金、银、铂、钯、钴等，其中以共生铜为主。

矿山累计查明铁矿石资源储量484961kt，截至2013年年底，矿山保有铁资源储量409909kt。大红山铁矿矿山查明铁资源储量平均品位（TFe）为34.91%。其中，工业矿石量406267kt，平均品位（TFe）37.42%，低品位矿石量78694kt，平均品位（TFe）18.56%。截至2013年年底，保有铁资源储量409909kt，平均品位为34.23%。其中，工业矿石量349837kt，平均品位36.93%，低品位矿石量60072kt，平均品位18.52%。矿山累计查明共生铜矿资源储量75524kt，金属量461291t，平均品位0.61%。

11.3　开采情况

11.3.1　矿山采矿基本情况

大红山铁矿为露天-地下联合开采的铁铜共生大型矿山。露天采场采取公路运输开拓，使用的采矿方法为组合台阶法；地下开采采取竖井-斜井-平硐-斜坡道联合开拓，使用的采矿方法有空场法、崩落法和充填法。矿山设计年生产能力 1100 万吨，设计开采回采率为 85.88%，设计贫化率为 11.62%，全铁设计出矿品位 14.14%，铜设计出矿品位 0.08%。

11.3.2　矿山实际生产情况

2013 年，矿山实际铁矿出矿量 937.38 万吨，其中露天采场的出矿量 229.30 万吨，共排放废石 2167.7 万吨。矿山开采深度为 0~1150m 标高。铁矿具体生产指标见表 11-2。

表 11-2　矿山铁矿实际生产情况

采矿量/万吨	开采回采率/%	贫化率/%	出矿品位/%	露天剥采比/t·t^{-1}
1126.01	78.59	15.75	TFe 27.94	3.48

11.3.3　采矿技术

目前，矿山采用地下开采与露天开采相结合的方式，公路运输开拓，无底柱分段崩落法开采工艺。

掘进及支护：采矿凿岩台车为瑞典 Atlas 公司生产的 Simba H1354 采矿台车配 Cop1838 型高效液压凿岩机。

无底柱分段崩落法每次崩矿步距为 2~3 个排面，一次装药、落矿为 1~3 条回采进路，两个分段同时爆破时的最大装药量为 22~29t，要求装药台车的装药能力不小于 1t/h。

出矿铲运机使用 Tamrock 公司生产的 Toro1400E 型电动铲运机，选配斗容 6.0m³，为目前国内金属矿山斗容最大的电动铲运机（地下铁矿山目前只有梅山铁矿引进了 1 台相同级别的电动铲运机）。另外，大红山铁矿已有 2 台 4m³ 柴油铲运机可供利用，另选 3m³ 级的柴油铲运机用作辅助出矿设备。主要采剥设备具体见表 11-3。

表 11-3　大红山铁矿采矿主要设备明细表

设备名称	型　号	合计/台
低压潜孔钻机	QZJ-100B	4
深孔采矿台车	Simba H1354	6
浅孔凿岩孔	YTP26	12
深孔装药车		3
装药器	BQF-100	7
电动铲运机 6m³	TORO 1400E	4
柴油铲运机 6m³	TORO 1400	1

设备名称	型 号	合计/台
柴油铲运机 3m^3	TORO 301D	2
矿用卡车	JKQ-10	3
凿岩台车	Rocket Boomer 281	6
浅孔凿岩机	YSP-45	8
吊罐（含 3kW 卷扬）	TDZ	3
柴油铲运机 3m^3	TORO 301D	6
矿用卡车	JKQ-10	9
混凝土喷射机	JP	5
混凝土喷射机	HPH6	5
加油车	（1.5 吨/台）	3
坑下人车	BJ2032 战旗 F1	12
材料车	一汽红塔 A1036P90K17	6
局扇	JK55-2No4	15
局扇	JK55-1No5	18
维修车	EQ-240 改装	2

11.4 选矿情况

11.4.1 选矿厂概况

大红山铁矿共建设有三个选矿厂，其中一选厂是试验性选厂，设计原矿年处理规模为 50 万吨，设计入选全铁品位 35.5%；二选厂原矿年处理规模为 400 万吨，设计入选品位 35.5%；三选厂是为扩产工程而建设的选矿厂，分为两个系列，一个系列处理铁矿石，另一个系列处理含铜铁矿石，铁系列设计年选矿能力 380 万吨，设计入选铁品位 19.31%，铜系列设计年选矿能力 150 万吨，设计入选铜品位 0.52%。

经矿石加工工艺实验研究及生产实践表明，矿区矿石中伴生组分除铜铁可以得到选矿产品被回收利用外，其余仅 Au 可以在铜精矿中部分富集通过冶炼予以回收。由于铜精矿中金含量较低（3g/t 左右）。因此，组分计算仅考虑 Fe、Cu 元素。

大红山铁矿选矿能耗与水耗指标见表 11-4。

表 11-4 大红山铁矿选矿能耗与水耗概况

作业	入选矿石量/t	入选品位/%	选矿回收率/%	每吨原矿选矿耗水量/t	每吨原矿选矿耗新水量/t	每吨原矿选矿耗电量/kW·h	每吨原矿磨矿介质损耗/kg	精矿品位/%
一选厂	83.65	TFe：35.50	83.27	1.82	0.87	31.19	1.35	TFe：61.92
二选厂	493.77	TFe：34.31	80.51	1.58	0.75	37.69	1.76	TFe：61.92

作业	入选矿石量/t	入选品位/%	选矿回收率/%	每吨原矿选矿耗水量/t	每吨原矿选矿耗新水量/t	每吨原矿选矿耗电量/kW·h	每吨原矿磨矿介质损耗/kg	精矿品位/%
三选铁系列	325.19	TFe: 28.32	69.23	1.25	0.59	36.45	1.34	TFe: 59.95
三选铜系列	246.23	Cu: 0.368 TFe: 21.26	Cu: 89.72 TFe: 47.3	1.31	0.62	35.48	1.30	Cu: 23.89 TFe: 60

11.4.2　选矿工艺流程

11.4.2.1　一选厂选矿流程

一选厂设计年处理原矿 50t，2015 年实际入选 83.65 万吨，入选品位 35.50%，选矿回收率 83.27%，精矿全铁品位 61.92%。

井下采出的矿石用汽车送至现有富矿破碎站进行破碎，破碎后矿石粒度为 0～250mm，破碎产品用带式输送机送至地面矿仓。矿石在地面矿仓底部用槽式给矿机和带式输送机给入半自磨机进行一段磨矿，半自磨机与振动筛组成闭路磨矿系统。二段磨矿和三段磨矿分别采用一台 ϕ3200×5400 球磨机和 2700×3600 球磨机构成连续磨矿，并与水力旋流器组成闭路磨矿系统。

选别工艺为阶段磨矿—阶段选别，一段磨矿产品经两段弱磁一段强磁选别排出尾矿，粗精矿经两段连续磨矿后，采用弱磁+强磁+摇床选别，得到最终精矿和尾矿。精矿经过浓缩机浓缩后，采用管道输送至昆钢；尾矿浓缩后，泵送至尾矿库或送井下充填。大红山一选厂选矿流程如图 11-1 所示，一选厂主要设备见表 11-5。

表 11-5　一选厂主要选矿设备

工　序	名称规格	设备型号	选用数量/台	备　注
粗碎	颚式破碎机	1200×900 复摆式	1	
磨矿	半自磨机	ϕ5500×1800	1	
筛分	振动筛	ZKB2460	1	备用 1 台
磨矿	球磨机	ϕ3200×5400	1	
磨矿	球磨机	ϕ2700×3600	1	
一次分级	旋流器	ϕ660×7	2	每组备用 2 台
二次分级	旋流器	ϕ350×20	2	每组备用 4 台
磁选	弱磁选机	CTB1024	1	
磁选	强磁选机	SLON-1500	1	
磁选	强磁选机	SLON-2000	1	
浓缩	浓缩机	ϕ22000	2	

11.4.2.2　二选厂选矿流程

二选厂设计年选矿能力 400 万吨，2015 年实际入选 493.77 万吨。入选品位 34.31%，选矿回收率 80.51%，精矿全铁品位 61.92%。

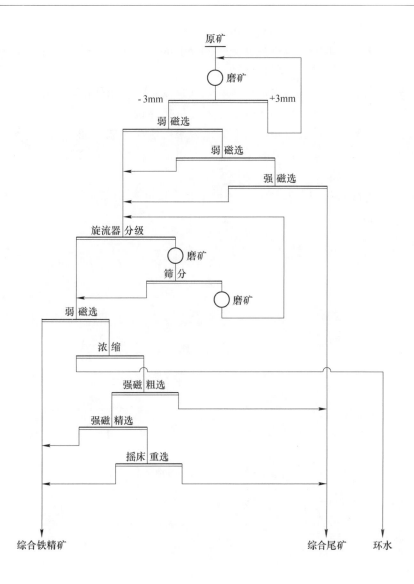

图 11-1　大红山铁矿一选厂工艺流程

　　选矿厂矿石主要来自坑下，采出的矿石经坑下粗碎，由带式输送机送至地面矿仓，矿石粒度为 0~250mm。地面矿仓底部设有 1 台重型板式给料机和 4 台振动给料机，矿仓内矿石经重型板式给料机和振动给料机进入自磨机。自磨机与直线振动筛构成闭路磨矿系统。筛上矿石返回半自磨机。筛下矿浆经渣浆泵送至旋流器，进入一段球磨分级作业。

　　溢流型球磨机与旋流器构成一段闭路磨矿。旋流器沉砂自流至球磨机，球磨机排矿自流至直线振动筛泵池。旋流器溢流自流至矿浆分配器，再分别自流至一段弱磁选机。一段弱磁选机尾矿自流至隔渣筛后进入一段强磁选机抛尾，一段弱磁精矿经脱磁器脱磁后与一次强磁精矿合并自流至二段球磨机的排矿泵池。泵池内的矿浆经渣浆泵送至旋流器，进入二段球磨分级作业。

　　溢流型球磨机与旋流器构成二段球磨闭路磨矿系统。二段旋流器沉砂自流返回二段球磨机，旋流器溢流自流至矿浆分配器，再进入二段弱磁选机，其精矿自流至三段弱磁选机精选。二、三段弱磁选机尾矿自流至强磁给矿浓缩池，浓缩后的物料经泵送回主厂房 3 管矿浆分配器，再经隔渣筛进入二段强磁选机。

二段强磁选机精矿与三段弱磁选机尾矿合并自流至强磁精矿浓密箱浓缩，其底流由渣浆泵送回主厂房矿浆搅拌桶，加药搅拌后进入浮选机浮选。

三段弱磁选机精矿与浮选机精矿合并经渣浆泵扬送至德瑞克细筛隔粗，筛上产品自流至二段球磨处理，筛下产品为最终铁精矿，加水自流至精矿管道输送系统。一段强磁尾矿与二段强磁矿尾合并为最终尾矿自流至尾矿浓缩池。

二选厂工艺流程如图 11-2 所示，二选厂主要设备见表 11-6。

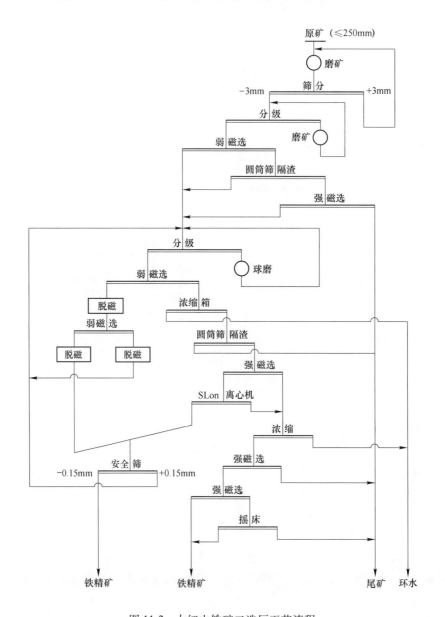

图 11-2　大红山铁矿二选厂工艺流程

表 11-6　二选厂主要设备

名称规格	设备型号	数量/台	备　注
颚式破碎机	1200×900 复摆式	1	
球磨机	MQY4870	2	
振动筛	2ZKB3070	2	备用 1 台
旋流器	ϕ660×7	2	每组备用 2 台
旋流器	ϕ350×20	2	每组备用 4 台
弱磁选机	XCTB1224	8	
	CTB1224	12	
强磁选机	SLon-2000	11	
斜板浓密箱	3400m²	2	强磁给矿浓缩
斜板浓密箱	3200m²	1	强磁精矿浓缩
浮选机	JJFⅡ-20	14	
搅拌槽	BCF2.5×2.5Ⅱ型	2	矿浆搅拌
	BC1.6×1.6 型	2	H2SO4 制备
	BC1.6×1.6 型加温搅拌槽	2	MP-281 制备

11.4.2.3　三选厂选矿流程

A　三选厂铁系列

三选厂铁系列设计年处理原矿 380 万吨，2015 年实际入选原矿 325.19 万吨，入选品位 28.32%，选矿回收率 69.23%，精矿全铁品位 59.95%。

采场采出的矿石经汽车运输至粗碎站，粗碎后矿石粒度为 0~300mm，经带式输送机送至磨矿仓。磨矿仓为 3 个 ϕ18m 圆筒仓，底部共设有 12 台带式给料机，矿仓内矿石由带式给料机给入进入半自磨机。

半自磨机与直线振动筛构成闭路磨矿系统。半自磨机排矿经直线振动筛分级，筛上矿石依次经大倾角带式输送机返回半自磨机。筛下为合格的半自磨产品，矿浆经渣浆泵送至旋流器，进入一段球磨分级作业。

溢流型球磨机与旋流器构成一段闭路球磨系统。旋流器沉砂自流返回球磨机，球磨机排矿自流至直线振动筛筛下泵池。旋流器溢流为一段球磨产品，自流至主厂房。

当处理铁矿时，一段球磨旋流器溢流自流至矿浆分配器，分别自流至弱磁选机选别，抛除产率 60% 合格尾矿后，其磁选精矿进入二段球磨分级作业。

溢流型球磨机与旋流器构成二段闭路球磨系统。球磨机排矿由渣浆泵给入旋流器分级，旋流器沉砂返回球磨机；旋流器溢流为二段球磨产品，依次进入二、三段磁选机精选，得到含铁品位 60.0% 的铁精矿，经脱水磁选机浓缩和陶瓷过滤机过滤后进入精矿仓堆存。一、二段磁选尾矿由渣浆泵送尾矿浓缩池浓缩。选矿工艺流程如图 11-3 所示，主要设备见表 11-7。

B　三选厂铜系列

三选厂铜系列设计年处理规模为 150 万吨，2015 年实际入选矿石 246.23 万吨，入选矿石铜品位 0.368%、铁品位 21.26%，铜选矿回收率 89.72%，铁选矿回收率 47.3%。铜精矿铜品位 23.89%，铁精矿全铁品位 60%。

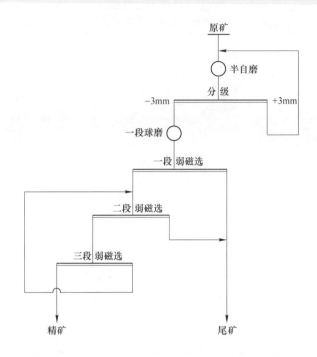

图 11-3　大红山铁矿三选厂铁系列选矿流程

表 11-7　大红山铁矿三选厂铁系列主要选矿设备

设备名称	规　　格	数量/台	备　　　注
半自磨机	$\phi8800\times4800$	1	
溢流型球磨机	$\phi6000\times9500$	1	
溢流型球磨机	$\phi5000\times8300$	1	
直线振动筛	ZKB2460	1	设备面积 $21.9m^2$/台
旋流器	$\phi660\times12$	1	每组备用 3 台
旋流器	$\phi350\times16$	1	每组备用 4 台
一段弱磁选	CTB1230	11	
三段弱磁选	DPC1230	3	
陶瓷过滤机	$80m^2$	5	4 用 1 轮换
陶瓷过滤机	$45m^2$	2	轮换使用

　　采出的矿石经坑下粗碎至 0~250mm，由箕斗提升至地面，再经带式输送机送至磨矿仓。磨矿仓为 $\phi12m$ 圆筒仓，底部共设有 8 台带式给料机，矿仓内矿石由带式给料机给入半自磨机。半自磨机与直线振动筛构成闭路磨矿系统。半自磨机排矿经直线振动筛分级，筛上矿石返回半自磨机。筛下产品进入一段球磨分级作业。

　　溢流型球磨机与旋流器构成一段闭路球磨系统。旋流器沉砂自流返回球磨机，球磨机排矿自流至直线振动筛筛下泵池。旋流器溢流自流至搅拌槽搅拌后，经过浮选机一粗、一扫、三精选别，得到含铜品位 23.89% 的铜精矿，经浓缩、过滤，进入精矿仓堆存；浮选尾矿经矿浆分配器，分别自流至弱磁选机选别，抛除产率 79% 的尾矿后，其精矿进入二段球磨分级作业。

　　溢流型球磨机与旋流器构成二段闭路球磨系统。球磨机排矿由渣浆泵给入旋流器分级，旋流器沉砂返回球磨机；旋流器溢流依次进入二、三段磁选机精选，得到含铁品位60.0%的铁精矿，经脱水磁选机浓缩和陶瓷过滤机过滤后进入精矿仓堆存。一、二段磁选尾矿由渣浆泵送尾矿浓缩池浓缩。工艺流程如图11-4所示。大红山铁矿选矿厂主要破碎筛分设备见表11-8。

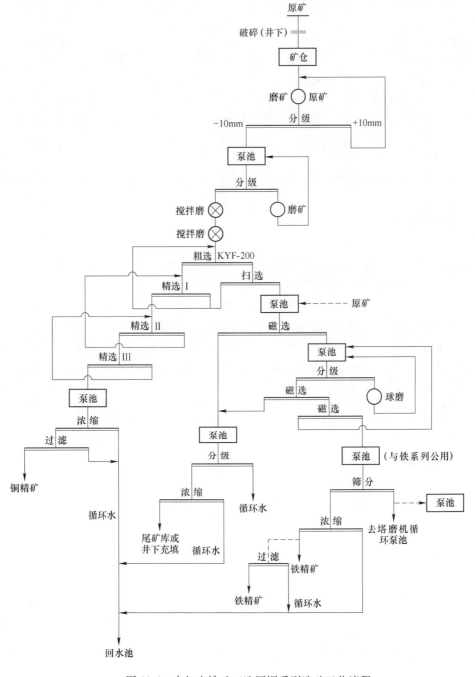

图11-4　大红山铁矿三选厂铜系列选矿工艺流程

表 11-8　大红山铁矿选矿厂主要破碎筛分设备

设备名称	规格型号	数量/台	备　注
半自磨	φ8800×4800	1	
溢流型球磨机	φ5500×8500	1	
溢流型球磨机	φ3200×6400	1	
直线振动筛	ZKB2460	1	设备面积 14.4m²/台
旋流器	φ660×7	1	每组备用 3 台
旋流器	φ350×6	1	每组备用 4 台
一段、二段弱磁选	CTB1224	11	6
三段弱磁选	DPC1230	3	1
浮选机	KII50m³	5	
	BF-4	7	
搅拌槽	BCF3.55×3.55 I 型	2	矿浆搅拌
	BC1.6×1.6	3	黄药制备

11.5　矿产资源综合利用情况

大红山铁矿伴生有铜，铜品位 0.274%，矿山进行了综合回收，共伴生资源综合利用率为 64.76%，资源综合利用率为 57.97%。

大红山铁矿年产生废石 2167.7 万吨，废石年利用量 220 万吨，废石利用率为 10.15%，废石处置率为 100%，处置方式为排土场堆存和塌陷治理。

选矿厂尾矿年排放量 771.34 万吨，尾矿中 TFe 含量为 11.29%，尾矿年利用量 94.7 万吨，用于井下采空区充填，尾矿利用率为 12.28%，处置率为 100%，处置方式为尾矿库堆存和井下充填。

12 大西沟铁矿

12.1 矿山基本情况

大西沟铁矿位于陕西省柞水县城以东的小岭镇境内，属全国特大型铁矿床之一，占陕西省铁矿总储量47.6%。矿山距西康铁路柞水站25km、距西安186km，西柞高速公路通车后距西安100km，交通便利，供电、供水条件优越。矿山成立于1988年1月，为露天开采的中型矿山，主要开采矿产为铁矿，无共伴生矿产。大西沟铁矿开发利用情况见表12-1。

表 12-1 大西沟铁矿开发利用简表

基本情况	矿山名称	大西沟铁矿	地理位置	陕西省柞水县
	矿山特征	特大型铁矿床		
地质资源	开采矿种	铁矿	地质储量/亿吨	3.02
	矿石工业类型	菱铁矿石	地质品位（TFe）/%	28.02
开采情况	矿山规模	90万吨/年，中型	开采方式	露天开采
	开拓方式	汽车-平硐溜井-窄轨铁路联合运输开拓	主要采矿方法	组合台阶采矿法
	采出矿石量/万吨	43.66	出矿品位（TFe）/%	25.36
	废石产生量/万吨	335.87	开采回采率/%	97.11
	贫化率/%	3.57	开采深度/m	1700~1050标高
	剥采比/t·t⁻¹	7.47		
选矿情况	选矿厂规模	800万吨+180万吨+90万吨	选矿回收率/%	97.33
	主要选矿方法	三段一闭路破碎—全粒级焙烧—阶段磨矿—阶段磁选—阴离子反浮选工艺流程		
	入选矿石量/万吨	157.86	原矿品位（TFe）/%	14.57
	精矿产量/万吨	450.06	精矿品位（TFe）/%	63.79
	尾矿产生量/万吨	133.66	尾矿品位（TFe）/%	11.01
综合利用情况	综合利用率/%	49.92	废水利用率/%	76.28
	废石排放强度/t·t⁻¹	7.46	废石处置方式	排土场堆存
	尾矿排放强度/t·t⁻¹	3.29	尾矿处置方式	尾矿库堆存
	废石利用率	0	尾矿利用率	0

12.2　地质资源

12.2.1　矿床地质特征

大西沟铁矿矿床类型为热液型菱铁矿矿床。矿床分布于秦岭造山带柞山泥盆纪沉积盆地的西部银硐子-大西沟一带。在区域上,该盆地北部边界为商丹深大断裂,南界为山阳-凤镇大断裂,盆地内充填地层为中、上泥盆统,为一套厚达近万米的海相复理石泥砂碎屑沉积建造、碳酸盐沉积建造。在碳酸盐沉积建造向碎屑岩沉积建造的过渡部位分布有热水沉积建造,矿体直接产于热水沉积岩中。区内构造主要为东西向,矿床位于黑山街-红岩寺复式向斜南翼的文公庙向斜之中,区内发育次级北东向、南北向、北西向和近东西向断裂。其西北部有柞水印支期黑云母花岗岩,呈岩基状侵入到含矿地层之中,在接触带附近形成了数百米-千余米的堇青石黑云母角岩带,沿山阳-凤镇大断裂有加里东-印支期基性-中酸性侵入岩体,区内有印支期煌斑岩脉沿近南北向及北东向断裂分布。大西沟菱铁矿床由 6 号、7 号两个层状菱铁矿体组成,其次为层状重晶石磁铁矿体、层状重晶石矿体及层状铜矿体。主矿体长 2000m,厚数十米至百余米,含 TFe 27%~28%,主要由菱铁矿组成,有少量磁铁矿。

12.2.2　资源储量

大西沟铁矿矿床规模为大型,矿山为单一铁矿,无共伴生组分,主要矿石矿物为菱铁矿。铁矿石总储量 $3.02×10^8t$,全铁平均品位 28.02%,属全国特大型铁矿床之一,占陕西省铁矿总储量 47.6%。

12.3　开采情况

12.3.1　矿山采矿基本情况

大西沟铁矿为露天开采的中型矿山,采取汽车-平硐溜井-窄轨铁路联合运输开拓,使用的采矿方法为组合台阶法。矿山设计年生产能力 90 万吨,设计开采回采率为 95%,设计贫化率为 5%,设计出矿品位 (TFe)26.3%。

12.3.2　矿山实际生产情况

2013 年,矿山实际出矿量 43.66 万吨,排放废石 335.87 万吨。矿山开采深度为 1700~1050m 标高。具体生产指标见表 12-2。

表 12-2　矿山实际生产情况

采矿量/万吨	开采回采率/%	贫化率/%	出矿品位/%	露天剥采比/t·t⁻¹
44.96	97.11	3.57	TFe 25.36	7.47

12.3.3 采矿技术

矿山采用自上而下逐个水平分层开采的采矿方法。沿山坡地形开单壁路堑，由上盘向下盘推进，工作段高 12m，生产台阶坡面角 70°，最小工作平台宽度 40m、路堑底宽 20m，电铲工作线长度 300m，同时工作 3~4 个水平。矿石损失率和围岩混入率均为 5%，露天采矿场内矿石地质平均品位为 27.78%，采出矿石品位为 26.39%。采出矿石最大块度 1000mm，岩石最大块度 1200mm，大于上述块度需二次破碎。采矿主要设备型号见表 12-3。

表 12-3 采矿主要设备型号及数量

设备名称	型 号	单 位	数 量
潜孔钻	KQY150	台	3
牙轮钻	KLY250D	台	1
电铲	FWK4m³	台	1
挖掘机	ZX350H	台	5
奥龙290汽车	SX3256UR354	辆	12
20t电机车	8m³	辆	2
20t窄轨侧卸矿车	8m³	辆	20
装载机	ZL50	台	3
移动空压机	6m³	台	4
凿岩机	KAISHAN 开山	台	3
推土机	320	台	1
凿岩机	QL-Y58	台	3

12.4 选矿情况

12.4.1 选矿厂概况

大西沟铁矿选矿厂始建于 1986 年，1988 年建成投产，原设计年处理能力 10 万吨。2003 年，矿山选矿厂进行扩能，形成年处理能力 60 万吨的磁铁矿石选矿厂。磁铁矿选矿工艺采用两段一闭路破碎，阶段磨矿阶段磁选的工艺流程。2006 年，大西沟铁矿两条 90 万吨的菱铁矿生产线建成投产，采用三段闭路破碎—全粒级焙烧—阶段磨矿—磁选—浮选联合选别的工艺流程。2010 年，二期 800 万吨菱铁矿生产线建成。

12.4.2　选矿工艺流程

12.4.2.1　破碎流程

大西沟铁矿破碎采用三段一闭路破碎流程，如图
12-1 所示，破碎筛分设备见表 12-4。露天采矿场将块度
0~1000mm 的矿石用汽车运往位于采场内的溜井，经溜
井下部粗破碎机破碎后，0~300mm 的矿石通过平硐胶
带机运到选矿厂原矿仓中。经胶带机给入两台 HP800 圆
锥破碎机进行中碎，破碎产品粒度为 0~75mm。中碎后
的产品既可以由胶带机给到中间贮矿仓，又可以直接给
到筛分车间。中间贮矿仓下设电振给料机，经胶带机给
到筛分车间的振动筛给矿矿仓中。筛上产品（16~
75mm）由胶带机送到细破碎车间，经两台 HP800 圆锥
破碎机破碎后，由胶带机送回到筛分车间进行闭路筛
分；筛下产品（0~16mm）由胶带机运到粉矿仓中。

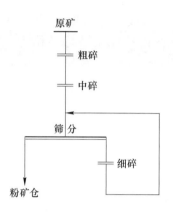

图 12-1　大西沟选矿厂破碎工艺流程

表 12-4　大西沟铁矿选矿厂主要破碎筛分设备

工序	设备名称	规格型号	给矿粒度/mm	排矿粒度/mm	处理量/t·h^{-1}	数量/台
粗碎	颚式破碎机	PE-1200×1500	0~1000	0~300	310	1
中碎	圆锥破碎机	HP800	0~300	0~75		2
细碎	圆锥破碎机	HP800	0~75	0~16		2
筛分	振动筛	YA2160	0~75	0~16	500	2

12.4.2.2　磁铁矿生产工艺流程

大西沟铁矿资源以菱铁矿为主，但受铁矿市场行情影响，近几年菱铁矿无生产，仅开
采表层磁铁矿维持运营。处理磁铁矿的选矿厂为一选车间。

一选车间处理原料为磁铁矿，选矿工艺为阶磨磨矿、阶段选别、细筛再磨。主要包括
两段磨矿、两次分级、四段磁选、一次细筛的作业。现阶段工艺流程如图 12-2 所示。

12.4.2.3　菱铁矿选矿工艺流程

2006 年，大西沟铁矿两条 90 万吨的菱铁矿生产线建成投产，采用三段闭路破碎—全
粒级焙烧—阶段磨矿—弱磁选—阴离子反浮选联合选别的工艺流程。但由于开采初期原矿
石中粉矿多，严重风化的褐铁矿远远超过工业试验时的含量，致使焙烧系统及焙烧矿的分
选系统工艺技术指标都比工业试验时各项指标低，试生产初期精矿品位（TFe）低
（52.50%），实际回收率低于 60%，致使生产成本偏高。在后续的生产过程中，大西沟铁
矿对焙烧和选矿系统实施了一系列技术工艺改造，大西沟铁矿生产工艺流程如图 12-3
所示。

（1）浮选流程改造。为了更好地发挥浮选的作用，提高精矿品位增加的幅度，一方面
适度增加捕收剂用量，另一方面将二次扫选作业改造为精选作业，只保留一次浮选扫选，
原精选作业改变为粗选作业，将原来一粗一精二扫的阳离子反浮选流程改造为一粗一精一

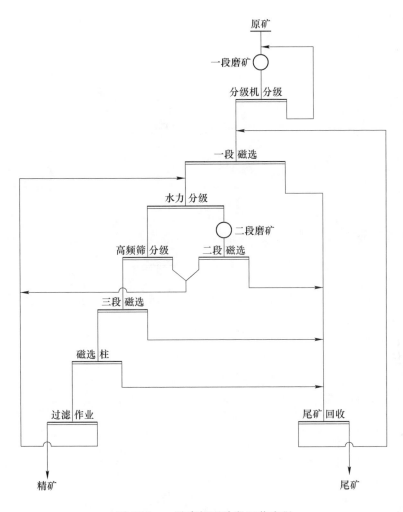

图 12-2　一选车间现阶段工艺流程

扫，延长浮选粗选作业时间来达到提高精矿品位的目的。

（2）增加尾矿回收系统。大西沟选矿厂出厂尾矿品位较高，TFe 含量达到 18%~20%，其磁性铁含量在 8%~10%。浮选系统改造造成浮选尾矿品位的增加。为保证回收率增加了尾矿回收系统对尾矿进行回收利用。

回转窑焙烧所用燃料煤（粒度在 30mm 以下），由外地购入用汽车运到原煤堆场贮存。原煤由受煤斗下的胶带机，给到煤粉制备间辊盘式磨煤机，磨煤机与粗、细粉分离器组成闭路系统。粗粉返回磨机再磨，合格的细粉（-0.074mm 占 80%）进入粉煤仓，供煤枪使用，煤枪一次风量、二次风量可调节可计量。煤粉用给料螺旋输送，通过变频器控制螺旋输送速度来控制燃烧所需的煤粉量。在磨机进、出口管道上及粗粉分离器、旋风分离器的顶盖上设有防暴阀，以确保安全生产。

回转窑测温分窑头、窑尾和窑身测温，测温元件采用镍铬-镍硅热电偶，窑身热电偶信号通过导电滑环引出。为了确保焙烧气氛，装有回转窑尾气成分分析仪，在窑尾排气管上取样，经样气处理后送入 CO 和 O_2 分析仪表，在线连续对回转窑焙烧气氛进行实时检

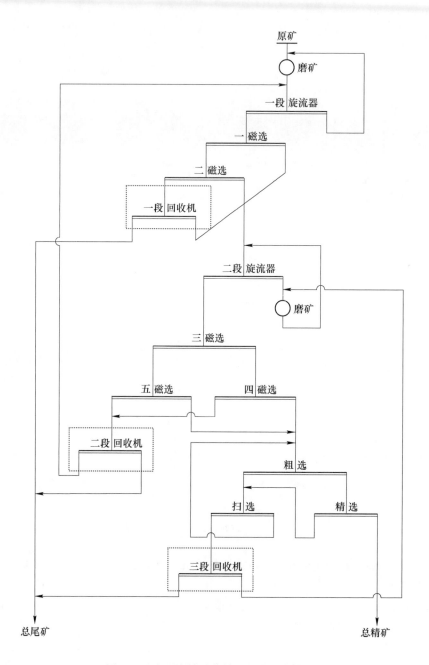

图 12-3 大西沟铁矿菱铁矿选矿工艺流程

测。一方面确保焙烧矿质量，一方面对 CO 含量超标进行报警，以保证回转窑尾部给料端电除尘器安全正常工作。窑尾采用四台 DBW160-3/0 电除尘器，除尘效率在 98% 以上，电除尘器灰经加湿处理后，集中排放。主抽风机采用 SJ12000 离心式抽风机，废气经消声器进入 120m 高烟囱排入大气。

粉矿仓中的 16~0mm 的矿石由胶带机给到 φ600×60000 回转窑进行中性焙烧。焙烧好的矿石出窑后进入 φ2000 单螺旋分级机中进行水冷、分级，分级机沉砂返回磨矿仓中，分级机的溢流用泵打到主厂房。主厂房磨矿仓内焙烧矿经给矿胶带机给入一段 $\phi3600\times6000$ 溢流型球磨机，球磨机排矿进入一次 $\phi500$ 水力旋流器组分级，旋流器沉砂返回一段球磨机进行闭路磨矿。一次分级溢流自流到一段 CTB1200×3000 永磁筒式磁选机磁选。一段磁选精矿进入第二段 CTB1200×3000 永磁筒式磁选机进行精选。二段磁选精矿进入二次 $\phi250$ 水力旋流器组分级。二次分级沉砂自流进入二段 $\phi3600\times6000$ 溢流型球磨机再磨，二段球磨机排矿返回二次 $\phi250$ 旋流器组构成闭路磨矿。二次分级溢流自流给三段 CTB1200×3000 永磁筒式磁选机磁选，三段磁选精矿自流到四段 CTB1200×3000 永磁筒式磁选机进行精选。四段磁选精矿自流入 $\phi3000$ 磁力脱水槽脱水，脱水后精矿进入浮选前搅拌槽。矿浆经搅拌后流入粗选浮选槽（80m³）进行粗选，泡沫流进一次扫选浮选槽（42m³），粗选精矿经一次精选后获得最终铁精矿，自流入精矿浓缩池进行浓缩，然后用管道输送到后处理系统。

高浓度精矿由管道输送到后处理搅拌机中，然后给入 P45/15-C 型陶瓷过滤机进行过滤，过滤后精矿水分 17% 左右，由胶带机送到精矿仓贮存。

磨矿作业共分两段磨矿，一、二段磨机台数配比为 4：1，一段原矿入选量约为 200t/h，主要磨矿设备、分级作业设备、磁选作业设备、质量技术要求及指标见表 12-5～表 12-7。

表 12-5　磨矿作业设备配置参数及质量技术指标统计

作业名称	规格型号	设备配置及参数					质量技术要求及指标			
		数量	有效容积/m³	转速/r·min⁻¹	最大装球量/t	电机功率/kW	给矿细度	排矿浓度/%	填充率/%	介质规格/mm
一段	MQG 2445	3	17.5	22.7	36	380~400	−22mm≥60%	76±2	40	$\phi120$
	MQY 2455	1	17.7	22.7	32	400	−22mm≥60%	76±2	38	$\phi120$
二段	MQY 3254	1	39.4	18.3	73	800	26%±2% (−0.074mm)	76±2	38	$\phi50$

表 12-6　分级作业设备配置参数及质量技术指标统计

作业	规格型号	设备配置及参数					技术要求及指标		
一段分级	FG-20	数量	螺旋直径/mm	螺旋转速/r·min⁻¹	水槽坡度/(°)	生产能力/t·h⁻¹	给矿浓度/%	给矿细度/%	溢流细度/%
		4	2000	3.5	14~18	400	65±5	20±5	33±5
二段分级	FX500-GT*6	1	内径/mm	入口压力/MPa	锥角/(°)	处理能力/m³·h⁻¹	入料压力/MPa	沉砂浓度/%	溢流细度/%
			500	0.03~0.4	20	450~800	0.08~0.12	76±2	45±5
	D5FG1216	1	面积/m²	功率/kW	工作频率/Hz	处理能力/m³·h⁻¹	给矿浓度/%	入料细度/%	筛下细度/%
			9.6	3.86	50Hz	150~300	35±5	45±5	70±5

表 12-7　磁选作业设备配置参数及质量技术指标统计

作业名称	规格型号	设备配置及参数			质量技术要求及指标			
		数量	单台处理量 /t·h⁻¹	磁感应强度 /mT	给矿浓度 /%	给矿品位 /%	精矿品位 /%	尾矿品位 /%
一段磁选	CTB1024	8	78~150	180	30±5	≥13	≥36	≤0.63
二段磁选	CTB1230	2	80~150	180	30±5	≥33	≥45	≤0.63
三段磁选	CTB1024	2	78~150	180	40±5	≥48	≥62	≤0.63

12.5　矿产资源综合利用情况

大西沟铁矿为单一铁矿，无其他共伴生组分，矿山对采出的部分低品位铁矿进行了回收利用。资源综合利用率为 49.92%。

大西沟铁矿年产生废石 302.39 万吨，废石年利用量为零，废石利用率为零，废石处置率为 100%，处置方式为排土场堆存。

选矿厂尾矿年排放量 133.66 万吨，尾矿中 TFe 含量为 16%，尾矿年利用量为零，尾矿利用率为零，处置率为 100%，处置方式为尾矿库堆存。

13 东鞍山铁矿

13.1 矿山基本情况

东鞍山铁矿位于辽宁省鞍山市南郊千山区东鞍山镇，距市中心 7km，矿区西侧不足 1km 处有长春—大连铁路通过，矿区内有柏油马路与鞍山至海城一级公路相连，交通十分便利。矿山建矿时间为 1958 年 5 月 1 日，投产时间为 1959 年 5 月 1 日，为露天开采的大型矿山，主要开采矿产为铁矿，无共伴生矿产，是第三批国家级绿色矿山试点单位。东鞍山铁矿开发利用情况见表 13-1。

表 13-1 东鞍山铁矿开发利用简表

基本情况	矿山名称	东鞍山铁矿	地理位置	辽宁省鞍山市千山区
	矿山特征	国家级绿色矿山	矿床工业类型	沉积变质型铁矿床
地质资源	开采矿种	铁矿	地质储量/万吨	119866.3
	矿石工业类型	磁铁矿石	地质品位（TFe）/%	32.46
开采情况	矿山规模	700 万吨/年，大型	开采方式	露天开采
	开拓方式	汽车-铁路联合运输开拓	主要采矿方法	组合台阶采矿法
	采出矿石量/万吨	589.8	出矿品位（TFe）/%	30.97
	废石产生量/万吨	1111.07	开采回采率/%	97.38
	贫化率/%	3.03	开采深度/m	170~90 标高
	剥采比/t·t^{-1}	1.93		
选矿情况	选矿厂规模	660 万吨/年	选矿回收率/%	66.68
	主要选矿方法	三段一闭路破碎—两段连续磨矿—粗细分级—中矿再磨—重选—磁选—反浮选		
	入选矿石量/万吨	586.48	原矿品位（TFe）/%	30.90
	精矿产量/万吨	179.02	精矿品位（TFe）/%	67.50
	尾矿产生量/万吨	407.46	尾矿品位（TFe）/%	14.82
综合利用情况	综合利用率/%	64.90	废水利用率/%	95
	废石排放强度/t·t^{-1}	5.88	废石处置方式	排土场堆存
	尾矿排放强度/t·t^{-1}	1.94	尾矿处置方式	尾矿库堆存
	废石利用率	0	尾矿利用率	0

13.2　地质资源

13.2.1　矿床地质特征

13.2.1.1　地质特征

东鞍山铁矿矿床工业类型为鞍山式沉积变质铁矿床，开采深度为 170~-90m 标高。东鞍山铁矿床依横断层切割关系，可划分为西部矿体（F1~F7 断层）、东部矿体（F7~F8 断层）以及极东部矿体（F8 断层以东）三个部分。极东部矿体规模极小，不在境界内。西部及东部矿体被划分为五个矿块，分别称为 FeⅠ、FeⅡ、FeⅢ、FeⅣ、FeⅤ矿块。

FeⅠ矿块：为西部矿体的主体部分，长度 940m，出露宽度为 130~160m，矿体埋深极大，最大控制深度已达-700m。矿体呈单层产出，倾角平均为 70°，矿体属稳固矿岩，围岩稳固。

FeⅡ矿块：矿块出露长度约 300m，最大出露宽度不足 110m，呈现出南东宽、北西为褶皱转折端的锥形，矿体最大控制埋深为-36m 标高。

FeⅢ矿块：矿体延长不足 120m，出露宽度不足 15m，埋深在 0m 标高以上。矿体走向 125°，近直立。

FeⅣ矿块：矿体最大延长 200m，最大出露宽度 40m，埋深在 0m 标高以上。该矿体其矿石类型为假象赤铁矿石。

FeⅤ矿块：为东部矿体，出露长度 410~480m，宽 310~350m，最大控制埋深达-730m 标高。矿体总体走向 135°~140°，倾向北东，倾角 50°~80°，表现为浅部缓，深部陡，上盘缓，下盘陡的特点。

13.2.1.2　矿石特征

矿石工业类型主要为磁铁矿石，矿石特征主要为：

（1）矿石类型。依据 2004~2005 年的初勘工业类型及工艺类型划分标准，以及东鞍山铁生产实际，可将矿石划分为如下六种类型：

1）氧化矿石（Fehp）：磁性率 ≥3.5，$FeO-1.2865 \times (w(SiFe)+w(CFe)) < 3\%$，$w(SiFe) < 3\%$，$w(CFe) < 3\%$。矿石自然类型为假象赤铁石英岩，是矿区内最主要矿石类型。

2）半氧化矿石（Fep₁）：$2.7 \leqslant$ 磁性率 <3.5，$w(SiFe) < 5\%$，$w(CFe) < 5\%$。矿石自然类型为假象赤铁磁铁石英岩。

3）未氧化矿石（Fep）：磁性率 <2.7，$w(SiFe) < 10\%$，$w(CFe) < 10\%$。矿石自然类型为磁铁石英岩。

4）高亚铁矿石（Fehp1）：磁性率 ≥3.5，$FeO-1.2865 \times (w(SiFe)+w(CFe)) \geqslant 3\%$，$w(SiFe) < 5\%$，$w(CFe) < 5\%$。矿石的自然类型为磁铁假象赤铁石英岩。

5）碳酸铁矿石（FeC）：磁性率 ≥3.5 时，如 $FeO-1.2865 \times (w(SiFe)+w(CFe)) < 3\%$，则 $w(CFe) \geqslant 3\%$，$w(CFe) > w(SiFe)$，否则 $w(CFe) \geqslant 5\%$，$w(CFe) > w(SiFe)$；$2.7 \leqslant$ 磁性率 <3.5 时，$w(CFe) \geqslant 5\%$，$w(CFe) > w(SiFe)$；磁性率 <2.7 时，$w(CFe) \geqslant 10\%$，$w(CFe) > w(SiFe)$。碳酸铁矿石自然类型分为含碳酸盐假象赤铁石英岩、含碳酸盐磁铁假象赤铁石

英岩、含碳酸盐假象赤铁磁铁石英岩、含碳酸盐磁铁石英岩。

6）硅酸铁矿石（Feph）：磁性率≥3.5时，如 FeO-1.2865×(w(SiFe)+w(CFe))<3%，则 w(SiFe)≥3%，w(SiFe)>w(CFe)，否则 w(SiFe)≥5%，w(SiFe)>w(CFe)；2.7≤磁性率<3.5时，w(SiFe)≥5%，w(SiFe)>w(CFe)；磁性率<2.7时，w(SiFe)≥10%，w(SiFe)>w(CFe)。硅酸铁矿石的自然类型分为含绿泥石假象赤铁石英岩、含绿泥石磁铁假象赤铁石英岩、含绿泥石假象赤铁磁铁石英岩及含绿泥石磁铁石英岩。

（2）矿石组构及矿物成分。矿石以自形-半自形粒状变晶结构为主，另有交代假象及交代残余结构、鳞片粒状变晶结构及碎裂结构等。矿石以条带状或条纹状构造为主，见块状构造及角砾状构造、隐条纹状构造等。

矿石的矿物成分主要为石英、假象赤铁矿、磁铁矿、镜铁矿等，其次为褐铁矿、菱铁矿、铁白云石、黄铁矿、方解石、白云石、绿泥石等，但在各类型矿石中却有所差别。

（3）矿石化学成分。铁矿石中含量最多的化学成分是 SiO_2、Fe_2O_3 和 FeO，三者之和大于 90%；其次为 MgO、CaO、Al_2O_3、CO_2 等。氧化矿石、半氧化矿石及未氧化矿石平均品位见表13-2。

表13-2　普通试样矿石平均品位　（%）

矿石类型	样品数量	计算方法	TFe	FeO	mFe	SiFe	CFe
假象赤铁石英岩	363	算术平均	35.05	2.02	3.64	0.64	1.02
		样长加权平均	35.01	1.92	3.38	0.65	0.99
		品位变化系数	75.64	114.06	602.92	44.93	51.81
假象赤铁磁铁石英岩	93	算术平均	33.58	14.17	28.54	1.25	1.91
		样长加权平均	33.70	13.93	28.75	0.97	1.91
		品位变化系数	63.71	20.64	103.01	85.05	43.79
磁铁石英岩	42	算术平均	32.71	16.58	27.79	2.72	1.35
		样长加权平均	32.62	16.24	28.14	2.50	1.24
		品位变化系数	52.43	79.28	139.59	227.82	117.37

（4）矿石物理性质。矿石平均体重为 3.34t/m³，矿石抗压强度一般为 160~300MPa，矿石孔隙度一般为 0.5%~2.12%，平均为 0.83%。矿石平均湿度为 0.266%，矿石松散系数平均为 1.36。

13.2.2 资源储量

东鞍山铁矿矿床规模为大型，截至 2013 年年底，矿山累计查明铁矿石资源储量为 1198663kt，保有铁矿石资源储量为 924543kt，铁矿的平均地质品位（TFe）为 32.46%。

13.3 开采情况

13.3.1 矿山采矿基本情况

东鞍山铁矿为露天开采的大型矿山，采用汽车-铁路联合运输开拓，使用的采矿方法为组合台阶法。矿山设计年生产能力 700 万吨，设计开采回采率为 96.5%，设计贫化率为 3%，设计出矿品位（TFe）26%。

13.3.2　矿山实际生产情况

2013 年，矿山实际出矿量 589.8 万吨，排放废石 1111.07 万吨。矿山开采深度为 170~ -90m 标高。具体生产指标见表 13-3。

表 13-3　矿山实际生产情况

采矿量/万吨	开采回采率/%	贫化率/%	出矿品位/%	露天剥采比/t·t⁻¹
574.3	97.38	3.03	TFe 22	1.93

13.3.3　采矿技术

东鞍山铁矿生产采取露天开采方式进行，采场呈东西走向，东西长 2080m，南北宽 720m。采场上盘为工作帮，下盘为非工作帮。运输系统主要以铁路运输为主，汽车运输为辅。采场铁路水平阶段采出的矿岩经铁路直运至东鞍山烧结厂和铁路排土场。汽车掘沟时将矿岩运至采场内的临时倒装场转载给铁路，经铁路直运至东鞍山烧结厂和铁路排土场。

采矿主要设备型号及数量见表 13-4。

表 13-4　采矿主要设备型号及数量

设备名称	规格型号	单　位	数　量
牙轮钻机	45-R	台	4
牙轮钻机	YZ35D	台	2
挖掘机	4m³	台	16
挖掘机	195-B（7.6m³）	台	4
液压旋回破碎机	PXF6089	台	1
液压破碎锤	GT90Z-8.5/9.5-WD140m	台	1
排土机	PLK1800·50	台	1
电机车	150t	辆	18
电机车	100t	辆	2
生产汽车	TR100	辆	11
生产汽车	TR60	辆	15
生产汽车	3307	辆	4
推土机	320	台	8
推土机	220	台	1
铁道车辆	KF60	辆	71
合　计			159

13.4　选矿情况

13.4.1　选矿厂概况

东鞍山铁矿选矿厂为东鞍山烧结厂，建于 1956 年，1958 年 10 月投产。原设计采用三段一闭路破碎—两端连续磨矿——段粗选—三段精选的单一正浮选工艺流程，2002 年进行工艺技术改造后采用三段一闭路破碎—两段连续磨矿—粗细分级—中矿再磨—重选—磁选—反浮选工艺流程。2007 年赤铁矿选矿进行阶段性球磨机大型化改造。现有选矿和烧结两个生产系统，有破碎车间、一选车间、二选车间、尾矿车间、烧结车间等主要生产车间。

目前东鞍山烧结厂年处理能力 660 万吨，设计主矿种入选品位为 32.2%，最大入磨粒度为 12mm，磨矿细度为 -0.074mm 占 85%，选矿产品为铁精粉，铁精粉的全铁品位为 67.5%，2011 年和 2013 年铁矿选厂选矿情况见表 13-5。

表 13-5　东鞍山铁矿选矿能耗与水耗概况

年份	入选矿石量/万吨	入选品位/%	选矿回收率/%	每吨原矿选矿耗水量/t	每吨原矿选矿耗新水量/t	每吨原矿选矿耗电量/kW·h	每吨原矿磨矿介质损耗/kg	选矿产品产率/%
2011	582.81	30.76	63.36	1.563	0.37	48.2	3.866	30.39
2013	586.48	30.90	66.68	1.647	0.361	47.35	3.954	32.21

13.4.2　选矿工艺流程

13.4.2.1　破碎流程

破碎生产采用三段一闭路流程，破碎工艺流程如图 13-1 所示，主要破碎设备见表 13-6。0 ~ 1000mm 原矿由电机车经铁路运送到粗破桥上给入 1 台 B1200mm 型旋回破碎机粗碎，粗碎排矿粒度 0 ~ 350mm 的粗破产品经皮带给入 2 台 H8800-MC 圆锥破碎机中碎，中碎排矿粒度 0 ~ 75mm 的中碎产品进入 1 台 2000mm×6000mm 固定棒条筛，筛上产品送往露天矿仓储存，筛下通过皮带运输给入检查筛分作业；另一路中碎产品直接给入检查筛分作业。检查筛分筛上和露天矿仓的矿石经皮带运输给入 3 台 H8800-EFX 型圆锥破碎机细碎，细碎产品与固定筛筛下产品一起给入 6 台 2YA2760 型圆振动筛，筛上产品返回细破机构成回路，筛下 -12mm 粒度占 90.0% 以上的产品为最终破碎产品，由皮带运输机送往选矿车间选别。

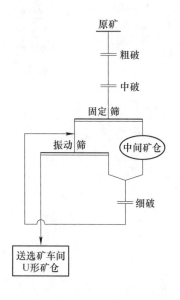

图 13-1　东鞍山烧结厂破碎工艺流程

表 13-6　东鞍山烧结厂破碎设备技术参数

工序	设备名称	规格型号	给矿粒度 /mm	排矿粒度 /mm	处理量 /t·h⁻¹	数量 /台
粗碎	旋回破碎机	B1200	1000~0	350~0	1000~1400	1
中碎	圆锥破碎机	H8800-MC	350~0	75~0	1000~1400	2
细碎	圆锥破碎机	H8800-EFX	75~0	25~0	700~800	3
中碎后筛分	棒条筛	2000×4500	75~0	45~0	1000~1400	1
细碎后筛分	圆振动筛	2YA2760	20~0	12~0	500~850	6

13.4.2.2　磨选工艺流程

东鞍山烧结厂采用三段一闭路破碎—两段连续磨矿—粗细分级—中矿再磨—重选—磁选—反浮选工艺流程，其中包括三段磨矿、四次分级、两段重选、三段磁选、一段浮选粗选、一段浮选精选和三段浮选扫选，工艺流程如图 13-2 所示，主要设备见表 13-7，选别作业指标见表 13-8。

表 13-7　东鞍山烧结厂主要设备

工序	设备名称	设备型号	台时能力/t·h⁻¹	台数
一段磨矿	溢流型球磨机	MQY5067	270~280	3
二段磨矿	溢流型球磨机	MQY5067		3
三段磨矿	溢流型球磨机	MQY2740		4
		MQY3231		2
一次分级	渐开线旋流器	φ660		3组18台
二次分级	渐开线旋流器	φ500		3组21台
粗细分级	渐开线旋流器	φ500		6组42台
	德瑞克振动筛	2SG48-60W-5STK		6
三次分级	渐开线旋流器	φ500		3组21台
一段磁选	半逆流型永磁筒式磁选机	CTBφ1200×3000	260~300m³/h	18
扫中磁选	立环脉动高梯度磁选机	SLon-1750	30~50	10
		SLon-2000	50~80	5
强磁	立环脉动高梯度磁选机	SLon-1750	30~50	8
		SLon-2000	50~80	8
重选粗选	螺旋溜槽	内径1200mm，外径220mm，螺距720mm	6~7	180
重选精选			6~7	108
浮选	浮选机	BF-16		
精矿过滤	过滤机	CN-40		

表 13-8　选别作业技术指标

作业	浓度/%	细度（-0.074mm 含量）/%	温度/℃	pH 值	精矿品位/%	尾矿品位/%
粗螺	40~50	>55	—	—	48~52	22~25
精螺	50~60	—	—	—	62.5~64	30~35
扫中磁	30~40	—	—	—	28~32	10~13
浮选	45~50	≥90	45~60	11.5~12	≥65	18~25
强磁	40~50	—	—	—	35~40	10~15

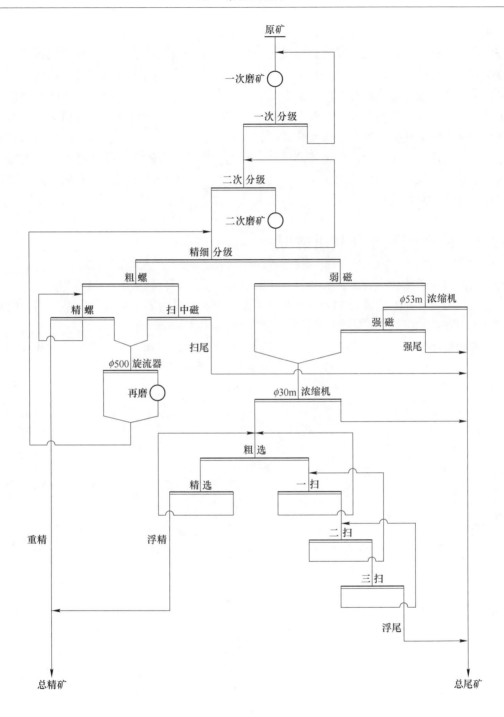

图 13-2 东鞍山烧结厂选矿工艺流程

　　破碎后原矿给入一段球磨机与旋流器组组成一次闭路磨矿。一次分级溢流给入二次旋流器，二次旋流器沉砂给入二段球磨机，二段球磨机排矿返回二次旋流器构成闭路；二次旋流器溢流与三段再磨系统排矿给入粗细分级旋流器，分成粗细两种物料。粗细分级的沉砂给入螺旋流槽重选，重选分选出两种产品即粗螺精矿和粗螺尾矿，粗螺精矿给入精螺选出粗粒精矿，精螺中矿自循环，粗螺尾矿给入立环脉动中磁机抛弃粗粒尾矿，精螺尾矿和扫中磁精矿作为中矿给入三次旋流器进行分级，三次分级沉砂给入三段球磨机再磨，再磨排矿和三次分级溢流混合后返回粗细分级。粗细分级旋流器溢流给入筒式磁选机，磁选机尾矿给入强磁前浓缩机进行浓缩，浓缩机底流经平板除渣筛除渣后给入立环脉动高梯度强磁机，弱磁精和强磁精合并给入浮选前浓缩机浓缩，经过一段粗选、一段精选、三段扫选选出精矿并抛弃尾矿。浮精、重精合并后经浓缩机送入过滤，由陶瓷过滤机和圆盘真空过滤机过滤为最终精矿，由皮带运输到烧结。浮选前大井、强磁前大井及精矿大井的溢流水送入水净化系统的高效澄清池净化，净化水循环利用，澄清池底流和强磁尾、扫中磁尾及浮尾合并成为最终尾矿。

13.5 矿产资源综合利用情况

大西沟铁矿为单一铁矿，无其他共伴生组分，资源综合利用率为 64.90%。

大西沟铁矿年产生废石 1111.07 万吨，废石年利用量为零，废石利用率为零，废石处置率为 100%，处置方式为排土场堆存。

选矿厂尾矿年排放量 397.57 万吨，尾矿中 TFe 含量为 18.66%，尾矿年利用量为零，尾矿利用率为零，处置率为 100%，处置方式为尾矿库堆存。

14 东 沟 铁 矿

14.1 矿山基本情况

东沟铁矿为一个从事铁矿石开采、加工的中型采选联合企业，主要开采矿种为铁矿，伴生组分甚微，达不到综合利用的要求。矿山于 2003 年 12 月 23 日建矿，2004 年 12 月 23 日投产。矿山位于河北省承德市滦平县红旗镇，距滦平县城约 30km。矿区西距北京-通辽铁路白旗火车站 4.2km，南有红旗-滦河乡级公路与 G101 国道相接，S257 省道从矿区附近通过，交通方便。东沟铁矿开发利用情况见表 14-1。

表 14-1 东沟铁矿开发利用简表

基本情况	矿山名称	东沟铁矿	地理位置	河北省承德市滦平县
	矿床工业类型	沉积变质型铁矿床		
地质资源	开采矿种	铁矿	地质储量/万吨	10286.9
	矿石工业类型	磁铁矿石	地质品位/%	(TFe) 16.41, (mFe) 7.74
开采情况	矿山规模	60 万吨/年，中型	开采方式	露天开采
	开拓方式	汽车-公路联合运输开拓	主要采矿方法	分层组合台阶采剥法
	采出矿石量/万吨	555.97	出矿品位 (TFe)/%	15
	废石产生量/万吨	130	开采回采率/%	95
	贫化率/%	5	开采深度/m	705~450 标高
	剥采比/t·t⁻¹	0.29		
选矿情况	选矿厂规模	800 万吨/年	选矿回收率/%	(TFe) 47, mFe>95
	主要选矿方法	三段一闭路—中破前预先筛分—干选抛尾，阶段磨矿—单一磁选		
	入选矿石量/万吨	555.97	原矿品位/%	(TFe)15.59, (mFe)7.33
	精矿产量/万吨	66.72	精矿品位 (TFe)/%	61
	尾矿产生量/万吨	489.25	尾矿品位 (TFe)/%	9.39
综合利用情况	综合利用率/%	44.65	废水利用率/%	90
	废石排放强度/t·t⁻¹	1.95	废石处置方式	排土场堆存
	尾矿排放强度/t·t⁻¹	7.33	尾矿处置方式	尾矿库堆存
	废石利用率	0	尾矿利用率	0

14.2　地质资源

14.2.1　矿床地质特征

红旗镇东沟铁矿矿床属沉积变质型（鞍山式）铁矿床。矿石工业类型为需选低贫磁铁矿石，矿石中主要有用组分为铁，伴生有益组分甚微，达不到综合利用的要求，为单一矿产。开采矿种为铁矿，开采深度为 705~450m 标高。区域主要出露的地层为太古界迁西群上川组和三屯营组地层，其中研究区以上川组为主要地层，在五重安、罗家屯以北地区均有分布，代表岩石为辉石麻粒岩，其中角闪斜长二辉麻粒岩最为发育。上覆地层为中上元古界长城系、蓟县系、青白口系地层，古生界寒武系地层，中生界侏罗系地层，古近系及第四系地层。

14.2.2　资源储量

截至 2013 年 11 月底，红旗镇东沟铁矿累计查明资源储量（矿石量）10286.9 万吨，保有资源储量（矿石量）4630.27 万吨，平均品位 TFe 为 16.41%、mFe 为 7.74%。其中控制的经济基础储量（122b）4408.37 万吨，平均品位 TFe 为 16.43%、mFe 为 7.75%；推断的内蕴经济资源量（333）221.9 万吨，平均品位 TFe 为 16.08%、mFe 为 7.52%。

14.3　开采情况

14.3.1　矿山采矿基本情况

东沟铁矿为露天开采的中型矿山，采取公路运输开拓方式，使用的采矿方法为组合台阶法。矿山设计年生产能力 60 万吨，设计开采回采率为 95%，设计贫化率为 5%，设计出矿品位（TFe）16%。

14.3.2　矿山实际生产情况

2013 年，矿山实际出矿量 555.97 万吨，排放废石 130 万吨。矿山开采深度为 705~450m 标高。具体生产指标见表 14-2。

表 14-2　矿山实际生产情况

采矿量/万吨	开采回采率/%	贫化率/%	出矿品位/%	露天剥采比/t·t⁻¹
582.53	95	5	TFe 15	0.29

14.3.3　采矿技术

红旗镇东沟铁矿投产至今，一直采用露天开采方式，汽车-公路开拓运输方案，分层组合台阶采剥方法。采矿工艺由穿孔-爆破-采装-运输-排土等工艺组成。矿山使用的主要采矿设备有穿孔钻机、装载设备、矿用自卸汽车、推土机、装药车、前装机、液压破碎机等。

14.4 选矿情况

14.4.1 东沟选矿厂概况

红旗镇东沟铁矿主要供应广福矿业、兴隆矿业、新源矿业三座选矿厂，设计年选矿能力分别为300万吨、350万吨、150万吨。选矿厂均采用单一磁选工艺流程。最大入磨粒度14~20mm，磨矿细度-0.074mm占80%。产品为铁精矿。

2011年，选矿厂实际入选矿石量619.17万吨，入选品位（TFe）15.59%。精矿产量74.3万吨，精矿产率12%，精矿品位（TFe）61%，选矿回收率（TFe）47%。

2013年，选矿厂实际入选矿石量555.97万吨，入选品位（TFe）15.59%。精矿产量66.72万吨，精矿产率12%，精矿品位（TFe）61%，选矿回收率（TFe）47%。

东沟选矿厂选矿能耗与水耗概况见表14-3。

表14-3 东沟铁矿选矿能耗与水耗概况

每吨原矿选矿耗水量/t	每吨原矿选矿耗新水量/t	每吨原矿选矿耗电量/kW·h	每吨原矿磨矿介质损耗/kg
0.475	0.5	32.5	0.58

14.4.2 选矿工艺流程

14.4.2.1 破碎筛分流程

破碎筛分作业采用三段一闭路—中破前预先筛分流程。粗破排矿产品经皮带送至中破碎预先筛分，筛上产品进入中碎作业，中碎产品和预先筛分中间产品一起进入细碎作业；细碎产品返回筛分形成闭路循环。筛下产品经干式磁选抛废后进入磨矿车间，破碎筛分工艺流程如图14-1所示。

14.4.2.2 磨选工艺流程

磨选采用阶段磨矿—阶段磁选的单一磁选工艺流程。其中有两段磨矿、两次分级、六段磁选，工艺流程如图14-2所示。原矿给入一段球磨机经一段闭路磨矿后溢流进入一段磁选抛尾，一段磁选精矿进入二次分级。

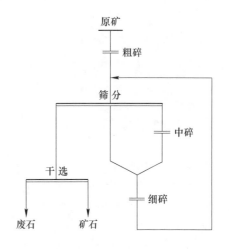

图14-1 破碎系统工艺流程

二次分级溢流经磁团聚浓缩，磁团聚溢流与二次分级溢流一起给入二段球磨前浓缩磁选。浓缩磁选精矿进入二段球磨再磨，二段磨矿产品进行二段磁选，二段磁选精矿返回二次分级。磁团聚浓缩精矿经一次精选获得最终精矿。浓缩磁选、二段磁选、精选尾矿合并给入尾矿回收机回收，尾矿回收机精矿返回二次分级。一段磁选、尾矿回收尾矿作为最终尾矿浓缩后排入尾矿库。

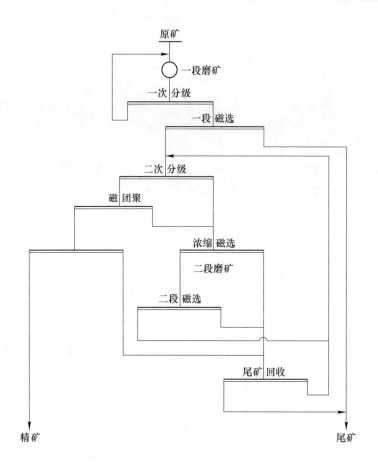

图 14-2　磨选工艺流程

14.5　矿产资源综合利用情况

东沟铁矿为单一铁矿，无其他共伴生组分，资源综合利用率为 44.65%。

大西沟铁矿年产生废石 130 万吨，废石年利用量为零，废石利用率为零，废石处置率为 100%，处置方式为排土场堆存。

选矿厂尾矿年排放量 489.25 万吨，尾矿中 TFe 含量为 9.39%，尾矿年利用量为零，尾矿利用率为零，处置率为 100%，处置方式为尾矿库堆存。

15　峨　口　铁　矿

15.1　矿山基本情况

峨口铁矿为露天开采的大型矿山，主要开采矿种为铁矿，伴生有益组分甚微，达不到综合利用的要求。该矿于 1958 年 9 月 21 日建矿，1977 年 4 月 29 日投产。矿区位于山西省忻州市代县聂营镇，北距 G108 国道 18km，距京（北京）-原（原平）铁路枣林站 20km，其间有公路相通；矿山专用铁路已通至距矿区 2km 的官地，运距 8km，矿区交通方便。峨口铁矿开发利用情况见表 15-1。

表 15-1　峨口铁矿开发利用简表

基本情况	矿山名称	峨口铁矿	地理位置	山西省忻州市代县
	矿床工业类型	沉积变质型铁矿床		
地质资源	开采矿种	铁矿	地质储量/万吨	45911.54
	矿石工业类型	磁铁矿石	地质品位（TFe）/%	30.00
开采情况	矿山规模	750 万吨/年，大型	开采方式	露天开采
	开拓方式	汽车-公路联合运输开拓	主要采矿方法	组合台阶采矿法
	采出矿石量/万吨	702.36	出矿品位（TFe）/%	28.2
	废石产生量/万吨	1931.02	开采回采率/%	97.78
	贫化率/%	8.36	开采深度/m	2170~1528 标高
	剥采比/t·t^{-1}	2.26		
选矿情况	选矿厂规模	750 万吨/年	选矿回收率/%	TFe：63.34，mFe：96.63
	主要选矿方法	三段一闭路破碎，阶段磨矿—阶段选矿—细筛再磨，单一磁选		
	入选矿石量/万吨	570.34	原矿品位/%	TFe：28.75，mFe：15.39
	精矿产量/万吨	155.02	精矿品位/%	TFe：67
	尾矿产生量/万吨	135.75	尾矿品位/%	TFe：14.47，mFe：0.46
综合利用情况	综合利用率/%	94.44	废水利用率/%	80
	废石排放强度/t·t^{-1}	10.11	废石处置方式	排土场堆存
	尾矿排放强度/t·t^{-1}	2.53	尾矿处置方式	尾矿库堆存
	废石利用率	0	尾矿利用率	0

15.2　地质资源

　　峨口铁矿矿床工业类型属大型沉积变质型磁铁矿床。矿石工业类型为需选磁铁矿石，矿石中主要有用组分为铁，伴生有益组分甚微，达不到综合利用的要求，为单一矿产。开采矿种为铁矿，建设规模为年产铁矿石 480 万吨，开采深度为 2170~1528m 标高。矿区矿石矿物成分较复杂，金属矿物主要为磁铁矿，半自形或他形，粒度一般 0.002~0.15mm；次为少量的赤铁矿、褐铁矿、假象及半假象磁铁矿以及铁的碳酸盐矿物镁菱铁矿、菱镁铁矿、铁白云石、含铁白云石、铁方解石及铁的硫化物黄铁矿、白铁矿、磁黄铁矿、黄铜矿。脉石矿物主要为石英，次为普通角闪石、阳起石、铁闪石、黑云母、绢云母、白云母、绿帘石、石榴子石、锆石、钠长石。矿石中以原生矿物磁铁矿、镁菱铁矿以及脉石矿物石英、绿泥石、镁铁闪石为主，其他矿物均居次要地位或仅为少量。截至 2013 年年底，峨口铁矿累计查明铁矿资源储量 45911.54 万吨，累计动用资源储量 14439.24 万吨，保有资源储量 31472.30 万吨，平均地质品位（TFe）30.00%。

15.3　开采情况

15.3.1　矿山采矿基本情况

　　峨口铁矿为露天开采的大型矿山，采取汽车-溜井-皮带联合运输开拓，使用的采矿方法为组合台阶法。矿山设计年生产能力 750 万吨，设计开采回采率为 94%，设计贫化率为 8%，设计出矿品位（TFe）18.07%。

15.3.2　矿山实际生产情况

　　2013 年，矿山实际出矿量 702.36 万吨，排放废石 1931.02 万吨。矿山开采深度为 2170~1528m 标高。具体生产指标见表 15-2。

表 15-2　矿山实际生产情况

采矿量/万吨	开采回采率/%	贫化率/%	出矿品位/%	露天剥采比/$t \cdot t^{-1}$
702.36	97.78	8.36	TFe 28.2	2.26

15.3.3　采矿技术

　　峨口铁矿采用露天开采方式进行生产。

　　峨口铁矿以山羊坪背斜为界划分为南、北两区。南区以山羊坪断层（或 38 勘探线）为界划分为南东、南西两区。北区以山羊坪断层（或 32 勘探线）为界划分为北东、北西两区。

　　峨口铁矿采矿方法为组合台阶、分区分期分条扩帮的露天开采，台阶高度为 12m，设计开采深度 642m，开采标高为 +2170~+1528m。有南西、南东、北东、北西四个露天采场。

矿石开拓运输：南西采场采用汽车-溜井-平硐胶带机运输；南东采场采用汽车运输；北东及北西采场采用汽车-溜井-斜井胶带机运输。岩石开拓运输：采用汽车运输系统。

各采场开采台阶高度 12m，并段后台阶高度 36m（个别地段并段高度 24m），最终台阶坡面角 60°。运输平台宽度 20m（单车线 14.5m），运输平台兼做清扫平台，安全平台宽度 12~15m。开采境界最终边坡角为 42°~45°。

采矿主要设备型号见表 15-3。

表 15-3　采矿主要设备型号及数量

设备名称	型号或规格	单　位	数　量
电铲	WK-4B	台	11
牙轮钻	YZ-35D	台	4
牙轮钻	KY250D	台	1
推土机	220 马力	台	1
自卸汽车	东风 20t 汽车	辆	6
推土机	75485D/75485A	台	24

15.4　选矿情况

15.4.1　选矿厂概况

峨口铁矿选矿厂始建于 1958 年 9 月，1977 年 4 月 29 日正式投产。年处理原矿 522 万吨，生产铁精粉 142 万吨，铁精矿的全铁品位为 66.38%。

2004 年年底太钢建成年产 200 万吨球团矿生产线。峨口铁矿自产精矿不能满足球团生产需求，通过加工外购地方矿来补充不足。

2007 年 4 月，中冶京诚（秦皇岛）工程技术有限公司编制了《技能改造设计》，将选矿年处理能力由当时的 522 万吨扩建到 750 万吨。目前，选矿系统已改造扩建完成。

2015 年，选矿厂实际入选矿石量 570.34 万吨，入选品位（mFe）15.39%。精矿产量 155.02 万吨，精矿产率 27.18%，精矿品位（TFe）65.32%，全铁回收率 63.34%、磁性铁回收率 96.63%。选矿厂能耗与水耗概况见表 15-4。

表 15-4　峨口铁矿选矿能耗与水耗概况

每吨原矿选矿耗水量/t	每吨原矿选矿耗新水量/t	每吨原矿选矿耗电量/kW·h	每吨原矿磨矿介质损耗/kg
7.038	0.157	24.067	0.99

15.4.2　522 万吨/年选矿工艺流程

15.4.2.1　破碎工艺流程

破碎工艺采用三段一闭路工艺流程如图 15-1 所示；主要破碎筛分设备见表 15-5。2002 年年初，把 4 号皮带改为干选皮带，增设了干选 1 号、2 号尾矿皮带和干选尾矿料仓，干选工艺设计甩尾率小于 8%，干选尾矿磁性铁品位不超过 3%。目前，甩尾率稳定在了 6%

左右。2005 年年初，为了降低入磨粒度，降低磨选能耗，提高磨选系统处理能力，进一步解决破碎筛分效率低、破碎循环负荷大导致破碎系统能力受制约的问题，把原中碎的 2 台 PYB2200 破碎机更新为 HP500 破碎机，同时把原自定中心振动筛更新为 2YAH1842 双层筛，入磨粒度由 −20mm 占 70% 左右提高到 −16mm 占 80% 以上，球磨机的利用系数由 3.66t/(m³·h) 提高到 3.71t/(m³·h)。改进了破碎作业，也有利于磨选作业的稳定。

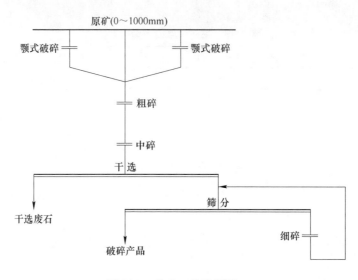

图 15-1　破碎工艺流程图

表 15-5　破碎工艺主要设备

工　序	设备名称	设备型号	台　数
粗碎	颚式破碎机	PE2100×1500	2
粗碎	旋回破碎机	PX1200/180	1
中碎	圆锥破碎机	HP500	2
细碎	圆锥破碎机	PYD2200	5
筛分	双层筛	2YAH1842	10

15.4.2.2　磨选工艺流程

选矿厂有 2 个生产系统，分别为 221 系统和 321 系统。2001 年以前，磨矿磁选一直采用两段闭路磨矿单一弱磁选工艺流程，该流程最终分级溢流粒度为 −0.074mm 占 83% 左右，最终精矿品位 64.50% 左右。峨口铁矿开发北采场以后，原磨选工艺流程已不适应处理该矿石，北区矿石中磁性矿物的结晶粒度细，原工艺流程无法生产出合格精矿。

2000 年 10 月开始对原流程的一半进行工艺改造，由两段磨矿工艺改造成三段磨矿工艺，原二段双螺旋分级机改为水力旋流器分级，增加高频细筛作为三段分级设备，同时设计筛下物料先用磁团聚进行选别，此所谓的 321 工艺流程，如图 15-2 所示；221 系统工艺流程如图 15-3 所示。

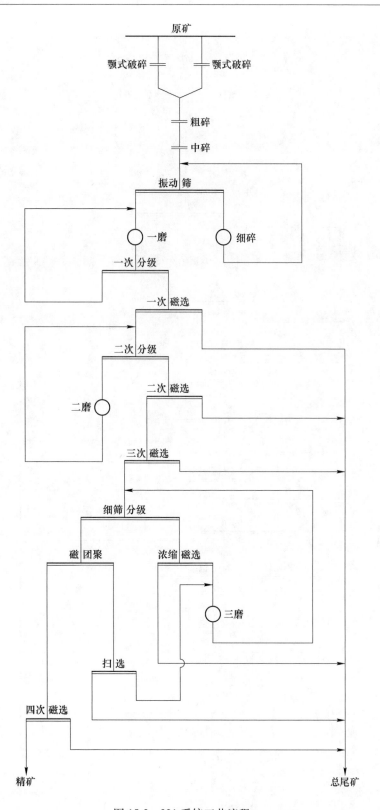

图 15-2 321 系统工艺流程

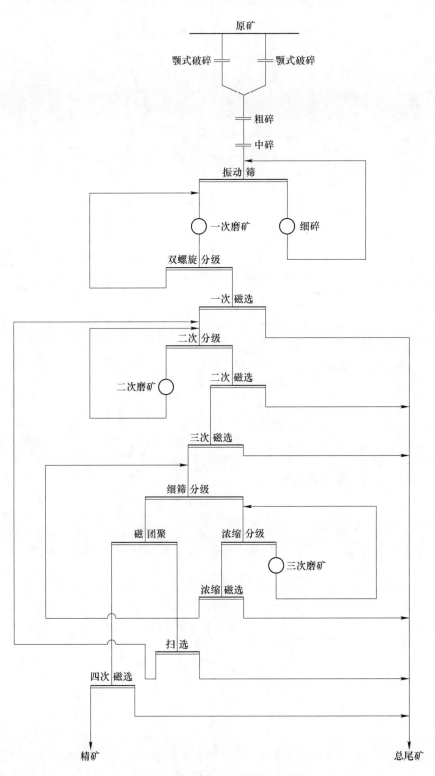

图 15-3 221 系统工艺流程

2001 年 3 月底，321 工艺流程彻底改造竣工投入生产，设计处理北区矿石时，一次球磨机利用系数设计值为 2.90t/（m³·h），最终精矿品位为 63.50%，投产以后，由于处理的是北区地表矿，其利用系数最大可达 3.60t/（m³·h），最终精矿品位达 66% 以上，321 工艺流程投入运行后，开始组织生产难磨难选矿石，旧系统最终精矿品位只有 63.50%，321 系统的高品位弥补了此缺陷，使最终综合精矿品位达到要求。

2002 年下半年，太钢对铁精矿质量提出了更高的要求，精矿粉的 SiO_2 含量也不能超过 6.50%，通过反复取样论证，峨口铁矿的铁精矿品位只要达到 66%，二氧化硅含量就可降至 6.5% 以下。处理目前采区的矿石，321 系统最终精矿品位已可以达到 65%，只要旧系统最终精矿品位达到 67% 以上，就可以满足公司对精矿粉质量的要求，为此提出了对旧系统的提铁降硅工艺流程改造。

2002 年 12 月 10 日，全面完成剩余系统的提铁降硅工艺流程改造，增减了水力旋流器、磁选机联合的脱泥作业。生产实践表明，铁精矿品位可达到 67% 以上，SiO_2 含量由 7.3% 下降到了 6% 以下。

2003 年 5 月，对一段磨矿分级系统实施自动化控制，磨矿分级过程控制系统的稳定化控制基本上由磨机给矿量自动控制、分级溢流浓度自动控制及磨矿浓度自动控制三个控制回路组成。

2005 年又自主完成开发了二三次磨矿分级自动化控制系统，对稳定最终精矿品位起到了重要作用。

522 万吨/年技术指标见表 15-6，主要设备见表 15-7。

表 15-6　522 万吨/年技术指标

序号	作业量及产品名称		单位	指标	序号	指标名称		单位	指标
1	破碎量		t	5227729	16	铁精矿品位		TFe，%	66.38
2	球磨机处理量		t	4898993	17			MFe，%	64.83
3	精矿生产量		t	1420829	18	入磨原矿品位		TFe，%	28.96
4	磁选尾矿		t	3478164	19			MFe，%	19.62
5	干选甩尾量		t	328736	20	尾矿品位		TFe，%	13.45
6	干选尾矿产率		%	6.29	21			MFe，%	0.7
7	粗破		%	62.22	22	理论		TFe，%	67.17
8			%	77.34	23	实际		TFe，%	66.48
9	中破		%	69.84	24	理论		MFe，%	97.48
10	细破		%		25	实际		MFe，%	95.84
11	球磨机		%	87.59	26	选比（理论）		倍	3.41
12	磨矿机利用系数		t/（h·m³）	3.71	27	磁选选比（实际）			3.45
13	粗破		吨/（台·时）	771.59	28	总选比（包括干选）			3.68
14	中破		吨/（台·时）	427.27	29	精矿浓度		%	62.12
15	细破		吨/（台·时）		30	破碎粒度		（−16mm）%	82.78

表 15-7　522 万吨/年系统主要设备

系统	作业名称	设备规格与型号	台数	系统	作业名称	设备规格与型号	台数
321	一段磨矿	MQG3640	1	221	一段磨矿	MQY3645	1
		MQY3245	2			MQY3245	1
	一次分级	φ2400 双螺旋分级机	3		一次分级	φ2400 双螺旋分级机	2
	一段磁选	φ1050×2400 磁选机	6		一段磁选	φ1050×2400 磁选机	6
	二段磨矿	MQY3245	1		二段磨矿	MQY32045	1
		MQY3235	1			MQY3235	1
	二次分级	φ500×4 旋流器组	2		二次分级	φ500×6 旋流器组	2
	二段磁选	φ1050×2400 磁选机	6		脱水槽	φ3000 脱水槽	5
	三段磁选	φ1050×2400 磁选机	3		双筒磁选	φ750×1800 永磁磁选机	5
	三段磨矿	MQY3645	1		三次分级	φ0.15mm 高频细筛	6
	三次分级	Derrick 高频细筛	2		浓缩分级	φ350×10 旋流器	2
	磁团聚	φ2200 磁团聚	4		三段磨矿	MQY3245	1
	浓缩磁选	φ1050×2400 磁选机	3		磁团聚	φ2200 磁团聚	5
	扫选	φ1050×2400 磁选机	2		扫选	φ1050×2400 磁选机	1
	四段磁选	φ1050×2400 磁选机	3		四段磁选	φ1050×2400 磁选机	1

15.4.3　750 万吨/年选矿工艺流程

750 万吨/年选矿厂是在原选矿厂的基础上经扩建改造形成的。根据峨口铁矿现有 221 系统及 321 系统的考察流程，从流程结构上看，321 系统流程比较合理，但其二次磁选和三次磁选是连续选别，选别效果不明显；细筛后的磁团聚耗水量大。因此，新扩系统对现有的 321 系统流程进行了优化，将三次磁选放在细筛之后，并用磁选柱代替磁团聚。

15.4.3.1　破碎工艺流程

选矿厂破碎工艺仍采用原三段一闭路—中碎后干选流程，破碎产品粒度为 12~0mm，破碎工艺主要设备见表 15-8。

破碎系统引进高效细碎破碎机，更换已服役多年的国产破碎机。皮带机系统以提速改造为主，尽可能不改动厂房和设备基础，提高破碎系统能力，达到扩产的要求。

旋回破碎机通过调整上、下段破碎机的破碎比达到扩产要求。

根据现场生产的情况，将 1 号及 2 号中碎给矿皮带机更换为重型板式给料机，并用变频调速装置来控制中碎机的给料量。一般情况下，中碎前应设置缓冲矿仓，来调节粗、中碎之间作业的均衡生产；但基于原设计的原因，造成现有的中碎机前矿仓偏小，矿仓出料经常堵矿的情况，由于现场条件所限，扩仓困难。设计建议在生产中要及时更换旋回破碎机的衬板，以保证中碎机给矿的稳定。

根据 HP500 短头圆锥破碎机在国内类似铁矿选矿厂的应用情况以及现场工艺布置，细碎选用 4 台 HP500 短头圆锥破碎机；保留 1 台 PYD2200 短头圆锥破碎机作为备用。

表 15-8 750 万吨/年选矿厂主要破碎筛分设备

作业名称	设备名称及规格	台数	设备允许的最大给矿粒度/mm	设计的最大给矿粒度/mm	排矿口/mm	最大排矿粒度/mm	每台设备的处理量/t·h⁻¹	流程的给矿量/t·h⁻¹	负荷率/%	备注
粗碎	1500×2100 颚式破碎机	1	1200	1000	200	320	765	589	77	新建
	1500×2100 颚式破碎机	2	1200	1000	200	320	765	589	77	原有
	PX1200/180 旋回破碎机	1	1000	1000	190	276	1823	1347	74	原有
中碎	HP500S（超粗）型圆锥破碎机	2	285	276	45	80	772	1389	90	原有
细碎	HP500SH 型圆锥破碎机	4	80	80	19		479	1550	88	新
	PYD2200 短头圆锥破碎机	1								备用

作业名称	设备名称及规格	台数	筛孔/mm	每台设备处理量/t·h⁻¹	流程给矿量/t·h⁻¹	负荷率/%	筛分效率/%	备注
筛分	LF2142D 振动筛	8	14（下）25（上）	487	2842	73	85	
	2YA1842 振动筛	2					70	备用

15.4.3.2 磨选工艺流程

峨口铁矿现有 221、111、221 三个系统，工艺流程分别如图 15-4~图 15-6 所示，主要设备见表 15-9。

由采场运到选矿厂的矿石（0~1000mm），给入旋回破碎机进行粗碎到 0~276mm，进入到中碎前的缓冲矿仓，之后由皮带机给入 HP500 圆锥破碎机进行中碎到 0~80mm。经中碎后的矿石由皮带机卸到 4 号皮带机进行干式磁选，干选废石经皮带机转运到废石仓进行储存，由汽车运往排土场。干式磁选后的矿石经皮带机卸料车卸到筛分前的缓冲分配矿仓。筛分后的筛上产品直接给入 HP500 短头圆锥破碎机进行细碎，细碎后的矿石由皮带机运回到细碎筛分车间进行筛分，形成闭路。经筛分后 0~12mm 的筛下产品由皮带机转运到磨矿仓。

磨矿仓贮存的矿石经仓下的振动给料机及皮带机分别给入现有的 221 系统、321 系统和新建系列的磨选系统进行处理。221 系统、321 系统按照原有的流程进行选别。

6 号、7 号矿仓的物料经新建转 1 号皮带和转 2 号皮带，将物料运到新建系列的球磨机给矿皮带，给矿皮带将矿石给入 MQY5064 湿式溢流型球磨机，进行第一段磨矿；一段磨机排矿由渣浆泵给到 φ660×5 水力旋流器组进行第一次分级，一次分级的水力旋流器沉砂自流到一段磨机；一段球磨机与水力旋流器形成闭路；一次分级水力旋流器的溢流自流

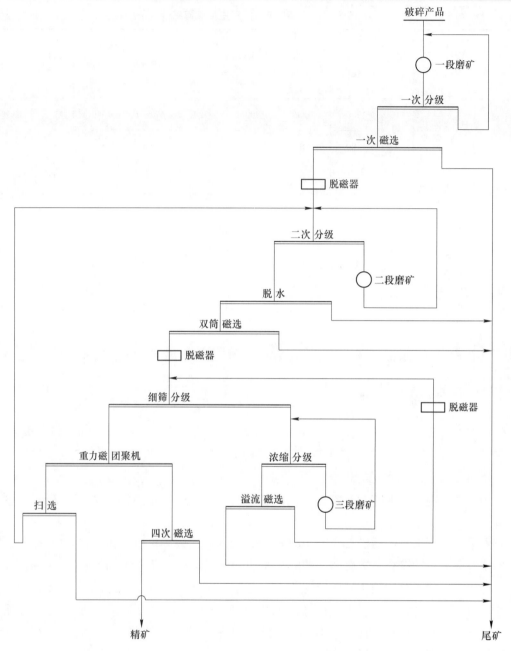

图 15-4　221 系统工艺流程

至 CTB-1230 一次磁选机，进行一次磁选，一磁尾矿为最终尾矿。

　　一段磁选精矿由渣浆泵送到 φ500×6 水力旋流器进行第二次分级，二次分级的水力旋流器的沉砂自流到 MQY4361 湿式溢流型球磨机，进行第二段磨矿。二段磨机排矿由渣浆泵给到 φ500×6 水力旋流器，二段球磨机与水力旋流器形成闭路。二次分级水力旋流器的溢流自流至 CTB-1230 二段磁选机，进行二段磁选，二段尾矿为最终尾矿。

　　二段磁选精矿由渣浆泵送到 5 路重叠德瑞克细筛进行第三次分级。5 路重叠德瑞克细

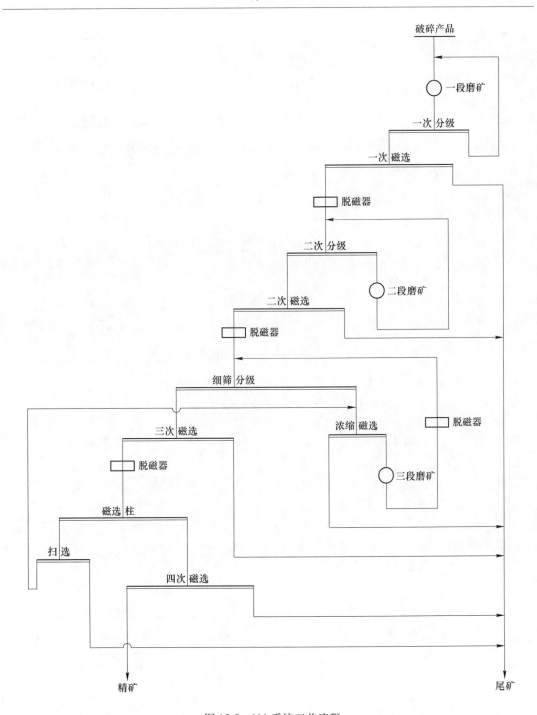

图 15-5　111 系统工艺流程

　　筛的筛上产品自流到浓缩磁选机进行浓缩磁选，浓缩磁选的精矿自流到 MQY4361 湿式溢
流型球磨机，进行第三段磨矿。

　　三段磨机排矿由渣浆泵送到 5 路重叠德瑞克细筛，三段球磨机与 5 路重叠德瑞克细筛
形成闭路。5 路重叠德瑞克细筛筛下产品自流到 CTB-1230 三段磁选机磁选，三磁尾矿为

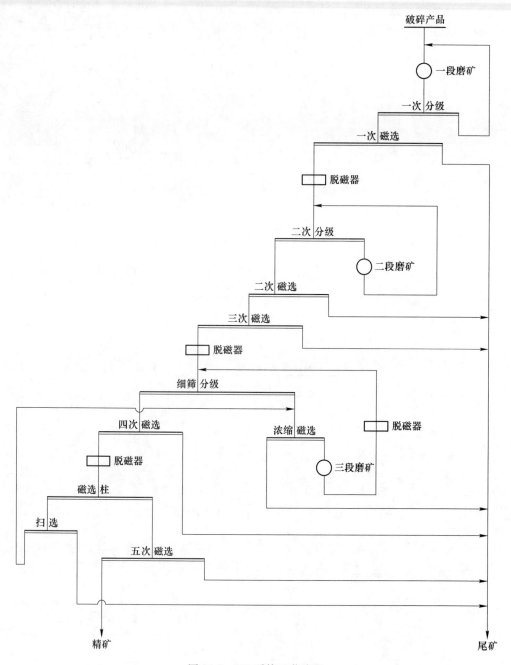

图 15-6　321 系统工艺流程

最终尾矿。

　　二段磁选精矿由渣浆泵给入磁选柱。磁选柱尾矿自流到三段磨机前的浓缩磁选机进行浓缩磁选。磁选柱的精矿自流到 CTB-1230 四段磁选机磁选，四磁尾矿为最终尾矿。

　　四段磁选精矿自流到厂房内的精矿槽与现有 221 系统和 321 系统的精矿汇集。精矿槽内汇集的精矿产品自流到过滤系统。

　　一磁、二磁、三磁及四磁尾矿与现有系统的尾矿汇集。

表 15-9　750 万吨/年选矿厂主要设备

系统	工序	设备名称	设备型号	台数
321 系统	一段磨矿	球磨机	MQG3640	1
321 系统	一段磨矿	球磨机	MQY3245	2
321 系统	二段磨矿	球磨机	MQY3245	2
321 系统	三段磨矿	球磨机	MQY3245	1
321 系统	一次分级	螺旋分级机	2FCL-2400	2
321 系统	二次分级	水力旋流器	ϕ500	8
321 系统	细筛	德瑞克细筛	2SG48-60W-5STK	2
321 系统	一段磁选	磁选机	CTB1024	6
321 系统	二段磁选	磁选机	CTB1024	6
321 系统	三段磁选	磁选机	CTB1024	3
321 系统	四段磁选	磁选机	CTB1024	3
321 系统	筛下磁选	磁选机	CTB1230	2
321 系统	浓缩磁选	磁选机	CTB1230	2
321 系统		溜槽弱磁选机	CTB1024	4
321 系统		强磁回收机		8
321 系统	扫选	磁选机	CTB1230	3
321 系统		淘选机	CHCXJ24000	5
321 系统	过滤	过滤	ZPG-15/5	1
221 系统	一段磨矿	球磨机	MQY3245	1
221 系统	一段磨矿	球磨机	MQG3645	1
221 系统	二段磨矿	球磨机	MQY3245	1
221 系统	二段磨矿	球磨机	MQY3235	1
221 系统	三段磨矿	球磨机	MQY3245	1
221 系统	一次分级	螺旋分级机	2FCLϕ2.4×140.5	2
221 系统	二次分级	水力旋流器	ϕ500	12
221 系统	二段浓缩	水力旋流器	ϕ350	20
221 系统	细筛	德瑞克细筛	2SG48-60W-5STK	2
221 系统	一段磁选	磁选机	CTB1024	7
221 系统	二段磁选	磁选机	CTB1024	4
221 系统	三段磁选			
221 系统	四段磁选	磁选机	CTB1024	2
221 系统	扫选	磁选机	CTB1024	1
221 系统		强磁回收机		8
221 系统		溢流磁选机	CTB1024	5
221 系统		淘选机	CHCXJ24000	4
221 系统	弱磁选机		CTB1024	4
221 系统	过滤	过滤机	ZPG-15/5	1

15.5 矿产资源综合利用情况

峨口铁矿为单一铁矿，无其他共伴生组分，资源综合利用率为 62.48%。

峨口铁矿年产生废石 1931.02 万吨，废石年利用量为零，废石利用率为零，废石处置率为 100%，处置方式为排土场堆存。

选矿厂尾矿年排放量 482.96 万吨，尾矿中 TFe 含量为 14.25%，尾矿年利用量为零，尾矿利用率为零，处置率为 100%，处置方式为尾矿库堆存。

16 弓长岭井下铁矿

16.1 矿山基本情况

弓长岭井下铁矿为地下开采的大型矿山企业，主要开采矿种为铁矿，无共伴生矿产，是第三批国家级绿色矿山试点单位。矿山始建于 1933 年 1 月 1 日，1954 年 1 月 1 日正式投产。矿区位于辽宁省辽阳市弓长岭镇，西南距鞍山市 69km，西北距辽阳市 39km，辽溪铁路、高速公路从矿区西北端通过，安平站距矿区仅 5km，且有专用矿山铁路与辽溪铁路相接。矿区至辽阳、鞍山、本溪都有铁路、公路衔接，矿区交通方便。弓长岭井下铁矿开发利用情况见表 16-1。

表 16-1 弓长岭井下铁矿开发利用简表

基本情况	矿山名称	弓长岭井下铁矿	地理位置	辽宁省辽阳市弓长岭区
	矿山特征	国家级绿色矿山	矿床工业类型	沉积变质型铁矿床
地质资源	开采矿种	铁矿	地质储量/万吨	88982
	矿石工业类型	磁铁矿石	地质品位（TFe）/%	37.66
开采情况	矿山规模	265 万吨/年，大型	开采方式	地下开采
	开拓方式	竖井开拓	主要采矿方法	无底柱分段崩落采矿法，浅孔留矿采矿法
	采出矿石量/万吨	166.12	出矿品位（TFe）/%	36.05
	废石产生量/万吨	7.6	开采回采率/%	88.26
	贫化率/%	27.19	开采深度/m	450~-460 标高
	掘采比/米·万吨$^{-1}$	22.82		
选矿厂（一）情况	选矿厂规模	1200 万吨/年	选矿回收率/%	81.01
	主要选矿方法	三段一闭路破碎-中碎后预选，阶段磨矿-阶段磁选-细筛再磨		
	入选矿石量/万吨	磁铁矿 965	原矿品位（TFe）/%	29.27
	铁精矿产量/万吨	338.99	精矿品位（TFe）/%	67.5
	尾矿产生量/万吨	626.01	尾矿品位（TFe）/%	8.57
选矿厂（二）情况	选矿厂规模	276 万吨/年，315 万吨/年	选矿回收率/%	70.78
	主要选矿方法	三段闭路破碎—阶段磨矿—磁浮联合选矿工艺 闭路破碎—阶段磨矿—粗细分选—重选—强磁—阴离子反浮选		
	铁精矿产量/万吨	赤铁矿 467	原矿品位（TFe）/%	27.99
	铁精矿产量/万吨	137.06	精矿品位（TFe）/%	67.5
	尾矿产生量/万吨	329.94	尾矿品位（TFe）/%	11.58

综合利用情况	综合利用率/%	70.80	废水利用率/%	92
	废石排放强度/t·t⁻¹	1.35	废石处置方式	排土场堆存
	尾矿排放强度/t·t⁻¹	1.94	尾矿处置方式	尾矿库堆存
	废石利用率	0	尾矿利用率	0

16.2　地质资源

16.2.1　矿床地质特征

16.2.1.1　地质特征

井下铁矿矿床工业类型为沉积变质铁矿床，矿山开采深度为 450～-460m 标高。该矿山开采范围内的主要矿体编号为 Fe1、Fe2、Fe3、Fe4、Fe5、Fe6、FeS，矿体走向长度在 100～4800m 之间，矿体倾角为 80°～85°，矿体厚度在 5～67m 之间，矿体赋存深度在 100～1000m 之间。矿体属稳固矿岩，围岩稳固。

矿区出露地层主要为太古代鞍山群变质岩系，其次为震旦系钓鱼台组石英岩，南芬组泥灰岩、灰岩及第四系山坡堆积物和冲积层。其中鞍山群变质岩系分为 4 层，最下面的是斜长角闪岩层，其上是含铁带，其中有两层条带状铁矿，并夹有一些薄层条带状铁矿、斜长角闪岩、片岩等。

弓长岭铁矿带构造发育，褶皱、断层齐全，它们控制着矿床的形成与分布。铁矿带整体呈北西向，长约 12km，但由于受寒岭断裂、偏岭断裂等一系列近平行的北东向断层的影响，铁矿带被切割分为一矿区、二矿区、三矿区、老岭-八盘岭矿区（包括老弓长岭、独木、哑叭岭和八盘岭）。弓长岭铁矿带北西端分布寒岭断裂，其位于山嘴子-三星村-阎家堡子。走向北东 60°，倾向南东，倾角 80°～85°，长 15km。断裂北侧为古生代地层，南侧为鞍山群和混合岩、混合花岗岩。断裂在水平和垂直方向上有较大的位移，水平方向上表现为左旋扭动，垂直方向上总的表现为南盘向北逆冲的性质。弓长岭铁矿带受其影响在西北端走向变为北东东向。

16.2.1.2　矿石质量

矿石工业类型主要为磁铁矿石，按矿石的自然类型可分为磁铁、假象赤铁石英岩、磁铁富矿和赤铁富矿。工业类型可分为贫铁矿石和富铁矿石。

磁铁石英岩占本区矿石的绝大多数，分布于全区各铁矿层中，以条带状磁铁石英岩为主，少量块状磁铁石英岩，该类型矿石占全区矿石总储量 61.0%。

假象赤铁石英岩主要分布在东南区第六层铁矿中，最深达-500m，此外，Fe1、Fe4、Fe5 及 FeS 层内也有少量的假象赤铁石英岩。该类型矿石占全区矿石总储量的 27.7%。

各种矿石类型的矿物组成概述如下：

（1）磁铁石英岩。磁铁石英岩是该区分布最广的铁矿石，按结构构造可分为条带状磁铁石英岩和块状磁铁石英岩。主要组成矿物有磁铁矿、赤铁矿、褐铁矿。非金属矿物有石英、角闪岩、阳起石、绿泥石等。

1）条带状磁铁石英岩。根据条带的宽窄又分为条带、条纹和细纹状等。根据所含非金属矿物，有角闪、阳起等磁铁石英岩。条带状构造的黑、白条带之比，一般在 4∶1 至 2∶1 之间，黑色条带主要为磁铁矿、假象赤铁矿、褐铁矿及少量的石英、阳起石、角闪石等。黑色条带中磁铁矿占 70%～90%，为自形或半自形晶，粒度在 0.02～0.3mm。白色条带主要是石英，次为阳起石、透闪石、绿泥石、云母、磷灰石及少量磁铁矿。

2）块状磁铁石英岩。主要组成金属矿物为磁铁矿、假象赤铁矿及少量褐铁矿，非金属矿物主要为石英，次为闪石类矿物及少量的绿泥石、碳酸盐矿物及黄铁矿、黄铜矿等。块状磁铁石英岩多产生在第六层铁矿中，此种矿石所占比例不多，多为富铁矿石。

（2）假象赤铁石英岩。主要产在第六层铁矿中氧化或半氧化的磁铁石英岩，东南区最深在-550m 还有此种矿石。另外在 Fe1、Fe4、Fe5 及 FeS 矿层内也有少量的假象赤铁石英岩。呈钢灰色，条纹状或块状，具弱磁性，金属矿物除磁铁、假象磁铁矿外，还有镜铁矿、褐铁矿；非金属矿物以石英为主，其次为闪石类矿物等。

（3）磁铁富矿。磁铁富矿产在第六层铁矿中，其次在 Fe2、Fe3、Fe4、Fe5 及 FeS 矿层内也有分布。地表少，深部多，在全矿区均有分布。

磁铁富矿呈黑色，致密块状，中、细粒结构，金属矿物为磁铁矿及少量赤铁矿，非金属矿物有石英、石榴石、磁铁闪石、绿泥石等。另外还有极少量的石墨、黄铁矿、黄铜矿、菱铁矿等。磁铁矿一般占 70%～90%，为他形粒状。石英含量为 10%～30%，半自形或他形晶。黄铁矿和黄铜矿二者常伴生，分布不均匀，沿裂隙呈细脉或浸染状。

（4）赤铁富矿。主要分布在东南区第六层铁矿中，呈钢灰色，略呈暗红色，致密块状。组成矿物主要为假象赤铁矿、镜铁矿、石英、云母等。

矿石中的化学成分主要为 SiO_2、Fe_2O_3 和 FeO，其次为 Al_2O_3、MgO、CaO、Na_2O、K_2O、S、P、Mn 等。Fe 是矿石中的唯一有益组分，SiO_2、S、P、Mn 为有害组分。

（1）贫铁矿石化学成分。磁铁石英岩中 TFe 含量一般在 25%～40%，SiO_2 平均含量为 46.23%，S 平均含量为 0.148%，P 平均含量为 0.032%。

假象赤铁石英岩中 TFe 含量在 20% 左右，SiO_2 平均含量为 57.58%，S 平均含量为 0.011%，P 平均含量为 0.012%。

（2）富铁矿石化学成分。磁铁富矿中 TFe 含量在 53.35%～64.8%，SiO_2 含量在 4.97%～19.56%，S 含量在 0.098%～0.193%，P 含量在 0.011%～0.049%，Mn 含量在 0.02%～0.1%。

假象赤铁富矿中 TFe 含量在 49.65%～62.54%，SiO_2 含量在 5.4%～22.95%，S 含量在 0.005%～0.019%，P 平均含量为 0.01%，Mn 含量为 0.02%～0.06%。

16.2.2　资源储量

弓长岭井下铁矿矿床规模为大型，截至 2013 年年底，累计查明铁矿石资源储量为 88982 万吨，保有铁矿石资源储量为 65790.4 万吨，铁矿的平均地质品位（TFe）为 37.66%，该铁矿为单一矿产。

16.3　开采情况

16.3.1　矿山采矿基本情况

井下铁矿为地下开采的大型矿山，采取竖井开拓，使用的采矿方法为无底柱分段崩落采矿法和浅孔留矿采矿法。矿山设计年生产能力 265 万吨，设计开采回采率为 85%，设计贫化率为 20%，设计出矿品位 41.26%。

16.3.2　矿山实际生产情况

2013 年，矿山实际出矿量 166.12 万吨，排放废石 7.6 万吨。矿山开采深度为 450~ -460m 标高。具体生产指标见表 16-2。

表 16-2　矿山实际生产情况

采矿量/万吨	开采回采率/%	贫化率/%	出矿品位/%	掘采比/米·万吨$^{-1}$
183.17	88.26	27.19	36.05	22.82

16.3.3　采矿技术

弓长岭井下矿有三个采区。

（1）西北采区。该采区 + 50m 水平以上采用平硐-盲斜井开拓运输系统，采用浅孔留矿采矿法。目前 +50m 水平以上的上含铁带矿体开采基本结束，下含铁带矿体开采正在开拓。50~ -70m 水平间矿体采用平硐、盲竖井与斜坡道联合开拓运输系统（盲竖井只服务到 -70m 水平），采用无底柱分段崩落法和浅孔留矿采矿法。

（2）下含铁带采区。该采区采用平硐开拓运输系统，采用浅孔留矿采矿法。

（3）中央采区。该区为平硐竖井开拓，现有主井、副井、专用人风井、两翼回风井各一条，共 5 条竖井。以无底柱分段崩落采矿法为主。

采矿主要设备型号见表 16-3。

表 16-3　采矿主要设备型号及数量

设备名称	规格型号	数　量
采矿台车	SimbaH1253	6
掘进台车	Boomer281	12
潜孔钻机	SKZ120A	15
凿岩机	YSP-45 型	4
凿岩机	ZYP-30A	4
电动铲运机	EST-3.5	14
柴油铲运机	ST-3.5	5
柴油铲运机	ST-2D	2
电动铲运机	WJD-2A	2

设备名称	规格型号	数　量
电动铲运机	TORO400E	8
电耙子	2DPJ-55	74
自卸汽车	30t	20
自卸汽车	5t	7
架线电机车	ZK10-7/550 型	17
架线电机车	ZK10-7/250-2 型	6
中央主井（6m 单卷扬）	KJ1×6×3.2/0.75	1
中央主井（6m 双卷扬）	KJ2×6×2.4	1
空压机	2D12-100/8	9
通风机	K40-6-19	2
局扇	SJY-77-55	10
水泵	DK400-22A 型	9
水泵	8DA8×9 型	6
颚式破碎机	PEJ900×1200	1

16.4　选矿情况

16.4.1　选矿厂概况

弓长岭选矿厂由一选、二选和三选三个车间构成主体生产系统。一选和二选车间处理原生矿，三选车间处理氧化矿。选矿厂处理的矿石由弓长岭露天铁矿、井下铁矿和中茨铁矿供给。矿石采用载重量为 60t 的翻斗车由电机车牵引，从矿山运到选矿厂。选矿厂生产的铁精矿全部作为球团矿原料，部分通过胶带运输机运输送往球团一厂，部分经铁路运输送往球团二厂。

一选车间始建于 1959 年，设计年处理磁铁矿石 560 万吨，采用三段破碎—阶段磨矿—单一磁选工艺流程。1997 年，对磨选系统实施两段细筛代替旋流器分级工艺改造，同时对生产尾矿增设扫选工艺，回收尾矿中流失的铁矿物。1999 年，对破碎工序增加预先筛分，改善破碎产品粒度。2001 年，细碎前增设预选工艺，提高入选矿石品位；实施"提铁降硅"反浮选工艺改造，形成三段破碎—阶段磨矿—磁浮联合选矿工艺流程。当年处理原矿 606 万吨，年产精矿 220 万吨，铁精矿品位 69.16%。2006 年，对一选车间实施大型化技术改造，新建 5 个大型磨选系列代替原来的 15 个磨选系列；破碎工序采用中碎后预选的三段一闭路流程，磨选工序采用阶段磨矿—阶段磁选—细筛再磨工艺流程，粗破碎年处理原矿 1200 万吨，中碎后预选作业抛弃岩石，年入磨原矿 1085 万吨，年产磁铁精矿412 万吨，精矿品位 68%。

二选车间始建于 1975 年，设计年处理赤铁矿 300 万吨，共 8 个磨选系列，采用磁选—重选联合流程。1979 年将磁选—重选联合流程改为两段连续磨矿—弱磁选细筛—分级重选联合流程。1996 年对二选车间工艺流程实施技术改造，由处理赤铁矿改为处理磁铁矿。采用阶段磨矿——一段中磁甩尾—细筛分级再磨磁选工艺流程。后来陆续对二选进行了一系列的技术改造：用旋流器代替二段螺旋分级机、脱水槽代替三段磁选机、阳离子反浮选工艺等。最终形成目前的三段闭路破碎—阶段磨矿—磁浮联合选矿工艺流程。原矿年处理能力276 万吨，年产磁铁精矿 97 万吨，精矿品位 69.24%。

　　三选车间始建于 2004 年，设计年处理赤铁矿 300 万吨，共 3 个磨选系列，采用闭路破碎—阶段磨矿—粗细分选—重选—强磁—阴离子反浮选联合选矿工艺流程，年处理原矿315 万吨，年产赤铁精矿 100 万吨，精矿品位 67.5%。

16.4.2　选矿工艺流程

16.4.2.1　磁铁矿选矿工艺

A　破碎流程

　　破碎生产采用中碎后预选的三段一闭路流程，破碎工艺流程如图 16-1 所示，主要破碎设备见表 16-4。从露天和井下采场来的矿石（最大块≤1000mm）直接给入破碎机，把矿石破碎至 300mm，中碎产品粒度为 0~75mm，给入一台干式磁选机，干选尾矿作为废石丢弃，干选精矿给入筛子进行预先筛分，筛上产品给入细碎机，细碎排矿给入筛子进行检查筛分，筛上与预先筛上产品合并给入细碎机，构成闭路破碎，筛下产品粒度为 0~12mm，给入球磨矿仓。

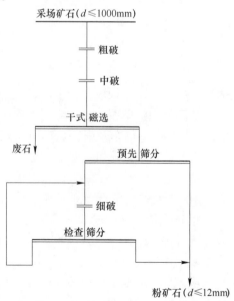

图 16-1　弓长岭选矿厂破碎筛分工艺流程

表 16-4　选矿厂主要设备型号及数量

车间	工序	设备名称	规格型号	使用数量/台
一选	粗碎	旋回破碎机	KB54-75	1
一选	中碎	圆锥破碎机	H6800	1
一选	细碎	圆锥破碎机	H8800	5

车间	工序	设备名称	规格型号	使用数量/台
一选		破碎机	HP800	1
一选	一段磨矿		MQY5067	5
一选	二段磨矿	球磨机	MQY 4075	5
一选	三段磨矿		MQY2736	10
一选	分级	旋流器	660×660×8	15
一选	筛分	振动筛	MVS2420	55
一选			CTB1232 磁选机	15
一选	磁选	磁选机	CTB1024 磁选机	61
一选			CH1545 磁选机	2
一选	浮选	浮选机	BF-20m³	18
一选			ZPG-72/6	3
一选	过滤	过滤机	P60/15	8
一选			P96	2
一选	浓缩	浓缩机	53m	5
一选			29m	6
二选	中破	圆锥破碎机	PYB2200	1
二选	细破	圆锥破碎机	PYD2200	2
二选	细破	破碎机	HP500	2
二选	中碎	圆锥破中碎机	H8800	1
二选		单层振动筛	YA1530	8
二选		球磨机	MQG2736	6
二选		球磨机	MQY2736	4
二选		永磁机	1200×3000	8
二选	磁选	立环脉动高梯度强磁机	SLon-200	7
二选	磁选	立环脉动高梯度中磁机	SLon-200	3
二选		过滤机	72m²	4
二选	浮选	浮选机	BF-20m³	22
三选	中破	破碎机	H8800 圆锥	1
三选	细破	破碎机	H8800 圆锥	2
三选	筛分	振动筛	LF2460	4
三选	筛分	振动筛	SL1420×1500	10
三选		球磨机	MQY3660	5
三选		永磁机	1050×3000	10
三选	过滤	过滤机	72m²	3
三选	浮选	浮选机	BF-20m³	44

B　磨矿选别

弓长岭选矿厂一选车间有五个同样工艺流程的磨选系统，破碎产品给入溢流型球磨机，与旋流器组组成闭路磨矿，旋流器溢流粒度为 -0.074mm 占 50%~55%，一次分级溢流给入一段磁选机，一段磁选尾矿为最终尾矿，一段磁选精矿给入二段球磨机。二段球磨与旋流器组组成闭路磨矿，二次分级旋流器溢流粒度为-0.074mm 占 85%左右，给入一段磁力脱水槽，一段磁力脱水精矿给入二段磁选机，二磁精给入一段高频振网筛，筛孔0.11mm×0.22mm，筛上产品给入旋流器与 φ2.7m×3.6m 组成的三段闭路磨矿，旋流器溢流粒度为-0.074mm 占 95%，给入三台二段磁力脱水槽和三段磁选机，三段磁选机精矿给入二段高频振网筛，筛孔 0.095mm×0.125mm，其筛上产品与一段筛上产品合并进行三段闭路磨矿，两段筛下产品合并给入三段磁力脱水槽和四段磁选机，四段磁选精矿品位67.5%以上。最终精矿粒度为-0.043mm 占 85%，经盘式过滤机脱水后送往球团厂，生产工艺如图 16-2 所示。

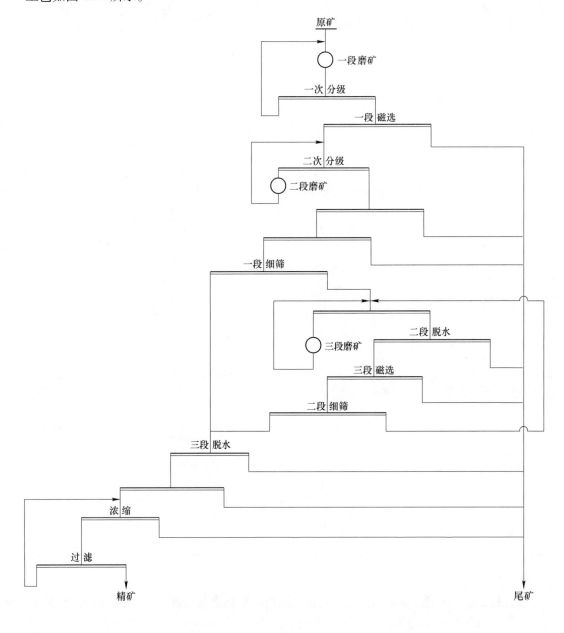

图 16-2　弓长岭选矿厂磁铁矿选别工艺流程

C 脱水过滤

过滤前有 2 座 φ16m×16m 超大型高浓度矿浆搅拌槽，搅拌槽采用双层叶轮，轴向和径向双循环高效均质化技术。12h 的精矿混匀后一级品率达 60%，72h 精矿混匀后一级品率达 100%，实现了最终球团矿品位 65.5% 以上，合格率 100% 的目标。

过滤设备采用盘式过滤机，精矿水分控制在 10% 以下，过滤后的精矿一部分由皮带送往球团一厂，一部分经铁路送往球团二厂。

D 尾矿处理

选矿厂采用浓缩机浓缩磁铁矿尾矿，永磁回收机对磁选尾矿进行回收。回收后的尾矿一次送至尾矿库。一选尾矿再选工艺流程如图 16-3 所示。一选尾矿再选工艺采用磁选—细筛—磁选柱工艺流程，一选尾矿经浓缩后给入尾矿回收机。尾矿回收机尾矿为最终尾矿，尾矿回收机精矿送至浮选车间脱水弱磁选机进行磁选，磁选后精矿送至球磨机，尾矿自流至尾矿槽。球磨排矿至磁选机，磁选机精矿送至高频振动筛，筛上返回脱水弱磁选机分矿箱，筛下流入磁选机，精矿分配到磁选柱进行磁选，尾矿自流至尾矿槽。磁选柱尾矿由泵送至脱水弱磁选机的分矿箱继续再选。通过对尾矿进行再选回收，年回收精矿量 10 万吨左右。

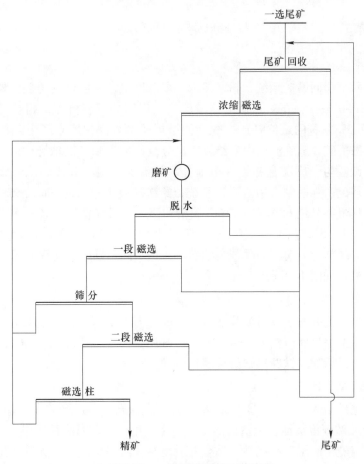

图 16-3 一选尾矿再选工艺流程

16.4.2.2　赤铁矿选矿工艺流程

弓长岭选矿厂二选车间、三选车间均处理赤铁矿，分别采用三段闭路破碎—阶段磨矿—磁浮联合选矿工艺流程和闭路破碎—阶段磨矿—粗细分选—重选—强磁—阴离子反浮选联合选矿。

A　破碎筛分

破碎工艺采用三段一闭路流程，破碎给矿粒度 0~1000mm，破碎最终产品粒度 12~0mm。赤铁矿破碎工艺流程如图 16-4 所示。

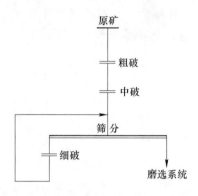

图 16-4　赤铁矿破碎筛分工艺流程

B　磨矿选别流程

二选车间有六个相同磨矿系统，粉矿给入一段球磨机，一段球磨与旋流器构成闭路磨矿，-0.074mm 占 50%~55%的一次旋流器溢流给入粗细分级旋流器，粗粒部分经两段螺旋溜槽选别得 67.5%左右的最终精矿，螺旋溜槽尾矿给入高梯度立环中磁机抛尾（品位8.5%左右），中磁精矿和螺旋溜槽中矿给入二次分级旋流器和二次球磨构成开路磨矿。二次球磨排矿和二旋溢与一旋溢合并给入粗细分级旋流器。粗细分级旋流器细粒部分给入弱、强磁选机，弱磁、强磁精矿给入浮选系统，给矿粒度为-0.074mm 占 92%以上，经一粗一精三扫，浮精最终品位 68%~68.5%，螺精和浮精为最终精矿，各占 50%，最终精矿粒度为-0.074mm 占 85%左右，经盘式过滤机脱水后送往球团厂，浮选调整剂为 NaOH，活化剂为 CaO，抑制剂为淀粉，捕收剂为油酸。二选车间选别工艺流程如图 16-5 所示，三选车间选别工艺流程如图 16-6 所示。

C　脱水过滤

二选、三选精矿合并给入新过滤作业区的 30m 浓缩机，30m 浓缩机共有两台，采用一工一备工作方式，浓缩机底流给入 4 台 72 平盘式过滤机，过滤后含水分 9%的精矿经皮带输送到圆筒矿仓，最后通过铁路输送到球团厂。

D　尾矿处理及水净化

二选、三选尾矿给入 1 号、2 号 50m 大井，大井底流与一选尾矿合并输送到尾矿坝，50m 大井溢流给入 29m 澄清池，澄清后的水作为生产用环水返回流程使用。

赤铁矿尾矿与磁铁矿尾矿在尾砂泵站合并后由泵输送到尾矿坝，赤铁矿尾矿和磁铁矿尾矿共用一个尾矿坝。

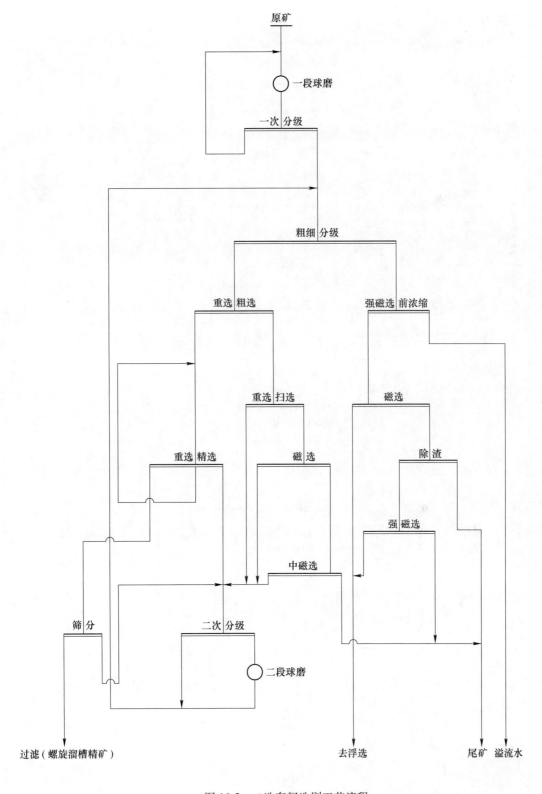

图 16-5　二选车间选别工艺流程

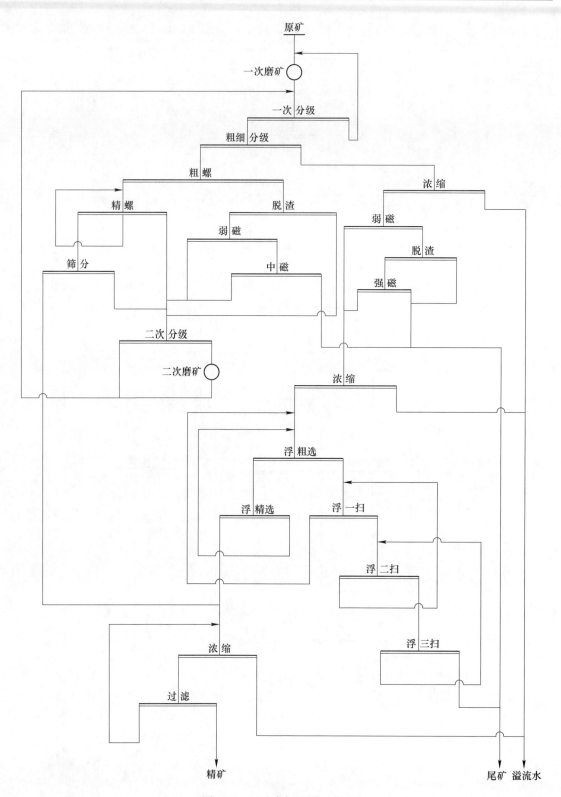

图 16-6 三选车间选别工艺流程

16.5 矿产资源综合利用情况

弓长岭井下铁矿为单一铁矿，无其他共伴生组分，资源综合利用率为 70.80%。

弓长岭井下铁矿年产生废石 76 万吨，废石年利用量为零，废石利用率为零，废石处置率为 100%，处置方式为排土场堆存。

选矿厂尾矿年排放量 109.68 万吨，尾矿中 TFe 含量为 9.43%，尾矿年利用量为零，尾矿利用率为零，处置率为 100%，处置方式为尾矿库堆存。

17　弓长岭露天铁矿

17.1　矿山基本情况

弓长岭露天铁矿为露天开采的大型矿山企业，主要开采矿种为铁矿，无共伴生矿产，是第四批国家级绿色矿山试点单位。矿山现主要开采有独木采区和何家采区，始建于 1958 年 1 月 5 日，1958 年 5 月 5 日正式投产。矿区位于辽宁省辽阳市弓长岭镇，南西距鞍山市 69km，西北距辽阳市 39km，辽溪铁路、高速公路从矿区西北端通过，安平站距矿区仅 5km，且有专用矿山铁路与辽溪铁路相接；矿区至辽阳、鞍山、本溪都有铁路、公路衔接，矿区交通方便。弓长岭露天铁矿开发利用情况见表 17-1。

表 17-1　弓长岭露天铁矿开发利用简表

基本情况	矿山名称	弓长岭露天铁矿	地理位置	辽宁省辽阳市弓长岭区
	矿山特征	国家级绿色矿山	矿床工业类型	沉积变质型铁矿床
地质资源	开采矿种	铁矿	地质储量/万吨	148660.3
	矿石工业类型	磁铁矿石	地质品位（TFe）/%	31.41
开采情况	矿山规模	720 万吨/年，大型	开采方式	露天开采
	开拓方式	联合运输开拓	主要采矿方法	组合台阶采矿法
	采出矿石量/万吨	705	出矿品位（TFe）/%	30.69
	废石产生量/万吨	6286.87	开采回采率/%	93
	贫化率/%	9.18	开采深度/m	370~-680（标高）
	剥采比/t·t⁻¹	8.44		
选矿厂（一）情况	选矿厂规模	1200 万吨/年	选矿回收率/%	81.01
	主要选矿方法	中碎后预选的三段一闭路流程，磨选工序采用阶段磨矿—阶段磁选—细筛再磨工艺		
	入选矿石量/万吨	磁铁矿 965	原矿品位（TFe）/%	29.27
	铁精矿产量/万吨	338.99	精矿品位（TFe）/%	67.5
	尾矿产生量/万吨	626.01	尾矿品位（TFe）/%	8.57
选矿厂（二）情况	选矿厂规模	276 万吨/年，315 万吨/年	选矿回收率/%	70.78
	主要选矿方法	三段一闭路破碎—阶段磨矿—粗细分选—重选—强磁—阴离子反浮选		
	铁精矿产量/万吨	赤铁矿 467	原矿品位（TFe）/%	27.99
	铁精矿产量/万吨	137.06	精矿品位（TFe）/%	67.5
	尾矿产生量/万吨	329.94	尾矿品位（TFe）/%	11.58

综合利用情况	综合利用率/%	74.60	废水利用率/%	92
	废石排放强度/t·t^{-1}	23.02	废石处置方式	排土场堆存
	尾矿排放强度/t·t^{-1}	1.58	尾矿处置方式	尾矿库堆存
	废石利用率	0	尾矿利用率	0

17.2 地质资源

17.2.1 矿床地质特征

17.2.1.1 地质特征

弓长岭露天铁矿矿床工业类型为沉积变质铁矿床，开采深度为 370～-680m 标高。矿区铁矿体赋存于前震旦系鞍山群茨沟组变质岩系中，属于沉积变质型鞍山式铁矿，矿体严格受地层层位控制。区内的 Fe1、Fe2 矿体规模较大，呈厚层状，厚度变化一般在 20～55m 之间，最厚达 80～110m，东西长 1700～2000m，南北宽 600m。矿体受褶皱构造影响，局部地段产状发生变化，但矿体总体走向呈北东－南西，倾向南东，倾角 20°～30°。区内的 Fe3、Fe4、Fe5、Fe6 矿体位于含矿带顶部，呈层状、似层状，厚度一般在 10～25m 之间，其走向与 Fe1、Fe2 大致平行，矿体倾角一般为 15°～30°。

矿体中矿石以条带状磁铁石英岩、赤铁石英岩为主，见有少量的赤铁富矿、磁铁富矿，两者不仅在工业价值上有所不同，而且其生成的地质条件也有各自独特的地质特征。磁铁石英岩、赤铁石英岩是原岩沉积后经区域变质作用形成的。而富铁矿是由热液交代磁铁石英岩、赤铁石英岩及其他岩石而生成的。

磁铁石英岩、赤铁石英岩的铁矿层均产于前震旦系鞍山群地层中，层位稳定，呈厚层状，矿体规模较大，矿体产状除受岩浆岩活动与构造活动影响外，铁矿体沿走向、倾向比较稳定，与围岩、片岩类岩石皆为整合接触关系。铁矿层中的片岩夹层，在地表或深部沿其沿层走向、倾向有逐步渐变到含铁层的现象。

铁矿体属中等稳固矿岩，围岩属中等稳固岩石。矿床水文地质条件属简单类型。

17.2.1.2 矿石质量

本区铁矿石按工业类型可分为磁铁贫矿、赤铁贫矿、高炉富矿、平炉富矿。按自然类型可分为磁铁石英岩、赤铁石英岩、假象赤铁石英岩、磁铁富矿、赤铁富矿。现将不同矿石类型分述如下：

（1）磁铁石英岩。在本区分布最为广泛，主要赋存在 Fe1、Fe2 矿层内，并以赋存在 Fe1 矿层内为主，是本区的主要矿石类型之一，占本区矿石储量的 69.08%。在 Fe1 矿层内占该矿层矿石储量的 77.54%，在 Fe2 矿层内占该矿层矿石储量的 32.36%。

（2）赤铁石英岩。主要分布于地表、破碎带、花岗岩和蚀变岩及附近的 Fe1、Fe2 矿层内，占 Fe1 矿层矿石储量的 22.46%，占 Fe2 矿层矿石储量的 47.64%。

（3）假象赤铁石英岩。主要赋存在地表或深部的 Fe1、Fe2 矿层内磁铁石英岩与赤铁石英岩之间，零星分布，规模小，厚度变化大，规模大者长 300～350m，宽 30～40m，沿倾向延深可达 200m。假象赤铁矿石储量很少，占 Fe1 矿层矿石储量的 8.45%，占 Fe2 矿层矿石储量的 19.99%。

（4）磁铁富矿。本区磁铁富矿规模小，多呈似层状或透镜状零星分布，不具单独采矿意义。

（5）赤铁富矿。本区赤铁富矿多呈似层状或透镜状赋存于 Fe1、Fe2 矿层内，规模小，零星分布，具弱磁性，围岩主要为赤铁石英岩、斜长角闪岩、绿泥片岩等。

矿石中的金属矿物主要为磁铁矿、假象赤铁矿，次要矿物有黄铁矿、镜铁矿、褐铁矿、菱铁矿等。脉石矿物主要为石英，其次有透闪石、阳起石、绿泥石、方解石等。

矿石以他形粒状变晶结构为主，其次为自形-半自形粒状变晶结构，根据粒度变化可分为粗粒、中粒、细粒、极细粒变晶结构。还有残斑碎裂结构、交代残留-假象结构、鳞片粒状变晶结构等。

矿石构造大致可分为条带状、条纹状、块状、细脉状、隐条带状、皱纹状、褶皱状、角砾状、石香肠状等。但矿石构造主要为条带状构造。

各矿层铁矿石中的 TFe 含量在 25% ~ 40% 之间。其中 Fe1 矿层 TFe 含量平均为 33.57%，Fe2 矿层 TFe 含量平均为 32.68%，Fe3 矿层 TFe 含量平均为 32.33%，Fe4 矿层 TFe 含量平均为 32.01%。SiO_2 含量在 41.00% ~ 57.35% 之间，平均含量为 48.41%；S 含量在 0.008% ~ 0.329% 之间，平均含量为 0.082%；P 含量在 0.006% ~ 0.078% 之间，平均含量为 0.022%；Mn 含量在 0.01% ~ 0.142% 之间，平均含量为 0.063%。

17.2.2　资源储量

弓长岭露天铁矿矿床规模为大型，该铁矿为单一矿产。截至 2013 年年底，该矿山累计查明铁矿石资源储量为 148660.3 万吨，保有资源储量为 41337.669 万吨，铁矿平均地质品位（TFe）为 31.41%。

17.3　开采情况

17.3.1　矿山采矿基本情况

弓长岭露天铁矿，采取公路运输开拓，使用的采矿方法为组合台阶缓剥陡采工艺。矿山设计年生产能力为 720 万吨，设计开采回采率为 95%，设计贫化率为 5%，设计出矿品位（TFe）29.76%。

17.3.2　矿山实际生产情况

2013 年，矿山实际出矿量 705 万吨，排放废石 6286.87 万吨。矿山开采深度为 370 ~ -680m 标高。矿山实际生产情况见表 17-2。

表 17-2　矿山实际生产情况

采矿量/万吨	开采回采率/%	贫化率/%	出矿品位（TFe）/%	露天剥采比/t·t^{-1}
705	93	9.18	30.69	8.44

17.3.3 采矿技术

弓长岭露天铁矿是国内著名的大型露天矿山企业，属于鞍钢集团矿业公司弓长岭矿业公司，是鞍钢集团的重要原料基地之一，主要产品为赤铁矿、磁铁矿。2015 年共有 3 个采区生产，分别为独木采区、何家一采区、何家二采区。弓长岭露天铁矿主要采矿设备型号及数量见表 17-3。

表 17-3 弓长岭露天铁矿主要采矿设备型号及数量

序号	设备名称	规格型号	数量/台（套）
1	矿用挖掘机	WK-4	24
2	矿用挖掘机	WD400	10
3	矿用挖掘机	WK-10B	2
4	牙轮钻机	YZ35	12
5	牙轮钻机	KY-250D	1
6	颚式破碎机	PE900×1200	1

17.4 选矿情况

弓长岭选矿厂由一选、二选和三选三个车间构成主体生产系统。一选和二选车间处理原生矿，三选车间处理氧化矿。选矿厂处理的矿石由弓长岭露天铁矿、井下铁矿和中茨铁矿供给。

17.5 矿产资源综合利用情况

弓长岭露天铁矿为单一铁矿，无其他共伴生组分，资源综合利用率为 74.60%。

弓长岭露天铁矿年产生废石 6286.87 万吨，废石年利用量为零，废石利用率为零，废石处置率为 100%，处置方式为排土场堆存。

选矿厂尾矿年排放量 431.95 万吨，尾矿中 TFe 含量为 9.43%，尾矿年利用量为零，尾矿利用率为零，处置率为 100%，处置方式为尾矿库堆存。

18　孤山子铁矿

18.1　矿山基本情况

　　孤山子铁矿为一个从事铁矿石开采、加工的采选联合企业，主要开采矿种为铁矿，共伴生有益组分有磷、钒、钛等有价元素，但未估算资源储量。矿山于 1998 年 9 月 23 日建矿，1998 年 9 月 23 日投产。矿区位于河北省承德市宽城满族自治县，经 S358 省道至宽城县城 26km，承秦高速公路从矿区通过；北距锦承线小寺沟站 61km，交通方便。孤山子铁矿开发利用情况见表 18-1。

表 18-1　孤山子铁矿开发利用简表

基本情况	矿山名称	孤山子铁矿	地理位置	北省承德市宽城满族自治县
	矿床工业类型	沉积变质型铁矿床		
地质资源	开采矿种	铁矿	地质储量/万吨	53667.2
	矿石工业类型	低贫磁铁矿石	地质品位（TFe）/%	14.50
开采情况	矿山规模	1000 万吨/年，大型	开采方式	露天开采
	开拓方式	公路运输开拓	主要采矿方法	组合台阶采矿法
	采出矿石量/万吨	594.5	出矿品位（TFe）/%	10.08
	废石产生量/万吨	59.45	开采回采率/%	90
	贫化率/%	5	开采深度/m	500~300（标高）
	剥采比/t·t^{-1}	0.1		
选矿情况	选矿厂规模	1000 万吨/年	选矿回收率（TFe）/%	69.29
	主要选矿方法	三段一闭路破碎—干选甩废—高压辊磨—湿式预选阶段磨矿—阶段磁选—细筛再磨		
	入选矿石量/万吨	594.5	原矿品位（TFe）/%	10.08
	精矿产量/万吨	65.6	精矿品位（TFe）/%	63.3
	尾矿产生量/万吨	528.90	尾矿品位（TFe）/%	3.48
综合利用情况	综合利用率/%	52.20	废水利用率/%	75
	废石排放强度/t·t^{-1}	0.91	废石处置方式	排土场堆存
	尾矿排放强度/t·t^{-1}	8.06	尾矿处置方式	尾矿库堆存
	废石利用率	0	尾矿利用率	0

18.2　地质资源

18.2.1　矿床地质特征

　　孤山子铁矿矿床属沉积变质型（鞍山式）大型铁矿床。矿石工业类型为需选低贫磁铁矿石，矿石中主要有用组分为铁，伴生有益组分有磷、钒、钛等有价元素，但未估算资源储量。开采矿种为铁矿。孤山子铁矿处于华北地台北缘、燕山台褶带东段、马兰峪复式背斜中部，宽城凹褶束东南缘与遵化穹褶束的交汇部位。矿区以断裂构造为主，褶皱构造不发育。断裂构造按其空间分布、相互关系分为北东向和北东东向两组，以北东向压性逆断层最为发育，北东东向断裂次之。矿区分布有太古宙变质岩系和古元古代沉积岩。区内岩浆岩主要为侵入岩，时代主要为燕山期，岩性从酸性到中性、基性和超基性皆有出露，其中花岗岩、花岗闪长岩主要出露于矿区的北东部和北部，除峪耳崖以东呈北东向条带状展布的花岗岩规模较大外，其余的规模相对较小；闪长岩主要为出露于航磁异常区西南部的碾子峪岩体，侵入于长城系串岭沟组和大洪峪组中，其北东侧与孤山子超基性岩体接触；超基性岩体主要为孤山子岩体，位于矿区中部，呈岩株状沿北东向断裂侵入到长城系中，岩性主要为中、粗粒辉石岩。矿石矿物主要为磁铁矿，其次为钛磁铁矿；多呈半自形及他形粒状，少量呈自形晶，粒径大小不一，多在 0.10 ～ 0.50mm 之间，半自形—自形晶矿物粒度较大，最大约 0.80mm，他形晶矿物粒度较细，无方向。

18.2.2　资源储量

　　截至 2013 年年底，孤山子铁矿累计查明资源储量（矿石量）53667.2 万吨，保有资源储量（矿石量）43750.0 万吨，平均品位（TFe）14.5%。保有资源储量中，工业矿石（mFe）量（含量不小于 8.0%）25044.8 万吨，平均品位（mFe）为 8.61%。低品位矿石（mFe）量（含量小于 8.0%）18705.2 万吨，平均品位（mFe）为 6.79%。

18.3　开采情况

18.3.1　矿山采矿基本情况

　　孤山子铁矿为露天开采的大型矿山，采取公路运输开拓，使用的采矿方法为组合台阶法。矿山设计年生产能力为 1000 万吨，设计开采回采率为 95%，设计贫化率为 5%，设计出矿品位（TFe）14.5%。

18.3.2　矿山实际生产情况

　　2013 年，矿山实际出矿量 594.5 万吨，排放废石 59.45 万吨。矿山开采深度为 500～300m 标高。矿山实际生产情况见表 18-2。

表 18-2　矿山实际生产情况

采矿量/万吨	开采回采率/%	贫化率/%	出矿品位（TFe）/%	露天剥采比/t·t⁻¹
660.6	90	5	10.08	0.1

18.3.3　采矿技术

孤山子铁矿投产至今，一直采用露天开采方式，汽车-公路开拓运输方案，分层组合台阶采剥方法。采矿工艺由穿孔—爆破—采装—运输—排土等工艺组成。矿山使用的主要采矿设备有穿孔钻机、装载设备、矿用自卸汽车、推土机、装药车、前装机、液压破碎机等。

18.4　选矿情况

18.4.1　选矿厂概况

孤山子铁矿主要供应小宝山选矿厂及三丰选矿厂。

2011 年 4 月，宝山矿业 30 万吨铁选矿厂和京城矿产 10 万吨第三铁选矿厂整合改造，形成宝山矿业 40 万吨铁选一厂；白相沟矿业 25 万吨铁选厂和桃树峪矿产 15 万吨铁选厂整合改造，形成宝山矿业 40 万吨铁选二厂。宝山一厂、二厂同时于 2012 年 3 月开工建设，2013 年 8 月建设完成。由于两厂选址邻近，工艺相同，为减少车间重复建设，便于集中管理，将宝山一厂、二厂及原宝山矿业选厂进一步整合形成小宝山选矿厂。

为提高企业经济效益，小宝山选矿厂及三丰选矿厂破碎工段进行了技术改造。一期选矿厂技改项目主要针对小宝山选矿厂，引进高压辊磨机将产品粒度降至 3mm 以下，产出细矿 TFe 品位提高到 30% 左右，输送至小宝山选矿厂及三丰选矿厂进一步精选。

碎矿技改一期工程已于 2016 年 12 月取得固定资产投资项目备案证，总投资 23450 万元。技改针对小宝山选矿厂及三丰选矿厂的破碎工段，产出中矿浆输送至小宝山选矿厂及三丰选矿厂进一步精选，技改后宝山矿业破碎工段由宝山选矿厂主场区继续使用；三丰选矿厂原破碎工段实施拆除。主要建设内容为：建设破碎干选—辊磨预选系统，包括粗碎车间、中细碎车间、筛分干选车间、高压辊磨车间、湿式预选车间等及相关配套设施，总建筑面积 31000m²，年处理铁矿石 1000 万吨，年产品位 30% 的细矿 300 万吨，采用"三段一闭路破碎—干选甩废—高压辊磨—湿式预选"工艺。项目定员 130 人，生产工人每日 3 班工作制，破碎干选系统每班 6h，辊磨预选系统每班 8h，全年工作天数 330d。

2013 年，选矿厂实际入选矿石量 594.5 万吨，入选品位（TFe）10.08%。精矿产量 65.60 万吨，精矿品位（TFe）63.3%，选矿回收率（TFe）58%。孤山子铁矿选矿厂能耗、水耗概况见表 18-3。

表 18-3　孤山子铁矿选矿厂能耗与水耗概况

每吨原矿选矿耗水量/t	每吨原矿选矿耗新水量/t	每吨原矿选矿耗电量/kW·h	每吨原矿磨矿介质损耗/kg
9.3	3.84	33.05	0.63

18.4.2　选矿工艺流程

18.4.2.1　破碎流程

原破碎生产采用三段一闭路—干式抛废流程，破碎工艺流程如图 18-1 所示，技改前主要破碎设备见表 18-4。原矿运至选矿粗碎原矿仓后经板式给矿机运至 PYZ1200/160 旋回破碎机粗碎，粗碎产品转运至直径为 HP500 圆锥破碎机中碎，中碎产品运至 2YKQ3073A 圆振筛预先筛分，筛上产品进入圆锥破碎机细碎，细碎产品返回预先筛分形成闭路破碎。0~12mm 筛下产品进入干选抛废作业抛废后给入磨矿仓。

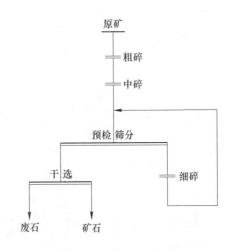

图 18-1　破碎工艺流程

表 18-4　技改前主要破碎设备

工　序	设备名称	规格型号	数量/台
粗碎	旋回破碎机	PYZ1200/160	1
粗碎给矿	重型板式给料机	ZBS2000×5000	1
中碎	圆锥破碎机	HP500	3
细碎	圆锥破碎机	HP500	4
给矿	振动给料机	GZG1306	10
筛分	圆振筛	2YKQ3073A	10

2016 年破碎一期技改后采用三段一闭路破碎—干选甩废—高压辊磨—湿式预选工艺，破碎技改后工艺流程如图 18-2 所示，技改后主要破碎筛分设备见表 18-5。采区原矿经汽车运至粗碎站，给入旋回破碎机进行粗碎，粗碎矿石经皮带机输送至中细碎车间，经棒条给料机给入圆锥破碎机进行中碎，棒条给料机筛下矿石与中碎矿石经圆振动筛筛分，筛上大于 12mm 矿石经皮带机返回至中细碎车间，给入细碎圆锥破碎机，细碎产品再次返回圆振动筛。筛下小于 12mm 矿石经皮带机给入干式磁选机甩废，干选矿石经皮带机输送至缓冲矿堆储存，干选废石经皮带机输送至废石仓后由汽车运往排土场堆存。细碎矿石经缓冲矿堆下皮带机输送至高压辊磨车间进入高压辊磨机进行超细碎，高压辊磨机排矿经皮带机输送至湿式预选车间进行湿式筛分，筛上大于 3mm 矿石经皮带机再次返回至高压辊磨车间。筛下小于 3mm 矿石进入湿式磁选机进行预选。预选中矿为本项目最终产品，经泵分别扬送至小宝山和三丰选矿厂。技改后主要技术指标见表 18-6。

表 18-5　技改后主要破碎筛分设备

工　序	设备名称	规格型号	数量/台
粗碎	旋回破碎机	PYZ1200/160	1
粗碎给矿	辊式给矿机	2000×5000	1
中碎	圆锥破碎机	CH870EC	1

工　序	设备名称	规格型号	数量/台
细碎	圆锥破碎机	CH870EF	2
筛分	直线振动筛	LF3060D	4
干选	干选机	1200×3600	8
破碎除尘	除尘器	CJ1223	4
高压辊磨	高压辊磨机	GM1614	1
预选	湿式磁选机	CTB1550	3
预选筛分	筛分机	LF3060ZH	3
矿浆输送	中矿泵（宝山给矿）	200ZJ-1480	2
矿浆输送	中矿泵（三丰给矿）	200ZJ-1480	2

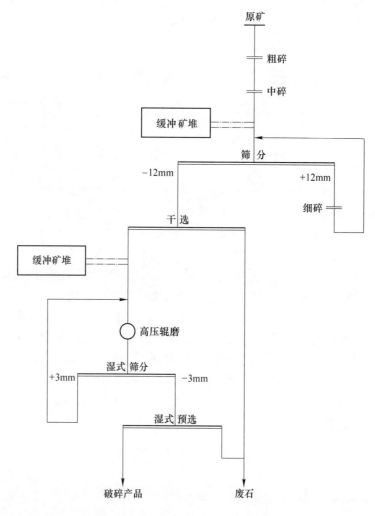

图 18-2　破碎技改后工艺流程

表 18-6 技改后主要技术指标

指标名称	单 位	指标值
原矿处理量	万吨/年	1000
原矿品位（TFe）	%	13
原矿金属量	万吨/年	130
干选废石量	万吨/年	500
干选废石品位（TFe）	%	5. 71
干选废石金属量	万吨/年	28. 55
高压辊磨机处理量	万吨/年	500
高压辊磨机入磨品位（TFe）	%	20. 29
高压辊磨机磨矿金属	万吨/年	101. 45
最终破碎产品	万吨/年	300
最终破碎产品品位（TFe）	%	30. 01
最终破碎产品金属量	万吨/年	90. 03
湿式预选尾矿量	万吨/年	200
湿式预选尾矿品位（TFe）	%	5. 71
湿式预选尾矿金属量	万吨/年	11. 42

18.4.2.2 小宝山选矿厂磨选工艺流程

小宝山选矿厂采用两段磨矿的阶段磨矿—阶段磁选—细筛工艺流程，小宝山选矿厂磨选工艺流程如图 18-3 所示，小宝山选矿厂主要磨选设备见表 18-7。

表 18-7 小宝山选矿厂主要磨选设备

工 序	设备名称	规格型号	数量/台
一段磨矿	格子型球磨机	MQG3660	1
二段球磨	溢流型球磨机	MQY3660	1
一次分级	直线振动细筛	ZKK3061	2
二次分级	高频细筛	D5FMVSK1014	10
一段磁选	磁选机	LCTY（CTB）1236	1
二段磁选	双筒磁选机	2CTB1230	1
三段磁选	双筒磁选机	2CTB1230	1
四段磁选	淘洗机	1200	4
浓缩磁选	磁选机	NCTN1230	2
尾矿回收	尾矿回收机	WCW-15-14	4
尾矿浓缩	旋流器组	10-500	2
尾矿浓缩	斜板浓密机	2000m^2	
精矿过滤	盘式过滤机	GPT40	4

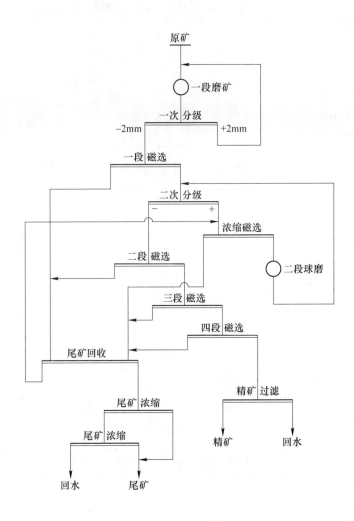

图 18-3　小宝山选矿厂磨选工艺流程

18.4.2.3　三丰选矿厂磨选工艺流程

三丰选矿厂采用三段磨矿的阶段磨矿—阶段磁选—细筛工艺流程，三丰选矿厂工艺流程如图 18-4 所示。

18.5　矿产资源综合利用情况

孤山子铁矿主要矿产为铁矿，伴生的磷、钒、钛等未估算资源储量，资源综合利用率为 52.20%。

孤山子铁矿年产生废石 59.45 万吨，废石年利用量为零，废石利用率为零，废石处置率为 100%，处置方式为排土场堆存。

选矿厂尾矿年排放量 528.9 万吨，尾矿中 TFe 含量为 5%，尾矿年利用量为零，尾矿利用率为零，处置率为 100%，处置方式为尾矿库堆存。

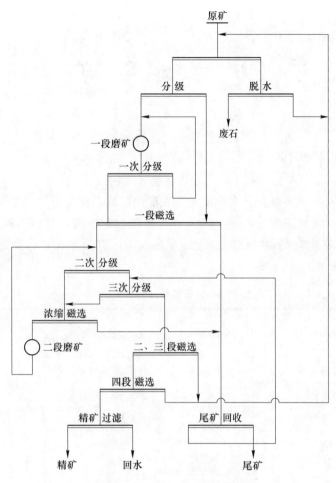

图 18-4 三丰选矿厂工艺流程

19　官 地 铁 矿

19.1　矿山基本情况

官地铁矿为露天-地下联合开采铁矿的中型矿山，无共伴生矿产，始建于 2007 年 4 月 24 日，2008 年 4 月 8 日正式投产。矿区位于吉林省和龙市西城镇甲山村，原卧龙钢铁厂南西约 12km 处，区内有朝和线铁路经过，至和龙市区有公路相连，交通运输较为方便。官地铁矿开发利用情况见表 19-1。

表 19-1　官地铁矿开发利用简表

基本情况	矿山名称	官地铁矿	地理位置	吉林省延边朝鲜族自治州和龙市
	矿床工业类型	沉积变质型铁矿床		
地质资源	开采矿种	铁矿	地质储量/万吨	2693.6
	矿石工业类型	磁铁矿石	地质品位（TFe）/%	30.7
开采情况	矿山规模	106 万吨/年，中型	开采方式	露天-地下联合开采
	开拓方式	露天：公路运输开拓 地下：平硐开拓	主要采矿方法	露天：组合台阶采矿法 地下：留矿采矿法
	采出矿石量/万吨	128.52	出矿品位（TFe）/%	26.18
	废石产生量/万吨	624.85	开采回采率/%	92.35
	贫化率/%	15.86	开采深度/m	996~469（标高）
	剥采比/t·t^{-1}	5.8	掘采比/米·万吨$^{-1}$	179.78
选矿情况	选矿厂规模	200 万吨/年	选矿回收率/%	83.82
	主要选矿方法	三段一闭路—中碎前干磁抛废—阶段磨矿—阶段磁选—细筛再磨		
	入选矿石量/万吨	152.74	原矿品位（TFe）/%	26.18
	精矿产量/万吨	49.20	精矿品位（TFe）/%	68.12
	尾矿产生量/万吨	103.54	尾矿品位（TFe）/%	6.25
综合利用情况	综合利用率/%	77.41	废水利用率/%	98.4
	废石排放强度/t·t^{-1}	12.7	废石处置方式	排土场堆存
	尾矿排放强度/t·t^{-1}	2.1	尾矿处置方式	尾矿库堆存
	废石利用率	0	尾矿利用率	0

19.2 地质资源

19.2.1 矿床地质特征

19.2.1.1 地质特征

和龙市官地铁矿东矿矿床工业类型为沉积变质铁矿床,该矿山开采的主要矿体有
Ⅴ-4、Ⅴ-5、Ⅵ-13、Ⅶ-3、Ⅷ-4,矿体走向长度为300~485m,倾角为20°~55°,矿体厚度
为3.83~17.26m,矿体赋存深度为0.5~195m。

矿区出露的地层主要为太古界三道沟组,矿区内岩浆活动不强,但各岩浆构造旋回都
有表现,多以脉岩出现。矿区内以北西向构造最为发育,北东向构造对矿体破坏作用较
大。北东向和北西向小断层、破碎带部分被脉岩充填。

矿体主要由磁铁石英岩组成,沿走向及厚度方向局部相变为绿泥角闪磁铁石英岩、黑
云母角闪磁铁石英岩、磁铁角闪片岩、磁铁黑云母片岩及磁铁角闪石岩等。矿石自然类型
应为条带状磁铁石英岩矿石、磁铁角闪石岩矿石。矿床铁矿体属稳固矿岩,围岩稳固,水
文地质条件简单。矿体主要由磁铁石英岩组成,沿走向及厚度方向局部相变为绿泥角闪磁
铁石英岩、黑云母角闪磁铁石英岩、磁铁角闪片岩、磁铁黑云母片岩及磁铁角闪石岩等。
矿石自然类型应为条带状磁铁石英岩矿石、磁铁角闪石岩矿石。

19.2.1.2 矿石质量

矿石工业类型属于需选磁性铁矿石。矿石以中细粒半自形-他形粒状变晶结构为主,
其次为似斑状变晶结构、粒间及边缘交代结构、变晶交代残余结构、似脉状及网脉状结
构、包含状变晶结构、嵌变晶结构及鳞片状变晶结构。以浸染状及条带状构造为主,其次
是块状与片状构造。矿石中金属矿物有磁铁矿,含量约为40%。其次为赤铁矿,含量3%
左右。褐铁矿、黑锰矿、黄铁矿、黄铜矿、闪锌矿、磁黄铁矿等含量较少,最多不超过
1%。硫化矿物含量总和一般为0.5%左右。矿石中非金属矿物有石英,含量为40%~50%。
其次为角闪石,含量为10%左右。黑云母、绿泥石、斜长石、方解石、石榴子石含量少,
磷灰石、榍石、绢云母、白云母、绿云母、绿帘石、斜黝帘石等含量都在1%以下。矿石
的铁成分主要含在磁铁矿中,少量铁含在赤铁矿、硅酸盐矿物内,如角闪石、黑云母、铁
铝榴石等。黄铁矿、黄铜矿等含量很少,对矿石铁成分不产生大的影响。

铁矿石单样全铁(TFe)最高品位为48.17%,最低为20.00%;主要矿体平均品位变
化在28.06%~31.96%,矿区全铁(TFe)平均品位为30.37%。矿石中造渣氧化物GaO、
MgO、Al_2O_3等含量较低,SiO_2含量较高,(GaO+MgO)与(Al_2O_3 + SiO_2)的比值小于
0.1,属硅质酸性矿石。

19.2.2 资源储量

官地铁矿东矿为单一矿产,矿种为铁,矿床规模为中型。截至2013年年底,该矿山
累计查明铁矿石资源储量为2693.6万吨,保有铁矿石资源储量为2127.151万吨,铁矿的
平均地质品位(TFe)为30.7%。

19.3　开采情况

19.3.1　矿山采矿基本情况

官地铁矿为露天—地下联合开采的大型矿山，露天部分采取公路运输开拓，使用的采矿方法为组合台阶法；地下部分采取平硐开拓，使用的采矿方法为留矿采矿法。矿山设计年生产能力 106 万吨，设计开采回采率为 80%，设计贫化率为 14.5%，设计出矿品位（TFe）25%。

19.3.2　矿山实际生产情况

2013 年，矿山实际出矿量 128.52 万吨，排放废石 624.85 万吨。矿山开采深度为996~469m 标高。矿山实际生产情况见表 19-2。

表 19-2　矿山实际生产情况

采矿量/万吨	开采回采率/%	贫化率/%	出矿品位（TFe）/%	剥采比/t·t⁻¹	掘采比/米·万吨⁻¹
127.92	92.35	15.86	26.18	5.8	179.78

19.3.3　采矿技术

官地铁矿东矿段包括Ⅴ号、Ⅵ号、Ⅶ号、Ⅷ号矿组，其中Ⅵ号、Ⅶ号矿组为露天开采，Ⅴ号、Ⅷ号矿组为地下开采。矿山开拓方式为公路运输开拓、平硐开拓，采矿方法为留矿采矿法和组合台阶采矿法。

矿山主要采矿设备见表 19-3。

表 19-3　矿山主要采矿设备

序号	设备名称	规格型号	使用数量/台（套）
1	双筒提升机	2JK02/20A	1
2	空压机	LU355W08	4
3	水泵	IS100-65-250 型	2
4	离心通风机	DK40-8-No24	1
5	架线式电机车	ZK10-6/250 型	8
6	矿车	YCC（6）	74
7	振动放矿机	FZC-3.5/1×2-5.5×2	3
8	翻转车厢式矿车	YFC0.7（6）	53

19.4　选矿情况

19.4.1　选矿厂概况

官地铁矿选矿厂于 2009 年 8 月建成投产，设计年选矿能力 200 万吨，设计主矿种入选品位为 24%，最大入磨粒度为 18mm，磨矿细度为 -0.074mm 占 80%，选矿采用三段一闭路—中碎前干磁抛废—阶段磨矿—阶段磁选—细筛再磨的工艺流程。选矿产品为铁精粉，设计年产铁精粉 60 万吨，铁精粉的品位为 68.12%~68.27%。官地铁矿选矿厂技术指标见表 19-4。

表 19-4 官地铁矿选矿技术指标

年份	入选量/万吨	入选品位/%	选矿回收率/%	每吨原矿耗水量/t	每吨原矿消耗新水量/t	每吨原矿耗电量/kW·h	每吨原矿耗球量/kg	精矿产率/%
2011	138.44	29.93	87.23	5.69	1.066	19.73	0.98	38.24
2013	152.74	26.18	83.82	5.68	0.28	18.54	2.09	32.21

19.4.2 选矿工艺流程

（1）破碎作业。破碎生产采用三段一闭路—中碎前干磁抛废流程，官地选矿厂工艺流程如图 19-1 所示，主要破碎设备见表 19-5。原矿进入原料矿仓后，进入颚式破碎机粗碎，粗碎产品经过磁滚筒抛废石后进入圆锥破碎机中碎，中碎产品进入振动筛预先筛分，筛上产品进入圆锥破碎机细碎，细碎产品返回振动筛构成闭路。筛下产品进入磨矿仓。

表 19-5 官地选矿厂主要设备

工 序	设备名称	设备型号	台 数
粗碎给矿	重型板式给矿机	1600×6000	2
粗碎	颚式破碎机	PE 900×1200	2
中碎	圆锥破碎机	S4800	1
细碎	圆锥破碎机	H4800	2
筛分	单轴振动筛	ZD1836	4
给料	圆盘给料机	CK1500	24
一段磨矿	格子型球磨机	ZTMG 2700×3600	4
二段磨矿	溢流型球磨机	ZTMY 2700×3600	4
一次分级	高堰式双螺旋分级机	2TFG2000	4
磁选	磁选机	LCTY 1050×2400	24
二次分级	高频振动筛	2SG48-60W-SSTK 2000×2400	4
矿浆输送	立式渣浆泵	100ZJ-BL	2
过滤	盘式真空过滤机	ZPG-40	3

（2）磨矿与磁选。采用阶段磨矿—阶段磁选—细筛再磨的选矿工艺流程。一段磨矿与螺旋分级机构成闭路磨矿，-0.074mm 含量占 55% 的磨矿产品进行一段磁选，抛出 40% 左右的尾矿。一段磁选精矿进入细筛，筛上产品进入二段磨矿，磨矿细度为 -0.074mm 占 80% 的二段磨矿产品返回细筛构成闭路磨矿，细筛筛下产品进入二段磁选、三段磁选，获得最终精矿。

（3）脱水。选用过滤一段脱水流程，含水量小于 10%。

（4）尾矿回水。采用高效浓密机对尾矿浓缩，溢流水返回循环使用。浓密机底流用砂泵送至尾矿库。

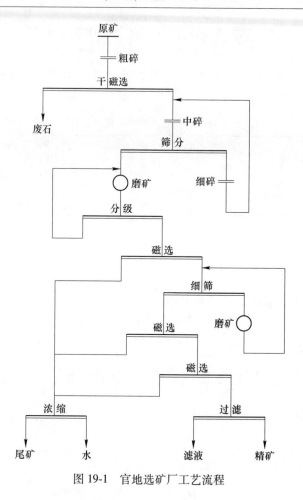

图 19-1　官地选矿厂工艺流程

19.5　矿产资源综合利用情况

官地铁矿为单一铁矿，资源综合利用率为 77.41%。

官地铁矿年产生废石 624.85 万吨，废石年利用量为零，废石利用率为零，废石处置率为 100%，处置方式为排土场堆存。

选矿厂尾矿年排放量 103.54 万吨，尾矿中 TFe 含量为 6.25%，尾矿年利用量为零，尾矿利用率为零，处置率为 100%，处置方式为尾矿库堆存。

20 哈叭沁铁矿

20.1 矿山基本情况

哈叭沁铁矿为露天开采铁矿的中型矿山，共伴生矿产主要有钒矿、钛矿和硫矿；于2002年10月26日建矿，2005年6月26日投产。矿区位于河北省承德市滦平县小营满族乡，西距北京-通辽铁路白旗火车站5km；南东距滦河镇40km，有滦河-小营乡级公路与G101国道相接，交通方便。哈叭沁铁矿开发利用情况见表20-1。

表 20-1 哈叭沁铁矿开发利用简表

基本情况	矿山名称	哈叭沁铁矿	地理位置	河北省承德市滦平县
	矿床工业类型	沉积变质型铁矿床		
地质资源	开采矿种	铁矿	地质储量/万吨	9061.2
	矿石工业类型	低贫磁铁矿石	地质品位（TFe）/%	10.88
开采情况	矿山规模	120万吨/年，中型	开采方式	露天开采
	开拓方式	汽车-公路运输开拓	主要采矿方法	组合台阶缓剥陡采法
	采出矿石量/万吨	1199.2	出矿品位（TFe）/%	10.15
	废石产生量/万吨	150	开采回采率/%	95
	贫化率/%	7	开采深度/m	640~500（标高）
	剥采比/t·t⁻¹	0.19		
选矿情况	选矿厂规模	370万吨/年	选矿回收率/%	59
	主要选矿方法	三段一闭路破碎—干式预选—高压辊磨—干式再选—阶段磨矿阶段磁选		
	入选矿石量/万吨	1199.2	原矿品位（TFe）/%	10.15
	精矿产量/万吨	112.21	精矿品位（TFe）/%	64
	尾矿产生量/万吨	1086.99	尾矿品位（TFe）/%	4.59
综合利用情况	综合利用率/%	53.79	废水利用率/%	95
	废石排放强度/t·t⁻¹	1.33	废石处置方式	排土场堆存
	尾矿排放强度/t·t⁻¹	9.67	尾矿处置方式	尾矿库堆存
	废石利用率	0	尾矿利用率	0

20.2 地质资源

哈叭沁铁矿矿床属沉积变质型（鞍山式）铁矿床。矿石工业类型为需选低贫磁铁矿石，矿石中主要有用组分为铁，伴生有益矿物有钒氧化物、钛氧化物和硫。开采主矿种为铁矿,开采深度为 640~500m 标高。

截至 2013 年年底,哈叭沁铁矿累计查明铁矿资源储量(矿石量)9061.2 万吨,平均品位(mFe)10.88%;伴生钒氧化物矿石量 7535.0 万吨,钒氧化物 12.2 万吨,V_2O_5 品位 0.15%;伴生钛氧化物矿石量 7535.0 万吨,钛氧化物 229.4 万吨,TiO_2 品位 2.84%;伴生硫矿石量 7535.0 万吨,硫矿物量 184.4 万吨,S 品位 2.26%。

截至 2013 年年底,保有铁矿资源储量(矿石量)5630.1 万吨,其中控制的经济基础储量(122b)5359.8 万吨;推断的内蕴经济资源量(333)270.3 万吨;TFe 平均品位 18.57%、mFe 平均品位 9.14%。

20.3　开采情况

20.3.1　矿山采矿基本情况

哈叭沁铁矿为露天开采的大型矿山,采取公路运输开拓,使用的采矿方法为组合台阶缓剥陡采法。矿山设计年生产能力 120 吨,设计开采回采率为 95%,设计贫化率为 5%,设计出矿品位(TFe)8.99%。

20.3.2　矿山实际生产情况

2013 年,矿山实际出矿量 1199.2 万吨,排放废石 150 万吨。矿山开采深度为 640~500m 标高。矿山实际生产情况见表 20-2。

表 20-2　哈叭沁铁矿实际生产情况

采矿量/万吨	开采回采率/%	贫化率/%	出矿品位(TFe)/%	露天剥采比/t·t^{-1}
1261	95	7	10.15	0.19

20.3.3　采矿技术

哈叭沁铁矿投产至今,一直采用露天开采方式,汽车-公路开拓运输方案,分层组合台阶采剥方法。采矿工艺由穿孔—爆破—采装—运输—排土等工艺组成。矿山使用的主要采矿设备有穿孔钻机、装载设备、矿用自卸汽车、推土机、装药车、前装机、液压破碎机等。

20.4　选矿情况

20.4.1　选矿厂概况

哈叭沁铁矿矿山采出矿石供给滦平铁泰矿业(原铁马矿业)选矿厂和承德天宝矿业集团铁丰矿业有限公司铁选厂两个选矿厂加工。

铁泰矿业选矿厂设计年选矿能力 380 万吨,矿石来源于哈叭沁铁矿矿山自产矿石;设计主矿种入选品位（mFe）8%，设计工艺为三段一闭路破碎—干式预选—阶段磨矿阶段磁选。2016年11月开始技改，将原有粗破碎系统拆除新建粗破碎系统，配套建设粗破碎站1座；增加高压辊磨生产线1条，配套建设高压辊磨车间1座、干选车间1座；将磨选车间现有并行作业的3个磨矿系列调整为1个系列配套本次技改项目使用，其余2个系列留给铁丰、铁成技改使用；以上技改工程完成后，达到年产150万吨铁精粉的建设规模。2017年7月技改完成后生产工艺为三段一闭路破碎—干式预选—高压辊磨—干式再选—阶段磨矿阶段磁选。

承德天宝矿业集团铁丰矿业有限公司铁选厂设计年选矿能力220万吨，矿石主要来源于哈叭沁铁矿矿石；设计主矿种入选品位（mFe）8%。两个选矿厂均采用单一磁选工艺流程。最大入磨粒度20mm，磨矿细度为-0.074mm占70%。产品为铁精矿。

2011年两个选矿厂实际入选矿石量350万吨。2013年，两个选矿厂实际入选矿石量1199.2万吨，入选品位（mFe）10.15%。精矿产量112.4万吨，精矿产率9.37%，精矿品位（TFe）64%，TFe选矿回收率59%。哈叭沁铁矿选矿能耗与水耗概况见表20-3。

表20-3 哈叭沁铁矿选矿能耗与水耗概况

入选量/万吨	入选品位/%	选矿回收率/%	每吨原矿耗水量/t	每吨原矿新水消耗量/t	每吨原矿耗电量/kW·h	每吨原矿耗钢量/kg	精矿产率/%
1199.2	10.15	59	4.5	0.5	11.12	0.35	32.21

20.4.2 选矿工艺流程

20.4.2.1 破碎流程

破碎生产采用三段一闭路破碎—干式预选—高压辊磨—干式再选流程，破碎工艺流程如图20-1所示，主要破碎筛分设备见表20-4。

表20-4 主要破碎筛分设备

工 序	设备名称	设备型号	数量/台
粗碎	旋回破碎机	PXF6089	1
粗碎给矿	带式给料机	GLD6000/90/B	1
中碎	圆锥破碎机	HM900	1
	圆锥破碎机	CH890	2
细碎	圆锥破碎机	HP500	3
	圆锥破碎机	HP800	2
	圆锥破碎机	HP880	1
高压辊磨	高压辊磨机	CLM200-160	2
细碎前筛分	振动筛	CM3060	7
细碎后预选	干式磁选机		7
高压辊磨后预选	量恒式干选及高压辊磨风力磁选	LHGX6018	22

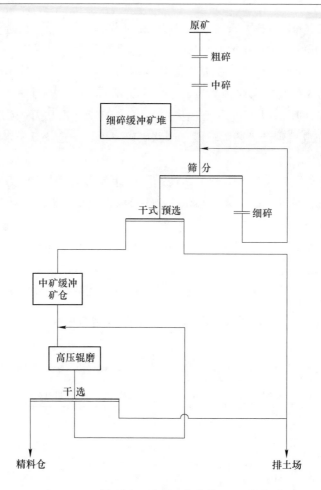

图 20-1　破碎工艺流程

矿石通过汽车运输并卸入矿仓后，经旋回破碎机粗碎，粗碎产品经皮带转运至中细碎车间，经圆锥破碎机中碎后运至振动筛筛分，筛上产品进入圆锥破碎机细碎，细碎产品经皮带运回振动筛筛分，实现闭路破碎。筛下产品经皮带运至干选机甩废后，废石经皮带机运至废石堆场；干选精矿由皮带机运至粉矿仓。干式预选中矿通过皮带机输送至高压辊磨机，高压辊磨机排矿通过斗提机提至皮带机给矿缓冲矿仓，缓冲矿仓下方通过振动给料机给入干选机。干选机选别后产出精料、中矿、废石。中矿返回通过皮带机至斗提机提至高压辊磨机形成闭路。

20.4.2.2　磨选工艺流程

采用两段磨矿的阶段磨矿—阶段磁选—细筛工艺流程，磨选工艺流程如图 20-2 所示，主要磨选设备见表 20-5。破碎车间生产的产品进入矿仓后经带式输送机给入一段 $\phi4000mm \times 6000mm$ 格子型球磨机，一段磨矿产品进入一次 $\phi610mm$ 水力旋流器分级。一次分级沉砂返回一段磨矿，一次分级溢流进入一段永磁筒式磁选机磁选。一段磁选精矿进入二次 $\phi610mm$ 水力旋流器分级，二次分级溢流进入二段磁选，二段磁选精矿进入一段高频细筛，一段细筛筛上经浓缩磁选后与二次分级溢流、尾矿再选精矿合并给入二段

φ4000mm×6700mm 溢流型球磨机磨矿，二段磨矿产品返回二次水力旋流器分级。一段细筛筛下进入三段磁选、四段磁选得到最终精矿，精矿经盘式真空过滤机过滤后得到最终粉精矿产品。一段、二段、三段、四段磁选机浓缩磁选尾矿进行尾矿再选，再选回收所得精矿返回二段球磨前浓缩磁选，再选尾矿作为最终尾矿浓缩后排入尾矿库。

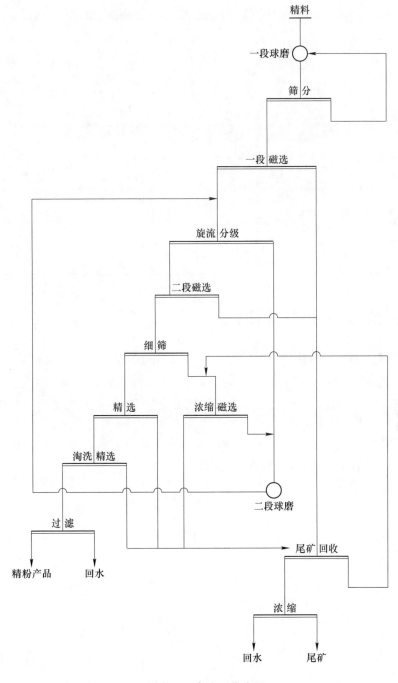

图 20-2 磨选工艺流程

表 20-5　主要磨选设备

工　序	设备名称	设备型号	台　数
一段磨矿	格子型球磨机	MQG4060	1
二段磨矿	溢流型球磨机	MQY4067	1
一次分级	水力旋流器	$\phi610$	12
二次分级	水力旋流器	$\phi610$	16
一次脱水	永磁脱水槽	CS-25ϕ2500	6
二次脱水	永磁脱水槽	CS-20ϕ2000	6
一段磁选	半逆流型永磁筒式磁选机	CTB-1236	4
二段磁选	半逆流型永磁筒式磁选机	CTB-1230	4
三段磁选	半逆流型永磁筒式磁选机	CTB-1230	3
四段磁选	半逆流型永磁筒式磁选机	CTB-1230	3
浓缩磁选	半逆流型永磁筒式磁选机	CTB-1230	2
淘洗磁选	磁选机	CH-CXJ24000	7
尾矿再选	尾矿回收机	JLCM30-60-14	3
一段细筛	高频振动细筛	D5F1216G02B-00	4~6
精矿过滤	真空过滤机	ZPG-60	4
精矿过滤	真空过滤机	ZPG-120	1

20.5　矿产资源综合利用情况

哈叭沁铁矿主要矿产为铁矿，伴生有 V_2O_5（含量为 0.15%）、S（含量为 2.26%），资源综合利用率为 53.97%。

哈叭沁铁矿年产生废石 150 万吨，废石年利用量为零，废石利用率为零，废石处置率为 100%，处置方式为排土场堆存。

选矿厂尾矿年排放量 1086.8 万吨，尾矿中 TFe 含量为 4.5%，尾矿年利用量为零，尾矿利用率为零，处置率为 100%，处置方式为尾矿库堆存。

21 海 寺 铁 矿

21.1 矿山基本情况

海寺铁矿为地下开采铁矿的小型矿山，共伴生矿产主要有铅锌矿、硫矿；成立于2000年10月。矿区位于青海省海西州都兰县，交通较为方便。海寺铁矿开发利用情况见表21-1。

表 21-1 海寺铁矿开发利用简表

基本情况	矿山名称	海寺铁矿	地理位置	青海省海西州都兰县
	矿床工业类型		矽卡岩型铁矿床	
地质资源	开采矿种	铁矿	地质储量/万吨	418.14
	矿石工业类型	磁铁矿石	地质品位（TFe）/%	35
开采情况	矿山规模	小型	开采方式	地下开采
	开拓方式	—	主要采矿方法	无底柱分段崩落法
	采出矿石量/万吨	23.91	出矿品位（TFe）/%	34
	掘采比/米·万吨$^{-1}$	108	开采回采率/%	87
	贫化率/%	12		
选矿情况	选矿厂规模	70万吨/年	选矿回收率/%	83
	主要选矿方法	三段一闭路破碎—中碎干选抛废——段磨矿—两段磁选		
	入选矿石量/万吨	23.9	原矿品位（TFe）/%	33
	精矿产量/万吨	10.99	精矿品位（TFe）/%	60
	尾矿产生量/万吨	12.91	尾矿品位（TFe）/%	10.39
综合利用情况	综合利用率/%	64.38	尾矿处置方式	尾矿库堆存
	尾矿排放强度/t·t^{-1}	1.44	尾矿利用率	0
	废石利用率	0		

21.2 地质资源

海寺铁矿矿床工业类型为矽卡岩型铁矿床。矿床地处祁漫塔格-都兰华力西期铁、钴、铜、铅、锌、锡及硅灰石（锑、铋）成矿带。区内构造-岩浆活动剧烈，以华力西-印支期中酸性侵入岩和三叠纪陆相火山岩大面积出露为特征，区域构造线总体呈北西西向。地层不太发育，石炭系在都兰-双庆一带分布较多，呈小残留体产出。侵入岩以花岗闪长岩、二长花岗岩和钾长花岗岩为主，呈岩基、岩株或岩枝产出。在岩体与石炭纪大理岩接触带附近发育有铁、铜及多金属矿化。

矿区可大致分为东、西、西南 3 个矿化带。东矿化带由花岗闪长岩及其边缘相的花岗闪长斑岩接触带以及断裂复合控制，长约 1000m，宽 100～300m，呈 15°～20°展布，由 M18、M9 磁异常组成，包括 9 个铁矿体和 2 个铁铅锌矿体。西矿化带受白石崖花岗闪长岩体西接触带和北西向 45°断裂复合控制，可进一步分为花岗闪长岩接触带矿化带和断裂矿化带（以下简称为"A 矿化带"和"B 矿化带"）。A 矿化带长约 2400m，宽 300～500m，由 M2、M3 和 M10 磁异常组成，包括 10 个铁矿体和 3 个铅锌矿体。平面上呈两端铁矿石品位高、中间贫铁矿石的规律，北东段和中段铁矿石普遍含磁黄铁矿、黄铁矿及含少量毒砂的高硫铁矿。B 矿化带长约 2000m，宽 200～500m，由 M1、M2 和 M20 磁异常组成，包括 4 个铁矿体。西南矿化带位于白石崖背斜南翼的西南区向斜部位，由 M12、M13、M14、M15、M16 和 M17 磁异常组成。

铁矿石金属矿物以磁铁矿为主，其次为少量黄铁矿、磁黄铁矿、赤铁矿、闪锌矿、方铅矿、黄铜矿、微量毒砂和黝铜矿等；脉石矿物有石榴石、透辉石、阳起石、绿泥石、绿帘石、黑柱石、透闪石、方柱石和硅灰石。

矿石结构有 3 种：细粒半自形结构，金属矿物粒径小于 0.1mm；中-细粒半自形结构，金属矿物粒径小于 0.3mm，往往呈交代现象；中粒半自形-他形结构，金属矿物粒径小于 0.5mm，矿物互相交代熔蚀。

矿石构造有 6 种：浸染状构造，磁铁矿呈星点状或稀疏浸染状分布于矽卡岩中，以西南区较多；细脉状构造，磁铁矿沿矽卡岩或大理岩裂隙充填交代；条带状构造，磁铁矿石呈条带状，有时与方解石相间出现，有时与矽卡岩矿物或石英相间排列；块状构造，由磁铁矿组成，脉石含量极少，呈致密块状；反角砾状，矽卡岩被破碎成角砾或近椭球状，并被磁铁矿胶结包裹；团块状。

矿山累计查明资源储量为 4181.4kt，矿床规模为小型。

21.3　开采情况

21.3.1　矿山采矿基本情况

海寺铁矿为地下开采的小型矿山，采取使用的采矿方法为无底柱分段崩落法。矿山设计年生产能力 15 吨，设计开采回采率为 75%，设计贫化率为 12%，设计出矿品位（TFe）40%。

21.3.2　矿山实际生产情况

2013 年，矿山实际出矿量 23.56 万吨。矿山实际生产情况见表 21-2。

表 21-2　矿山实际生产情况

采矿量/万吨	开采回采率/%	贫化率/%	出矿品位（TFe）/%	掘采比/米·万吨⁻¹
23.91	87	12	34	108

21.3.3 采矿技术

海寺铁矿采用无底柱分段崩落法开采。具体主要系统为：

（1）提升。主井：采用 JKM-2.8×4（Ⅰ）C 多绳摩擦式提升机配单箕斗带平衡锤提升，DJD1/2-6.3 多绳底卸式箕斗，载重 13t，提升高度 320m。Z560-3A 直流电机，电机功率 900kW。承担矿山井下开采的矿石提升任务。

副井：利用原有+935～+815m 副井继续往下延伸，原有 1.85×4 多绳提升机配 4200mm×1464mm 双层双车罐笼，罐笼自重 8000kg，承载 0.7m³ 翻斗车 2 辆，平衡锤 12.5t。承担矿山开采过程中的废石、人员、材料等提升任务。

（2）运输。坑内采用轨道运输，钢轨 30kg/m，混凝土轨枕，轨距 762mm。矿石采用 ZK14-7/550-C（带翼板）电机车牵引 FCC4-7 侧卸矿车运输。废石采用 ZK10-7/550 电机车牵引 YFC0.7-7 翻转矿车运输。

（3）通风。+815m 以下采用侧翼对角式通风系统，多级机站通风方式。新鲜风流从副井及斜坡道进入各个中分段平巷，冲刷工作面后，污风从西北部新掘进的回风井排出地面，矿井总需风量为 180m³/s。

21.4 选矿情况

21.4.1 选矿厂概况

海寺铁矿选矿厂为成立于 2000 年的西旺选矿厂，主要生产工艺流程为三段一闭路破碎—中碎干选抛废——段磨矿—两段磁选。年处理量 70 万吨，拥有两条日处理能力 1500t 的破碎生产线、两条日处理 2000t 的磁选生产线，年产铁精矿 30 万吨、铜精矿 4000t、铅锌精矿 3000t。

2009 年，西旺选矿厂进行技术改造，充分利用现有的破碎生产和球磨系统及尾矿系统，新建与日处理 2000t 铁矿石生产线配套的再磨生产线和磁选生产线及配套设施，新建日处理量 1200t 的尾矿回收项目，进一步综合回收铁尾矿中的铁。

21.4.2 选矿工艺流程

21.4.2.1 破碎筛分流程

破碎筛分作业采用三段一闭路破碎—干选抛废流程，破碎筛分工艺流程如图 21-1 所示。

21.4.2.2 技改前磨选工艺流程

2009 年以前，西旺选矿厂采用一段磨矿——粗一精的单一磁选工艺流程，技改前磨选工艺流程如图 21-2 所示。

21.4.2.3 技改后磨选工艺流程

2002 年选矿厂投入生产以来，西旺选矿厂累计开发铁矿石 300 万吨，产生尾矿 180 万吨，尾矿中全铁品位 16%～17%，其中含有部分可回收的磁性铁。2009 年西旺选矿厂进行技改充分回收尾矿中的铁矿，技改后原则工艺流程如图 21-3 所示。原矿经破碎、一段闭路磨矿后，−0.074mm 含量占 62% 的磨矿产品进入一段磁选，一段磁选精矿、尾矿扫选精矿经二段闭路磨矿后，−0.074mm 含量占 90%~95% 的磨矿产品经二段磁选获得合格铁精矿。

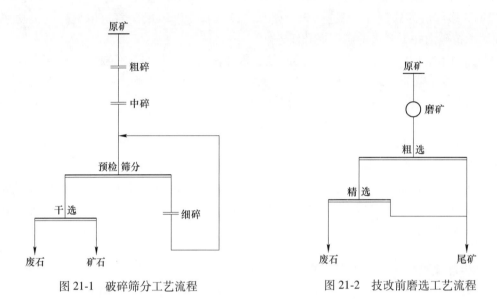

图 21-1　破碎筛分工艺流程　　　　　　　　　图 21-2　技改前磨选工艺流程

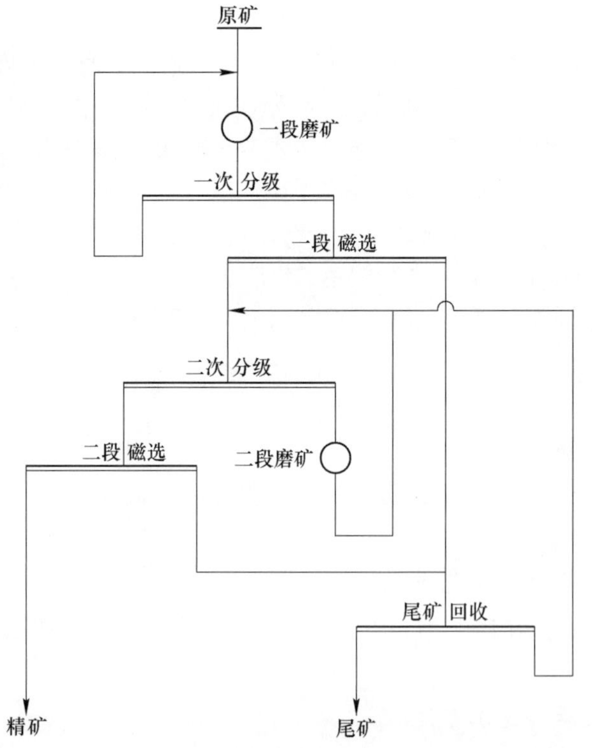

图 21-3　技改后原则工艺流程

21.5　矿产资源综合利用情况

　　海寺铁矿主要矿产为铁矿，伴生有铅锌（未计入储量），资源综合利用率为64.38%。

　　选矿厂尾矿年排放量14.09万吨，尾矿中TFe含量为15%，尾矿年利用量为零，尾矿利用率为零，处置率为100%，处置方式为尾矿库堆存。

22　罕王傲牛铁矿

22.1　矿山基本情况

罕王傲牛铁矿为露天-地下联合开采铁矿的中型矿山，无共伴生矿产，是第二批国家级绿色矿山试点单位。建矿时间为 1992 年 5 月 1 日，投产时间为 1998 年 8 月 1 日。矿区位于辽宁省抚顺县后安镇，距抚顺市约 56km，交通比较方便。罕王傲牛铁矿开发利用情况见表 22-1。

表 22-1　罕王傲牛铁矿开发利用简表

基本情况	矿山名称	罕王傲牛铁矿	地理位置	辽宁省抚顺市抚顺县
	矿山特征	国家级绿色矿山	矿床工业类型	沉积变质型铁矿床
地质资源	开采矿种	铁矿	地质储量/万吨	2727.9
	矿石工业类型	磁铁矿石	地质品位（TFe）/%	33.64
开采情况	矿山规模	120 万吨/年，中型	开采方式	露天-地下开采
	开拓方式	露天：公路运输开拓 地下：平硐开拓	主要采矿方法	露天：组合台阶采矿法
	采出矿石量/万吨	112.06	出矿品位（TFe）/%	27.06
	废石产生量/万吨	304.01	开采回采率/%	94.5
	贫化率/%	14.77	开采深度/m	490~100（标高）
	剥采比/t·t^{-1}	2.70		
选矿情况	选矿厂规模	300 万吨/年	选矿回收率/%	90.86
	主要选矿方法	三段两闭路—中破前预先筛分—高压辊磨 阶段磨矿—单一磁选—细筛再磨		
	入选矿石量/万吨	112.06	原矿品位（TFe）/%	27.06
	精矿产量/万吨	41.74	精矿品位（TFe）/%	66
	尾矿产生量/万吨	70.32	尾矿品位（TFe）/%	3.94
综合利用情况	综合利用率/%	85.86	废水利用率/%	95.3
	废石排放强度/t·t^{-1}	7.29	废石处置方式	排土场堆存和用作建材
	尾矿排放强度/t·t^{-1}	1.68	尾矿处置方式	尾矿库堆存和用作建材
	废石利用率/%	49.33	尾矿利用率/%	19.91

22.2　地质资源

22.2.1　矿床地质特征

22.2.1.1　地质特征

罕王傲牛铁矿矿床工业类型为鞍山式沉积变质铁矿床，矿山开采深度为490~100m标高。傲牛铁矿床位于抚顺市东南45km，通什复背斜九领子背斜南翼，该复背斜轴部在矿区北侧。矿床为鞍山群通什村组中部层位，矿体顶底板岩层为混合质角闪斜长片麻岩夹混合质变粒岩，构成北西西-南东东磁铁石英岩带，除局部倒转外，大致呈220°~230°，产状较陡，倾角为65°~85°，呈多层状磁铁石英岩扁豆体（群）产出，矿体规模大小不一，矿山开采范围内有6条主要矿体，矿体编号为Fe1、Fe2、Fe3、Fe13、Fe14、Fe15。大矿体如Fe1、Fe2，走向长度超过1300m，最大厚度达40m，延伸达240m；中等规模矿体如Fe13、Fe14、Fe15，矿体走向长度达450m，最大水平厚度达35m，延伸长度达230m；其他小矿体长几十米至几百米不等，矿体多数总体呈透镜状或似层状产出。矿体属于中等稳固矿岩，围岩属于中等稳固岩石。

Fe1矿体：矿体走向长度约1020m，厚度平均为12m，最厚为26.6m，矿体延深不大，最大为170m，平均为117m。矿体产状倾向为220°，倾角为65°~85°，矿体和围岩整合接触。TFe平均品位为33.35%。

Fe2矿体：矿体走向长度约为1320m，平均厚度为15.9m，倾角平均为68°，矿体最大延深为150m，平均为91.7m，矿体分布于标高在225~410m。TFe平均品位为35.95%。

Fe3矿体：矿体走向长度约为5530m，平均厚度为6.3m，倾角平均为68°。

Fe13矿体：矿体走向长度为220m，平均厚度为13.37m，矿体延深不大，最大延深为100m，矿体产状倾向为220°，倾角为65°~85°，矿体和围岩整合接触。TFe平均品位为35.83%。

Fe14矿体：矿体走向长度约为430m，平均厚度为17.0m，最大延深为100m，矿体倾向为240°~250°，倾角为65°~75°。TFe平均品位为34.06%。

Fe15矿体：矿体走向长度约为350m，平均厚度为16.6m，矿体倾向为250°~260°，倾角为55°~75°。TFe平均品位为33.61%。

22.2.1.2　矿石质量

矿石工业类型为磁铁贫矿，矿石属需选磁铁矿石。矿石自然类型可分为两类，其中以条带状磁铁石英岩型为主，其次为角闪石辉石磁铁石英岩型。

矿石矿物以磁铁矿为主，含褐铁矿，少量磁黄铁矿及微量黄铜矿等；脉石矿物以石英、角闪石、绿泥石为主，含少量透闪石、微斜长石及微量磷灰石等矿物。

（1）磁铁矿。为矿石主要铁矿物，含量占35%~40%，呈自形晶或不规则半自形粒状结构，具方向性排列，分布比较均匀，与脉石矿物石英等有嵌晶现象。细粒浸染型矿石粒径一般大于2mm，呈微粒浸染型粒径2~0.2mm，个别呈乳浊浸染型粒径小于2mm。此外，见有次生的细脉状磁铁矿条，穿入矿体与围岩中，规模甚小，磁铁矿物呈隐晶质结构。

（2）磁黄铁矿。是矿石中次要矿物，含量占 0.5% ~ 1.0%，大部分是后期交代生成的，分布不均匀，深部含量增多，在地表易变成褐铁矿。

（3）石英。含量为 35% ~ 40%，他形晶粒状体，粒径 0.5 ~ 1.5mm，与磁铁矿、辉石、角闪石等共生，并与其他共生矿物形成镶嵌结构。

（4）角闪石。含量为 7% ~ 15%，呈自形长柱状晶体，粒径一般在 0.5 ~ 1.2mm，是脉石中另一种主要含铁硅酸盐矿物。

（5）斜长石。含量为 5% ~ 10%，呈自形长柱状晶体，粒径一般在 0.5 ~ 1.5mm，是脉石中另一种主要含硅酸盐矿物。

矿石为磁铁贫矿，磁铁矿和石英呈黑白相间条带状。结构主要为中细粒、不规则半自形粒状变晶结构；构造有致密块状、条带状及浸染状三种，以条带状为主，一般条带间距宽度介于 1 ~ 3mm 之间，按条带宽窄分为小条带（大于 3mm）与细条带（1 ~ 2mm）两种。颗粒度因局部重结晶作用粒度大者为细粒浸染矿石（金属矿物颗粒粒径大于 2mm），一般呈微粒浸染矿石（金属矿物颗粒在 2 ~ 0.2mm），个别呈乳浊状、浸染矿（金属矿物颗粒粒径小于 0.2mm）。经选矿结果证明金属矿物与非金属矿物的分离，小条带只经过一次选矿即可，而细条带经过精选也较易选，属于乳浊状、浸染矿就很难选出。

矿石氧化程度很低（磁性率均小于 2.7），属易选原生矿石。

矿区内铁矿石的平均地质品位（TFe）为 33.64%，mFe 含量一般为 28% ~ 35%，平均为 31.75%；CFe 含量一般为 0.20% ~ 0.40%，平均为 0.35%；SiFe 含量一般为 0.70% ~ 1.30%，平均为 0.93%；FeO 含量为 13.77% ~ 15.26%。SiO_2 平均含量为 47.3%，CaO 平均含量为 2.02%，MgO 平均含量为 1.95%，Al_2O_3 平均含量为 2.36%，S 含量为 0.003% ~ 0.009%，P 含量为 0.06% ~ 0.12%。

22.2.2　资源储量

该铁矿为单一矿产，矿床规模为中型。截至 2013 年年底，矿山累计查明铁矿石资源储量为 27279kt，保有铁矿石量为 17562.6kt，铁矿平均地质品位（TFe）为 33.64%。

22.3　开采情况

22.3.1　矿山采矿基本情况

罕王傲牛铁矿为露天-地下联合开采的中型矿山，露天采取公路运输开拓，使用的采矿方法为组合台阶采矿法；地下开采部分采取平硐开拓。矿山设计年生产能力 120 吨，设计开采回采率为 94.5%，设计贫化率为 5.5%，设计出矿品位（TFe）27.92%。

22.3.2　矿山实际生产情况

2013 年，罕王傲牛铁矿开采方式仅为露天开采，实际出矿量 112.06 万吨，排放废石 304.01 万吨。矿山开采深度为 490 ~ 100m 标高。矿山实际生产情况见表 22-2。

表22-2　罕王傲牛铁矿实际生产情况

采矿量/万吨	开采回采率/%	贫化率/%	出矿品位（TFe）/%	露天剥采比/t·t^{-1}
112.06	94.5	14.77	27.06	2.70

22.3.3　采矿技术

罕王傲牛铁矿采矿主要设备型号及数量见表22-3。

表22-3　罕王傲牛铁矿采矿主要设备型号及数量

序号	设备名称	规格型号	使用数量/台（套）
1	挖掘机	1m^3	9
2	前装机	ZL50	6
3	汽车	QQ-562型10t	20
4	凿岩机	7655	10
5	潜孔钻机	CLQ-80A	10
6	空压机	XAMS1026Cdh	12
7	液压碎石机	WYS-16	6
8	推土机	红旗120	6

22.4　选矿情况

22.4.1　选矿厂概况

罕王傲牛铁矿下设3个选矿车间，3个选矿车间原生产工艺流程基本一致：两段破碎—两段磨矿多段磁选。傲牛铁矿一选厂于1992年建厂，经过数次扩建，2013年8月前有5条生产线，年产铁精矿32万吨。2013年8月，傲牛铁矿一选厂二期新增一条年破碎能力155万吨、磨选能力125万吨、年产铁精矿50万吨生产线的技改扩建工程完成投产，技改扩建后傲牛铁矿一选厂年产铁精矿82万吨。傲牛铁矿二选厂始建于2002年，2003年6月建成投产，二选厂年产铁精矿32万吨。2005年4月，罕王集团收购百丰矿业选矿厂，将其更名为傲牛铁矿第三选矿厂，年产铁精矿10万吨。

设计年选矿能力为160万吨，设计主矿种入选品位（TFe）为27.5%，最大入磨粒度为20mm，磨矿细度为-0.074mm占65%。选矿方法为湿式磁选法，选矿产品为铁精粉，全铁（TFe）品位为66%。罕王傲牛铁矿选矿厂能耗与水耗概况见表22-4。

表22-4　罕王傲牛铁矿选矿厂能耗与水耗概况

年份	入选矿石量/万吨	入选品位/%	选矿回收率/%	每吨原矿选矿耗水量/t	每吨原矿选矿耗新水量/t	每吨原矿选矿耗电量/kW·h	每吨原矿磨矿介质损耗/kg	产率/%
2011	165.08	29.1	92.05	4.2	0.19	26.57	0.95	40.85
2013	112.06	27.06	90.86	3.17	0.11	16.54	0.79	37.25

22.4.2　选矿工艺流程

22.4.2.1　破碎筛分流程

采用三段两闭路流程，破碎系统工艺流程如图 22-1 所示，主要破碎筛分设备见表 22-5。粗碎采用旋回破碎机，给矿粒度小于 600mm，粗碎产品提升至地面储矿仓后，先经过 1 台永磁大块矿石磁选机进行大块矿石预选，预选矿石最大粒度为 350mm。合格矿石经胶带运输机送至中碎缓冲矿仓后给入中 2 台圆锥破碎机中碎，给矿粒度小于 180mm。中碎产品经胶带运输机给入 1 台永磁大块矿石磁选机分选矿石中的混岩；干选后的矿石给入振动筛分级，筛上返回中碎再破，筛下作为高压辊磨机的给料。高压辊磨机与直线振动筛 ZKK3061 形成闭合回路，高压辊磨机的排矿产物通过筛孔尺寸为 3mm 的直线振动筛筛分，筛上产物经滑轮干选抛弃一部分粗粒尾矿后返回高压辊磨，筛下产物作为最终破碎产物进入湿式磁选；细碎给矿粒度小于 30mm，最终产品粒度小于 3mm。

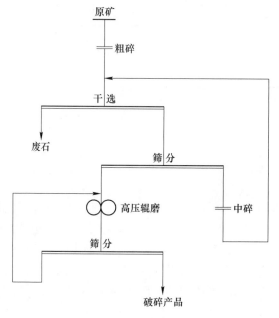

图 22-1　破碎系统工艺流程

表 22-5　主要破碎筛分设备

工　序	设备名称	规格型号	数量/台
粗碎	旋回破碎机	C100	1
中碎	圆锥破碎机	HP300	2
细碎	高压辊磨机	GM140-60	1
给矿	振动给料机	GZG1306	10
筛分	圆振筛	2YA2460	1

22.4.2.2　磨选流程

磨选流程采用阶段磨矿—单一磁选—细筛再磨工艺流程。其中有六段磁选、两段磨矿、两段细筛、两段浓缩磁选。傲牛铁矿选矿工艺流程如图 22-2 所示，主要磨选设备见表 22-6。原矿经两段粗粒磁选后进入一段细筛，筛上产品进入两台 MQG2130 一段球磨机磨矿，筛下产品与一段磨矿产品一起进入一段磁选、二段磁选，二段磁选精矿给入 2 台二段 HGZS-55-1207Z 叠层高频细筛。二段细筛筛上产品经两台 CTB-1024 浓缩磁选机浓缩后进入两台 MQY1845 二段球磨机再磨，二段球磨机排矿自流到 2 台 CTB-1024 三段磁选，三段磁选精矿返回二段细筛。二段细筛筛下产品采用 8 台 φ600 磁选柱四段磁选。四段磁选机精矿自流进入 2 台 CPZ-60（1 台备用）盘式过滤机脱水产出铁精矿。

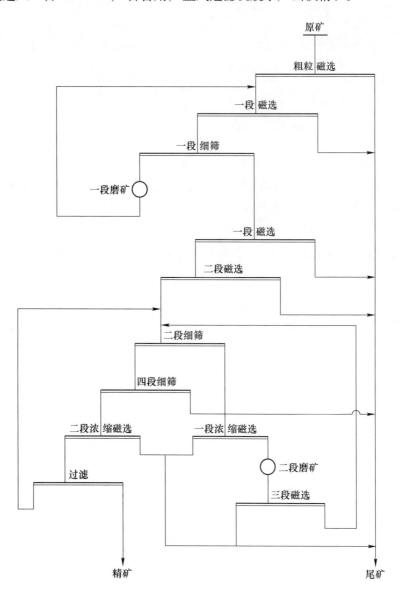

图 22-2　傲牛铁矿选矿工艺流程

表 22-6　傲牛铁矿主要磨选设备

工　序	设备名称	规格型号	数　量
一段磨矿	格子型球磨机	MQG2130	2
二段磨矿	溢流型球磨机	MQY1845	2
一段磁选	筒式磁选机	CTB918	2
二段磁选	筒式磁选机	CTB1024	2
三段磁选	筒式磁选机	CTB1024	2
四段磁选	磁选柱	$\phi600$	8
一段细筛	叠层高频细筛	HGZS-55-12077	2
二段细筛	叠层高频细筛	HGZS-55-1207Z	2
一段浓缩磁选	筒式磁选机	CTB1024	2
二段浓缩磁选	筒式磁选机	CTB1024	2
过滤	盘式过滤机	CPZ-60	1

22.5　矿产资源综合利用情况

罕王傲牛铁矿无共伴生矿产，资源综合利用率为 71.92%。

罕王傲牛铁矿年产生废石 2580.35 万吨，废石未综合利用，废石利用率为零，处置率为 100%，处置方式为排土场堆存。

选矿厂尾矿年排放量 542 万吨，尾矿中 TFe 含量为 12.15%，尾矿未利用，尾矿利用率为零，处置率为 100%，处置方式为尾矿库堆存。

23　尖　山　铁　矿

23.1　矿山基本情况

尖山铁矿为露天开采的大型矿山，无共伴生矿产；于 1992 年 4 月 6 日建矿，1994 年 8 月 8 日投产。矿区位于山西省太原市娄烦县马家庄乡，北距娄烦县县城直线距离为 18km，有公路相通。由矿区经 S104 省道东至太原市约 120km，交通比较方便。尖山铁矿开发利用情况见表 23-1。

表 23-1　尖山铁矿开发利用简表

基本情况	矿山名称	尖山铁矿	地理位置	山西省太原市娄烦县
	矿山特征	国家级绿色矿山	矿床工业类型	石英型磁铁矿床
地质资源	开采矿种	铁矿	地质储量/万吨	23141.9
	矿石工业类型	磁铁矿石	地质品位（TFe）/%	34.36
开采情况	矿山规模	700 万吨/年，大型	开采方式	露天开采
	开拓方式	汽车—溜井—平硐胶带联合运输开拓	主要采矿方法	组合台阶采矿法
	采出矿石量/万吨	926.57	出矿品位（TFe）/%	30.12
	废石产生量/万吨	4175	开采回采率/%	96.84
	贫化率/%	9.67	开采深度/m	1824~1000（标高）
	剥采比/t·t^{-1}	3.85		
选矿情况	选矿厂规模	750 万吨/年	选矿回收率	TFe：63.34%，mFe：96.63%
	主要选矿方法	三段一闭路破碎，阶段磨矿—阶段选矿—细筛再磨，单一磁选		
	入选矿石量/万吨	570.34	原矿品位	TFe：28.75%，mFe：15.39%
	精矿产量/万吨	155.02	精矿品位（TFe）/%	67
	尾矿产生量/万吨	135.75	尾矿品位	TFe：14.47%，mFe：0.46%
综合利用情况	综合利用率/%	78.56	废水利用率/%	100
	废石排放强度/t·t^{-1}	11.04	废石处置方式	排土场堆存
	尾矿排放强度/t·t^{-1}	1.45	尾矿处置方式	尾矿库堆存
	废石利用率	0	尾矿利用率	0

23.2 地质资源

23.2.1 矿床地质特征

尖山铁矿矿床属大型的石英型磁铁矿床，开采矿种为铁矿，开采深度为 1824～1000m 标高。矿区位于贺兰山字型东翼前弧的后部，吕梁隆起的中段，宁武-静乐盆地的西南缘。区域出露地层主要为太古界的界河口群和吕梁山群；元古界的尖山群、岚河群、野鸡山群和黑茶山群；古生界的寒武系、奥陶系、石炭系、二叠系；中生界的三叠系、侏罗系；新生界的古近系、新近系、第四系。区域主要构造线受贺兰山字型构造所控制。其构造线亦为北东-北北东走向。大致可分为四个构造层：第一构造层，为赤坚岭组以下，以紧密褶曲形态为主。第二构造层，从杜家沟组到杜堂村组。第三构造层，从岚河群至黑茶山群。第四构造层，属于寒武系以后。尖山铁矿主要工业矿体由 Fe1、Fe2 两矿体组成，均赋存于尖山向形构造之中。处于下部的 Fe1 矿层为一号矿体，上部的 Fe2 矿层为二号矿体，二者相距 10～60m，其顶底板岩层为石英岩或石英片岩。

矿石工业类型为需选磁铁矿石，矿石中主要有用组分为铁，伴生有益组分甚微，达不到综合利用的要求，为单一矿产。

23.2.2 资源储量

截至 2013 年年底，尖山铁矿累计查明铁矿资源储量 23141.9 万吨，累计动用资源储量 11063.44 万吨，保有资源储量为（111b + 122b）12078.46 万吨，平均地质品位（TFe）34.36%。

23.3 开采情况

23.3.1 矿山采矿基本情况

尖山铁矿为露天开采的大型矿山，采取汽车-溜井-平硐胶带联合运输开拓，使用的采矿方法为组合台阶法。矿山设计年生产能力 700t，设计开采回采率为 90%，设计贫化率为 10%，设计出矿品位（TFe）27.67%。

23.3.2 矿山实际生产情况

2013 年，矿山实际出矿量 926.57 万吨，排放废石 4175 万吨。矿山开采深度为 1824～1000m 标高。矿山实际生产情况见表 23-2。

表 23-2 尖山铁矿实际生产情况

采矿量/万吨	开采回采率/%	贫化率/%	出矿品位（TFe）/%	露天剥采比/t·t⁻¹
956.70	96.84	9.67	30.12	3.85

23.3.3 采矿技术

尖山铁矿自 1994 年投产至今，一直采用露天开采方式，汽车-溜井-平硐胶带联合开拓运输系统，分层组合台阶采剥方法，台阶段高为 15m。采矿工艺由穿孔—爆破—采装—汽车、溜井、平硐胶带运输—排土等工艺组成。矿山使用的主要采矿设备有穿孔钻机、电铲、矿用自卸汽车、破碎机、胶带运输机、推土机、装药车、ZL50 前装机、液压破碎机等。

23.4 选矿情况

23.4.1 选矿厂概况

尖山铁矿选矿厂始建于 1991 年 10 月，1994 年 8 月 3 个系列（L、N、M）建成投产，设计年生产规模 400 万吨。2001 年 11 月扩建第四个系列（X），选矿厂年生产规模提高到 600 万吨；2007 年 1 月扩建 2 个系列（Y、Z）。截至目前，共有 6 个系列，设计原矿处理量 900 万吨，精矿产量 314 万吨。

2002 年，尖山铁矿选矿厂进行了技术改造，实现了当年试验、设计、施工、投产。技术改造流程为，对原流程精矿采用单一阴离子反浮选（一次粗选、一次精选、三次扫选）流程进行深选。经改造后，精矿品位有较大的提高，目前已超过 69%，SiO_2 含量降至 4% 以下，反浮选作业回收率为 98.5% 左右。

目前尖山铁矿生产工艺为：破碎系统采用"老三段"+干选破碎流程，破碎粒度达到 12mm 含量占 90% 以上；磨矿、磁选系统采用三段磨矿、三段分级、四段磁选、弱磁选—磁重选联合工艺。浮选前精矿品位 65.5% 左右，最终精矿 68.8% 左右，SiO_2 含量降至 4% 以下。

2011 年，选矿厂实际入选矿石量 913.27 万吨，入选品位（TFe）31.97%。精矿产量 343.7 万吨，精矿产率 37.63%，精矿品位（TFe）68.89%，选矿回收率 80.52%。铁精粉全部供应集团公司钢铁厂使用。

2013 年，选矿厂实际入选矿石量 926.57 万吨，入选品位（TFe）32.10%。精矿产量 374.04 万吨，精矿产率 40.37%，精矿品位（TFe）68.89%，选矿回收率 80.68%。铁精粉全部供应集团公司钢铁厂使用。

2015 年，选矿厂实际入选矿石量 917 万吨，入选品位（TFe）31.64%。精矿产率 40.37%，精矿品位（TFe）67%，选矿回收率 80.68%。铁精粉全部供应集团公司钢铁厂使用。尖山铁矿选矿厂能耗与水耗概况见表 23-3。

表 23-3 尖山铁矿选矿厂能耗与水耗概况

选矿耗水量/t·t^{-1}	选矿耗新水量/t·t^{-1}	选矿耗电量/kW·h·t^{-1}	磨矿介质损耗/kg·t^{-1}
7.038	0.157	24.067	0.99

23.4.2 选矿工艺流程

23.4.2.1 破碎工艺流程

破碎工艺采用三段一闭路—中碎后干选抛废的工艺流程，尖山铁矿选矿厂破碎工艺流程如图23-1所示，主要破碎筛分设备见表23-4。

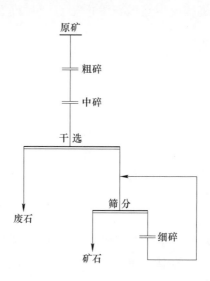

图 23-1 尖山铁矿选矿厂破碎工艺流程

表 23-4 尖山铁矿选矿厂主要破碎筛分设备

工 序	设备名称	设备型号	台 数
粗碎	颚式破碎机	PEJ1500×2100	2
中碎	圆锥破碎机	HP8800	1
	圆锥破碎机	HP500	1
细碎	圆锥破碎机	HP8800	2
	圆锥破碎机	HP500	2
筛分	直线振动筛	2LF2448	7

23.4.2.2 磨选工艺流程

尖山铁矿选矿工艺为三段磨矿—三次分级—四次磁选—反浮选工艺。尖山选矿厂现有6个磨选生产系列，其中L、M、N、X系列工艺流程一致，Y、Z系列工艺流程一致，尖山铁矿选矿厂LMNX系列磨矿磁选工艺流程如图23-2所示，Y2系列磨矿磁选厂工艺流程如图23-3所示。

23.5 矿产资源综合利用情况

尖山铁矿主要为单一铁矿，资源综合利用率为78.56%。

尖山铁矿年产生废石4175万吨，废石年利用量为零，废石利用率为零，废石处置率为100%，处置方式为排土场堆存。

选矿厂尾矿年排放量548.51万吨，尾矿中TFe含量为9.84%，尾矿年利用量为零，尾矿利用率为零，处置率为100%，处置方式为尾矿库堆存。

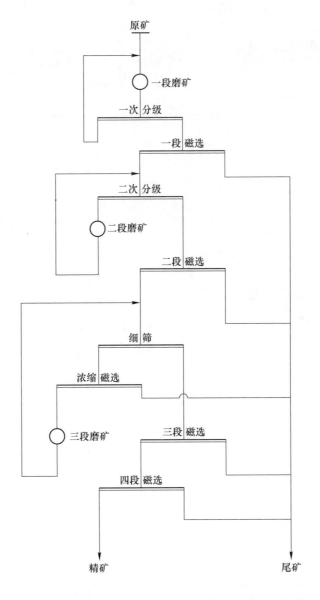

图 23-2 尖山铁矿选矿厂 LMNX 系列磨矿磁选工艺流程

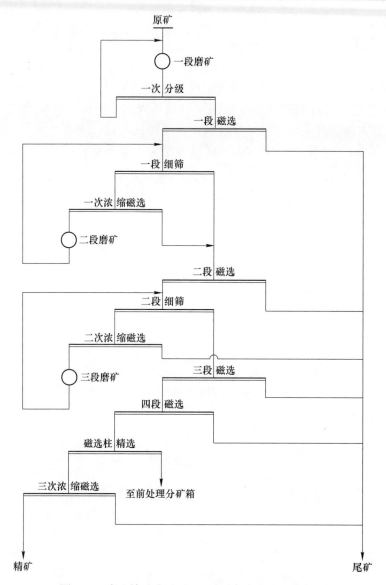

图 23-3　尖山铁矿选矿厂 YZ 系列磨矿磁选工艺流程

24　尖山朱家包包铁矿

24.1　矿山基本情况

尖山朱家包包铁矿为露天开采的大型矿山，主要开采铁矿、钒矿和钛矿，钒矿和钛矿为主要的共伴生矿产，是第二批国家级绿色矿山试点单位，也是攀钢集团建设的全国矿产资源综合利用示范基地。矿山包括兰家火山、尖包包以及朱家包包3个矿段。兰家火山与尖包包矿段于1966年同时基建，1972年建成投产；朱家包包矿段1964年开始基建，1974年建成投产。矿区位于四川省攀枝花市银江乡境内，在攀枝花市北东33°方向，直线距离为11km处。矿区有专线铁路及各类公路，交通方便。尖山朱家包包铁矿开发利用情况见表24-1。

表 24-1　尖山朱家包包铁矿开发利用简表

基本情况	矿山名称	尖山朱家包包铁矿	地理位置	四川省攀枝花市银江乡
	矿山特征	全国矿产资源综合利用示范基地，国家级绿色矿山	矿床工业类型	石英型磁铁矿床
地质资源	开采矿种	铁矿、钒矿、钛矿	地质储量/万吨	74282.3
	矿石工业类型	钒钛磁铁矿石	地质品位（TFe）/%	26.73
开采情况	矿山规模	1350万吨/年，大型	开采方式	露天开采
	开拓方式	联合运输开拓	主要采矿方法	组合台阶采矿法
	采出矿石量/万吨	1700.55	出矿品位（TFe）/%	28.31
	废石产生量/万吨	2585	开采回采率/%	93.15
	贫化率/%	11.58	开采深度/m	1812~1042（标高）
	剥采比/t·t^{-1}	1.61		
选矿情况	选矿厂规模	1500万吨/年	选矿回收率/%	83
	主要选矿方法	三段一闭路破碎—中碎前预先筛分—阶段磨矿—阶段磁选		
	入选矿石量/万吨	1375.89	原矿品位（TFe）/%	29.61
	精矿产量/万吨	540.02	精矿品位（TFe）/%	54.00
	尾矿产生量/万吨	835.87	尾矿品位（TFe）/%	13.85
综合利用情况	综合利用率/%	52.70	废石处置方式	排土场堆存
	废石排放强度/t·t^{-1}	5.74	尾矿处置方式	尾矿库堆存
	尾矿排放强度/t·t^{-1}	1.61	尾矿利用率	0
	废石利用率	0		

24.2　地质资源

24.2.1　矿床地质特征

24.2.1.1　地质特征

尖山朱家包包铁矿矿床类型为岩浆分异型铁矿，开采深度由 1812~1042m 标高。区内岩浆活动十分强烈且频繁，岩浆的深成作用和火山活动并重，生成了种类繁多、系列齐全的各种各样火成岩共生组合体。矿区含矿岩体为华力西期早期形成的含钒钛磁铁矿层状辉长岩体，岩体呈北东-南西向展布。根据岩石矿物组合、结构、构造及铁钛氧化物含量，辉长岩体可划分五个岩带：顶部浅色层状辉长岩带、上部含矿带、下部暗色层状辉长岩带、底部含矿带、边缘带。

矿体赋存于辉长岩体中、下部，呈层状、似层状、条带状产出，产状与岩层产状一致，呈单斜产出，倾向北西，倾角 40°~60°。由于南北向断层切割，从北东到南西依次分为朱家包包、兰家火山、尖包包、倒马坎、公山、纳拉箐等六个矿段，矿体依次变薄变贫，但层位较稳定。

自上而下共划分Ⅳ1~Ⅳ5、Ⅴ、Ⅵ、Ⅶ、Ⅷ、Ⅸ 10 个矿体，其中Ⅴ、Ⅵ、Ⅷ、Ⅸ矿体为主要矿体，矿体长度 450~2200m，厚度 14.46~55.67m。矿区主要矿体特征见表 24-2。

表 24-2　尖山朱家包包铁矿主要矿体特征

矿体编号	长度/m	延深/m	厚度/m	形　态	平均品位/%		
					TFe	TiO_2	V_2O_5
Ⅸ	2200	600	27.85	层状、似层状，部分透镜状	26.24	9.48	0.25
Ⅷ	1440	650	39.45	厚大矿体	38.97	13.25	0.38
Ⅵ	1600	500	39.3	厚大矿体，呈层状、似层状产出	29.86	11.45	0.29
Ⅴ	1700	510	55.67	层状、似层状	24.51	11.11	0.22
Ⅶ	450	500	14.46	层状、似层状	25.85	8.34	0.28
Ⅳ5	1900	500	39.66	层状、似层状	22.64	11.53	0.18
Ⅳ4	500	240	24.29	层状、似层状	22.75	11.55	0.19
Ⅳ3	2100	200~300	24.63	层状、似层状，部分透镜状	17.54	8.51	0.17
Ⅳ2	2200	100~200	52.15	层状、似层状	17.25	7.95	0.13
Ⅳ1	2200	300	25.1	层状、似层状	21.92	11.08	0.19

24.2.1.2　矿石质量

矿石类型简单，为单一型钒钛磁铁矿石。矿石的金属矿物主要为钛磁铁矿、钛铁矿及少量硫化物，脉石矿物主要为硅酸盐矿物及少量磷酸盐、碳酸盐矿物。其中，钛磁铁矿是主要含铁矿物，也是含钒、钛、铬、镓的主要矿物。矿石含有钴、镍、铜等有益元素，但平均品位较低，未利用；矿石有害元素主要是磷、硫。根据矿石含矿母岩、结构构造、副矿物含量等可细分为不同类型。

（1）按含矿母岩划分。可划分为辉长岩型、暗色（富辉石）辉长岩型、含橄榄辉长岩型等类型的钒钛磁铁矿矿石。矿区以辉长岩型钒钛磁铁矿矿石为主，暗色辉长岩型、含橄榄辉长岩型钒钛磁铁矿矿石较少。

（2）按矿石结构构造划分。可划分为星散浸染状矿石，铁钛氧化物含量 10%~20%，矿石以填隙状陷铁结构为主，基本尚难利用；稀疏浸染状矿石，铁钛氧化物含量 20%~35%，矿石为填隙状陷铁结构、海绵陷铁结构、假斑状嵌晶结构，基本为贫矿石；中等-稠密浸染状矿石，铁钛氧化物含量 35%~80%，矿石主要为海绵陷铁结构，少量为粒状镶嵌结构，基本为中矿，部分为富矿；致密块状矿石，铁钛氧化物含量大于 80%，矿石具粒状镶嵌结构及假斑状结构，基本为富矿石。

（3）按矿石中副矿物划分。富硫化物型矿石，硫化物含量一般为 0.5%~2%，局部富集可达 3%~5%，甚至更高，主要在底部含矿体的个别矿体局部富集；富磷灰石型矿石，磷灰石含量一般较少，仅在上部含矿带中个别的一些矿条中含有较多的磷灰石，一般含量较低，最高可达 5%。

24.2.2 资源储量

矿山主矿种为铁，伴生资源主要是钛、钒。另外，伴生有益组分钴、镍、铜等平均品位都低于伴生组分评价指标，未进行资源量估算，矿山也未回收利用。

矿山累计查明铁资源储量 742823kt。矿山查明资源储量平均品位为 26.73%。其中，工业矿石（w(TFe)≥20%）506943kt，占比 68.25%，平均品位 31.03%；低品位矿石（15%≤w(TFe)<20%）235880kt，占比 31.75%，平均品位 TFe 17.50%。矿山保有资源储量平均品位为 26.29%。其中，工业矿石（w(TFe)≥20%）307562kt，占比 66.90%，平均品位 30.66%；低品位矿石（15%≤w(TFe)<20%）152156kt，占比 33.10%，平均品位 17.45%。

24.3 开采情况

24.3.1 矿山采矿基本情况

尖山朱家包包铁矿为露天开采的大型矿山，采取联合运输开拓，使用的采矿方法为组合台阶采矿法。矿山设计年生产能力 1350 万吨，设计开采回采率为 95%，设计贫化率为 5%，设计出矿品位（TFe）29.48%。

24.3.2 矿山实际生产情况

2013 年，尖山朱家包包铁矿实际出矿量 1700.55 万吨，排放废石 2585 万吨。矿山开采深度为 1812~1042m 标高。矿山实际生产情况见表 24-3。

表 24-3　尖山朱家包包铁矿实际生产情况

采矿量/万吨	开采回采率/%	出矿品位（TFe)/%	贫化率/%	露天剥采比/t·t^{-1}
1835.52	93.15	28.31	11.58	1.61

24.3.3　采矿技术

目前，矿山采用露天开采方式，公路运输开拓，水平台阶开采工艺，陡帮剥离、缓帮采矿。

（1）穿孔：剥离穿孔选用孔径为 250mm 牙轮钻机，采矿穿孔选用孔径为 140mm 潜孔钻机，两者台阶爆破均采用垂直孔，孔深 14.5m，其中超深 2.5m，采用矩形或梅花形布孔，其中剥离穿孔孔网参数为 7m×8m，采矿穿孔孔网参数为 4m×6m。另配备 1 台 140mm 潜孔钻机进行采矿辅助作业，即边坡整治、预裂爆破及边坡残矿的处理。爆破采用微差爆破，非电导爆系统起爆，炸药采用乳化炸药，现场炸药混装车装药。岩石大块集中堆放，采用机械法进行二次破碎。

（2）铲装：矿石和岩石爆破松动后分别采用斗容为 4m^3 和 10m^3 的挖掘机完成，矿石和废石分别分装。

（3）运输：矿石运输选用载重 45t 的刚性矿用自卸汽车，矿石直接运至粗碎站；废石运输选用载重 91t 的刚性矿用自卸汽车，矿石直接运至排土场。

（4）辅助生产设备：选用的辅助生产设备有轮式前装机 2 台，轮式推土机 3 台，履带式推土机 2 台，平地机 2 台，80m^3 洒水车 2 台，液压挖掘机 1 台，20t 材料车 2 台。

尖山朱家包包铁矿主要采矿设备具体见表 24-4。

表 24-4　尖山朱家包包铁矿采矿主要设备

设备名称	型号或规格	数量/台（套）	备　注
牙轮钻机	YZ-35 孔径 250mm	2	电机功率（kW）
潜孔钻机	CS165E 孔径 140mm	2	电机功率（kW）205
电铲	WK-4A 斗容 4m^3	1	电机功率（kW）250
电铲	WK-10B 斗容 10m^3	3	750
45t 自卸汽车	TR50 载重 45t	5	
91t 自卸汽车	TR100 载重 91t	18	
前装机（轮式）	980H 斗容 6m^3	2	
推土机（轮式）	SD8 335HP	3	
推土机（履带）	SD42-3 415HP	2	
平地机	CAT 16M 221kW	1	
洒水车	TR100-W 80m^3	2	
液压锤	CAT H130S	1	
液压挖掘机	CAT324D 斗容 1m^3	1	
材料车	20t	2	
指挥车	北京吉普车	5	
振动式压路机	YZ-18 18t	1	

24.4 选矿情况

24.4.1 选矿厂概况

尖山朱家包包铁矿选矿厂位于密地，是国内最大的铁矿选矿厂之一，设计年处理原矿1350 万吨，产钒钛铁精矿 588 万吨，共计建成 16 个磨矿磁选系列。选矿厂为三段一闭路破碎，有大型筛分和皮带转运系统，磨选系统为阶段磨矿阶段选别流程。

24.4.2 选矿工艺流程

24.4.2.1 破碎筛分流程

破碎流程采用三段一闭路破碎，密地选矿工艺流程如图 24-1 所示，尖山朱家包包铁矿主要破碎设备见表 24-5，主要筛分设备见表 24-6。矿石经铁路运到选矿厂粗碎作业，经旋回破碎机将粒度从 1000mm 破碎到 350mm。粗碎产品进入预先筛分，+70mm 筛上产品通过圆锥破碎机破碎到 70mm 以下，中碎产品与预先筛分筛下物进入大型圆振动双层筛筛分，闭路筛分筛上产品经细碎后，返回筛分作业形成闭路破碎。筛下产品为最终破碎产品。

表 24-5 尖山朱家包包铁矿主要破碎设备

工序	设备名称	规格型号	给矿粒度 /mm	排矿粒度 /mm	处理量 /t·h^{-1}	数量 /台
粗碎	旋回破碎机	PX1200/180	1000~0	350~0	1000~1200	2
中碎	圆锥破碎机	PYB2200	350~0	70~0	500~600	6
细碎	圆锥破碎机	PYD2200	65~0	15~0	250~350	8
		H8800	65~0	15~0	800~900	2

表 24-6 尖山朱家包包铁矿主要筛分设备

工 序	设备名称	规格型号	处理量/t·h^{-1}
中碎预先筛分	固定棒条筛		
细碎筛分	大型圆振动筛	2DYK3073AT	700~1000

24.4.2.2 磨矿、选矿系统

密地选矿厂采用阶磨阶选流程，其中包括两段磨矿、两次分级、一段粗选、两段精选，磨选流程设备见表 24-7。一段磨矿采用 ϕ3600×4000 格子型球磨机与 4 台 ϕ610 旋流器组成一段闭路磨矿。旋流器溢流进入半逆流永磁磁选机进行粗选，粗选精矿经 ϕ350 二段旋流器二次分级。二次分级沉砂进入 ϕ2700×3600 溢流型球磨机再磨，磨矿产品返回二段旋流器形成闭路磨矿。二次分级溢流进入高频细筛，筛上物浓缩后进入二段磨机再磨。细筛筛下产品经两次磁选精选得到最终精矿。精选尾矿经半逆流永磁磁选机扫选，扫选精矿返回二段磨矿。最终精矿经永磁外滤式过滤机脱水，得到精矿品位 54%左右的铁精矿。

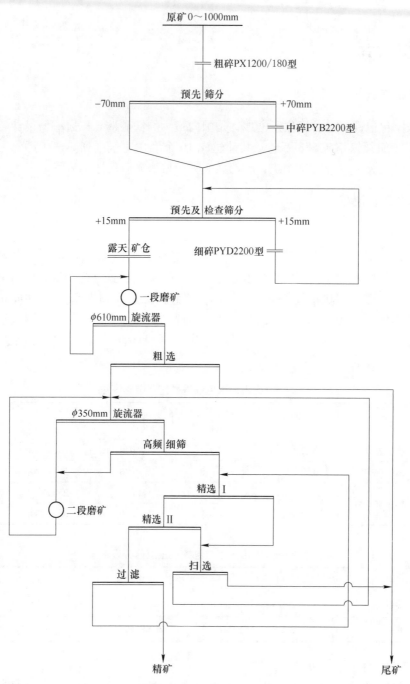

图 24-1　密地选矿厂工艺流程

表 24-7　阶段磨矿阶段选别流程设备

作业名称	设备名称	型号、规格		数量/台
磨矿	球磨机	一段	MQG3640	16
		二段	MQY2736	16

作业名称	设备名称	型号、规格		数量/台
分级	水力旋流器	一段	FX610-GT4	16
		二段	FX350-GT6	16
磁选	1050磁选机	粗选	CTB 1030	16
		精选	CTB 1030	16
		精选	CTB 1021	16
		扫选	CTB 1021	16
细筛	高频振动细筛	GPS高频细筛	GPS(SB)-6B-320	62
		五叠层德瑞克筛	2SG18-60-4STK	2
过滤	$18m^2$真空永磁外滤式过滤机	—	GYW-18	20

24.5 矿产资源综合利用情况

尖山朱家包包铁矿开采矿种为铁矿、钒矿、钛矿，伴生的钴、镍、铜等平均品位都低于伴生组分评价指标，未进行资源量估算，矿山也未回收利用，资源综合利用率为52.70%。

尖山朱家包包铁矿年产生废石2585万吨，废石年利用量为零，废石利用率为零，废石处置率为100%，处置方式为排土场堆存。

选矿厂尾矿年排放量726.11万吨，尾矿中TFe含量为13.84%，尾矿年利用量为零，尾矿利用率为零，处置率为100%，处置方式为尾矿库堆存。

25　解　营　铁　矿

25.1　矿山基本情况

解营铁矿为露天开采铁矿的中型矿山，无共伴生矿产，于 2000 年 12 月 25 日建矿，2003 年 1 月 25 日投产。矿区位于河北省承德市承德县岔沟乡，向南有 15km 简易公路与 G101 国道相通，距承德市 40km，交通方便。解营铁矿开发利用情况见表 25-1。

表 25-1　解营铁矿开发利用简表

基本情况	矿山名称	解营铁矿	地理位置	河北省承德市承德县
	矿床工业类型	岩浆晚期分异型铁矿床		
地质资源	开采矿种	铁矿	地质储量/万吨	10164.3
	矿石工业类型	低贫磁铁矿石	地质品位（TFe）/%	12.82
开采情况	矿山规模	161 万吨/年，中型	开采方式	露天开采
	开拓方式	汽车运输开拓	主要采矿方法	组合台阶采矿法
	采出矿石量/万吨	63.8	出矿品位（TFe）/%	9.8
	废石产生量/万吨	20	开采回采率/%	95
	贫化率/%	13.97	开采深度/m	795~590（标高）
	剥采比/t·t^{-1}	0.58		
选矿情况	选矿厂规模	1435 万吨/年	选矿回收率/%	46.00
	主要选矿方法	三段一闭路破碎—阶段磨矿阶段选别—磁选—重选		
	入选矿石量/万吨	63.8	原矿品位（TFe）/%	9.35
	精矿产量/万吨	4.35	精矿品位（TFe）/%	62.5
	尾矿产生量/万吨	59.48	尾矿品位（TFe）/%	5.42
综合利用情况	综合利用率/%	43.75	废水利用率/%	70
	废石排放强度/t·t^{-1}	4.59	废石处置方式	排土场堆存
	尾矿排放强度/t·t^{-1}	13.67	尾矿处置方式	尾矿库堆存
	废石利用率	0	尾矿利用率	0

25.2　地质资源

解营铁矿矿床属岩浆晚期分异型铁矿床。矿石工业类型为需选低贫磁铁矿石，矿石中主要有用组分为铁，伴生有益组分甚微，达不到综合利用的要求，为单一矿产。开采矿种为铁矿，开采深度为 795～590m 标高。

截至 2013 年年底，解营铁矿内累计查明资源储量（矿石量）10164.3 万吨，保有资源储量（矿石量）5684.9 万吨，平均品位（mFe）12.82%。其中控制的经济基础储量（122b）417.2 万吨，推断的内蕴经济资源量（333）5267.7 万吨。

25.3　开采情况

25.3.1　矿山采矿基本情况

解营铁矿为露天开采的中型矿山，采取汽车运输开拓，使用的采矿方法为组合台阶法。矿山设计年生产能力 700 万吨，设计开采回采率为 95%，设计贫化率为 5%，设计出矿品位（TFe）9.5%。

25.3.2　矿山实际生产情况

2013 年，矿山实际出矿量 63.8 万吨，排放废石 20 万吨。矿山开采深度为 795～590m标高。矿山露天部分实际生产情况见表 25-2。

表 25-2　解营铁矿露天部分实际生产情况

采矿量/万吨	开采回采率/%	出矿品位（TFe）/%	贫化率/%	露天剥采比/t·t^{-1}
67.2	95	9.8	2	0.58

25.3.3　采矿技术

25.3.3.1　开拓运输系统

采用公路开拓汽车运输方案，确定矿山采场公路为Ⅲ级线路，其最大允许纵坡 10%，道路为单线布置，路面宽度 6m。路肩宽均为 0.75m，路基宽 9m，最小曲线半径为 15m，停车视距 20m，会车视距 40m，相隔 200m 设置缓坡段和错车道。路面结构为碎石路面，性质为简易路。采场爆破后矿岩采用 1m^3 挖掘机装车，汽车运输。

25.3.3.2　采剥作业

A　采剥工艺选择

根据露天开采境界内矿体赋存条件，为提高经济效益和减少工程量投入，充分利用自然地理条件，工作线垂直矿体布置，沿矿体走向推进。垂直方向自上而下，分层循环推进的采剥方式，上下作业台阶保持 50m 间距。采剥工作面主要结构要素见表 25-3。

表 25-3　解营铁矿采剥工作面主要结构要素

序号	参数名称	单位	苏家沟脑采区		于家营子采区
			①号矿体	②号矿体	
1	露天采场最终边坡角	（°）	48	50	51
2	最终阶段坡面角	（°）	60	60	70、60

序号	参数名称	单位	苏家沟脑采区		于家营子采区
			①号矿体	②号矿体	
3	阶段高度	m	10	10	10
4	最小底宽	m	>20	>20	>20
5	安全平台宽度	m	5	5	5
6	露天采场最高标高	m	760	730	780
7	露天采场最低标高	m	730	710	550
8	露天采场深度	m	30	20	230
9	采场顶部周界	m	180×73	70×45	1470×450
10	采场底部周界	m	34×20	60×20	790×320

B 穿孔爆破作业

矿石的开采和岩石的剥离,采用中深孔凿岩的采矿方法,露采台阶高度为 10m。中深孔穿孔作业采用潜孔钻机,台班穿爆能力平均为 600t,中深孔的孔网参数为 3m×2.7m;孔深 12m(其中炮孔超深 1.0m)。爆破作业采用非电导爆,使用铵油炸药,爆破安全距离为 300m。

C 露天采场装备水平

解营铁矿露天采场主要采剥设备见表 25-4。

表 25-4 解营铁矿采矿场主要设备

序号	设备名称	规格型号	数量/台
1	变压器	S9-500/10	1
2	变压器	S9-250/10	1
3	变压器	S11-315/10	5
4	液压潜孔钻机	Z110Y	1
5	潜孔钻机	G150Y	2
6	履带式液压钻机	G150Y 型	2
7	潜孔钻机	KQG150Y	3
8	潜孔钻机	KQ200A	5
9	移动式螺杆空压机	VHP750E	5
10	移动式螺杆空压机	RHP825E	3
11	液压 1m³ 挖掘机		10
12	运输汽车		26

25.4 选矿情况

25.4.1 选矿厂概况

解营铁矿选矿厂有三个选厂,一选厂设计年选矿能力 370 万吨,设计主矿种入选全铁品位 3.9%,最大入磨粒度 140mm,磨矿细度为-0.074mm 占 75%;二选厂设计年选矿能力为 280 万吨,设计主矿种入选全铁品位为 3.9%,最大入磨粒度为 140mm,磨矿细度为-0.074mm 占 75%;三选厂设计年选矿能力为 680 万吨,设计主矿种全铁入选品位为 3.9%,最大入磨粒度为 120mm,磨矿细度为-0.074mm 占 75%。采用磁选—浮选工艺,选矿产品是铁精矿和铜精矿,铁精矿全铁品位为 63%,铜精矿中铜品位 18%,金品位 2.5g/t,银品位 80g/t,铂品位 4.5g/t,钯品位 23.1g/t。解营铁矿 2015 年选矿情况见表 25-5。

表 25-5 解营铁矿 2015 年选矿情况

入选矿石量 /万吨	入选品位 (TFe) /%	选矿回收率 /%	每吨原矿 选矿耗水量 /t·t⁻¹	每吨原矿 选矿耗新水量 /t·t⁻¹	每吨原矿 选矿耗电量 /kW·h·t⁻¹	每吨原矿 磨矿介质损耗 /kg·t⁻¹
1290	3.9	94.01	2.5	0.125	11.2	0.09

25.4.2 选矿工艺流程

铁选厂采用"三段一闭路破碎—阶段磨矿—阶段磁选—重选"的工艺流程。选矿厂采用三段一闭路的破碎流程将铁矿破碎至 140mm 进入一段球磨机,球磨机排矿经过直线筛检查筛分,筛上返回球磨机,筛下-0.074mm 占 20%进入粗选磁选机,粗选精矿进入高频筛,筛下产品细度为-0.074mm 占 70%,经两次磁选机精选后进入螺旋溜槽。高频筛上产品经脱水磁选机选别后进入二段球磨机,球磨产品返回高频筛检查筛分。螺旋溜槽的细粒产品进入三次磁选机精选,三次磁选精矿过滤得到最终铁精矿,三磁尾矿进入尾矿回收机。螺旋溜槽的粗粒产品经脱水磁选机脱水后进入三段球磨机再磨,再磨产品进入弱磁选机磁选,弱磁选精矿进入三次磁选机,弱磁选尾矿与粗选、一次精选、二次精选、三次精选尾矿、脱水磁选机尾矿一并进入尾矿回收机回收,回收的产品进入二段球磨前的脱水磁选机,尾矿进入浮选流程。选矿流程如图 25-1 所示。

选铜的工艺流程为:选铁尾矿进入浮选车间选铜。采用一次粗选、三次精选、一次扫选的工艺,使用石灰作 pH 值调整剂、腐殖酸钠作抑制剂、Z-200 作捕收剂、2 号油作起泡剂,得到铜精矿。2015 年,选矿铁精矿产量 95 万吨,精矿品位 (TFe)63%,选矿回收率 (TFe)94.01%。铜精矿产量 2.58 万吨,铜精矿中铜品位 18%,铜回收率 65.5%,铜精矿中金品位 2.5g/t,银品位 80g/t,铂品位 4.5g/t,钯品位 23.1g/t,金回收率 62.16%,银回收率 62.16%,铂回收率 62.16%,钯回收率 67.53%。

25.5 矿产资源综合利用情况

解营铁矿为单一铁矿,资源综合利用率 43.75%。

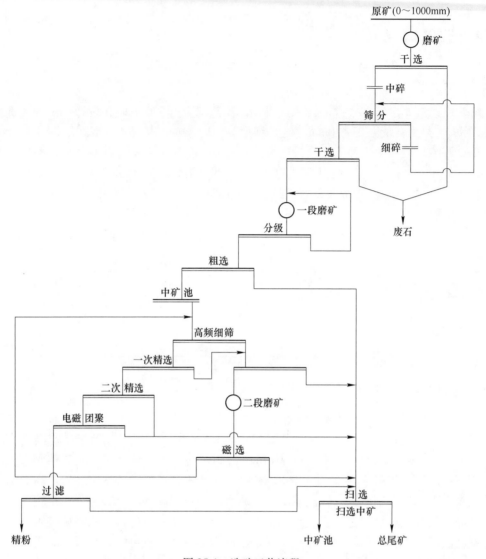

图 25-1　选矿工艺流程

解营铁矿年产生废石 20 万吨，废石年利用量为零，废石利用率为零，废石处置率为 100%，处置方式为排土场堆存。

选矿厂尾矿年排放量 59.45 万吨，尾矿中 TFe 含量为 5.1%，尾矿年利用量为零，尾矿利用率为零，处置率为 100%，处置方式为尾矿库堆存。

26　肯德可克铁矿

26.1　矿山基本情况

肯德可克铁矿为地下开采铁矿的大型矿山，主要共伴生矿产有铅、锌、铜和金，是青海最大的铁矿；成立于 2005 年 8 月。矿区位于青海省格尔木市西偏北 290km 处，祁漫塔格山北麓。交通不便。肯德可克铁矿开发利用情况见表 26-1。

表 26-1　肯德可克铁矿开发利用简表

基本情况	矿山名称	肯德可克铁矿	地理位置	青海省格尔木市
	矿床工业类型	矽卡岩-热液矿床铁矿床		
地质资源	开采矿种	铁矿	地质储量/万吨	5365.655
	矿石工业类型	磁铁矿石	地质品位（TFe）/%	33.5
开采情况	矿山规模	250 万吨/年，大型	开采方式	地下开采
	开拓方式	联合运输开拓	主要采矿方法	阶段矿房采矿法
	采出矿石量/万吨	225	出矿品位	
	废石产生量		开采回采率/%	79.58
	贫化率/%	24.86	开采深度	
	掘采比			
选矿情况	选矿厂规模	250 万吨/年	选矿回收率/%	85.12
	主要选矿方法	三段一闭路破碎—细碎前干磁抛废 阶段磨矿—阶段磁选—细筛再磨，磁选—浮选联合选别		
	入选矿石量/万吨	226.76	原矿品位（TFe）/%	29.39
	精矿产量/万吨	88.64	精矿品位（TFe）/%	64.00
	尾矿产生量/万吨	138.12	尾矿品位（TFe）/%	7.18
综合利用情况	综合利用率/%	63.31	废石处置方式	排土场堆存
	废石排放强度		尾矿处置方式	尾矿库堆存
	尾矿排放强度/t·t^{-1}	0.95	尾矿利用率	0
	废石利用率	0		

26.2　地质资源

26.2.1　矿床地质特征

26.2.1.1　地质特征

肯德可克铁矿是青海最大的铁矿，中型矽卡岩-热液矿床。肯德可克铁钴多金属矿床产于塔柴板块柴达木板段祁漫塔格早古生代弧后裂陷带中部的加里东火山盆地中，矿区内出露地层有上奥陶统、上泥盆统、石炭系、第四系。上奥陶统分布在矿区中部，可分为上下2个岩组，地表仅出露上岩组，上岩组浅灰色硅质岩、泥钙质硅质岩、含炭千枚岩、石榴子石透辉石岩与钴多金属矿化关系极为密切；下岩组为白色厚-巨厚层粗粒大理岩夹透镜状结晶灰岩，与铁锌矿化关系密切。矿区中南部为一轴向近东西的向斜构造，该向斜构造由石炭系组成。且北翼陡、南翼缓，两翼不对称，枢纽呈波状起伏，自东向西翘起。向斜构造底部的上奥陶统在野马沟以西向北倾斜（地层倒转），岩层倾角65°~80°；在野马沟以东则向南倾斜，岩层倾角45°~70°。推测其上奥陶统为一复式向斜构造，枢纽与石炭系向斜重合，由于受多次造山、构造挤压活动影响，地层产状变化较大，次级褶皱构造特征很难恢复。矿区内断裂构造发育，主要以东西向、北西向逆断层为主，如F1等，其次有北北西向、南北向、北东向断层。

矿区内仅见有华力西期的深灰色细-中粒闪长岩岩株，印支期-燕山早期的肉红色石英正长斑岩脉、石英闪长玢岩脉、闪长玢岩脉等。

矿化范围东西长2200m，南北宽1200m，共发现各类金属矿体达200多条，其中铁矿体41条，铅矿体35条，锌矿体25条，铜矿体17条，钴矿体7条，金矿体31条，铋矿体5条，钼矿体2条，钴铋金复合矿体5条，其余为硫铁（或铁硫）矿体及其他复合矿体。矿体产状与地层产状近于一致，其走向265°~295°，野马沟以西倾向北，倾角50°~70°；野马沟以东倾向南，倾角45°~65°。矿体形态呈不规则透镜状、豆荚状、扁豆状、似层状、脉状。

矿体规模大小不一，其中最大的铁矿体长1650m，最厚达113.02m，平均厚42.48m；延深44~355m，最大的铅矿体长1150m，厚12.83m，延深43~173m；最大的钴铋金复合矿体长300m，最厚7.79m，平均厚3.65m，延深75~185m；钼矿体厚14m（单工程控制）。

26.2.1.2　矿石质量

矿石结构较为复杂，他形粒状、半自形不等粒状、自形粒状、交代、熔蚀、碎裂等结构较为常见，也可见变余胶状、草莓状结构。矿石构造则以浸染状、团块状、斑杂状、不规则细脉状、条带状、块状、角砾状为主，也可见层纹状、放射状等构造。矿石类型有钴铋金矿石、钴矿石、金矿石、铋金矿石、钴金矿石、钴镍矿石、磁铁矿石、铁锌矿石、铅矿石，此外还有铅锌矿石、锌矿石、铜矿石、钼矿石、铁硫矿石、硫铁矿石等。矿石矿物有磁铁矿、磁黄铁矿、镍黄铁矿、黄铁矿、胶黄铁矿、白铁矿、黄铜矿、黝铜矿、斑铜矿、辉铜矿、方铅矿、闪锌矿、红砷镍矿、辉砷镍矿、毒砂、自然金、自然银、银金矿、自然铋、碲铋矿等。脉石矿物有透辉石、石榴子石、方解石、石英、绿泥石、绿帘石、透闪石、白云石、白云母等，其中钴等多金属元素以硫化物形式产出，铁元素则以硫化物和氧化物两种形式产出。

26.2.2　资源储量

肯德可克铁矿主要矿种为铁，矿山资源储量为5365.655万吨，铁矿规模为大型。

共伴生矿种有铅矿、锌矿、铜矿、金矿等，矿石平均品位：TFe 33.5%，Pb 0.98%，Zn 1.6%，Cu 0.91%，Au 2.8g/t，共生铅锌达中型规模。矿石选冶性能好。

26.3　开采情况

26.3.1　矿山采矿基本情况

肯德可克铁矿为地下开采的大型矿山，采取联合运输开拓，使用的采矿方法为阶段矿房采矿法。矿山设计年生产能力250万吨，设计开采回采率为85%，设计贫化率为13%。

26.3.2　矿山实际生产情况

2013年，肯德可克铁矿实际出矿量225万吨。具体生产指标见表26-2。

表26-2　肯德可克铁矿实际生产情况

采矿量/万吨	开采回采率/%	出矿品位/%	贫化率/%	掘采比/米·万吨$^{-1}$
172.2	79.58	28.31	11.58	

26.4　选矿情况

26.4.1　选矿厂概况

肯德可克铁矿选矿厂为尕林格选矿厂，位于肯德可克矿区内，海拔高度4035m。一期设计年生产能力250万吨，二期设计年生产能力250万吨，同时设计年生产能力60万吨锌铁分选工程。

尕林格选矿厂一期工程于2009年9月开工建设，2011年1月15日试车成功。一期工程与肯德可克铁矿配套，生产规模为年处理原矿石250万吨，最终将建成年处理原矿1000万吨，以铁金属为主，以铜、铅、锌、金为辅的大型选矿厂。

26.4.2　选矿工艺流程

26.4.2.1　破碎筛分流程

尕林格选矿厂破碎采用三段一闭路破碎—细碎前干磁抛废的工艺流程，破碎筛分工艺流程如图26-1所示，破碎、筛分设备技术参数及指标见表26-3。原矿经地下3835m水平的粗碎机破碎后经胶带运输机送达地表进入中碎，中碎产品进入双层振动筛，-10mm产品作为破碎合格产品进入磨矿流程，-30mm+10mm产品进入磁滑轮进行干选抛尾，磁性产品与筛上+30mm产品一起进入细碎作业，细碎产品返回双层振动筛形成闭路破碎。

表26-3　尕林格选矿厂破碎、筛分设备技术参数及指标

作业名称	设备及规格	台数	允许给矿粒度/mm	设计给矿粒度/mm	排矿口宽/mm	最大排矿粒度/mm
粗碎	C3054 颚式破碎机	1	650	600	140	200
中碎	HP400 标准圆锥破碎机	1	240	200	45	60

作业名称	设备及规格	台数	允许给矿粒度/mm	设计给矿粒度/mm	排矿口宽/mm	最大排矿粒度/mm
细碎	HP400 短头圆锥破碎机	2	88	60	16	20
预选	CT-1416 永磁磁力滚筒	1	10~30	—	—	—
筛分	2YAH2460 圆振动筛	3	—	—	—	—

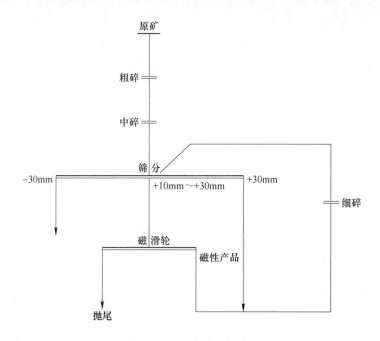

图 26-1　破碎筛分工艺流程

26.4.2.2　磨选工艺

尕林格选矿厂磨选采用阶段磨矿—阶段磁选—细筛再磨—磁选—浮选联合选别的工艺流程，其中包括三段磨矿、四段磁选，铁精矿浮选脱硫包括一次粗选、三次精选、一次扫选。尕林格铁矿选矿工艺流程如图 26-2 所示。磨矿设备见表 26-4。

表 26-4　尕林格选矿厂磨矿设备

作业名称	设　备	规格型号	数量/台
一段磨矿	溢流型球磨机	MQY3660	4
二段磨矿	溢流型球磨机	MQY2740	4
一段磁选	磁选机	NCTB-1050×2400	
二段磁选		NCTB-1200×2400	

26.5　矿产资源综合利用情况

肯德可克铁矿开采矿种为铁矿，伴生金属品位：Pb 0.98%、Zn 1.6%、Cu 0.91%、

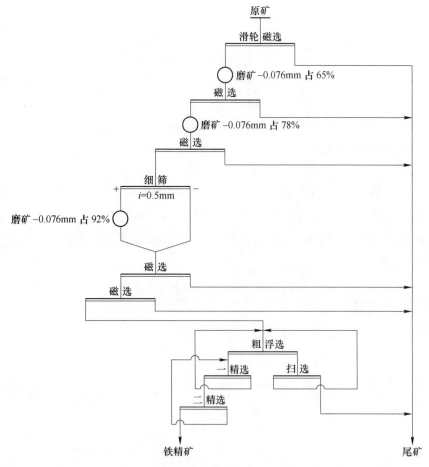

图 26-2　尕林格铁矿选矿厂工艺流程

Au 2.8g/t，伴生矿产未回收利用，资源综合利用率为 63.31%。

　　选矿厂尾矿年排放量 110.29 万吨，尾矿中 TFe 含量为 8.99%，尾矿年利用量为零，尾矿利用率为零，处置率为 100%，处置方式为尾矿库堆存。

27　李楼铁矿

27.1　矿山基本情况

李楼铁矿为地下开采铁矿的大型矿山，共伴生成分主要有 S、P、TiO$_2$ 等，但含量未达到综合利用指标要求；矿山于 2003 年 6 月取得探矿权，2004 年 4 月取得采矿权，是国内目前已建成投产规模最大的地下铁矿。矿区位于安徽省霍邱县冯井镇，交通较为便利。李楼铁矿开发利用情况见表 27-1。

表 27-1　李楼铁矿开发利用简表

基本情况	矿山名称	李楼铁矿	地理位置	安徽省霍邱县
	矿山特征	国内已建成投产规模最大的地下铁矿	矿床工业类型	沉积变质型镜铁矿床
地质资源	开采矿种	铁矿	地质储量/万吨	27873.36
	矿石工业类型	镜铁矿石		
开采情况	矿山规模	大型	开采方式	地下开采
	开拓方式	竖井-斜坡道联合开拓	主要采矿方法	阶段充填采矿法
	采出矿石量/万吨	365.51	出矿品位（TFe）/%	31.43
	废石产生量	0	开采回采率/%	84.53
	贫化率/%	10.17	开采深度	—
	掘采比/米·万吨$^{-1}$	63.31		
选矿情况	选矿厂规模	500 万吨/年	选矿回收率/%	80.08
	主要选矿方法	三段一闭路破碎流程；两段磨矿—弱磁—强磁—中矿反浮选		
	入选矿石量/万吨	352.38	原矿品位（TFe）/%	29.39
	精矿产量/万吨	129.29	精矿品位（TFe）/%	65.00
	尾矿产生量/万吨	223.09	尾矿品位（TFe）/%	9.37
综合利用情况	废石排放强度	0	废石处置方式	排土场堆存
	尾矿排放强度/t·t^{-1}	1.73	尾矿处置方式	尾矿库堆存
	废石利用率	0	尾矿利用率	0

27.2 地质资源

27.2.1 矿床地质特征

27.2.1.1 地质特征

李楼铁矿矿床类型为沉积变质型镜铁矿床，矿体形态简单，近似直立的板状，处在倒转向斜的倒转翼部中。矿床由 5 个矿体组成，其中 I 号矿体为主矿体，纵贯全矿床，总体呈层状-似层状，在走向和倾向上延伸较为稳定，局部有膨缩、分叉等现象。矿体总体走向近南北，浅中部向西倾，倾角 65°~80°，中深部近直立或向东倾，倾角 80°。矿床底板岩性较单一稳定，为白云石大理岩；顶板岩性较为复杂，主要为黑云斜长片麻（变粒）岩、白云石大理岩透镜体和云母石英片岩等。矿体中夹石很少，岩性较单一。I 号矿体夹石为云母绿泥石英片岩；II 号、III 号矿体夹石为石英铁闪片岩和白云石大理岩，局部见辉绿岩等。

27.2.1.2 矿石质量

按 TFe 含量与 FeO 含量的比值，可分为磁性矿石（比值小于 3.5）、弱磁性矿石（比值大于 3.5）和次生氧化矿石；按工业利用途径划分，矿石均属需选矿的贫铁矿石。

李楼铁矿金属矿物主要为镜铁矿，其次为磁铁矿和赤铁矿，有少量菱铁矿、褐铁矿。脉石矿物主要为石英，其次为闪石和云母，有少量石榴子石、蓝晶石和绿泥石及微量磷灰石、碳酸盐矿物等。

矿石的化学成分：矿石的主要化学成分为 Fe_2O_3 和 SiO_2，CaO、MgO 含量较少，MnO、TiO_2、S、P 等含量甚微。矿石铁品位最高为 63.50%，一般在 30%~38%。I 号矿体总体平均铁品位为 34.17%，其中平均铁品位不小于 30% 的部分占 77%，平均铁品位不小于 45% 的部分约占 5%，含铁最富的部分铁品位达到 63.50%。该矿体矿石品位比较均匀，在控制范围内品位稳定。

矿石结构：镜铁矿型矿石以鳞片变晶结构为主，其次有他形粒状变晶结构、假象自形-半自形晶结构、交代结构及残余结构等。粒度主要为 0.05~0.25mm，其次为 0.25~0.5mm，部分大于 0.5mm，少量小于 0.05mm。

矿石构造：以带状构造和浸染状构造为主，其次有斑点状构造、片状构造和块状构造。带状构造以细纹-条纹为主，细条痕-条痕次之，二者常交替或重叠；浸染状构造以稠密浸染状（铁矿物含量 20%~80%）为主，稀疏浸染状（铁矿物含量小于 20%）次之。

矿石类型：按铁矿物类型，主要分为镜铁矿石（约占 65.07%）、磁铁矿石（约占 22.21%）、假象和半假象赤铁矿石（约占 11.00%）。镜铁矿石主要分布于 I 号矿体中，磁铁矿石主要分布于 III 号矿体中，II 号矿体中磁铁矿石和镜铁矿石所占比例各半。按脉石矿物类型，主要分为石英型（含石英镜铁矿石、石英磁铁镜铁矿石、石英磁铁矿石及其他石英型氧化矿石）、闪石（阳起石、铁闪石及角闪石）石英型两类矿石，前者主要分布于 I 号及 II 号矿体中，后者主要分布于 III 号及 II 号矿体中。

27.2.2　资源储量

李楼铁矿主要开采矿种为镜铁矿。主矿种及伴生资源累计查明资源储量及类别：主矿种累计探明储量 27873.36 万吨，李楼铁矿床各类型矿石中伴生成分主要有 S、P、TiO_2 等，其含量甚微，均低于目前综合利用的指标要求，故均未采取综合利用措施。

27.3　开采情况

27.3.1　矿山采矿基本情况

李楼铁矿为地下开采的大型矿山，采取竖井-斜坡道联合运输开拓，使用的采矿方法为阶段充填法。矿山设计年生产能力 500 万吨，设计开采回采率为 90.5%，设计贫化率为 7.51%，设计出矿品位（TFe）31.65%。

27.3.2　矿山实际生产情况

2013 年，矿山实际出矿量 365.51 万吨，无废石排放。矿山实际开采情况见表 27-2。

表 27-2　李楼铁矿实际生产情况

采矿量/万吨	开采回采率/%	出矿品位（TFe）/%	贫化率/%	掘采比/米·万吨$^{-1}$
654.03	84.53	31.43	10.17	63.31

27.3.3　采矿技术

目前开拓系统采用竖井加斜坡道联合开拓，副井井筒净直径 6.5m，用于提升和下放人员、材料、设备、废石等；一号、二号、三号主井井筒净直径 5.2m，用于提升矿石，年提升能力 750 万吨。斜坡道全长 6962m，用于上下运行大型无轨设备，运输人员、材料等。该斜坡道施工成功穿越了 146m 厚复杂地层，施工技术达到国际先进水平。

排水系统各水平井下涌水、井上抽水与生产废水集中到井下 525m 水仓，水仓里的水经过管路送到地表选矿厂循环使用通风系统。李楼铁矿和吴集铁矿北段采用相对独立的对角式通风系统，多级基站机械通风；李楼铁矿由附近、南风井进风北风井、措施井回风；吴集铁矿由联合副井进风，南北两翼回风井回风。

采矿采用分段凿岩，阶段出矿，嗣后充填采矿方法。阶段高度 100m，分段高度 25m，$6m^3$ 电动铲运机出矿，采场生产能力可达年 80 万吨。采准掘进、打眼、装药、爆破、掘进出渣。中深孔凿岩，分段爆破。上面三次疏散出矿，下面一层集中大面积出矿，采场矿石逐渐放空，形成采空区。采空区充填采用全尾砂胶结充填，充填站单套系统适配输送能力每小时 $180m^3$，充填料浆自动输送至采空区。

二步矿柱采矿在充填两侧采空区充填密实后进行，采准掘进、中深孔凿岩、爆破等工序与一步回采基本相同。回采出矿，采空区充填过程最终完成采矿工艺流程。倒入溜井的矿石经振动放矿机溜放矿车，由 20t 电机车牵引运输。卸矿入注溜井，破碎后的矿石由皮带运送至箕斗提升到地表。

27.4 选矿情况

27.4.1 选矿厂概况

李楼铁矿选矿厂是国内第一座利用强磁抛尾—强磁精选—中矿浮选工艺处理低品位镜铁矿石的选矿厂。

2005 年 8 月 18 日选矿厂开工建设，2006 年 6 月主体厂房竣工，同年 6 月底，主体设备通过了无负荷联动试车。

2006 年 7 月 1 日至 2007 年 1 月 19 日，先后进行了多次前期调试。至 2007 年 1 月 19 日，现场取样统计结果表明，前期调试原矿铁品位为 30.27%，综合尾矿铁品位为 15.46%。综合精矿铁品位为 63.40%、铁回收率为 64.70%。

根据前期调试期间发现的问题，马鞍山矿山研究院有限公司与李楼铁矿合作，对原设计流程进行了必要的改造。改造后，在原矿铁品位为 32.35% 的条件下，获得了铁精矿产率为 38.47%、铁品位为 64.87% 的、铁回收率为 77.14% 的调试指标。

27.4.2 选矿工艺流程

27.4.2.1 设计工艺流程及改造

A 一段强磁选改造

一段强磁选尾矿分流。前期调试时发现，一段强磁选尾矿第 3 分流管中矿浆量虽小，但矿浆品位较高，达 50% 左右。为了有效降低尾矿品位，提高金属回收率，将此中矿通过管道自流与二段强磁选尾矿合并作为浮选的给矿。改造后效果明显，一段强磁选尾矿铁品位下降。

提高一段强磁选机液位高度。为了进一步降低尾矿品位，将一段强磁选机液位斗在原有基础上加高 100mm，以提高分选液面，达到充分选别的效果。

提高一段强磁选机场强。前期调试时一段强磁选尾矿铁品位在 15% 左右，铁损失较大。主要原因是原矿与试验矿样在矿石性质上存在差别，矿石中赤铁矿的比例有所增加，而选别赤铁矿所需的磁感应强度要比镜铁矿高。改造时将一段强磁选机的磁感应强度由原设计推荐的 0.85T 提高到 1.02T，提高了 20%。

B 浮选系统改造

前期调试时浮选指标不好，原因是捕收剂和淀粉都只在 1 个搅拌桶中进行配制、储存、给药，加上采用虹吸加药，使加药系统极不稳定；调浆时间不足，药剂作用不充分；中矿浓缩机偏大，造成浮选浓度上不去、粗选槽数不够（粗选时间不够）。针对这些问题，在设备和工艺流程上作了如下调整。

在加药系统为捕收剂和淀粉各增加 1 个搅拌槽，使捕收剂和淀粉的配制、储存与加药分开进行，从而保证药剂储存量和添加量的稳定。用液体加压泵代替原来的虹吸加药，使药剂添加更稳定。增加一个矿浆搅拌槽，使药剂与矿石充分作用。针对浮选槽数不足及浮选浓度低的问题，将第 1 次扫选的槽内产品由原设计的返回粗选改为返回中矿浓密机。增加浮选加药点。在粗选与精选槽之间增加活化剂与捕收剂的加药点，以提高精矿品位；在扫选槽内增加抑制剂，以降低尾矿品位。该措施得力，效果明显。改造前工艺流程如图 27-1 所示。

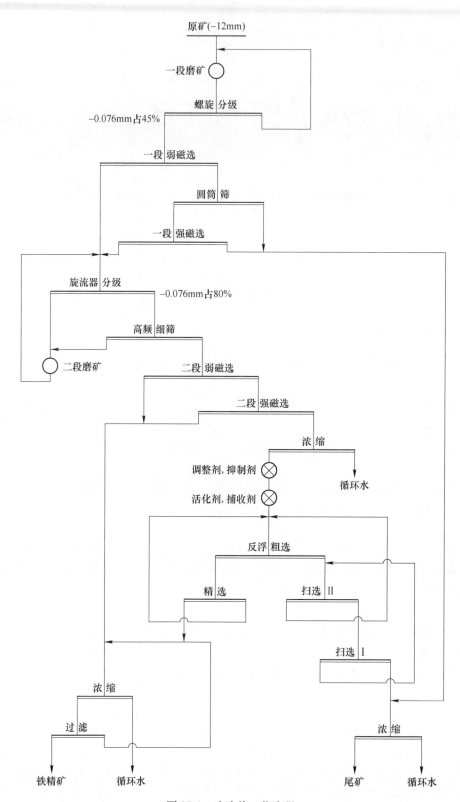

图 27-1　改造前工艺流程

27.4.2.2 现有工艺流程

破碎作业采用三段一闭路破碎工艺流程，磨选作业采用两段磨矿—弱磁—强磁—中矿反浮选的工艺流程。破碎工艺流程如图 27-2 所示。破碎筛分设备见表 27-3。

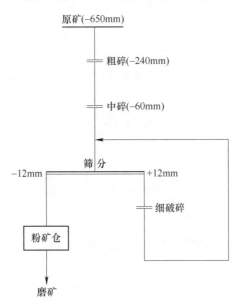

图 27-2 李楼铁矿选矿厂破碎系统工艺流程

表 27-3 李楼铁矿选矿厂破碎筛分设备

作业名称	设备名称及规格	数量/台	给矿粒度/mm	排矿粒度/mm	处理能力/t·h^{-1}
粗破碎	CT3648 颚式破碎机	1	650	240	226
中破碎	TC1650 粗型圆锥破碎机	1	240	60	220
细破碎	TC1650 细型圆锥破碎机	2	60	18	106
筛分	TI08220-2 圆振动筛	3	上层 30，下层 15		262

采出矿石粗破碎-240mm 后进入中碎作业，中碎排矿与细碎排矿合并，用皮带机送至闭路筛分中间矿仓，筛上产品用皮带机送至细碎中间矿仓，筛下产品用皮带机送至球磨粉矿仓。一段球磨机与一次螺旋分级机组成一段闭路磨矿，细度为-0.076mm 占 45% 的一次分级溢流进入一段弱磁选。一段弱磁选的尾矿经圆筒筛隔渣后进入一段强磁选，一段强磁选的尾矿经泵送至尾矿浓缩机。一段弱磁选精矿和一段强磁选精矿合并给入二次分级旋流器分级。细度为-0.076mm 占 85% 的二次分级溢流经高频细筛隔渣后给入二段弱磁选机。二次分级沉砂与细筛筛上产品进入二段球磨机再磨，再磨产品返回旋流器形成闭路磨矿。二段弱磁选的尾矿给入二段强磁选机，二段弱磁选的精矿与二段强磁选精矿为合格精矿。二段强磁选的尾矿经浓缩后底流进入浮选流程。进入浮选流程的矿浆在搅拌槽中加药搅拌后给入浮选机，经一次粗选、一次精选、两次扫选，获得合格精矿。二段弱磁选精矿、二段强磁选精矿和反浮选精矿合并浓缩后获得最终精矿。磨送工艺流程如图 27-3 所示，磨矿选别设备见表 27-4。

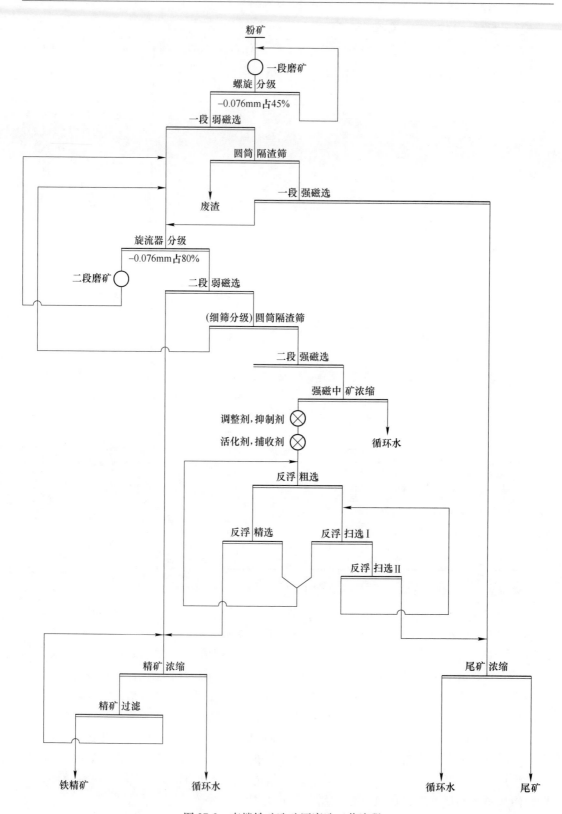

图 27-3　李楼铁矿选矿厂磨选工艺流程

表 27-4　李楼铁矿选矿厂磨矿选别设备

作　业	设备名称	规格型号	台数/台
一段磨矿	格子型球磨机	MQCG2700×3600	2
二段磨矿	溢流型球磨机	MQCY2700×3600	2
一段强磁选	强磁选机	SLon-2000	2
二段强磁选	强磁选机	SLon-2000	2
反浮选粗选	浮选机	BF-6	4
反浮选精选	浮选机	BF-6	4
一次扫选	浮选机	BF-6	4
二次扫选	浮选机	BF-6	4

27.5　矿产资源综合利用情况

李楼铁矿开采矿种为镜铁矿，伴生 S、P、TiO_2 等，其含量甚微，均低于综合利用的指标要求未回收利用，开采回采率为 84.53%。

选矿厂尾矿年排放量为 223.09 万吨，处置方式为尾矿库堆存。

28　娄　烦　铁　矿

28.1　矿山基本情况

娄烦铁矿为地下开采铁矿的中型矿山，无共伴生矿产；于 2006 年 5 月 23 日建矿，2011 年 10 月 8 日投产。矿区位于山西省太原市娄烦县盖家庄乡，东距娄烦县城约 10km，有乡镇柏油公路相通。由矿区经 S104 省道东至太原市约 120km，矿区交通方便。娄烦铁矿开发利用情况见表 28-1。

表 28-1　娄烦铁矿开发利用简表

基本情况	矿山名称	娄烦铁矿	地理位置	山西省太原市娄烦县
	矿床工业类型	沉积变质型（鞍山式）铁矿床		
地质资源	开采矿种	铁矿	地质储量/万吨	2189.34
	矿石工业类型	磁铁矿石	地质品位（TFe）/%	33.45
开采情况	矿山规模	60 万吨/年，中型	开采方式	地下开采
	开拓方式	平硐开拓	主要采矿方法	有底柱分段崩落采矿法
	采出矿石量/万吨	59.42	出矿品位（TFe）/%	28.22
	贫化率/%	15	开采回采率/%	69.07
	开采深度/m	1700~1500（标高）		
选矿情况	选矿厂规模	30 万吨/年	选矿回收率/%	77.70
	主要选矿方法	三段一闭路破碎—阶段磨矿—阶段磁选		
	入选矿石量/万吨	59.42	原矿品位（TFe）/%	28.22
	精矿产量/万吨	20.20	精矿品位（TFe）/%	64.49
	尾矿产生量/万吨	39.22	尾矿品位（TFe）/%	9.54
综合利用情况	综合利用率/%	53.66	废石处置方式	排土场堆存
	废石排放强度		尾矿处置方式	尾矿库堆存
	尾矿排放强度/t·t^{-1}	1.94	尾矿利用率	0
	废石利用率	0		

28.2　地质资源

娄烦铁矿矿床属大型的沉积变质型（鞍山式）铁矿床。矿石工业类型为需选磁铁矿石，矿石中主要有用组分为铁，伴生有益组分甚微，达不到综合利用的要求，为单一矿产。开采矿种为铁矿，建设规模为年产铁矿石 60 万吨，开采深度 1700~1500m 标高。

截至 2013 年年底，娄烦铁矿累计查明铁矿基础储量 2189.341 万吨，累计动用资源储量 356.695 万吨，保有资源储量 1832.646 万吨。地质品位（TFe）33.45%。

28.3 开采情况

28.3.1 矿山采矿基本情况

娄烦铁矿为地下开采的中型矿山，采取平硐开拓，使用的采矿方法为有底柱分段崩落采矿法。矿山设计年生产能力 60 万吨，设计开采回采率为 85%，设计贫化率为 15%，设计出矿品位（TFe）26.99%。

28.3.2 矿山实际生产情况

2013 年，矿山实际出矿量 59.42 万吨。矿山开采深度为 1700~1500m 标高。矿山实际生产情况见表 28-2。

表 28-2 娄烦铁矿实际生产情况

采矿量/万吨	开采回采率/%	出矿品位（TFe）/%	贫化率/%	掘采比/米·万吨$^{-1}$
86.028	69.07	28.22	15	0

28.3.3 采矿技术

28.3.3.1 采矿方法

根据矿体的赋存条件和矿床开采技术条件，选用无底柱分段崩落法开采，矿块沿矿体走向布置。矿块沿走向长度为 5m，阶段高度为 60m，分段高度 10m，回采进路间距为 10m，采区人行通风天井和矿石溜井间距均为 100m。

28.3.3.2 采准切割工程布置

采准切割工程主要包括：采矿进路、采矿进路联络巷、矿石溜井、采区人行通风天井等。平巷掘进采用 7655 型凿岩机凿岩，掘凿天井、溜井采用 YSP-45 型凿岩机凿岩。采准出碴，采用柴油铲运机装入井下卡车进行运输。

28.3.3.3 回采工作

（1）凿岩。回采工作采用由上向下逐阶段进行回采，回采凿岩采用 YGZ-90 型凿岩机凿岩，凿岩工作是在装矿巷道的相邻矿块或装矿分段的下一分段进行，一次打成许多垂直扇形炮孔，最小抵抗线 1.8~2m，孔底距 1.6~1.8m，凿岩机效率为 30 米/（台·班），凿岩时间 6.5h。

（2）爆破。设计选用铵油炸药，为减轻工人的劳动强度，提高装药质量，采用 BQF-100 型装药器装药，采用导爆管雷管起爆。

（3）采场装矿。装矿采用 WJD-2 型电动铲运机装运矿石。

（4）二次爆破。根据选用的 WJD-2 型电动铲运机装矿能力，允许矿石最大块度不大于 750mm，凡大于此矿石块度的矿石，需进行二次破碎，大块率控制在 10% 以下，二次破碎在回采进路中进行，一般在班末进行。

（5）采空区和顶板管理。无底柱分段崩落法是在覆盖岩（矿）石下放矿，因此初期形成覆盖层是无底柱分段崩落法采矿的必要条件。

采用强制崩落法形成覆盖层，根据矿体赋存条件，选用 1580～1560m 的矿石作为覆盖层，待顶板围岩崩落后或开采结束时，再回收覆盖层矿石。

28.3.3.4　井下运输

采用 TDQ-20t 井下卡车运输矿石、岩石，采用 JY-5 井下多功能服务车运送材料、设备和炸药等。中段运输矿石采用 WJD-2 电动铲运机卸入矿石溜井装入 TDQ-20t 井下卡车运至地表，而岩石采用 WJD-2 电动铲运机卸入岩石溜井装入 TDQ-20t 井下卡车。

为确保井下运输安全运行，运输系统采用"信、集、闭"系统控制，确保矿井安全生产。矿石列车在穿脉运输巷装矿，重列车沿下盘运输巷道驶向主斜坡道到地表，空列车则由上盘运输巷道返回装矿点装矿，构成矿石运输系统。

28.3.3.5　矿井通风

采用中央对角抽出式通风系统，新鲜风流从副井进入井下，经副井井底车场、石门、下盘运输巷道或穿脉巷道进入采区通风天井，回采工作面、冲洗工作面后的污风，由采区回风天井将污风排到上阶段的回风巷后经回风石门，经两翼回风井将污风排到地表。

28.3.3.6　坑内给排水

山西省娄烦铁矿矿床水文地质条件属简单型，根据矿体开拓系统，采用集中排水系统，排水泵房和水仓均设在 1500m 水平副井井底车场一侧，1500m 水平以上阶段的矿井涌水和生产废水，通过泄水井泄到 1500m 水平水沟内，然后流到水仓，采用水泵将矿井涌水提升至地表。

28.3.3.7　矿山生产系统主要机械设备

矿山生产系统主要机械设备见表 28-3。

表 28-3　娄烦铁矿生产系统主要机械设备

序　号	设备名称	型　号	数量		备注
			工作	备用	
1	凿岩机	7655 型	4	2	
		YSP-45 型	1	1	
		YGZ-90 型	5	3	
2	铲运机	WJD-2 型电动	6	1	
		WJ-2 型柴油	2	1	
3	潜孔钻机	QZJ100B	1	1	
4	装药器	BQF-100 型	1	1	
5	掘进工作台	TG2 型	1	1	
6	前装机	ZL-50	2		
7	井下卡车	TDQ-20	3	1	
8	井下服务车	JY-5	1		

序 号	设备名称	型 号	数量		备注
			工作	备用	
9	风机	K40-6-N020	1		
		K40-6-N021	1		
10	水泵	MD100-20×6	2	1	
		MD6-25×3	1	1	
11	空压机	SCR450W-8	3		

28.4 选矿情况

28.4.1 选矿厂概况

娄烦铁矿生产的铁矿石主要销往娄烦新开元矿业有限公司选矿厂。该选矿厂现有生产规模为 60 万吨，年产精矿粉 20 万吨。为充分利用山西地区丰富的铁矿资源，变资源优势为经济优势，2015 年该公司拟扩大生产能力，对现有工程进行扩建，扩建后规模达到年入选原矿 160 万吨，年产精矿粉 53.6 万吨。

选矿厂采用湿式弱磁选工艺流程，在磨矿细度为-0.074mm 占 95% 时进行磁选，可获得合格的铁精矿。

2011 年，娄烦铁矿向该选矿厂销售矿石量 29.71 万吨，入选品位（TFe）27.0%。精矿产量约 10 万吨，精矿产率 33.3%，精矿品位（TFe）65%，选矿回收率 83%。

2013 年，娄烦铁矿向该选矿厂销售矿石量 59.416 万吨，入选品位（TFe）28.22%。精矿产量约 20 万吨，精矿产率 28.22%，精矿品位（TFe）64.49%，选矿回收率 77.7%。

28.4.2 选矿工艺流程

28.4.2.1 60 万吨/年工艺流程

新开元选矿厂原有工艺采用两段破碎、两段磨矿、两段磁选的生产工艺。原有主要设备情况见表 28-4。

表 28-4 新开元选矿厂原有主要设备

序 号	设备名称	规格型号	数量/台
1	颚式破碎机	$\phi 250mm \times 750mm$	4
2	球磨机	$\phi 1700mm \times 2500mm$	4
3	高频筛	$\phi 1420mm \times 1500mm$	2
4	磁选机		4
5	分级机		1
6	过滤机		1

序　号	设备名称	规格型号	数量/台
7	渣浆泵	100YZ100-30	4
8	浓缩机	ϕ30m	1
9	装载机		2

28.4.2.2　扩建项目工艺流程

扩建项目拆除原有破碎筛分工序，厂区内不建设原矿破碎筛分工序，依托娄烦县铁矿的破碎筛分设备进行处理后，由封闭的皮带廊道输送至原矿仓。年处理原矿 160 万吨，年产铁精粉 53.6 万吨。设计技术经济指标见表 28-5。

表 28-5　设计技术经济指标

序　号	指标项目	单　位	数　量
一	生产规模		
1	选矿处理原矿能力	万吨/年	160
2	精矿产量	万吨/年	53.6
二	产品指标		
1	精矿品位（mFe）	%	65.5
2	原矿品位（mFe）	%	28
3	选矿回收率	%	78.37
三	尾矿库及废石场		
1	尾矿产生量	万吨/年	106.4
2	尾矿库新增容积	万立方米	274.7
3	尾矿库总容积	万立方米	954.7
4	尾矿库新增容积	万立方米	394.7

选矿工艺由矿石可选性试验结果确定，本项目采用三段磨矿、四次磁选的生产工艺。本项目设两条生产线，一条生产线年生产规模为 80 万吨。

A　破碎筛分流程

扩建工程破碎筛分流程依托娄烦铁矿的破碎筛分设备，采用两段一闭路破碎筛分流程。原矿粗碎后经皮带送至中细破碎室；中细碎产品给入圆振筛筛分。筛上产品经皮带返回破碎形成闭路，筛下产品通过封闭的皮带通廊运到原矿仓内。

B　磨矿—磁选流程

原矿经破碎后，给入 ϕ3200×5400 格子型球磨机和分级旋流器组成的一段闭路磨矿，分级溢流进入脱水磁选，脱水后给入二段 ϕ3200×4500 溢流型球磨机和分级旋流器组成的二段闭路磨矿。旋流器溢流进入一段磁选，磁选精矿给入高频细筛，筛上产品经浓缩后进行入三段磨矿，磨矿产品返回一段磁选。筛下产品进入二、三段磁选后得到最终精矿。精矿经过滤机过滤后由皮带输送到精矿堆场。

C　尾矿

各磁选工段分出的尾矿及精矿滤液经过尾矿回收机分选，尾矿回收机精矿返回二段球磨机。选矿工艺流程如图 28-1 所示。新开元选矿厂主要破碎设备见表 28-6、主要生产设备见表 28-7。

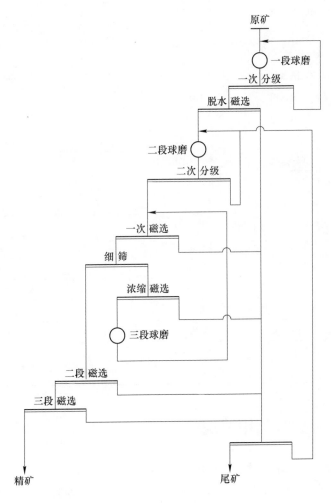

图 28-1　新开元选矿厂选矿工艺流程

表 28-6　新开元选矿厂主要破碎设备

序　号	设备名称	规格型号	数量/台
1	颚式破碎机	PE-900×1200	2
2	圆锥破碎机	CS430	1
		CH660	2
3	圆振筛	ZYSC2160	1
4	振动给料机	GZG160	3

表 28-7　新开元选矿厂主要生产设备

序　号	设备名称	规格型号	数量/台	备　注
1	球磨机	MQG3254	2	一段磨矿
2	球磨机	MQY3245	2	二段磨矿
3	球磨机	MQY3245	2	三段磨矿
4	双螺旋分级机	Y225M-4	2	一次分级
5	旋流器组	FX-350	2	二次分级
6	永磁筒式磁选机	CTB1245	2	脱水磁选
7	永磁筒式磁选机	CTB1230	2	一次磁选
8	永磁筒式磁选机	CTB1024	2	二次磁选
9	永磁筒式磁选机	NCTB1024	2	三次磁选
10	永磁筒式磁选机	NCTB1236	2	浓缩磁选
11	永磁筒式磁选机	CTB1245	2	尾矿回收磁选
12	高频振动筛	HGZS-55	4	细筛分级
13	盘式真空过滤机	ZPG84-7	2	精矿过滤
14	渣浆泵	200ZJF-60	4	二段磨矿输送至旋流器
15	渣浆泵	100ZJF-33	4	二磁磁选输送至细筛
16	渣浆泵	100ZJF-36	4	三段磨矿输送至二段磁选
17	渣浆泵	65ZJF-30	2	尾矿回收给二段磨矿
18	液下泵	40ZJLF-B25	1	尾矿回收池的污水泵
19	真空泵	Y315M-4	1	
20	高效浓缩机	$\phi = 50\mathrm{m}$	1	

28.5　矿产资源综合利用情况

娄烦铁矿开采矿种为单一铁矿，资源综合利用率 53.66%。

娄烦铁矿年废石年利用量为零，废石利用率为零，废石处置率为 100%，处置方式为排土场堆存。

选矿厂尾矿年排放量 39.22 万吨，尾矿中 TFe 含量为 7.12%，尾矿年利用量为零，尾矿利用率为零，处置率为 100%，处置方式为尾矿库堆存。

29   马耳岭铁矿

29.1   矿山的基本情况

马耳岭铁矿为露天开采铁矿的中型矿山，无共伴生矿产；建矿时间为 1990 年 1 月 1 日，投产时间为 1990 年 11 月 1 日。矿区位于辽宁省灯塔市柳河乡，在沈阳、本溪及辽阳三市的交界处；距沈丹线铁路歪头山火车站 2km，由矿区到歪头山火车站有矿山专用铁路线和柏油公路，交通方便。马耳岭铁矿开发利用情况见表 29-1。

表 29-1   马耳岭铁矿开发利用简表

基本情况	矿山名称	马耳岭铁矿		地理位置	辽宁省辽阳市灯塔市
	矿床工业类型	沉积变质型（鞍山式）铁矿床			
地质资源	开采矿种	铁矿		地质储量/万吨	2897.4
	矿石工业类型	磁铁矿石		地质品位（TFe）/%	30.5
开采情况	矿山规模	150 万吨/年，中型		开采方式	露天开采
	开拓方式	铁路-汽车联合运输开拓		主要采矿方法	组合台阶采矿法
	采出矿石量/万吨	162.17		出矿品位（TFe）/%	25.55
	废石产生量/万吨	103.5		开采回采率/%	95.82
	贫化率/%	5.87		开采深度/m	161~7（标高）
	剥采比/t·t⁻¹	0.64			
选矿情况	选矿厂规模	300 万吨/年		选矿回收率/%	77.08
	主要选矿方法	粗碎—半自磨、阶段磨矿—弱磁选—细筛—磁选柱—中矿再磨—弱磁选			
	入选矿石量/万吨	262.11		原矿品位（TFe）/%	23.96
	精矿产量/万吨	70.64		精矿品位（TFe）/%	68.52
	尾矿产生量/万吨	191.47		尾矿品位（TFe）/%	7.52
综合利用情况	综合利用率/%	73.85		废水利用率/%	95.66
	废石排放强度/t·t⁻¹	1.47		废石处置方式	排土场堆存
	尾矿排放强度/t·t⁻¹	2.71		尾矿处置方式	尾矿库堆存
	废石利用率	0		尾矿利用率	0

29.2   开采情况

29.2.1   矿山采矿基本情况

马耳岭铁矿为露天开采的中型矿山，采取铁路-公路联合运输开拓，使用的采矿方法为组合台阶采矿法。矿山设计年生产能力 150 万吨，设计开采回采率为 90.50%，设计贫化率为 7.5%，设计出矿品位（TFe）28%。

29.2.2 矿山实际生产情况

2013 年，马耳岭铁矿实际出矿量 162.17 万吨，排放废石 103.5 万吨。矿山开采深度为 161~7m 标高。矿山实际生产情况见表 29-2。

表 29-2 马耳岭铁矿实际生产情况

采矿量/万吨	开采回采率/%	出矿品位（TFe）/%	贫化率/%	剥采比/t·t⁻¹
182.8	95.82	25.55	5.87	0.64

29.2.3 采矿技术

马耳岭铁矿采矿主要设备型号及数量见表 29-3。

表 29-3 马耳岭铁矿采矿主要设备型号及数量

序号	设备名称	规格型号	使用数量/台（套）
1	牙轮钻机	YZ-35	2
2	挖掘机	WK-4	4
3	装载机	ZL50	1
4	推土机	上海 320	2
5	汽车	TR50	10
6	水泵	8sh-6	6

29.3 选矿情况

29.3.1 选矿厂概况

马耳岭铁矿选矿厂为歪头山铁矿马耳岭选矿车间，设计年选矿能力为 300 万吨，设计入选品位（TFe）为 28%，最大入磨粒度为 350mm，磨矿细度为 -0.074mm 占 75%。选矿方法为单一磁选，选矿产品为铁精矿，全铁品位为 68.52%~68.62%。

马耳岭采区 2011 年、2013 年选矿情况见表 29-4。

表 29-4 马耳岭采区 2011 年、2013 年选矿情况

年份	入选矿石量/万吨	入选品位/%	选矿回收率/%	每吨原矿选矿耗水量/t	每吨原矿选矿耗新水量/t	每吨原矿选矿耗电量/kW·h	每吨原矿磨矿介质损耗/kg	产率/%
2011	228.43	26.42	77.89	14.94	0.55	32.21	0.96	30.03
2013	262.11	23.96	77.08	12.92	0.56	30.92	0.78	26.95

29.3.2　选矿工艺流程

马耳岭选矿车间有 6 台自磨机与 6 台球磨机组成的 6 个磨选系统及 5 个再磨深选系统，全工艺流程为粗破碎—半自磨、球磨阶段磨矿—弱磁选—细筛—磁选柱—中矿再磨、弱磁选工艺流程。选矿厂主要设备型号及数量见表 29-5，选矿工艺流程如图 29-1 所示。

表 29-5　马耳岭选矿厂主要设备型号及数量

序号	设备名称	规格型号	使用数量/台
1	颚式破碎机	C140	1
2	湿式自磨机	5.5m×1.8m	6
3	球磨机	MQY2740	11
4	水力旋流器	WDS500-4	6
5	盘式真空过滤机	ZPG72/6	2
6	陶瓷过滤机	P60/15-C	6
7	高压浓密机	HRC60	2
8	德瑞克细筛	2SG48-60W-5STK	6
9	磁选柱	ϕ600	10
10	磁选机	BX1024	10
11	磁选机	NC1024	5
12	永磁脱水槽	ϕ3000	21
13	电振给料机	XJG150	18
14	渣浆泵	200ZJ-Ⅱ-A73	6

铁矿石原矿用电机车和汽车运至马耳岭选矿车间，卸入粗破碎前原矿受矿仓，通过 1 台 2400mm×9000mm 重型板式给料机，给入筛孔尺寸为 200mm、倾角为 48°的棒条筛预先筛分，筛上矿块经 1 台 C140 型复摆式颚式破碎机破碎至 0~350mm 后，与筛下矿块一同运送至 1 号皮带机转运至 NO1 转运站，经 2 号、3 号皮带机输送至磨选主厂房的磨矿矿仓内。磨矿仓内的铁矿石经 XJG150 型电振给料机、集矿皮带机和给矿皮带机，给入 ϕ5500×1800 湿式自磨机进行磨矿作业，自磨机排矿端设有圆筒筛自返装置，筛孔尺寸 5mm，不小于 5mm 的筛上物经圆筒筛自返装置返回自磨机再磨，筛下物自流给入 ϕ3000 一段磁力脱水槽，脱水槽底流用渣浆泵给入 WDS500-4 旋流器，旋流器的溢流给入二段 ϕ3000 磁力脱水槽，旋流器的沉砂给入一段 MQY2740 球磨机与球磨机形成闭路磨矿。二段脱水槽的底流自流给入一段 BX1024 磁选机，一段磁选机精矿用渣浆泵扬送至一段筛孔为 0.15mm 的 2SG48-60W-5STK 德瑞克细筛，筛下产物给入二段 BX1024 磁选机，二段磁选机精矿用渣浆泵给入电磁精选机，精选机中矿与一段细筛筛上产物经三段 NCT1024 浓缩磁选机进行浓缩选别后，精矿自流给入二段 MQY2740 球磨机进行再磨作业，二段球磨机的排矿用渣浆泵给入四段 BX1024 磁选机进行浓缩选别后，精矿自流给入二段筛孔为 0.15mm 的 2SG48-60W-5STK 德瑞克细筛，二段细筛筛上产物自流给入三段浓缩磁选，与二次球磨形成闭路磨矿循环，二段细筛筛下产物自流给入三段细筛，三段细筛筛上进入五段磁选，五段磁选尾矿进入三段球磨后返回三段细筛，三段细筛筛下产品经 NCT1024 滤前磁选机进

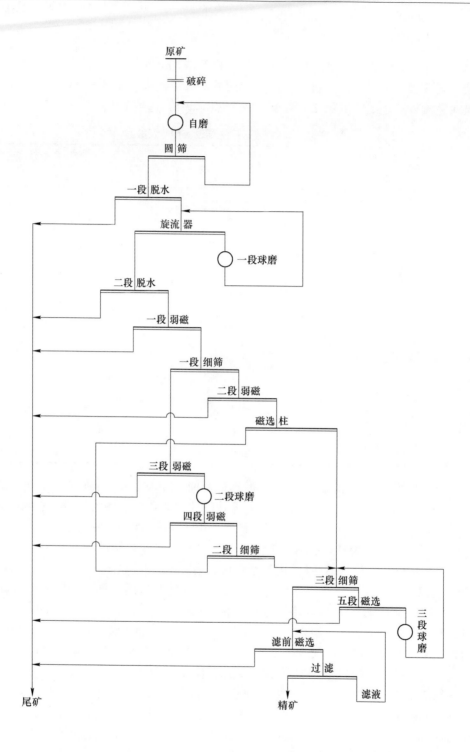

图 29-1　马耳岭选矿厂选矿工艺流程

行浓缩选别，浓缩选别后的精矿自流给 P60/15-C 陶瓷过滤机进行过滤，过滤机滤液和溢流用渣浆泵返回滤前磁选机再选，水分小于 8.5% 的精矿经皮带运输机，直接转运给"马耳岭球团厂 T-3 皮带运输机" 运送至配料室精矿仓内，或转运至马耳岭球团厂精矿库内贮存，滤前磁选机尾矿自流到高压浓密机矿浆给料池内。

各选别段尾矿汇总至总尾矿道，自流至高压浓密机进行浓缩。

29.4　矿产资源综合利用情况

马耳岭铁矿开采矿种为单一铁矿，资源综合利用率 73.85%。

马耳岭铁矿年产生废石 103.5 万吨，废石年利用量为零，废石利用率为零，废石处置率为 100%，处置方式为排土场堆存。

选矿厂尾矿年排放量 191.47 万吨，尾矿中 TFe 含量为 7.36%，尾矿年利用量为零，尾矿利用率为零，处置率为 100%，处置方式为尾矿库堆存。

30　马兰庄铁矿

30.1　矿山基本情况

马兰庄铁矿为露天开采铁矿的大型矿山，无共伴生矿产；于 1970 年 9 月 15 日建矿，1972 年 5 月 1 日投产。矿区位于河北省唐山市迁安市，南东距迁安市 15km，南西距唐山 80km，有公路相通；矿区西距卑（家店）-水（厂）铁路专用线 1.5km，交通方便。马兰庄铁矿开发利用情况见表 30-1。

表 30-1　马兰庄铁矿开发利用简表

基本情况	矿山名称	马兰庄铁矿	地理位置	河北省唐山市迁安市
	矿床工业类型	沉积变质型（鞍山式）铁矿床		
地质资源	开采矿种	铁矿	地质储量/万吨	13271.3
	矿石工业类型	磁铁矿石	地质品位（TFe）/%	29.26
开采情况	矿山规模	300 万吨/年，大型	开采方式	露天开采
	开拓方式	汽车运输开拓	主要采矿方法	组合台阶采矿法
	采出矿石量/万吨	284.15	出矿品位（TFe）/%	25.31
	废石产生量/万吨	763.23	开采回采率/%	95.63
	贫化率/%	3.18	开采深度/m	130.47~-264（标高）
	剥采比/t·t^{-1}	2.69		
选矿情况	选矿厂规模	365 万吨/年	选矿回收率/%	81.28
	主要选矿方法	阶段磨矿阶段选别—单一磁选		
	入选矿石量/万吨	208.54	原矿品位（TFe）/%	27.42
	精矿产量/万吨	69.86	精矿品位（TFe）/%	66.53
	尾矿产生量/万吨	138.68	尾矿品位（TFe）/%	7.72
综合利用情况	综合利用率/%	83.46	废水利用率/%	99.6
	废石排放强度/t·t^{-1}	10.92	废石处置方式	排土场堆存
	尾矿排放强度/t·t^{-1}	1.98	尾矿处置方式	尾矿库堆存
	废石利用率	0	尾矿利用率	0

30.2　地质资源

30.2.1　矿床地质特征

马兰庄铁矿矿床属沉积变质型（鞍山式）铁矿床，开采深度为 130.47~-264m 标高。

铁矿区在大地构造上位于华北地台北缘燕山沉降带的中东部，迁（西）怀（安）太古宙麻粒岩地体的东南缘，迁安片麻岩穹隆西侧的太古宙地壳残留区内，在构造单元划分上位于马兰峪-山海关复背斜的次级构造单元——迁安隆起西部边缘的挤压褶皱带中。马兰庄铁矿以 F_6 断层为界分为南、北两个部分。北部称沙河山矿段，南部称白马山铁矿床，即白马山矿段。白马山矿段露天开采深度在 0m 标高线左右，目前露采工作已经结束，采坑大部分已回填至 130m 标高线左右，即将转入地采阶段；沙河山矿段目前露采坑底标高-90m 左右，几年后将转入地下开采。矿区出露地层主要为太古界迁西群三屯营组二段第三岩性段的变质岩系以及沿沟谷分布的第四系。矿床总体控矿构造格架为倒转向斜，F6断层将该向斜切割、错断为南北两部分，断层以北为沙河山倒转向斜，以南为白马山倒转向斜，沙河山矿段矿体和白马山矿段矿体分别赋存于这两个向斜内。

（1）褶皱。沙河山矿段主体构造为沙河山倒转向斜，该向斜呈不完整的倒 V 字形，北西翼（倒转翼）走向50°左右，倾向北西，倾角70°~85°；南东翼（正常翼）走向40°左右，倾向北西，倾角30°~60°。两翼地表出露幅宽300m 左右，向斜轴面总体走向45°左右，倾向北西，倾角60°~70°，向斜北东端翘起，倾伏方向南西，倾伏角约18°。

（2）断裂。沙河山矿段断裂构造不发育，仅局部因褶皱作用层间断层零星分布，断层走向和倾向上延伸均较小，局部切割矿体，但无相对位移，对矿体破坏作用较小。F_6 断层出露于 0 线-N100 线之间，走向和倾向上均呈舒缓波状，总体走向北西，倾向南西，倾角80°~87°，地表出露宽 2~10m，长度大于 600m，断层内主要为角砾岩及压碎岩，绿泥石化及片理化发育。该断层将马兰庄铁矿床分为南北两部分，即白马山矿段和沙河山矿段，白马山矿段（上盘）下降，沙河山矿段（下盘）上升，水平断距约140m。

矿石工业类型为需选磁铁矿石。矿石中主要有用组分为铁，伴生有益组分甚微，达不到综合利用的要求，为单一矿产。

30.2.2　资源储量

开采矿种为铁矿，矿床规模为大型，截至 2013 年年底，马兰庄铁矿累计查明资源储量（矿石量）13271.30 万吨，平均品位（TFe）29.26%。保有资源储量（矿石量）9457.02 万吨，平均品位（TFe）29.26%。

30.3　开采情况

30.3.1　矿山采矿基本情况

马兰庄铁矿为露天开采的大型矿山，采取汽车运输开拓，使用的采矿方法为组合台阶采矿法。矿山设计年生产能力 300 万吨，设计开采回采率为95%，设计贫化率为5%，设计出矿品位（TFe）26.37%。

30.3.2　矿山实际生产情况

2013 年，矿山实际出矿量 284.15 万吨，排放废石 763.23 万吨。矿山开采深度为130.67~-260m 标高。马兰庄铁矿实际生产情况见表 30-2。

表 30-2　马兰庄铁矿实际生产情况

采矿量/万吨	开采回采率/%	出矿品位（TFe）/%	贫化率/%	剥采比/t·t⁻¹
284.15	95.63	25.31	3.18	2.69

30.3.3　采矿技术

马兰庄铁矿投产至今，一直采用露天开采方式，汽车-公路开拓运输方案，分层组合台阶采剥方法。采矿工艺由穿孔—爆破—采装—运输—排土等工艺组成。矿山使用的主要采矿设备有 250mm 牙轮钻机、4m³ 电铲、42t 矿用自卸汽车、推土机、装药车、前装机、液压破碎机等。

30.4　选矿情况

30.4.1　选矿厂概况

马兰庄铁矿选矿厂设计年选矿能力 365 万吨，矿石来源于马兰庄铁矿矿山自产矿石。设计主矿种入选品位（TFe）26.5%。

选矿厂均采用阶段磨矿阶段选别的单一磁选工艺流程。最大入磨粒度 15mm，磨矿细度为 -0.074mm 占 65%。产品为铁精矿。

2011 年，选矿厂实际入选矿石量 261.57 万吨，入选品位（TFe）27.31%。精矿产量 89.12 万吨，精矿产率 34.07%，精矿品位（TFe）66.41%，TFe 选矿回收率 87.11%。

2013 年，选矿厂实际入选矿石量 208.54 万吨，入选品位（TFe）27.42%。精矿产量 66.72 万吨，精矿产率 33.50%，精矿品位（TFe）66.53%，TFe 选矿回收率 87.28%。

30.4.2　选矿工艺流程

30.4.2.1　破碎筛分流程

马兰庄铁矿选矿厂破碎筛分采用三段—闭路破碎—中碎前干磁抛尾的工艺流程，选矿厂生产工艺流程如图 30-1 所示。

矿石用矿车运到选矿厂后，将矿石卸在筛孔为 480mm×480mm 的格型筛上，大于筛孔的矿石用装载机挑出，挑出的矿块用液压碎石机振碎后再入原矿仓。小于格筛筛孔矿石进入原矿仓经振动板式给矿机给入 PEF600×900 颚式破碎机，将矿石破碎至 0~150mm，经磁滑轮甩尾后给入 PYB-1200 标准圆锥破碎机中碎。中破产品（0~53mm）进入 SDZ1800×4500 型振动筛进行预先筛分，筛上产品经 PYD-1200 短头圆锥破碎机进行细碎后（0~27mm）返回筛分形成闭路，筛下产品（-18mm）为碎矿系统的最终产品送到磨矿厂房的细料仓。破碎系统设备性能见表 30-3。

30.4.2.2　磨矿选别流程

马兰庄铁矿选矿厂采用阶段磨矿阶段选别—单一磁选的共有流程，在磨机给矿前经二段磁滑轮抛废，主要磨矿分级机设备见表 30-4。

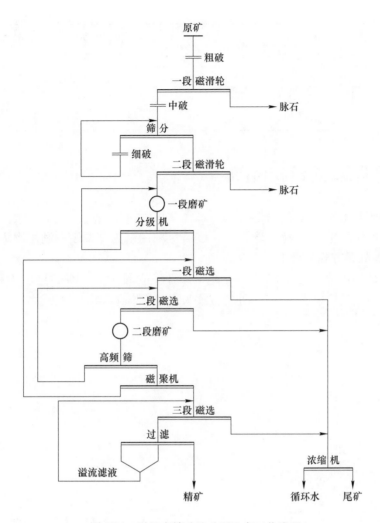

图 30-1　马兰庄铁矿选矿厂生产工艺流程

表 30-3　马兰庄铁矿选矿厂破碎系统设备性能

设备名称	型　号	数量/台	电动机功率/kW	产品粒度/mm
电振给矿机	300×900	2	7.5	480~0
颚式破碎机	PEF600×900	2	80	150~0
标准圆锥破碎机	PYB-1200	3	110	53~0
短头圆锥破碎机	PYD-1200	4	110	27~0
筛分机	SDZ1800×4500	4	15	−13mm 含量不小于 75%

表 30-4　马兰庄铁矿选矿厂主要磨矿分级机设备

设备名称	型　号	台数/台	电动机功率/kW	台时/t·h⁻¹
球磨机	MQG2730	3	400	65
球磨机	MQY2730	1	400	—

设备名称	型　号	台数/台	电动机功率/kW	台时/t · h^{-1}
球磨机	MQY2140	2	280	—
球磨机	MQY2130	4	210	—
分级机	2FLG-200	3	22	—
磁滑轮	ϕ630×750	3	3	—

30.5　矿产资源综合利用情况

马兰庄铁矿开采矿种为单一铁矿，资源综合利用率 83.46%。

马兰庄铁矿年产生废石 763.23 万吨，废石年利用量为零，废石利用率为零，废石处置率为 100%，处置方式为排土场堆存。

选矿厂尾矿年排放量 138.67 万吨，尾矿中 TFe 含量为 5.33%，尾矿年利用量为零，尾矿利用率为零，处置率为 100%，处置方式为尾矿库堆存。

31 马圈后沟铁矿

31.1 矿山基本情况

马圈后沟铁矿为露天开采铁矿的中型矿山，无共伴生矿产。矿区位于河北省承德市滦平县小营满族乡，西距 S257 省道 6.5km，东距韩麻营镇-双塔山镇公路 4.8km，矿区有乡村级公路与国道相通，交通方便。马圈后沟铁矿开发利用情况见表 31-1。

表 31-1 马圈后沟铁矿开发利用简表

基本情况	矿山名称	马圈后沟	地理位置	河北省承德市滦平县
	矿床工业类型	沉积变质型（鞍山式）铁矿床		
地质资源	开采矿种	铁矿	地质储量/万吨	7700.6
	矿石工业类型	低贫磁铁矿石	地质品位（TFe）/%	15.16
开采情况	矿山规模	160 万吨/年，大型	开采方式	露天开采
	开拓方式	汽车运输开拓	主要采矿方法	组合台阶采矿法
	采出矿石量/万吨	301.5	出矿品位（TFe）/%	15.01
	废石产生量/万吨	24	开采回采率/%	98
	贫化率/%	4.98	开采深度/m	1118~257（标高）
	剥采比/t·t^{-1}	0.14		
选矿情况	选矿厂规模	500 万吨/年	选矿回收率/%	65.00
	主要选矿方法	两段一闭路破碎—高压辊磨—干式分级—阶段磨矿—阶段磁选		
	入选矿石量/万吨	301.5	原矿品位（TFe）/%	15.01
	精矿产量/万吨	45.23	精矿品位（TFe）/%	65.00
	尾矿产生量/万吨	256.27	尾矿品位（TFe）/%	6.19
综合利用情况	综合利用率/%	63.7	废水利用率/%	75
	废石排放强度/t·t^{-1}	0.53	废石处置方式	排土场堆存
	尾矿排放强度/t·t^{-1}	5.67	尾矿处置方式	尾矿库堆存
	废石利用率	0	尾矿利用率	0

31.2 地质资源

马圈后沟铁矿矿床属沉积变质型（鞍山式）铁矿床，开采深度为 1118~257m 标高。铁矿矿区位于华北克拉通北缘，区域地层为早前寒武纪单塔子群和红旗营子群变质杂岩，前寒武纪花岗岩侵入体也有出露。另外还有侏罗系火山岩和燕山期花岗岩侵入体分布。单塔子群位于华北太古宙角闪岩-麻粒岩相带以北的承德、平权一带，由一套高角闪岩相变质和区域重熔型混合岩化片麻岩和斜长角闪岩组成，单塔子群自下而上依次为燕窝铺组、白庙组、凤凰咀组和刘营组。

矿石工业类型为需选低贫磁铁矿石，矿石中主要有用组分为铁，伴生有益组分甚微，达不到综合利用的要求，为单一矿产。

开采矿种为铁矿，截至 2013 年 9 月底，马圈后沟铁矿累计查明资源储量（矿石量）7700.6 万吨。截至 2013 年 10 月底保有资源储量（矿石量）5778.7 万吨，平均品位（TFe）15.16%。

31.3 开采情况

31.3.1 矿山采矿基本情况

马圈后铁矿为露天开采的中型矿山，采取汽车运输开拓，使用的采矿方法为组合台阶采矿法。矿山设计年生产能力 150 万吨，设计开采回采率为 95%，设计贫化率为 5%，设计出矿品位（TFe）14.13%。

31.3.2 矿山实际生产情况

2013 年，矿山实际出矿量 301.5 万吨，排放废石 24 万吨。矿山开采深度为 1118 ~ 254m 标高。马圈后铁矿实际生产情况见表 31-2。

表 31-2 马圈后铁矿实际生产情况

采矿量/万吨	开采回采率/%	出矿品位（TFe）/%	贫化率/%	剥采比/t·t^{-1}
307.7	98	15.01	4.98	0.14

31.3.3 采矿技术

马圈后沟铁矿投产至今，一直采用露天开采方式，汽车-公路开拓运输方案，分层组合台阶采剥方法。采矿工艺由穿孔—爆破—采装—运输—排土等工艺组成。矿山使用的主要采矿设备有穿孔钻机、装载设备、矿用自卸汽车、推土机、装药车、前装机、液压破碎机等。

31.4 选矿情况

31.4.1 选矿厂概况

马圈后沟铁矿生产的铁矿石销往滦平建龙矿业选矿厂。滦平建龙矿业选矿厂原设计年选矿能力 115 万吨，2014 年对原有常规破碎系统设备进行更新换代，同时新增高压辊磨系统，扩建后年处理能力达到 750 万吨，年产铁精矿 50 万吨。

2011 年，马圈后沟铁矿向该选矿厂销售矿石量 522.1 万吨，TFe15.01%。精矿产量 78.32 万吨，精矿产率 15%，精矿品位（TFe）65%，选矿回收率（TFe）65%。

2013 年，马圈后沟铁矿向该选矿厂销售矿石量 301.5 万吨，TFe15.01%。精矿产量 45.23 万吨，精矿产率 15%，精矿品位（TFe）65%，选矿回收率（TFe）65%。

31.4.2 选矿工艺流程

选矿工艺划分为终粉磨、常规破碎、普通高压辊磨三个系列，各系列的工艺流程描述如下。

31.4.2.1 终粉磨系统工艺流程

终粉磨系统采用两段一闭路破碎—高压辊磨—干式分级—阶段磨矿—阶段磁选的工艺流程，其中包括四段磁选、两段磨矿、两次分级。露天开采的矿石（0~1000mm）经自卸汽车运至选矿工业场地粗碎车间，采用 2 台 PXZ140/170 旋回破碎机粗碎，粗碎产品给入 3 台 2YKR3060H 双层重型圆振动筛预先筛分，筛上产品（+60mm）给入 3 台 HP500 圆锥破碎机中碎，中碎产品经 3 台 YKR3060H 单层重型圆振动筛进行检查筛分，筛上（+60mm）产品返回中碎作业，形成两段一闭路破碎筛分作业。预先筛分、检查筛分筛下（-60mm）产品经粗粒干选抛废后进入高压辊磨车间。高压辊磨机产品经 1 台 KYR28000 多级串联风力分级机风力分级后粗粒（3~60mm）、中粒（0.5~3mm）、细粒（小于 0.5mm）分别进行干式磁选抛废。干选粗粒精矿返回高压辊磨机，形成闭路循环。中粒精矿运至中粒转运矿仓后经自卸车运至磨选车间。细粒精矿进入精选车间料仓。粉矿仓内物料经搅拌槽调浆后进入一段磁选机，磁选精矿进入一段高频细筛分级，筛上产品经一段磨矿、浓缩磁选进入二段球磨机与细筛构成的二段闭路磨矿。一段、二段细筛筛下进入二段、三段精选，磁选精矿进淘洗机精选后过滤得到最终精矿。

31.4.2.2 常规破碎系统工艺流程

常规破碎系统采用三段一闭路破碎—干选抛废—阶段磨矿—阶段磁选的工艺流程，其中包括两段磨矿、五段磁选、三次分级。矿石（0~1000mm）经自卸汽车运至选矿工业场地粗碎车间经 PXZ120/160 旋回破碎机后进入中碎作业。中碎产品给入圆振筛筛分，筛上产品进入圆锥破碎机细碎，细碎产品返回筛分作业形成闭路。合格破碎产品进入筒式干选机干选，干选精矿与终粉磨系统中粒级产品进入磨矿矿仓。一段磨矿由 MQG4050 格子型球磨机与 ZKK3073-AT 直线振动筛构成闭路磨矿，一段磨矿合格产品经一段磁选后由旋流器组分级，旋流器溢流进入高频细筛进行三次分级，高频细筛筛上经磁选机浓缩磁选后与旋流器沉砂一同进入二段磨矿。二段磨矿产品进行二段磁选，磁选精矿返回旋流器组形成闭路。高频筛筛下产品经永磁双筒式磁选机、全自动精选机进行三段、四段、五段精选后进行过滤，形成最终精矿。五段淘洗尾矿、四段精选尾矿、浓缩磁选尾矿、二段磁选尾矿用筒式尾矿回收机进行回收，回收精矿返回二段磨矿前浓缩磁选进行再磨再选。

31.4.2.3 普通高压辊磨系统工艺流程

普通高压辊磨系统工艺采用三段一闭路破碎—干选抛废—高压辊磨—阶段磨矿—阶段磁选的工艺流程，其中包括两段磨矿、两次分级、四段磨矿。

矿石（0~750mm）经 PE900×1200 颚式破碎机、PYB200/350 标准圆锥破碎机粗碎、中碎后输送至圆振筛筛分。筛上产品输送至 PYD2200/60 短头圆锥破碎机细碎，细碎产品返回圆振筛形成闭路。合格破碎产品经磁滑轮干选后输送至高压辊磨破碎，高压辊磨产品由锤式破碎机打散后进入振动筛筛分，筛上产品返回高压辊磨，形成闭路。筛下产品给入球磨机与圆筒筛组成的一段闭路磨矿，合格磨矿产品进行一段磁选。一段磁选精矿进入高频筛分级，筛上产品经浓缩磁选进入二段磨矿，二段磨矿产品返回细筛形成闭路。细筛筛下产品经过二、三段磁选精选，淘洗精选及过滤后形成最终铁精粉。

31.5　矿产资源综合利用情况

马圈后沟铁矿开采矿种为单一铁矿，资源综合利用率 63.76%。

马圈后沟铁矿年产生废石 24 万吨，废石年利用量为零，废石利用率为零，废石处置率为 100%，处置方式为排土场堆存。

选矿厂尾矿年排放量 256.28 万吨，尾矿中 TFe 含量为 6.23%，尾矿年利用量为零，尾矿利用率为零，处置率为 100%，处置方式为尾矿库堆存。

32 庙 沟 铁 矿

32.1 矿山基本情况

庙沟铁矿为露天-地下联合开采铁矿的大型矿山，无共伴生矿产，是第二批国家级绿色矿山试点单位，也是首钢矿业公司建设的全国矿产资源综合利用示范基地，于1986年4月27日建矿，1989年4月30日投产。矿区位于河北省秦皇岛市青龙满族自治县祖山镇，南距 S251 省道（承秦公路）4.5km，有水泥公路与之相通；经 S251 省道北西至青龙满族自治县城 100km，南东至秦皇岛市 30km，交通方便。庙沟铁矿开发利用情况见表 32-1。

表 32-1 庙沟铁矿开发利用简表

基本情况	矿山名称	庙沟庄铁矿	地理位置	河北省秦皇岛市青龙满族自治县
	矿山特征	全国矿产资源综合利用示范基地，国家级绿色矿山	矿床工业类型	沉积变质型（鞍山式）铁矿床
地质资源	开采矿种	铁矿	地质储量/万吨	9133.30
	矿石工业类型	磁铁矿石	地质品位（TFe）/%	29.59
开采情况	矿山规模	300 万吨/年，大型	开采方式	露天开采
	开拓方式	汽车运输开拓	主要采矿方法	组合台阶采矿法
	采出矿石量/万吨	210.4	出矿品位（TFe）/%	27.66
	废石产生量/万吨	155.07	开采回采率/%	89.93
	贫化率/%	10.2	开采深度/m	787~-175（标高）
	剥采比/t·t^{-1}	0.74		
选矿情况	选矿厂规模	300 万吨/年	选矿回收率/%	85.08
	主要选矿方法	阶段磨矿—阶段选别，单一磁选		
	入选矿石量/万吨	207.47	原矿品位（TFe）/%	29.40
	精矿产量/万吨	81.34	精矿品位（TFe）/%	65.20
	尾矿产生量/万吨	123.13	尾矿品位（TFe）/%	6.31
综合利用情况	综合利用率/%	76.51	废水利用率/%	88.2
	废石排放强度/t·t^{-1}	2.45	废石处置方式	排土场堆存
	尾矿排放强度/t·t^{-1}	2.27	尾矿处置方式	尾矿库堆存
	废石利用率	0	尾矿利用率	0

32.2　地质资源

庙沟铁矿矿床工业类型属沉积变质型铁矿床。矿石工业类型为磁铁矿石，矿石中主要有用组分为铁，其他伴生有益组分含量较低，均达不到综合利用的要求。开采矿种为铁矿，开采深度：787～-175m 标高。

截至 2013 年年底，庙沟铁矿累计查明铁矿资源储量（矿石量）9133.30 万吨，保有铁矿资源储量（矿石量）6775.90 万吨，平均品位（TFe）29.59%。

32.3　开采情况

32.3.1　矿山采矿基本情况

庙沟铁矿为露天开采的大型矿山，采取汽车运输开拓，使用的采矿方法为组合台阶采矿法。矿山设计年生产能力 300 万吨，设计开采回采率为 80%，设计贫化率为 20%，设计出矿品位（TFe）23.44%。

32.3.2　矿山实际生产情况

2013 年，矿山实际出矿量 210.4 万吨，排放废石 155.07 万吨。矿山开采深度为 787～-175m 标高。庙沟铁矿实际生产情况见表 32-2。

表 32-2　庙沟铁矿实际生产情况

采矿量/万吨	开采回采率/%	出矿品位（TFe）/%	贫化率/%	剥采比/t·t⁻¹
234	89.93	27.66	10.2	0.74

32.3.3　采矿技术

32.3.3.1　开拓运输系统

露天采场封闭圈标高 528m，底部标高 372m。破碎车间位于现有出入沟以北 420m。废石场位于露天采场东部，废石场最高标高 700m。矿山目前采用汽车公路运输方案，出入沟位于矿区东北部 5 勘探线和 3 勘探线之间，运矿公路布置在下盘边坡上，目前已经通至 480m 标高。

庙沟铁矿仍采用汽车公路运输方案。运输线路的类型以固定坑线为主，局部临时采用移动坑线。露天采场出入沟标高为 528.8m，露天底标高 372m，生产干线道路按三级设计。道路参数如下：最大合成纵坡 9%；缓坡道长 80～100m；连续 1000m 的平均纵坡 6.5%；线路全长 2450m，平均纵坡 6.4%。上部台阶运输道路按双线布置，路面宽 11m，运输平台宽 15m；最下一个台阶运输道路按单线布置，路面宽 6.5m，运输平台宽 10m；采矿工业场地布置在露天采场东北部的厂区内。

32.3.3.2　采剥作业

A　采剥工艺选择

露天开采上下盘露天边坡角均为48°，区内岩矿石抗压、抗剪、抗拉强度大，属于坚硬岩类。岩石坚硬，稳定性好。工程地质条件属简单类型。

采矿方法为缓帮台阶法，矿山采用 KQG-120 型潜孔钻机，该机配备 XHP750 空压机、CAT3306 柴油发动机。$4 \sim 5.2 m^3$ 单斗挖掘机采装，42t 贝拉斯自卸汽车运输。其工作面参数如下：工作面长度：$200 \sim 300m$；采矿分层高度：12m（并段后 24m）；最小工作平台宽度：$40 \sim 50m$；阶段坡面角：$70° \sim 75°$；开段沟底宽：$25 \sim 30m$。

B　穿孔爆破作业

回采凿岩对回采爆破质量有直接影响，直接影响到二次爆破量的大小。回采凿岩采用计算机控制型设备有利于提高钻孔精度，由于具备较多的回采进路，可以充分发挥设备的效率，因此，回采凿岩设备选用人工操作配合计算机控制。

炸药采用乳化炸药，非电雷管及非电导爆管进行起爆。

C　铲装作业

出矿设备选用大型铲运机，型号为 Toro 1400E，载重 14t，铲斗容积为 $6.0 m^3$，设备效率取 75×10^4 吨/（台·年）。

D　辅助作业设备

露天采场和废石场的辅助作业主要有场地平整、边坡维护、道路养护等，相应地需要配备碎石机、推土机、前装机、洒水车、压路机、平地机等辅助设备。

E　露天采场装备水平

庙沟铁矿采场主要采剥设备见表 32-3。

表 32-3　庙沟铁矿采场主要采剥设备

序号	设备名称	规格型号	数量/台
1	潜孔钻机	KQG150ZY	2
2	牙轮钻机	KY-310A	2
3	牙轮钻机	KY-250	2
4	推土机	T-165	1
5	推土机	T165-2	1
6	推土机	TY165-2	2
7	挖掘机	ZAXI330-3	1
8	挖掘机	EC460B	4
9	挖掘机	VCEC480D	3
10	铲运机	Toro 1400E	3

32.4　选矿情况

庙沟铁矿选矿厂设计年选矿能力为 300 万吨，设计主矿种入选品位为 29.05%，最大入磨粒度为 12mm，磨矿细度为 -0.043mm 占 90%。采用湿式磁选工艺，选矿产品是铁精矿，品位为 66.04%。

庙沟铁矿 2015 年选矿情况见表 32-4。

表 32-4　庙沟铁矿 2015 年选矿情况

入选矿石量 /万吨	入选品位 /%	选矿回收率 /%	每吨原矿 选矿耗水量 /t	每吨原矿选矿 耗新水量 /t	每吨原矿 选矿耗电量 /kW·h	每吨原矿 磨矿介质 损耗/kg
235	27.47	85.06	2.91	0.03	26.53	2.52

庙沟锑矿选矿工艺流程逐年进行优化，目前采用的阶段磨矿—塔磨细磨—水力旋流器与细筛联合分级—全自动淘洗磁选机精选的全磁选工艺，居国内单一磁选类铁矿山领先水平。

原矿磨矿至-0.149mm 占 95% 后进入磁选机，两道磁选抛尾，二道磁选精矿进入旋流器，旋流器底流进入二磨磨矿，磨矿产品返回旋流器 1，旋流器 1 溢流进入细筛检查筛分，筛上产品返回旋流器 1，筛下产品进入三磁磁选，三磁精矿进入旋流器 2，旋流器 2 底流进入塔磨机磨矿，旋流器 2 溢流细度为-0.043mm 占 90%，溢流进入磁选机浓缩磁选，浓缩磁选的产品进入淘洗机，经淘洗机两次精选得到铁精矿，磁选机、淘洗机的尾矿浓缩后进入尾矿库。庙沟铁矿选矿工艺流程如图 32-1 所示。选矿主要设备型号及数量见表 32-5。

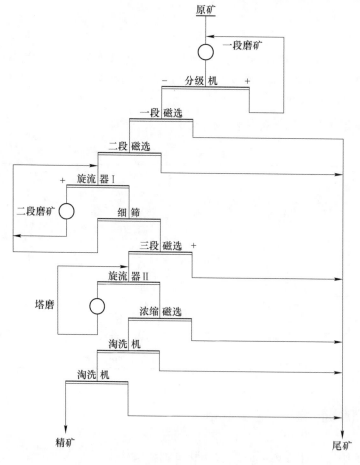

图 32-1　庙沟铁矿选矿厂选矿工艺流程

表 32-5　庙沟铁矿选矿厂主要设备型号及数量

序号	名称	型号	数量
1	颚式破碎机	PEJ1215	1
2	圆锥破碎机	PYB2200	1
3		HP500	2
4	圆形振动筛	2YK2665	2
5		2YK2148	1
6	重型板式给矿机	GBZ180-10（1800×10000）	1
7	球磨机	MQG2736	4
8		MQG2721	1
9		MQY3254	2
10	立磨	VTM-1500-WB	1
11	分级机	2FG-15	1
12		2FG-20	4
13	磁选机	NCTB1230	3
14		CTB1230	11
15		CTB1030	4
16		CTB918	3
17		NCTB1230	4
18	过滤机	ZPG72-6	1
19		ZPG96-8	1
20		ZPG96-8	1

32.5　矿产资源综合利用情况

庙沟铁矿开采矿种为单一铁矿，资源综合利用率 76.51%。

庙沟铁矿年产生废石 155.07 万吨，废石年利用量为零，废石利用率为零，废石处置率为 100%，处置方式为排土场堆存。

选矿厂尾矿年排放量 144.08 万吨，尾矿中 TFe 含量为 6.3%，尾矿年利用量为零，尾矿利用率为零，处置率为 100%，处置方式为尾矿库堆存。

33　南芬铁矿

33.1　矿山基本情况

南芬铁矿为露天开采的大型矿山，无共伴生矿产，是第三批国家级绿色矿山试点单位。建矿时间为 1948 年 11 月 3 日，投产时间为 1949 年 5 月 1 日。矿区位于辽宁省本溪市南芬区，北距沈阳市 108km，南距丹东市 150km，距南芬镇 7.5km，距沈丹公路和沈丹高速公路出入口 3.5km，公路与矿山道路相连，并且有专用铁路线直达矿区，交通十分便利。南芬铁矿开发利用情况见表 33-1。

表 33-1　南芬铁矿开发利用情况简表

基本情况	矿山名称	南芬铁矿	地理位置	辽宁省本溪市南芬区
	矿山特征	国家级绿色矿山	矿床工业类型	沉积变质型（鞍山式）铁矿床
地质资源	开采矿种	铁矿	地质储量/万吨	72032.4
	矿石工业类型	磁铁矿石	地质品位（TFe）/%	31.82
开采情况	矿山规模	1000 万吨/年，大型	开采方式	露天开采
	开拓方式	汽车-铁路联合运输开拓	主要采矿方法	组合台阶采矿法
	采出矿石量/万吨	1270.5	出矿品位（TFe）/%	29.11
	废石产生量/万吨	8108.8	开采回采率/%	97.86
	贫化率/%	1.97	开采深度/m	382~70（标高）
	剥采比/t·t⁻¹	7.20		
选矿情况	选矿厂规模	1280 万吨/年	选矿回收率/%	82.03
	主要选矿方法	粗破碎—干选抛废—自磨—阶段磨矿—单—磁选		
	入选矿石量/万吨	536.97	原矿品位（TFe）/%	26.16
	精矿产量/万吨	168.02	精矿品位（TFe）/%	68.58
	尾矿产生量/万吨	368.95	尾矿品位（TFe）/%	6.84
综合利用情况	综合利用率/%	75.34	废水利用率/%	96.17
	废石排放强度/t·t⁻¹	18.60	废石处置方式	排土场堆存和再选回收
	尾矿排放强度/t·t⁻¹	2.11	尾矿处置方式	尾矿库堆存
	废石利用率/%	15.53	尾矿利用率	0

33.2　地质资源

33.2.1　矿床地质特征

33.2.1.1　地质特征

南芬露天铁矿矿床工业类型为鞍山式沉积变质铁矿床，开采深度为 382~70m 标高。

南芬铁矿层主要由太古界鞍山群含铁岩段的一、二、三层铁矿组成，在矿区呈一单斜构造。铁矿为一厚度大、规则、稳定的板状矿体，矿石自然类型主要由磁铁石英岩和透闪石磁铁石英岩组成，其次有赤铁石英岩和少量的菱铁磁铁石英岩。第三铁矿层为矿区最大铁矿层，储量占全区的81.95%，工业矿段总长为2900m，平均厚度为87.88m，矿体倾角平均为47°，矿层控制垂深达1145m，矿体属稳固矿岩，围岩稳固，水文地质条件简单。第二铁矿层工业矿段总长为2500m，平均厚度为21.29m，矿体倾角平均为47°；第一铁矿层工业矿段总长为2200m，平均厚度为10.66m，矿体倾角平均为47°。

33.2.1.2　矿石质量

南芬露天铁矿矿石的工业类型主要是磁铁矿石，约占勘探总储量的94%；其次是赤铁贫矿石，占储量的4%；有少量的磁铁富矿和赤铁富矿，占储量的2%。矿石的结构主要为不均匀粒状变晶结构，其次为纤状变晶结构。矿石构造主要是条带状构造、条纹状构造和块状构造，其次是片状构造。南芬露天铁矿矿石的主要化学成分为SiO_2和Fe，占总成分的80%，其中Fe含量在走向和延深上变化均不大，含量在25%~40%，SFe平均含量是30.39%。第三层铁矿TFe平均品位为30%，第二层铁矿TFe平均品位为32.2%，第一层铁矿TFe平均品位为30.22%。SiO_2含量为45%~55%，平均含量49.73%；S含量为0.02%~1.56%，平均含量0.38%；P含量为0.05%~0.1%，平均含量0.06%。由于Mn含量过低，无实际意义，未进行分析。Al_2O_3、MgO、CaO含量均较低，其平均含量也只有5%。

根据矿石的矿物组合、结构构造特征将矿石划分6个自然类型：

（1）磁铁石英岩。它是三个铁矿层的主要成因类型，占矿石总量75%。矿石以磁铁矿和石英为主，不含或少含赤铁矿和透闪石。含铁品位较高，一般均在30%以上。

矿石为灰黑色和钢灰色，粒状变晶结构，条带状构造，部分条带不明显而呈块状构造，条带由白色石英与磁铁矿相混合的黑色条带相间分布而成。

1）磁铁矿。他形-自形粒状，分布在石英颗粒之间。个别成0.005mm左右的微粒包裹在石英晶体内，部分晶体边缘为赤铁矿氧化交代。粒径0.005~0.3mm，一般在0.08~0.15mm。含量占25%~40%。

2）石英。他形粒状，部分颗粒拉长和波状消光定向排列，颗粒呈弯曲状接触，粒径0.01~0.3mm，一般在0.1~0.2mm。含量占60%~75%。

3）赤铁矿。分布在磁铁矿边部，粒径为0.01~0.1mm，含量1%~3%。

4）铁白云石。不规则粒状，分布在石英颗粒之间，粒径0.1mm左右，含量小于1%。

5）白云母。无色小片状定向分布。透闪石、阳起石成纤柱状，定向分布。

6）镜铁矿：片状。磷灰石成圆柱状和圆粒状，含量微。

（2）透闪石磁铁石英岩。它是磁铁石英岩向磁铁透闪片岩过渡的一种矿石类型，占矿石总量的20%，这种类型以含5%以上的透闪石为主要特征，SFe低于20%者为含磁铁透闪石片岩。其分布多在三层铁靠近顶板的部位。含铁品位多在30%以下。矿石呈黄白色和灰绿色，条带状构造或片状构造。条带由铁矿条带和非磁铁矿条带相间分布而成。铁矿条带主要由磁铁矿和石英组成；非铁矿条带由透闪石、石英、阳起石组成。

（3）磁铁赤铁石英岩和赤铁磁铁石英岩。是以磁铁矿、赤铁矿为主，其相对含量的多寡为其主要特征。如磁铁矿大于赤铁矿，则称为赤铁磁铁石英岩。矿石呈钢灰色，粒状变晶结构和交代残留结构，致密块状构造和条带状构造。黑色条带由磁铁矿、赤铁矿和石英组成，宽 0.5~8mm。白色条带由石英组成，宽 0.5~5mm，黑白条带相间分布。

（4）赤铁石英岩。以含赤铁矿为主。不含或少含磁铁矿为其主要特征。矿石呈钢灰色、细粒变晶结构，致密块状构造，矿物以石英和赤铁矿为主。常伴有镜铁矿、菱铁矿、黄铁矿、磷灰石等。

（5）菱铁磁铁石英岩。以含 10%以上的菱铁矿、铁白云石为其主要特征。矿石为灰-灰白色，不等粒变晶结构，条带状构造明显。

（6）磁铁滑石片岩。以含滑石、磁铁矿为主及片状构造为其主要特征。此类型较少见，矿石为灰绿色-灰白色，片状构造，显微鳞片变晶结构，具磁性，有滑感，主要组成矿物为滑石和磁铁矿还有微量的石英、白云母、黄铁矿、黄铜矿等。

矿石中的金属矿物主要有：磁铁矿、赤铁矿、黄铁矿、镜铁矿、菱铁矿及微量黄铜矿。

矿石中的脉石矿物主要有：石英、透闪石、白云母、方解石、阳起石、滑石、磷灰石、锆石、白云石等。

33.2.2　资源储量

南芬露天铁矿矿床规模为大型，截至 2013 年年底，矿山累计查明铁矿石资源储量为 720324kt，保有铁矿石资源储量为 269061kt，铁矿的平均地质品位（TFe）为 31.82%。

33.3　开采情况

33.3.1　矿山采矿基本情况

南芬铁矿为露天开采的大型矿山，采取汽车-铁路联合运输开拓，使用的采矿方法为组合台阶采矿法。矿山设计年生产能力 1000 万吨，设计开采回采率为 95%，设计贫化率为 3.5%，设计出矿品位（TFe）29.1%。

33.3.2　矿山实际生产情况

2013 年，矿山实际出矿量 1270.5 万吨，排放废石 8108.8 万吨。矿山开采深度为 382~70m 标高。南芬铁矿矿山实际生产情况见表 33-2。

表 33-2　南芬铁矿矿山实际生产情况

采矿量/万吨	开采回采率/%	出矿品位（TFe）/%	贫化率/%	剥采比/t·t^{-1}
1154.0	97.86	29.11	1.97	7.20

33.3.3　采矿技术

南芬露天铁矿的采剥工作线沿矿体走向布置，垂直矿体走向移动，即沿矿体走向在上盘岩石中掘开段沟，向两侧横向推进，形成上下盘工作台阶。南芬矿主要生产流程包括穿孔、爆破、采装、运输、发矿、排岩、排水等环节。矿石运输采用汽车-矿石倒装站（矿石破碎站）-准轨铁路联合运输，由电机车牵引 10 节 60t 自卸矿车组成的列车，运往选矿厂；岩石运输采用汽车直排和间断连续运输系统（汽车-破碎机-胶带机-排岩机）排到排土场。南芬露天铁矿采矿主要设备型号及数量见表33-3。

表33-3　南芬露天铁矿采矿主要设备型号及数量

序号	设备名称	规格型号	使用数量/台（套）
1	牙轮钻机	45R	2
2	牙轮钻机	YZ-35	3
3	牙轮钻机	YZ-55	4
4	牙轮钻机	YZ-55B	3
5	牙轮钻机	PV351	1
6	电铲	WK-4	1
7	电铲	WK-10B	7
8	电铲	295B	3
9	电铲	WK-20	1
10	矿用汽车	325M	7
11	矿用汽车	3311E	3
12	矿用汽车	WK-100	8
13	矿用汽车	MARK-36	16
14	矿用汽车	MT3600B	9
15	矿用汽车	CAT789C	5
16	矿用汽车	MT3700B	14
17	推土机	TY220、CAT50、PD-320Y	20
合计			107

33.4　选矿情况

33.4.1　选矿厂概况

南芬选矿厂设计主矿种入选品位为30%，最大入磨粒度为12mm，磨矿细度为-0.074mm占82%。目前南芬选矿厂针对磁铁贫矿和赤铁贫矿分别采用不同的选矿流程进行选矿。磁铁矿石主要采用单一磁选工艺流程，赤铁矿石采用的是弱磁选—反浮选选别工艺流程。

磁铁矿流程设计年选矿能力为1200万吨，设计主矿种入选品位为28.66%，最大入磨粒度为1200mm，磨矿细度为-0.074mm占90%，选矿方法为湿式磁选法。选矿产品为铁精粉，铁精粉的全铁品位为67.84%。

赤铁矿流程设计年选矿能力为80万吨，设计主矿种入选品位为29.43%，最大入磨粒度为350mm，磨矿细度为-0.074mm占93%，选矿方法为湿式磁选法。选矿产品为铁精粉，铁精粉的全铁品位为65.35%。

2015年南芬选矿厂选矿情况见表33-4。

表 33-4　2015 年南芬选矿厂选矿情况

入选矿石量 /万吨	入选品位 /%	选矿回收率 /%	每吨原矿选矿耗水量 /t	每吨原矿选矿耗新水量 /t	每吨原矿选矿耗电量 /kW·h	每吨原矿磨矿介质损耗 /kg	精矿产率 /%
（磁矿）1239.72	29.36	77.42	11.37	0.79	32.71	1.38	2015
（红矿）85.61	29.43	65.23			38.75	1.75	2015

33.4.2　选矿工艺流程

33.4.2.1　磁铁矿生产工艺流程

单一磁选选矿工艺流程，可简述为三段一闭路碎矿—二段阶段闭路磨矿—三段磁选—磁选柱精选—中矿浓缩再磨—高频振网筛自循环，工艺流程详述如下。

南芬露天铁矿采出的（0~1200mm）矿块，用 100t 电机车牵引，经过公司计控处所设 120t 轨道衡称重后进入南芬选矿厂粗破碎卸车位置，直接倒入 PX1400/170 旋回破碎机，破碎后的产品粒度为 0~320mm，排矿经重型板式给矿机由皮带输送机送到中碎原矿槽。中碎原矿槽排矿经重型板式给矿机由皮带运输机输送至 φ2100mm 标准型弹簧圆锥破碎机进行破碎，碎矿产品粒度 0~60mm，进入细碎原矿槽。细碎原矿槽排矿进入 1500mm×4000mm 自定中心振动筛进行预先筛分，1500mm×4000mm 自定中心振动筛筛下产品粒度为 0~12mm，进入磨选车间原矿槽，筛上产品进入 φ1650mm 短头型弹簧圆锥破碎机进行碎矿，碎矿产品再经 1500mm×4000mm 自定中心振动筛进行检查筛分，构成预检合一的闭路循环。

磨选车间原矿槽排矿由溜嘴控制，经集矿皮带、上矿皮带进入 MQY2736 溢流型球磨机，一次磨矿排矿进入 φ2000×8400 高堰式双螺旋分级机进行检查分级，一次分级溢流产品粒度为 -0.45mm 占 90%，分级溢流进入一次矿浆池，分级返砂返回一次球磨再磨。一次矿浆池中的一次分级溢流产品经渣浆泵扬送至 CTB1021（或 CTB1024）半逆流型磁选机进行选别，尾矿自流入尾矿道，一磁精矿经 φ159 脱磁器脱磁后自流至二次 φ2000×8400 高堰式双螺旋分级机进行预先分级。一磁精矿经预先分级后，二次分级溢流进入二段脱水槽进行选分，二次分级返砂返回二次磨矿再磨，二次磨矿采用 MQY2736 溢流型球磨机，其排矿进入二次分级机，二次磨矿分级作业是预检合一的磨矿分级作业，二次分级溢流 -0.125mm 占 88%。二次分级溢流产品进入二次矿浆池，经渣浆泵扬送至二段 φ2000 永磁顶部磁系脱水槽，二脱精自流进入二段 CTB718（或 CTB1030）半逆流筒式磁选机，二脱尾矿自流入尾矿道。二段筒式磁选机精矿自流进入矿浆池，经渣浆泵扬送至 MVS2020 高频振网筛，二段磁选尾矿自流入尾矿道。MVS2020 高频振网筛筛下产品自流至 BX1021 磁选机，磁选尾矿自流入尾矿道，磁选精矿由渣浆泵扬送至 CXZ60 磁选柱，磁选柱精矿作为最终精矿自流进入 CTB1021 半逆流型磁选机进行浓缩，其精矿进入 ZPG-72/6 盘式过滤机进行过滤，尾矿进入尾矿道，磁选柱中矿进入矿浆池，经渣浆泵扬送至 BX1021 浓缩磁选机，浓缩精矿自流返回二次磨矿再磨，浓缩磁选尾矿自流至尾矿道，高频振网筛筛上产品直接自流返回二次磨矿再磨。ZPG-72/6 盘式过滤机过滤产品水分 9.5%~9.8%，由皮带输送机送到精矿仓待运，过滤机溢流进入矿浆池，由渣浆泵扬送至 CTB1021 半逆流型磁选机进行浓缩后再进入 ZPG-72/6 盘式过滤机进行过滤。所有尾矿经 φ50m 周边传动浓缩机浓缩后经四级泵站扬送至尾矿坝。南芬露天铁矿厂磁铁矿选矿工艺流程如图 33-1 所示。

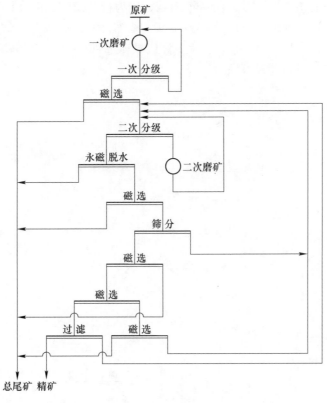

图 33-1 南芬露天铁矿厂磁铁矿选矿工艺流程

33.4.2.2 赤铁矿生产工艺流程

来自本钢南芬露天铁矿的红铁矿石，经露天新破碎站破碎后，小于 350mm 的矿石，由运输电机车牵引进入车间红矿翻车线，翻卸到卸车矿槽中，由电振给矿机给入 1 号胶带机，经 2 号胶带运输机送入磨矿圆筒矿槽中贮存，在磨矿矿仓中的矿石，经一次自磨机、一次球磨机及旋流器组和二次球磨机及旋流器组。选别流程分为弱磁选别工艺及强磁-反浮选选别工艺。

（1）弱磁选别工艺。自磨机中的排矿产品自流给入一段脱水槽，一段底流通过渣浆泵给入一次旋流器中，与一次球磨机形成闭路循环，一次旋流器的溢流亦通过渣浆泵给入一段磁选机中，磁性产品自流给入高频细筛中，筛上产品自流至二旋给矿泵池，筛下产品通过泵给入二段磁选机中，磁选精矿由渣浆泵扬送至磁选柱，磁选柱精矿作为最终磁铁矿精矿，一脱、一磁、二磁尾矿自流进入强磁浓缩给矿泵箱，进入强磁选别段。

（2）强磁-反浮选工艺。弱磁选别段的尾矿进入强磁前浓缩至给矿泵箱，由泵给入强磁前浓缩机中，底流通过渣浆泵给入强磁前平板筛，经除渣后自流给入 SSS-I-2000 强磁机，强磁尾矿通过尾矿溜槽自流给入 10 号 φ50m 浓缩机。强磁机产品及细筛筛上产品经渣浆泵给入二段旋流器及二段球磨机，形成闭路循环，旋流器溢流亦通过泵打入浮选前浓缩，底流产品经过泵送入浮选前搅拌槽，经搅拌加药均匀后给入粗选浮选柱，底流为最终反浮选精矿。浮选泡沫产品再经一、二扫选浮选柱，底流为中矿产品，经泵返回到浮选前浓缩机，二扫选泡沫产品为反浮选尾矿，与强磁尾矿一起自流至 10 号 ϕ50m，二段弱磁精矿与粗浮选精矿一起由渣浆泵给入精矿浓缩池，成为最终精矿，由泵打到四选过滤处理。强磁前、浮选前、精矿前浓缩机以及 10 号 ϕ50m 浓缩机溢流水自流至 ϕ29m 澄清池进行处理，由环水泵站打回主厂房循环使用。南芬露天铁矿赤铁矿生产工艺流程如图 33-2 所示，南芬选矿厂主要选矿设备型号及数量见表 33-5。

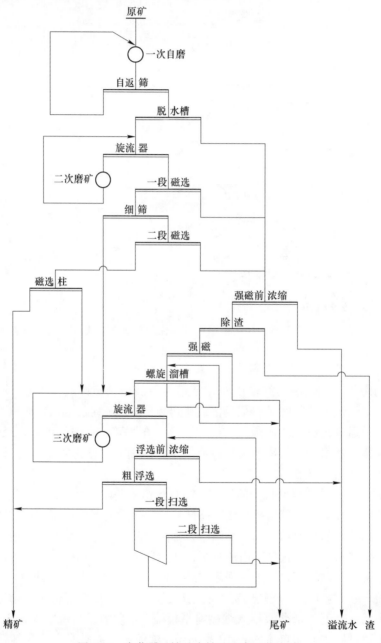

图 33-2　南芬露天铁矿赤铁矿生产工艺流程

表 33-5 南芬选矿厂主要选矿设备型号及数量

设备名称	设备型号	台数	设备名称	设备型号	台数
粗碎机	P×1400/170	2	永磁脱水槽	φ2000	62
中碎机	φ2100 标准圆锥	4	三段磁选机	780×1800	52
细碎机	φ1650 短头圆锥	17	高频振网筛	MVS2000×2000	60
细碎机	H6800	3	磁选柱	C×Z60	52
球磨机	φ2700×3600	44	水力旋流器	WDS350	14
球磨机	φ3600×6000	4	盘式真空过滤机	ZPG-72	16
球磨机	φ5500×1800	3	浓缩机	φ50	12
分级机	φ2000×8400	24	电机车	80T	5
一段磁选机	1050×2100	33	电机车	100T	9

33.5 矿产资源综合利用情况

南芬铁矿开采矿种为单一铁矿，资源综合利用率 75.34%。

南芬铁矿年产生废石 8108.8 万吨，废石年利用量 1270.5 万吨，废石利用率为 15.53%，废石处置率为 100%，处置方式为排土场堆存和再选回收。

选矿厂尾矿年排放量 919.6 万吨，尾矿中 TFe 含量为 9.20%，尾矿年利用量为零，尾矿利用率为零，处置率为 100%，处置方式为尾矿库堆存。

34　齐大山铁矿

34.1　矿山基本情况

　　齐大山铁矿为露天开采铁矿的大型矿山，无共伴生矿产，是第四批国家级绿色矿山试点单位。建矿时间为 1969 年 7 月 1 日，投产时间为 1970 年 7 月 1 日。矿区位于辽宁省鞍山市，区内有公路与鞍山市相通，交通便利。齐大山铁矿开发利用情况见表 34-1。

表 34-1　齐大山铁矿开发利用简表

基本情况	矿山名称	齐大山铁矿	地理位置	辽宁省鞍山市千山区
	矿山特征	国家级绿色矿山	矿床工业类型	沉积变质型（鞍山式）铁矿床
地质资源	开采矿种	铁矿	地质储量/万吨	168543.1
	矿石工业类型	磁铁矿石	地质品位（TFe）/%	30.6
开采情况	矿山规模	1700 万吨/年，大型	开采方式	露天开采
	开拓方式	汽车运输开拓	主要采矿方法	组合台阶采矿法
	采出矿石量/万吨	1560.1	出矿品位（TFe）/%	27.31
	废石产生量/万吨	3193.05	开采回采率/%	99.71
	贫化率/%	4.92	开采深度/m	138~-270（标高）
	剥采比/t·t^{-1}	1.75		
选矿情况	选矿厂规模	480 万吨/年	选矿回收率/%	78.26
	主要选矿方法	三段一闭路破碎—重选—磁选—阴离子反浮选		
	入选矿石量/万吨	1219	原矿品位（TFe）/%	27.31
	精矿产量/万吨	385.08	精矿品位（TFe）/%	67.65
	尾矿产生量/万吨	833.92	尾矿品位（TFe）/%	8.68
综合利用情况	综合利用率/%	78.03	废水利用率/%	92.7
	废石排放强度/t·t^{-1}	8.29	废石处置方式	排土场堆存
	尾矿排放强度/t·t^{-1}	2.17	尾矿处置方式	尾矿库堆存
	废石利用率	0	尾矿利用率	0

34.2　地质资源

34.2.1　矿床地质特征

34.2.1.1　地质特征

　　齐大山铁矿矿床工业类型为沉积变质型铁矿（鞍山式铁矿），矿山开采深度为 138~

-270m 标高。齐大山铁矿位于东西向阴山-天山复杂构造带东端，并与北北东向新华夏一级构造第二隆起带相复合。矿床所在小区域位置为鞍山复向斜北东翼之西北端。齐大山铁矿床产于新太古界鞍山群变质岩系中，主要由绢云石英绿泥片岩、云母石英岩、绿泥石岩和铁矿体及赤铁石英岩组成，变质程度为绿片岩相；古元古界辽河群假整合于鞍山群之上，主要由底砾岩和千枚岩组成；上述地层普遍被第四系覆盖。本区矿体为规模巨大的厚层状矿体，产状稳定，走向为 310°~340°，走向延长 4.6km，倾角 70°~85°，倾向南西或北东，倾向延深很深，已有地质勘探工程控制深达至-500m 标高左右，在矿体上盘中尚有数条薄厚不等的盲矿体，最厚达 40~50m，窄至几米。主矿体厚 70~350m，平均厚 210m，盲矿体的产状和主矿体略有不同。矿体属稳固矿岩，围岩属于稳固岩石。

34.2.1.2　矿石质量

矿石的工业类型为赤铁矿、磁铁矿。矿石自然类型按其矿物组成可分为透闪型和石英型。矿石中铁矿物组成有：赤铁矿、赤磁铁矿、褐铁矿、磁铁矿、镜铁矿。矿石中脉石矿物有：石英、绿泥石、阳起石、透闪石等。矿石的结构主要为变晶结构，矿石构造主要为条带状、隐条带状、致密块状构造。矿石的工艺类型为：单一磁选矿石有透闪赤磁铁矿、透闪磁铁矿；磁浮联选矿石有透闪赤铁矿、石英型的赤磁铁矿和赤铁矿。富铁矿石主要为块状构造，部分为脉状构造及角砾状构造。脉状富铁矿石是由富铁矿脉沿交代残留的贫铁矿条带充填形成的，角砾状富铁矿石是在富铁矿石中残留有条带状铁矿石的角砾而成的。富铁矿石的组成矿物主要是磁铁矿（有的矿石有假象赤铁矿）、石英、绿泥石及极少量的白云母、黄铁矿、黄铜矿等。

矿石平均体重为 3.45t/m^3，矿石湿度平均为 0.32%，孔隙度平均为 1.61%，矿石硬度系数 f=12~14，矿石松散系数为 1.58，矿石自然安息角为 38°。

34.2.2　资源储量

齐大山铁矿为单一矿产，矿床规模为大型。截至 2013 年年底，矿山累计查明铁矿石资源储量为 1685431kt，保有铁矿石量为 1297327kt，铁矿平均地质品位（TFe）为 30.6%。

34.3　开采情况

34.3.1　矿山采矿基本情况

齐大山铁矿为露天开采的大型矿山，采取汽车运输开拓，使用的采矿方法为组合台阶采矿法。矿山设计年生产能力 1700 万吨，设计开采回采率为 95%，设计贫化率为 5%，设计出矿品位（TFe）29.5%。

34.3.2　矿山实际生产情况

2013 年，矿山实际出矿量 1560.1 万吨，排放废石 3193.05 万吨。矿山开采深度为 138~-270m 标高。齐大山铁矿矿山实际生产情况见表 34-2。

表 34-2　齐大山铁矿矿山实际生产情况

采矿量/万吨	开采回采率/%	出矿品位（TFe）/%	贫化率/%	剥采比/t·t⁻¹
1560.1	99.71	27.31	4.92	1.75

34.3.3　采矿技术

齐大山铁矿矿山采矿设备及数量见表 34-3。

表 34-3　齐大山铁矿矿山采矿设备型号及数量

序号	设备名称	规格型号	使用数量/台（套）
1	钻机	YZ55	5
2	钻机	45R	6
3	钻机	KY310	3
4	电铲	295B	8
5	电铲	WK-10	2
6	电铲	WK-4	6
7	汽车	R170	12
8	汽车	MT3600	17
9	汽车	EH3500	8
10	矿石皮带运输机	400	2
11	岩石皮带运输机	600	3
12	矿石破碎机	6089	1
13	岩石破碎机	6089	1

34.4　选矿情况

34.4.1　选矿厂概况

齐大山铁矿选矿厂设计年选矿能力为 480 万吨，设计入选品位为 29.5%，最大入磨粒度为 12mm，磨矿细度为 -0.074mm 占 85%。选矿产品为铁精矿，全铁品位为 67.58%。选矿厂现在的工艺流程为：三段一闭路破碎、阶段磨矿、粗细分选、重选—磁选—阴离子反浮选。齐大山铁矿 2015 年选矿情况见表 34-4。

表 34-4　齐大山铁矿 2015 年选矿情况

入选矿石量/万吨	入选品位/%	选矿回收率/%	每吨原矿选矿耗水量/t	每吨原矿选矿耗新水量/t	每吨原矿选矿耗电量/kW·h	每吨原矿磨矿介质损耗/kg
1111.22	28.4	83.8	0.85	0.74	39.91	1.873

34.4.2 选矿工艺流程

34.4.2.1 破碎筛分流程

齐大山铁矿选矿厂破碎筛分工艺为三段一闭路破碎流程，破碎筛分流程如图 34-1 所示，粗中细碎设备及技术指标见表 34-5。

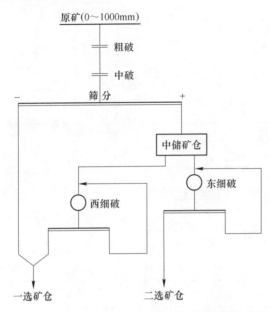

图 34-1 齐大山铁矿选矿厂破碎筛分流程

表 34-5 齐大山铁矿选矿厂粗中细碎设备及技术指标

作业	粗碎	中碎	细碎	
设备名称	旋回破碎机	液压圆锥破碎机	圆锥破碎机	圆锥破碎机
型号及规格	PXZ1350/180	H8800	HP800	H8800
设备台数/台	1	2	4	1
最大给矿粒度/mm	1000	350	100	100
排矿粒度/mm	0~350	0~100	0~35	0~35

34.4.2.2 磨矿分级

原矿经破碎筛分后，粒度达到−12mm 含量占 90%以上，破碎筛分后的产品从磨磁作业区粉矿仓由球磨给矿皮带机给入一段球磨机。一段磨矿与一次旋流器组成闭路磨矿，一次旋流器溢流给入粗细分级旋流器进行粗细分级。粗细分级旋流器沉砂给入重选作业进行选别，螺旋溜槽精矿经振动细筛，筛下产品为重选精矿；粗选螺旋溜槽尾矿给入扫弱磁机，扫弱磁尾矿再经扫中磁机选别，扫中磁尾为重选尾矿。中矿给入二次分级旋流器，其沉砂给入二段球磨机，二段球磨为开路磨矿，二段球磨机排矿和二次分级旋流器溢流返回粗细分级旋流器。

粗细分级溢流给入弱磁机，弱磁尾给入 φ80m 浓缩机进行浓缩，其底流经过平板除渣筛除渣后给入强磁选作业，强磁尾矿进入终尾。弱磁精、强磁精矿合并形成混磁精矿，给入 ϕ53m 浓缩机浓缩后，给入浮选作业，浮选作业由一次粗选、一次精选、三次扫选形成浮选回路，浮选尾矿进入终尾，重选精矿与浮选精矿合为最终精矿。齐大山铁矿选矿厂工艺流程如图 34-2 所示，主要选矿设备型号及数量见表 34-6。

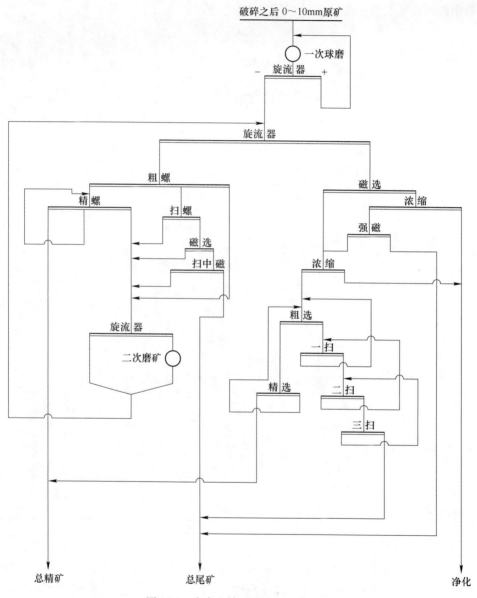

图 34-2　齐大山铁矿选矿厂工艺流程

表 34-6　齐大山铁矿选矿厂主要选矿设备型号及数量

作　业	设备名称	规格型号	台数/台
一段磨矿	溢流型球磨机	ϕ5490×8830	5
二段磨矿	溢流型球磨机	ϕ5490×8830	3

作　业	设备名称	规格型号	台数/台
一次分级	渐开线旋流器组	FX660×5-GT-HW	35
二次分级	渐开线旋流器组	FX660×5-GT-HW	27
粗细分级	渐开线旋流器组	FX660×5-GT-HW	36
粗螺	螺旋溜槽	ϕ1500	192
精螺	螺旋溜槽	ϕ1500	96
振动细筛	筛孔 0.15mm×0.3mm	2839×3086×2518	?
扫中磁前永磁作业	永磁筒式磁选机	CTB-1230-A	15
强磁前永磁作业	永磁筒式磁选机	CTB-1230-B	30
扫中磁	立环脉动高梯度中磁机	SLon-2000	15
强磁选	立环脉动高梯度强磁机	SLon-2000	15
浮选作业	浮选机	BF-10、BF-20	24
浮选作业	浮选机	JJF-10、JJF-20	138
浮选作业	浮选机	SF-10、SF-20	48
强磁前浓缩	中心传动浓缩机	ϕ80	3
浮选前浓缩	周边齿条传动浓缩机	NT-53	3

34.5　矿产资源综合利用情况

齐大山铁矿开采矿种为单一铁矿，资源综合利用率为 78.03%。

齐大山铁矿年产生废石 3193.05 万吨，废石年利用量为零，废石利用率为零，废石处置率为 100%，处置方式为排土场堆存。

选矿厂尾矿年排放量 834 万吨，尾矿中 TFe 含量为 10.66%，尾矿年利用量为零，尾矿利用率为零，处置率为 100%，处置方式为尾矿库堆存。

35 三合明铁矿

35.1 矿山基本情况

三合明铁矿为露天开采铁矿的大型矿山,无共伴生矿产;于 1988 年 6 月 22 日建矿,1989 年 6 月 22 日投产。矿区位于内蒙古自治区包头市达茂旗石宝镇,南距 S104 省道约 10km,经 S104 省道北西至达茂旗政府驻地百灵庙镇约 56km;由矿区经 S104、S211 省道至包头市区约 160km,交通较为方便。三合明铁矿开发利用情况见表 35-1。

表 35-1 三合明铁矿开发利用简表

基本情况	矿山名称	三合明铁矿	地理位置	内蒙古自治区包头市达茂旗
	矿床工业类型	沉积变质型(鞍山式)铁矿床		
地质资源	开采矿种	铁矿	地质储量/万吨	7965.24
	矿石工业类型	磁铁矿石	地质品位(TFe)/%	33.52
开采情况	矿山规模	320 万吨/年,大型	开采方式	露天开采
	开拓方式	汽车运输开拓	主要采矿方法	组合台阶采矿法
	采出矿石量/万吨	136.35	出矿品位(TFe)/%	31.85
	废石产生量/万吨	1290	开采回采率/%	95.62
	贫化率/%	5	开采深度/m	1724~1500(标高)
	剥采比/t·t^{-1}	5		
选矿情况	选矿厂规模	500 万吨/年	选矿回收率/%	82.03
	主要选矿方法	粗破碎—干选抛废—自磨—阶段磨矿—单一磁选		
	入选矿石量/万吨	536.97	原矿品位(TFe)/%	26.16
	精矿产量/万吨	168.02	精矿品位(TFe)/%	68.58
	尾矿产生量/万吨	368.95	尾矿品位(TFe)/%	6.84
综合利用情况	综合利用率/%	58.34	废水利用率/%	100
	废石排放强度/t·t^{-1}	33.63	废石处置方式	排土场堆存和建材
	尾矿排放强度/t·t^{-1}	2.56	尾矿处置方式	尾矿库堆存
	废石利用率/%	0.23	尾矿利用率/%	0

35.2 地质资源

35.2.1 矿床地质特征

35.2.1.1 地质特征

三合明铁矿床属沉积变质型(鞍山式)大型磁铁矿床,开采矿种为铁矿,建设规模为年产铁矿石320万吨。矿区出露地层主要为新太古界色尔腾山群，其岩层自下而上可分为下角闪岩段、下磁铁石英岩段、片岩段、中角闪岩段、上磁铁石英岩段、上角闪岩段。矿区构造主要发育褶皱和断层。褶皱一般为单斜构造，局部出现倒转背斜。断裂构造包括北东向、北西向和北北西向3组断裂，这些断裂对矿体有一定破坏作用，但影响不大。区内岩浆岩主要有闪长岩、辉石闪长岩和煌斑岩，多呈脉状产出，规模较小。局部闪长岩脉斜交矿体侵入，或沿断层斜交侵入，使矿体错开。矿体呈层状或似层状赋存于新太古界色尔腾山群角闪岩中，呈近南北向展布，据层序可分为上、下两个层位。下含矿层的矿体产状受倒转背斜控制，西段矿体在南北两翼出露，走向北东40°，倾向南东，倾角正常翼为45°，倒转翼70°；东段矿体呈北西走向，倾向南西，倾角大于50°，受次级短轴倒转褶皱影响，矿体多次重复出现。上含矿层有两个主要矿体，一个矿体长1100m以上，厚5.79~71.15m（平均35.34m），垂直延深390m；另一矿体长1100m，厚2~56.17m（平均厚22.87m），最大倾斜延深465m。

35.2.1.2 矿石质量

矿石工业类型为需选磁铁矿石，组成矿石的金属矿物主要有磁铁矿，次为赤铁矿和黄铁矿；非金属矿物主要为石英，次为角闪石、透闪石、黑云母等，矿石主要呈自形-半自形-他形粒状变晶结构、粒状-针柱状变晶结构，粒径0.02~0.5mm，条带-条纹状构造。

35.2.2 资源储量

矿石中主要有用组分为铁，伴生有益组分甚微，达不到综合利用的要求，为单一矿产。截至2013年年底，矿区内累计查明铁矿资源储量（矿石量）7965.24万吨，平均地质品位（TFe）33.52%，矿床规模为中型。

35.3 开采情况

35.3.1 矿山采矿基本情况

三合明铁矿为露天开采的大型矿山，采取汽车运输开拓，使用的采矿方法为组合台阶采矿法。矿山设计年生产能力1700万吨，设计开采回采率为95%，设计贫化率为10%，设计出矿品位（TFe）30.17%。

35.3.2 矿山实际生产情况

2013年，矿山实际出矿量136.35万吨，排放废石1290万吨。矿山开采深度为1724~-1500m标高。三合明铁矿矿山实际生产情况见表35-2。

表35-2 三合明铁矿矿山实际生产情况

采矿量/万吨	开采回采率/%	出矿品位（TFe）/%	贫化率/%	剥采比/t·t^{-1}
142.6	95.62	31.85	5	5

35.3.3 采矿技术

石宝三合明铁矿自1988年建矿，投产至今，一直采用露天开采方式，汽车-公路开拓运输系统，分层组合台阶采剥方法。采矿工艺由穿孔-爆破-采装-运输-排土等工艺组成。矿山使用的主要采矿设备有 KQG-150、KQD-80、KQG-100 潜孔钻机，$2m^3$ 和 $4m^3$ 电铲，40~50t 矿用自卸汽车，T-140、T-220 推土机，装药车，ZL50 前装机，液压破碎机等。

石宝三合明铁矿露天采场最大采矿深度 124m，现有工作台阶 5 个，分别是 1561m、1571m、1594m、1657m、1662m。

35.4 选矿情况

35.4.1 选矿厂概况

三合明铁矿选矿厂设计规模为年处理原矿 10 万吨，年生产精矿 3.5 万吨。1988 年 10 月正式建成，1990 年 9 月第二选矿车间建成，规模与第一车间相同；1991 年和 1994 年分别建成了第三、第四选矿车间，规模均为年处理原矿 20 万吨；2003~2004 年相继建起了第五、第六选矿车间，规模均为年产铁精矿 10 万吨，2005~2007 年陆续收购了七车间至十二车间。选矿总生产规模为年处理原矿 350 万吨，设计选矿回收率为（TFe）60.06%。

选矿厂均采用单一湿式弱磁选工艺进行选矿，磨矿细度为 - 0.075mm 占 95.15%。2011 年，选矿厂实际入选矿石量 370.37 万吨（包括自产 211.30 万吨），入选品位（TFe）33.51%。精矿产量 117.78 万吨，精矿产率 31.80%，精矿品位（TFe）64.39%，选矿回收率（TFe）62.50%。2013 年，选矿厂实际入选矿石量 339.93 万吨（包括自产 136.35 万吨），入选品位（TFe）31.85%。精矿产量 108.35 万吨，精矿产率 31.87%，精矿品位（TFe）63.47%，选矿回收率（TFe）61.02%。

35.4.2 选矿工艺流程

目前各车间采用的选矿流程大致相似且比较简单。规模相对较少的车间，破碎为两段一闭路流程，其余为三段一闭路流程。选别流程全部采用粗磨抛尾—粗精矿再磨再造—脱水的阶段磨选流程。三合明铁矿选矿厂选矿工艺流程如图 35-1 所示，主要设备见表 35-3。

表 35-3 三合明铁矿选矿厂主要设备

设备名称	规格型号	数量/台	电动机功率/kW
颚式破碎机	600×900	2	75
	400×600	12	30
	500×750	1	55
	250×1000	2	37
	C80	1	75
圆锥破碎机	PYB900	2	75
	PYZ900	1	55
	PYB1200	2	110
	PYD1200	5	110
	GP100	2	90

续表 35-3

设备名称	规格型号	数量/台	电动机功率/kW
球磨机	1500×3000	17	95
	1500×5700	1	132
	1800×4300	1	210
	1800×6400	2	210
球磨机	2100×3000	13	210
	2400×3600	2	280
	2700×3600	2	380
	2700×3900	1	400
磁选机	CTB718	26	3
	CTB1018	20	5.5
	CTB1024	7	5.5
	CTB1230	2	7.5

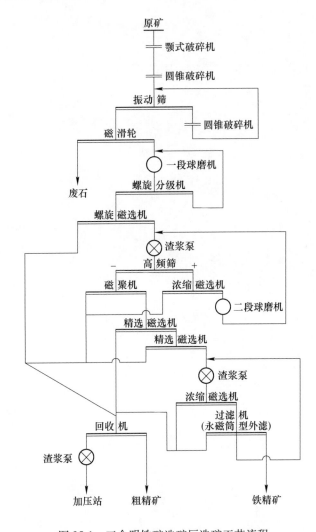

图 35-1 三合明铁矿选矿厂选矿工艺流程

35.5　矿产资源综合利用情况

三合明铁矿开采矿种为单一铁矿，资源综合利用率 58.34%。

三合明铁矿年产生废石 1290 万吨，废石年利用量 3 万吨，废石利用率为 0.23%，废石处置率为 100%，处置方式为排土场堆存和生产建材。

选矿厂尾矿年排放量 98 万吨，尾矿中 TFe 含量为 3%，尾矿年利用量为零，尾矿利用率为零，处置率为 100%，处置方式为尾矿库堆存。

36　上青铁矿

36.1　矿山基本情况

上青铁矿为地下开采铁矿的大型矿山，无共伴生矿产，是第二批国家级绿色矿山试点单位。始建于 1971 年 1 月 1 日，1971 年 7 月 1 日正式投产。矿区位于吉林省白山市八道江区板石镇，距白山市火车站 10km，距通钢 52km，白山市至长春市的高速公路在矿区通过。矿区以公路运输为主，东自上青沟，西至珍珠门，北至李家堡，南到白山市皆有公路相通。矿区有窄轨铁路与选矿厂相通，并与鸭大线白山站衔接，相距 9km，交通方便。上青铁矿开发利用情况见表 36-1。

表 36-1　上青铁矿开发利用简表

基本情况	矿山名称	上青铁矿	地理位置	吉林省白山市八道江区
	矿山特征	国家级绿色矿山	矿床工业类型	沉积变质型（鞍山式）铁矿床
地质资源	开采矿种	铁矿	地质储量/万吨	7231.2
	矿石工业类型	磁铁矿石	地质品位（TFe）/%	34.37
开采情况	矿山规模	240 万吨/年，中型	开采方式	地下开采
	开拓方式	竖井开拓	主要采矿方法	无底柱分段崩落法
	采出矿石量/万吨	199	出矿品位（TFe）/%	26.15
	废石产生量/万吨	1290	开采回采率/%	88.3
	贫化率/%	10.67	开采深度/m	850~-50（标高）
	掘采比/米·万吨$^{-1}$	35.6		
选矿情况	选矿厂规模	450 万吨/年	选矿回收率/%	80.63
	主要选矿方法	三段一闭路破碎—阶段磨矿—阶段磁选—细筛再磨		
	入选矿石量/万吨	199	原矿品位（TFe）/%	30.63
	精矿产量/万吨	74.15	精矿品位（TFe）/%	66.28
	尾矿产生量/万吨	128.85	尾矿品位（TFe）/%	9.46
综合利用情况	综合利用率/%	71.19	废水利用率/%	90
	废石排放强度/t·t^{-1}	0.75	废石处置方式	排土场堆存
	尾矿排放强度/t·t^{-1}	1.68	尾矿处置方式	尾矿库堆存
	废石利用率	0	尾矿利用率	0

36.2 地质资源

36.2.1 矿床地质特征

上青铁矿矿床工业类型为沉积变质铁矿床，开采深度为 850~-50m 标高，开采方式为地下开采。矿山开采的主要矿体编号为 4-1、4-3、4-6、5-2、5-6、5-8、6-6、11，矿体走向长度为 150~1100m，矿体倾角为 80°~85°，矿体厚度为 8~27m，矿体赋存深度为 170~230m。矿体属于稳固矿岩，围岩稳固。矿区地表水不发育，矿床充水以大气降水为主，矿床水文地质条件属于简单类型。

矿石工业类型主要为磁铁矿石，按组成矿石的主要铁矿物划分，矿石自然类型为磁铁矿石，主要矿石矿物为磁铁矿。按矿石中主要脉石矿物种类划分，矿石自然类型可划分为角闪石英磁铁矿石、角闪磁铁矿石、石英磁铁矿石三种类型。按矿石结构构造可划分为浸染状、稀疏浸染状、块状、条纹状、条带状矿石。按氧化程度可划为原生矿石和氧化矿石，该矿床氧化矿石极少。矿石工业类型为贫磁铁矿石。

矿石的结构主要有粒状变晶结构，少见包裹结构及交代结构。矿石的构造主要以致密块状为主，少量为条纹状、条带状构造及浸染状构造。

矿石中金属矿物以磁铁矿为主，有少量磁赤铁矿、赤铁矿、褐铁矿、黄铁矿、磁黄铁矿、黄铜矿等。

（1）磁铁矿。亮灰黑色，自形-半自形及他形粒状，高硬度，均质性，粒度范围 0.014~1mm，一般 0.05~0.2mm，不同粒度混合在一起，其分布无规律，含量 30%~65%。

（2）磁赤铁矿。呈不规则状，偶见他形-半自形，交代磁铁矿，只在地表及裂隙破碎带中发现，局部含量 3%~5%，个别达 10%。

（3）赤铁矿。呈细粒状或细小的叶片状、板状。粒径多小于 0.01mm，个别达 0.1~0.5mm。只在地表及前部裂隙及破碎带中发现。

（4）褐铁矿。褐色，呈他形粒状晶体，集合体组成团状、条带状，反射色灰带浅蓝色调，反射力Ⅲ级，强非均质性，粒度小者 0.01~0.03mm。仅分布在地表或破碎节理裂隙处，主要是磁铁矿氧化后产物。

（5）黄铁矿、磁黄铁矿。偶尔可见到，浅黄铜色，他形或半自形粒状，粒度为 0.5~1mm，金属光属，反射色棕褐色，均质性，硬度高，往往成细脉状或星散状分布于局部的矿石中。在构造裂隙发育处常见。在地表氧化后变成褐铁矿。

（6）黄铜矿。偶尔见到，他形粒状，粒度很细，多分布在黄铁矿边缘与黄铁矿共生。

（7）菱铁矿。偶尔分布在强碳酸盐化的破碎带中，呈细脉状及不规则微晶细粒集合体充填其他矿物之间。

矿石伴生有益组分 Mn、Cr、Ti、Ag、Cu、Pb、Zn、Co、Ni 等含量低微，目前尚不能综合回收利用。有害组分 P、S、As 等，含量很低，对矿产品质量无大影响。

36.2.2 资源储量

上青铁矿为单一矿产，开采矿种为铁矿，矿床规模为中型，截至 2013 年年底，该矿山累计查明铁矿石资源储量为 7231.2 万吨，保有铁矿石资源储量为 2983 万吨，铁矿的平均地质品位（TFe）为 34.37%。

36.3　开采情况

36.3.1　矿山采矿基本情况

上青铁矿为地下开采的大型矿山，采取竖井开拓，使用的采矿方法为无底柱分段崩落法。矿山设计年生产能力 240 万吨，设计开采回采率为 85%，设计贫化率为 15%，设计出矿品位（TFe）29.26%。

36.3.2　矿山实际生产情况

2013 年，矿山实际出矿量 199 万吨，排放废石 1290 万吨。矿山开采深度为 850～ -50m 标高。上青铁矿矿山实际生产情况见表 36-2。

表 36-2　上青铁矿矿山实际生产情况

采矿量/万吨	开采回采率/%	出矿品位（TFe）/%	贫化率/%	掘采比/米·万吨⁻¹
250.1	88.3	26.15	10.67	35.6

36.3.3　采矿技术

上青铁矿矿山对巷道稳固性差的部分难采低品位矿，通过应用新型树脂锚杆支护方法，对不稳固巷道实施了支护，支护后效果良好，经受住了采场爆破动载荷的考验，保证了难采矿石的有效回收，加大了对难采低品位矿的回收力度。上青铁矿采矿设备型号及数量见表 36-3。

表 36-3　上青铁矿采矿设备型号及数量

序号	设备名称	规格型号	使用数量/台（套）
1	掘进凿岩台车	Boomer281	5
2	深孔凿岩台车	SinbaH1245	4
3	铲运机	WJD-1	3
4	铲运机	WJD-2	30
5	铲运机	LH306E	4
6	电机车	ZK10-6/250	15
7	电机车	CJY10-250/6P	10
8	给矿机	1500×9072	2
9	破碎机	PEWA100120	2
10	提升机	2JK-2/20	1
11	提升机	2JK-3/20A	1

36.4　选矿情况

36.4.1　选矿厂概况

上青铁矿矿山选矿厂为通钢板石选矿厂。设计年选矿能力为 450 万吨，设计入选品位（TFe）为 31.2%，最大入磨粒度为 12mm，磨矿细度为-0.074mm 占 80%，选矿方法为单一磁选法。选矿产品为铁精粉，铁精粉的全铁（TFe）品位为 66.28%。

36.4.2　选矿工艺流程

36.4.2.1　破碎工艺流程

板石选矿厂破碎工艺采用三段一闭路破碎，破碎工艺流程如图 36-1 所示。矿石经 PX900×150 液压旋回破碎机粗碎后给入诺德伯格 PH500 破碎机进行中碎，中碎产品给入 2000mm×4500mm 圆振筛，筛上产品干选抛废后给入诺德伯格 PH500 破碎机细碎，细碎产品与中碎产品合并一起给入圆振筛，形成闭路。振动筛下产品再次经过干选抛废，废石经过圆筒筛水洗，水洗矿浆输送到主厂房 CTB1500×2400 回收磁选机进行回收，破碎产品干选后的矿石作为破碎过程的合格产品给入主厂房的 U 形贮矿仓。

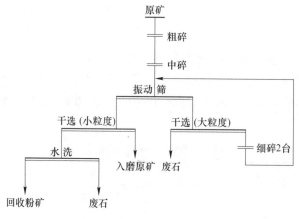

图 36-1　板石选矿厂破碎工艺流程

36.4.2.2　磨矿选别流程

板石选矿厂磨选采用阶段磨矿—阶段磁选—细筛自循环流程，其中包括两段磨矿、两次分级、三段磁选、两次浓缩磁选，改造前的工艺流程如图 36-2 所示。矿石给入 MQG2736 格子型球磨机和 2FLG2000 高堰式双螺旋分级机组成的一段闭路磨矿。分级机溢流给入脱水槽脱水后进行一段磁选。一段磁选精矿给入旋流器进行二次分级，旋流器砂给入 MQY2736 溢流型球磨机再磨；旋流器溢流与第二段球磨机排矿经二段脱水槽脱水后给入二段磁选机磁选，二段磁选精矿给入细筛分级，筛上产品与第一段磁选粗精矿合并一起给入旋流器二次分级。细筛筛下产品给入磁选柱精选，磁选柱中矿经磁选机浓缩后给入二段磨机。磁选柱底流精矿作为主厂房的终精矿靠自流进入过滤厂房。在过滤厂房内，精矿

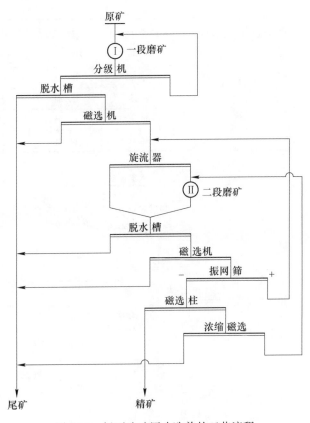

图 36-2 板石选矿厂改造前的工艺流程

经浓缩磁选、过滤机脱水后合格铁精矿落入精矿仓内。

板石选矿厂 2013 年综合尾矿磁性铁品位较高，全年电力消耗为 9026.97 万千瓦时，水消耗为 7285.90 万吨，其中新水消耗为 1457.18 万吨，水电能耗较高。选矿厂 6 个流程系列，共有 14 个脱水槽，脱水槽用水量大是造成选矿厂水耗和电耗偏高的主要原因，因此，取消脱水槽，进而简化选矿工艺流程对降低综合尾矿品位和水耗至关重要。2014 年 5 月，选矿厂取消了各系列脱水槽。2014 年 7 月，在取消脱水槽的基础上又先后对各系列 1 段磁选机进行了更型改造。板石选矿厂改造后的工艺流程如图 36-3 所示，改造前后技术指标对比见表 36-4。主要设备型号及数量见表 36-5。

表 36-4 板石选矿厂改造前后技术指标对比

产品名称	日期	分级机溢流全铁品位	综合尾矿全铁品位	1 段磁选精矿全铁品位	细筛筛下全铁品位	磁选柱精矿全铁品位	铁精矿粒度（-0.074mm）
改造前	06-16	26.15	8.50	45.54	59.88	66.34	81.2
	06-18	28.24	8.74	46.75	60.35	66.73	80.8
	06-19	27.84	8.47	47.10	60.74	67.40	80.6
	平均	27.41	8.57	46.46	60.32	66.82	80.9

产品名称	日期	分级机溢流 全铁品位	综合尾矿 全铁品位	1 段磁选精矿 全铁品位	细筛筛下 全铁品位	磁选柱精矿 全铁品位	铁精矿粒度 (-0.074mm)
改造后	07-19	26.91	7.86	45.93	60.18	66.95	81.2
	07-22	26.03	8.25	45.76	59.81	66.45	79.6
	07-23	28.08	8.33	46.40	60.71	67.03	80.4
	平均	27.01	8.15	46.03	60.23	66.81	80.4

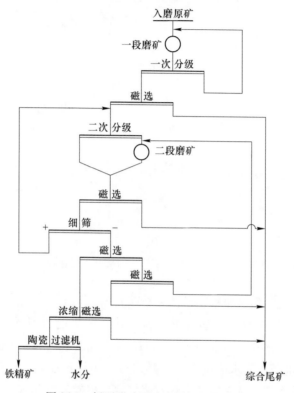

图 36-3 板石选矿厂改造后的工艺流程

表 36-5 板石选矿厂主要设备型号及数量

序号	设备名称	设备型号	台数
1	圆锥破碎机	GP300S	1
2	圆锥破碎机	HP500	4
3	振动筛	2YAF2160	6
4	格子型球磨机	MQG2736	5
5	溢流型球磨机	MQY2736	5
6	湿式溢流型球磨机	MQY4060	1
7	湿式溢流型球磨机	MQY3660	1
8	永磁筒式磁选机	CTB-1230	4

序号	设备名称	设备型号	台数
9	永磁筒式磁选机	LJ-1024	26
10	振动筛	德瑞克（陆凯叠加式）	8
11	磁选柱	800 和 650	15
12	陶瓷过滤机	TC-80	7

36.5　矿产资源综合利用情况

上青铁矿开采矿种为单一铁矿，资源综合利用率71.19%。

上青铁矿年产生废石56万吨，废石年利用量为零，废石利用率为零，废石处置率为100%，处置方式为排土场堆存。

选矿厂尾矿年排放量124.9万吨，尾矿中TFe含量为8.73%，尾矿年利用量为零，尾矿利用率为零，处置率为100%，处置方式为尾矿库堆存。

37　石 碌 铁 矿

37.1　矿山基本情况

石碌铁矿为露天-地下联合开采的大型矿山，主要开采矿种为铁矿、钴矿、铜矿，共伴生矿产有铜、钴、镍、银、铅锌等金属矿产和白云岩、石英岩、重晶石、石膏、硫等非金属矿产，是国内最为知名的大型优质富铁矿床之一，也是第二批国家级绿色矿山试点单位。矿山于1957年恢复生产至今，矿区位于海南省昌江县石碌镇。石碌铁矿开发利用情况见表37-1。

表 37-1　石碌铁矿开发利用简表

基本情况	矿山名称	石碌铁矿	地理位置	海南省昌江县石碌镇
	矿山特征	国家级绿色矿山	矿床工业类型	火山沉积-变质矿床赤铁矿床
地质资源	开采矿种	铁矿	地质储量/万吨	47337
	矿石工业类型	赤磁铁矿石	地质品位（TFe）/%	47.11
开采情况	矿山规模	450万吨/年，大型	开采方式	露天-地下联合开采
	开拓方式	机车-汽车联合运输开拓	主要采矿方法	组合台阶采矿法
	采出矿石量/万吨	549	出矿品位（TFe）/%	48.90
	废石产生量/万吨	755	开采回采率/%	98.09
	贫化率/%	2.98	开采深度/m	497~-620（标高）
	剥采比/t·t^{-1}	1.31		
选矿情况	富矿系统规模	350万吨/年	选矿回收率/%	78.33
	贫矿系统规模	110万吨/年		
	主要选矿方法	块矿：三段一闭路破碎—中、细碎前筛分 粉矿：三段一闭路破碎—两段连续磨矿—弱磁—强磁—反浮选		
	入选矿石量/万吨	块矿：357 粉矿：108.92	原矿品位（TFe）/%	49.37
	精矿产量/万吨	278.49	精矿品位（TFe）/%	块矿 54.55 粉矿 63.21
	尾矿产生量/万吨	187.43	尾矿品位（TFe）/%	26.10
综合利用情况	综合利用率/%	74.93	废水利用率/%	90
	废石排放强度/t·t^{-1}	2.33	废石处置方式	排土场堆存和其他
	尾矿排放强度/t·t^{-1}	0.46	尾矿处置方式	尾矿库堆存
	废石利用率/%	5.39	尾矿利用率	0

37.2　地质资源

37.2.1　矿床地质特征

37.2.1.1　地质特征

石碌铁矿矿床类型为火山沉积-变质矿床赤铁矿，矿床开采深度为497~620m，除铁矿石外，还有钴、铜、白云岩、石英岩等矿产和镍、银、硫等伴生矿产。

石碌铁矿位于琼西近东西向昌江-琼海深大断裂和北东向戈枕韧-脆性断裂的交汇部位。一个轴向近东西的复式向斜主要控制了该矿区赋矿地层（主要为石碌群）和矿体的产出，铁矿体、钴铜矿体即赋存在该复式向斜的槽部及两翼向槽部过渡的部位。该复式向斜的西段紧闭且翘起，向东倾伏开阔，并为次级近南北向的横跨褶皱所叠加，总体显示S形褶皱构造特征，即褶皱轴线在平面上呈S形展布，轴面的三维空间形态呈麻花状，褶皱中段轴面近于直立，西段轴面倾向北东，东段轴面呈波状起伏。该矿区内，北西-北北西向、北东东-近东西向和北北东-近南北向的断裂构造亦较发育，其中，矿区南部的北西西向F_1断裂则可能为一横贯矿区的主导矿构造；而一系列近南北（北北西/北北东）向的正断层不仅在矿区东部横截该复式向斜，而且使断层东盘的矿体滑移，并自西向东，矿体的埋深逐渐加大。

石碌铁矿区出露的地层有石碌群、震旦系、石炭系和二叠系等，而寒武系至泥盆系在该矿区缺失。其中，石碌群是该矿区的主要赋矿地层，系一套以（低）绿片岩相变质为主的、浅海相和浅海-泻湖相（含铁）火山-碎屑沉积岩和碳酸盐岩建造。

在该矿区约$11km^2$范围内，共计有铁矿体38个、钴矿体17个及铜矿体41个，其中规模较大者有北一、南六、枫树下铁矿体和一号、四号铜矿体及一号、三号钴矿体，占总储量的90％以上。在垂向上，铁矿体通常在上，钴铜矿体在下，自上而下大致呈铁-钴铜（金）顺序平行叠置，且保持在30~60m的距离。但无论是在垂向上还是在平面上，铁、钴铜矿体均呈层状、似层状的S形或反S形透镜体产出，与构造面理（片理、劈理）及共轭剪张节理密切相关。呈厚大透镜状的北一铁矿体还呈现分枝尖灭，暗示在深部连成一体。铁矿体与赋矿围岩主要呈突变关系，出现断裂时则由含铁围岩向硅化围岩到贫铁矿再到富铁矿渐变过渡。而呈小透镜体（中间膨大部位厚7~9m）连续产出的钴铜矿体则主要赋存于石碌群第五层顶部与第六层底部的白云岩、二透岩过渡带或构造破碎带内，显示出菱形块状或囊状、条带状、不规则脉状和网脉状等，在强构造应变带内则呈雁列式透镜状矿体。

37.2.1.2　矿石质量

铁矿石分为原生矿和坡积矿两类；其中原生矿又分为平炉矿（H_1）、低硫高炉矿（H_2）、高硫高炉矿（H_3）、贫矿（H_4）和表外次贫矿（H_5）5个工业品级。

矿石矿物主要是赤铁矿，次为磁铁矿等。富铁矿的脉石矿物主要是石英和绢云母，而贫铁矿的脉石矿物则有石英、透辉石、透闪石、石榴子石、绿帘石、绿泥石、绢云母、方解石、白云石和重晶石等。矿石构造以鳞片状为主，次为菱形块状及条带状，角砾状少见；矿石结构以细鳞状变晶为主，次为变余粉砂和鲕状结构等。有害杂质硫、磷（P_2O_5普遍低于 0.05%）等含量低，且含有镓、铟、锗等。钴铜矿矿石主要有含钴黄铁矿型钴矿石、含钴磁黄铁矿型钴矿石和黄铜矿型铜矿石等 3 种工业类型，次为氧化矿石。主要矿石矿物为含钴黄铁矿、黄铜矿、含钴磁黄铁矿，局部出现辉钴矿、斑铜矿、辉铜矿等；脉石矿物与铁矿石类似；矿石多伴生 Ni、Ag、S 等有用元素，有害杂质 As、Zn、Sb、Hg 等含量则普遍较低。矿石构造主要有条带状、致密块状、不规则脉状和网脉状等，局部为角砾状；矿石结构主要有胶状、隐晶（微晶）致密块状，次为细粒、中粗粒及他形-半自形粒状；含钴黄铁矿呈胶状-隐晶状、细晶状、斑晶状和粗晶状结构，而不含钴磁铁矿结晶粗大，呈脉状、浸染状出现在矿石及围岩裂隙中。

37.2.2　资源储量

石碌铁矿是以铁矿石为主（主要是赤铁矿，少量为磁铁矿等），共生或伴生有钴、铜、镍、铅锌、银（金）等金属矿产以及白云岩、重晶石、石膏、硫等非金属矿产的大型矿床。矿区累计查明铁矿石资源储量 47337 万吨，平均品位（TFe）47.11%，最高品位（TFe）68.54%；保有资源量 28230 万吨，平均品位（TFe）43.91%。除铁矿外，还共生或伴生铜、钴、镍、银、铅锌等金属和白云岩、石英岩、重晶石、石膏、硫等非金属矿产，钴金属量约 1.2 万吨，铜金属量约 4.9 万吨。在矿区外围区域发现的主要矿产还有铁、铜、铅锌、钨、锡、金等金属和石灰岩、黏土、石英砂等非金属矿床（点）多处。

37.3　开采情况

37.3.1　矿山采矿基本情况

石碌铁矿为露天开采的大型矿山，采取机车-汽车联合运输开拓，使用的采矿方法为组合台阶法。矿山设计年生产能力 450 万吨，设计开采回采率为 97%，设计贫化率为 3%，设计出矿品位（TFe）60.73%。

37.3.2　矿山实际生产情况

2013 年，矿山实际出矿量 549 万吨，排放废石 755 万吨。矿山开采深度为 497~620m 标高。石碌铁矿矿山实际生产情况见表 37-2。

表 37-2　石碌铁矿矿山实际生产情况

采矿量/万吨	开采回采率/%	出矿品位（TFe）/%	贫化率/%	露天剥采比/t·t⁻¹
549	98.09	48.90	2.98	1.31

37.3.3　采矿技术

石碌铁矿采矿方法为露天开采，联合运输开拓。

主要生产设备和工艺流程有穿孔爆破（设备有 ϕ250mm 潜孔钻 7 台，KY-250A 牙轮钻 1 台，YZ-35B 牙轮钻 1 台，YZ-35C 牙轮钻 1 台）—铲装作业（采用设备为 4m³ 电铲 14

台)—运输作业（采用 150~160t 牵引电机车及 8~40t 自卸矿用汽车两种运输设备）—原矿槽（富矿）、110 万吨/年选矿厂（贫矿）、排土场（废石）。

37.4 选矿情况

37.4.1 选矿厂概况

石碌铁矿选矿厂有两个选别车间，一个是富粉溢流车间，另一个是贫选车间。2002 年贫选车间被民营企业租赁承包经营，富粉溢流车间则成为现在的海南钢铁公司选矿厂。两个选矿厂所处理矿石均由采场供给，矿石性质基本一致，只是品位有所差异。

选矿厂生产系统主要分为三部分：富矿系统处理高炉富铁矿，富矿经破碎、筛分、洗矿后得到 10~40mm 的块矿；富矿溢流系统处理富矿产生的粉矿，得到产品粗粉和铁精矿；110 万吨选矿厂处理部分高硫矿和贫矿，得到产品铁精粉。

37.4.2 选矿工艺流程

37.4.2.1 富矿系统

采场采出的富矿经破碎筛选洗矿后，获得 10~40mm 高炉块矿及高硫块矿，品位 55%；块度 0.5~10mm 富粉矿，品位 52%。原富矿溢流进入选矿车间，经一段再磨后经弱磁—强磁选出品位 63%左右铁精矿。

在 110 万吨/年贫矿选矿厂设计时，考虑将富粉溢流送至该选矿厂处理，即富粉溢流分级后，0~0.1mm 进入 110 万吨/年选矿厂第三浮选系统经反浮选后获得品位 65%~66%的铁精矿；0.5~0.1mm 粗粒级进入 110 万吨/年选矿厂的二段磨矿分级系统，与 110 万吨/年选矿厂矿石混合处理，即进入"弱磁—强磁—反浮选"作业获得品位 64%左右的铁精矿。石碌铁矿富矿系统选矿工艺流程如图 37-1 所示。

37.4.2.2 110 万吨/年系统

该选矿厂处理的矿石来自采场的贫矿、粉矿、高硫矿和杂矿，厂内有独立的破碎筛分及磨选系统。破碎流程为三段一闭路破碎筛分流程。磨选流程为两段连续磨矿"弱磁—强磁—反浮选"流程。石碌铁矿年产 110 万吨的贫选厂选矿工艺流程如图 37-2 所示。选矿厂富粉溢流系统、2 号尾矿库尾矿回收生产工艺原则流程如图 37-3 所示。石碌铁矿生产技术指标见表 37-3。

表 37-3 石碌铁矿生产技术指标

指　　标		2009	2010	2011	2012	2013
回采率/%	设计值	97.5	97.5	97.5	97.5	97.5
	实际值	97.65	98.10	98.25	98.07	98.09
贫化率/%	设计值	3	3	3	3	3
	实际值	2.98	2.98	2.98	2.98	2.98
回收率/%	设计值	71	71	71	71	71
	实际值	81.52	84.91	82.49	82.97	82.36

指　　标		2009	2010	2011	2012	2013
精矿/%	入选矿石平均品位	45.77	44.12	43.62	43.08	43.07
	精矿平均品位	63.57	63.64	63.89	63.91	63.21
块矿/%	入选矿石平均品位	54.56	54.73	54.34	54.42	54.29
采矿生产能力/万吨	设计能力	465.00	465.00	465.00	465.00	465
	实际生产能力	480.57	477.87	548.94	564.23	549
块矿（富矿系统）/万吨	设计能力	350.00	350.00	350.00	350.00	350
	年处理原矿量	337.42	316.47	373.09	378.00	357.00
精粉（110选厂）/万吨	设计能力	110.00	110.00	110.00	110.00	110
	年处理原矿量	81.97	94.30	98.20	103.70	108.92
选矿生产能力/万吨	设计能力	460	460	460	460	460
	年处理原矿量	427.90	410.77	471.29	481.7	465.92

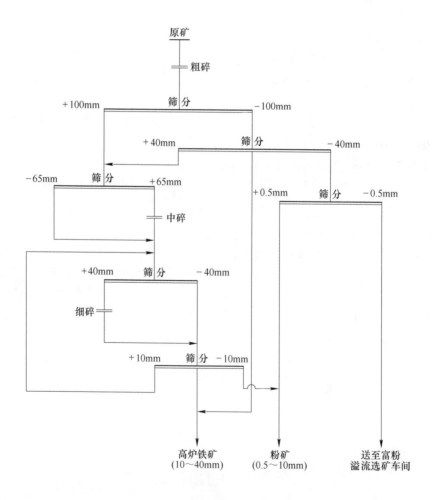

图 37-1　石碌铁矿富矿系统工艺流程

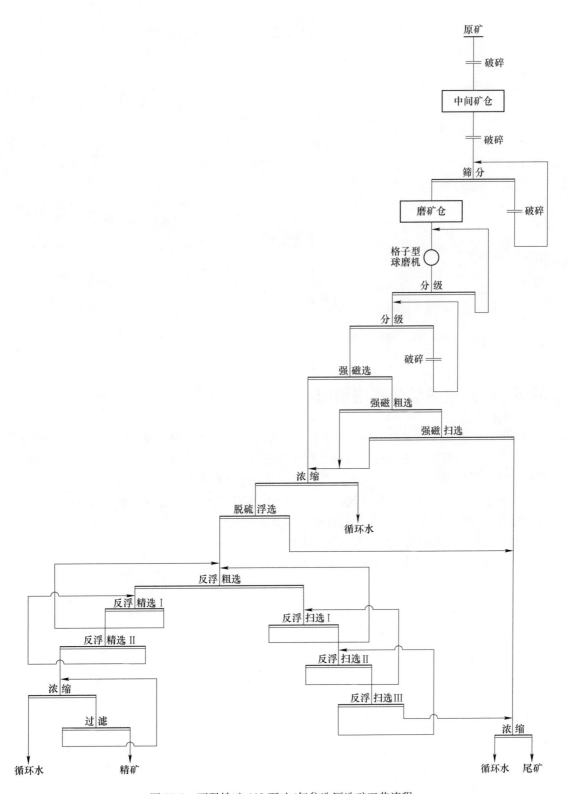

图 37-2　石碌铁矿 110 万吨/年贫选厂选矿工艺流程

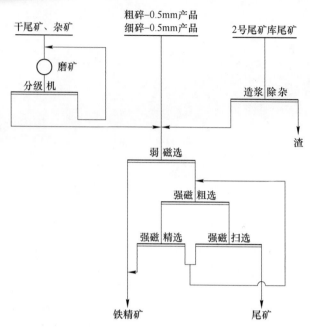

图 37-3　富粉溢流选矿车间生产工艺流程

37.5　矿产资源综合利用情况

　　石碌铁矿有用矿物主要是赤褐铁矿，其次是磁铁矿，伴生铜、钴、镍、银、铅锌等金属和白云岩、石英岩、重晶石、石膏、硫等非金属矿产，储量表中铜 1.03%，钴 0.22%，但由于钴铜层位不稳、不连续而未回收利用，资源综合利用率 74.93%。

　　石碌铁矿年产生废石 946 万吨，废石年利用量 51 万吨，废石利用率为 5.39%，废石处置率为 100%，处置方式为排土场堆存和其他。

　　选矿厂尾矿年排放量 187.43 万吨，尾矿中 TFe 含量为 26.10%，尾矿年利用量为零，尾矿利用率为零，处置率为 100%，处置方式为尾矿库堆存。

38　石人沟铁矿

38.1　矿山基本情况

石人沟铁矿为地下开采铁矿的大型矿山，无共伴生矿产；于 1970 年 7 月 8 日建矿，1975 年 8 月 8 日投产。矿区位于河北省唐山市遵化市兴旺寨镇，南距 S356 省道（邦宽公路）8km，南东距遵化市 10km，其间有公路相通；矿区有铁路专线通往遵化市、唐山市，交通方便。石人沟铁矿开发利用情况见表 38-1。

表 38-1　石人沟铁矿开发利用简表

基本情况	矿山名称	石人沟铁矿	地理位置	河北省唐山市遵化市
	矿山特征	国家级绿色矿山	矿床工业类型	沉积变质型铁矿床
地质资源	开采矿种	铁矿	地质储量	10547.80
	矿石工业类型	磁铁矿石	地质品位（TFe）/%	31.33
开采情况	矿山规模	150 万吨/年，大型	开采方式	地下开采
	开拓方式	竖井开拓	主要采矿方法	潜孔留矿法和嗣后充填法
	采出矿石量/万吨	141.98	出矿品位（TFe）/%	28.39
	废石产生量/万吨	66.9	开采回采率/%	88.69
	贫化率/%	13.97	开采深度/m	238~-210（标高）
	掘采比/米·万吨$^{-1}$	138.85		
选矿情况	选矿厂规模	200 万吨/年	选矿回收率/%	90.58
	主要选矿方法	三段—闭路破碎—中细碎前干磁抛废—自磨—磁选—细筛再磨精选		
	入选矿石量/万吨	141.98	原矿品位（TFe）/%	30.00
	精矿产量/万吨	57.53	精矿品位（TFe）/%	67.51
	尾矿产生量/万吨	84.45	尾矿品位（TFe）/%	4.75
综合利用情况	综合利用率/%	80.34	废水利用率/%	66.7
	废石排放强度/t·t^{-1}	1.24	废石处置方式	排土场堆存
	尾矿排放强度/t·t^{-1}	1.62	尾矿处置方式	尾矿库堆存
	废石利用率	0	尾矿利用率	0

38.2　地质资源

38.2.1　矿床地质特征

38.2.1.1　地质特征

石人沟铁矿矿床属沉积变质型铁矿床。矿区位于中朝准地台燕山台褶带马兰峪复背斜遵化穹褶束内。北侧为宽城凹褶束，南侧为蓟县凹褶束。区内广泛分布太古宇迁西群变质岩系，自东向西划分为东荒峪组、三屯营组、马兰峪组。区域上太古宇迁西群东荒峪组、三屯营组和马兰峪组变质岩系是该区主要的铁矿赋存层位。区域南北两侧分布有中元古代沉积地层，呈角度不整合覆于太古宙变质基底之上，在沟谷及山间盆地有第四系残坡积、冲洪积物分布。区内断裂构造发育，且多以逆断层为主，规模亦较大，以北北东-南西及近东西向较发育，沿断裂见有破碎带或厚度不等的后期脉岩充填。区内岩浆岩发育，种类较多，以燕山期花岗岩及其派生的脉岩为主。

矿区出露地层为马兰峪组及第四系残坡积物。马兰峪组中上部主要岩性为含辉黑云角闪斜长片麻岩、黑云角闪斜长片麻岩、角闪斜长片麻岩、花岗片麻岩、磁铁石英岩等。矿区地层总体为走向近南北、倾向西的单斜构造，由于区域变质作用改造及后期断裂构造和次级褶皱构造的影响，使地质构造变得复杂，片麻理倾角一般在 60°~80°。区内断裂构造发育，主要分为近东西向、北西向、北东向 3 组，大小断层有 20 余条，F10、F5 和 F20 控制矿带的分布。对深部矿带造成较大破坏的断层以 F8、F11、F18、F19 等为主。区内岩浆岩不发育，仅见各类脉岩集中分布于矿区中、北部。

石人沟铁矿为一大型铁矿床，矿带呈近南北向分布，倾向西，倾角 45°~70°。矿带北起 5 线北 F10 断层，南至 30 线南 F20 断层，总长约 2600m。在 16 线~20 线间被 F8 断层错断，分为南北两段，二者相对位移大于 200m。铁矿带由多层矿（1~13 层）组成，单层厚一般为 1.00~31.70m，最大厚度为 56.84m。矿带总体表现为北端翘起，向南逐渐侧伏。F8 断层以北，5 线控制斜深 598m，16 线控制斜深约 1300m，向下仍有延深；F8 断层以南矿体延深均较大，20 线沿斜深约 1300m 向下仍有延深，到 26 线矿体延深至约 1600m，被 F5 断层错断。F5 断层两侧矿体相对位移约 650m。F5 断层以东矿带，分布于 F5 断层之下，北起 22 线与 23 线间，南至 F20 断层，地表被第四系覆盖。矿带由 4 层矿（M1、M2、M4、M3（M2a））组成，单层厚一般为 2.40~10.92m，最大厚度为 24.88m。矿体沿倾斜延深较大，最大可达 1800 余米。

38.2.1.2　矿石质量

矿石工业类型为需选磁铁矿石。该矿床矿石矿物成分简单，主要为磁铁矿，呈灰黑色，中-中细粒变晶结构，条带状、片麻状、似片麻状构造，主要金属矿物为磁铁矿及假象赤铁矿，脉石矿物主要为石英，其次为角闪石、斜长石及少量次生蚀变矿物绿帘石和黑云母。粒度较均匀，粒径 0.25~1mm。磁铁矿一般呈半自形粒状镶嵌于石英颗粒之间；脉石矿物石英一般呈他形不规则状；辉石、角闪石常与磁铁矿交织在一起，含量不超过 5%。

38.2.2　资源储量

石人沟铁矿开采矿种为铁矿，矿石中主要有用组分为铁，其他伴生有益组分含量较低，均达不到综合利用的要求。截至 2013 年年底，石人沟铁矿累计查明铁矿资源储量（矿石量）10547.80 万吨，保有铁矿资源储量（矿石量）6507.70 万吨，平均品位（TFe）31.33%。

38.3 开采情况

38.3.1 矿山采矿基本情况

石人沟铁矿为地下开采的大型矿山，采取竖井开拓，使用的采矿方法为潜孔留矿法和嗣后充填法。矿山设计年生产能力 150 万吨，设计开采回采率为 80.44%，设计贫化率为 19.56%，设计出矿品位（TFe）27.5%。

38.3.2 矿山实际生产情况

2013 年，矿山实际出矿量 141.98 万吨，排放废石 66.9 万吨。矿山开采深度为 238～ -210m 标高。石人沟铁矿矿山实际生产情况见表 38-2。

表 38-2 石人沟铁矿矿山实际生产情况

采矿量/万吨	开采回采率/%	出矿品位/%	贫化率/%	掘采比/米・万吨⁻¹
141.98	88.69	TFe 28.39	13.97	138.85

38.3.3 采矿技术

石人沟铁矿原为露天开采方式，从 2001 年开始逐步转为地下开采方式。目前已形成中央竖井、盲竖井、斜坡道（辅助运输）联合开拓运输方案，采用浅孔留矿采矿法和无底柱分段崩落采矿法进行矿石开采，并进行尾砂嗣后充填。采矿工艺由凿岩—爆破—装载—阶段运输—提升—地表贮矿仓和采空区嗣后充填等工艺组成。

38.3.3.1 矿床开拓

采用主井、副井、辅助斜坡道开拓方案。主井为新三期主井，副井为新三期副井。中段运输平巷沿矿体走向布置，位于矿体下盘，穿脉垂直于矿体走向，尽头式布置，局部环形布置，穿脉间距 100m。穿脉装车，中段运输平巷运输，中段采用 14t 电机车双机牵引 6m³ 底卸式矿车运输矿岩，运至三期主井的矿石和废石主溜井卸载站卸载，经破碎机破碎后由三期主井提升至地表。

凿岩：选用 Solo709 型或 Simba253 型单臂采矿凿岩台车凿扇形中深孔，炮孔直径 80mm（设备适用炮孔直径 64～102mm），炮孔排距 1.5～2m，前倾角 80°～90°，边孔角 45°～ 60°，孔底距 3～4m。钻机效率 90 米/（台・班），7 万米/（台・年）。炮孔爆破量 16t/m 时，每台年爆破量 100 万吨。

爆破：采用电雷管接导爆管起爆，硝铵粒状炸药爆破，炮孔采用 Charmec6135XCR 型装药车装药，该装药车储药罐容量 0.5～1t，炸药采用铵油和 2 号岩石散装炸药，非电起爆系统双路起爆，一次爆破 1～2 排孔，每次爆破用药量 400～800kg。

井下所需人员、材料和设备，一般通过副井罐笼和辅助斜坡道运至井下各中段，无轨采矿设备经辅助斜坡道进入井下生产作业面。

38.3.3.2 坑内通风

新鲜风流由采区斜坡道或进风天井进入分段巷道，再由分段巷道经分段联络道进入采场，污风经回风充填天井回到上中段回风巷道。

通风结束后进行撬毛排险，排除顶帮浮石。在遇到不稳固地段时采用锚杆进行加固。在支护同时对爆落矿堆进行洒水除尘。

38.3.3.3　排水

−180m 中段生产期间，−300m 中段进行中段开拓时，−300m 中段三期副井附近设置一座排水泵站，直接将矿坑水排至地表。−300m 泵站排水设施的设置可以根据−180m 生产期间涌水量的变化调整。井底水窝排水选用潜污泵 2 台，其中 1 台工作，1 台备用，仅−180m 中段生产时将水窝内积水排至−180m 中段水仓内，当−300m 生产时将水窝内积水排至−300m 中段水仓内。

38.3.3.4　出矿

出矿采用 TORO 400E 型 4m³ 电动铲运机，一个矿块布置 1 台铲运机出矿。由于矿体厚度较薄，4m³ 铲运机的台年综合效率为 40 万~45 万吨，矿山共需 4m³ 铲运机 5 台。

38.3.3.5　矿山充填

充填尾砂来自于浓缩池底流，由现用的两台尾砂输送泵 YJB-200/40 油隔离泵直接将全尾砂浆输送至充填站，进入充填之前设立电动开闭的三通。当充填站需要尾砂浆时，全部送入立式存储仓中，当充填不需要尾砂浆时启动三通，将尾砂浆全部送至位于露天坑附近的尾矿过滤处理站，优点是充填站和尾矿过滤处理站工作可靠，不容易受充填量变化的影响，缺点是尾矿过滤处理站的设备配置能力需要满足处理全部尾矿的需求，过滤设备及配套设施投资增加。

采矿主要设备选型见表 38-3。

表 38-3　石人沟铁矿采矿主要设备

序号	名　　称	规格/型号	数量
1	主井单绳缠绕式矿井提升机	2JK-3.0/20E	1
2	空压机	SCR340 I -8.5/SKH/6KV/AE	3
3	空压机	LS20S-200HHAC	3
4	南风井通风机	DK45-6No19	2
5	北风井通风机	DK45-6No20	2
6	柴油铲运机	TCY-2	3
7	2m³ 铲运机	ACY-2C	4
8	4m³ 柴油铲运机	1600G	2
9	4m³ 铲运机	Atlas1030	3
10	掘进台车	Atlas281	5
11	采矿台车	Atlas1254	3
12	采矿台车	Atlas1354	1
13	4m³ 铲运机	LH410	2
14	20t 卡车	DUX DT-22N	2
15	爆破升降车	UC-1C	1
16	履带式扒渣机	LWLXC-120	2
17	撬毛台车	XMPYT-97/700	1

序号	名　　称	规格/型号	数量
18	采矿凿岩台车	CYTC89Y	1
19	可换加油、材料服务车	JY-5YG-3.4/CL	1
20	可换维修、运人服务车	JY-5WX/YR-16	1
21	剪式升降平台服务车	JY-5PTB-3.0-Z	1
22	6m³ 底侧卸式矿车	YDCC6（9）	38
23	6m³ 底侧卸式矿车卸载站	YDCC6（9）XZ	2
24	架线式电机车	ZK14-9/550-C	12
25	架线式电机车	ZK7-9/550-Z	2
26	主井多绳摩擦提升机	JKM-3.5*6（Ⅲ）E-(SRG)	1
27	副井多绳摩擦提升机	JKMD-2.8*4（Ⅰ）E-(SRG)	1

38.4　选矿情况

38.4.1　选矿厂概况

石人沟铁矿选矿厂设计年选矿能力 200 万吨，矿石来源于石人沟铁矿矿山自产矿石。设计入选品位（TFe）27.5%。选矿厂采用单一磁选工艺流程。最大入磨粒度 15mm，磨矿细度为 -0.074mm 占 60%，产品为铁精矿。2011 年，选矿厂实际入选矿石量 103.67 万吨，入选品位（TFe）30.0%。精矿产量 42.01 万吨，精矿产率 40.52%，精矿品位（TFe）67.54%，TFe 选矿回收率 91.23%。

2013 年，选矿厂实际入选矿石量 141.98 万吨，入选品位（TFe）28.39%。精矿产量 57.53 万吨，精矿产率 40.52%，精矿品位（TFe）67.51%，TFe 选矿回收率 90.58%。

38.4.2　选矿工艺流程

38.4.2.1　破碎筛分流程

石人沟铁矿选矿厂较早的破碎磨矿工艺，曾采用粗破碎—自磨流程，经过技术改造后现使用的破碎系统为三段一闭路破碎—干选流程，石人沟铁矿选矿厂改造前破碎系统流程如图 38-1 所示。粗碎位于井下，中细碎筛分系统位于地表。粗碎产品粒度为 0~280mm，最终破碎粒度为 0~12mm。在中碎前设大块干选磁选机，干选抛废产率 12%；在入磨前设粉矿干选，干选抛废产率 6%，年干选抛废量共计 36 万吨。

38.4.2.2　磨矿分级与选别

选矿厂采用阶段磨矿—阶段磁选—细筛再磨的工艺流程，其中一段磨矿采用自制自返筛与自磨机形成闭路；二段处理高频振动细筛筛上产品，采用螺旋分级机预先分级，返砂给入球磨机进行开路磨矿。选别过程分为四段磁选，自磨机排矿先进行两段粗选，再用高频振动细筛进行分级，筛上产品进入二段磨矿后返回高频振动细筛，筛下产品经两段精选成为合格产品。石人沟铁矿选矿厂现行选矿工艺流程如图 38-2 所示，磨选主要设备见表 38-4。

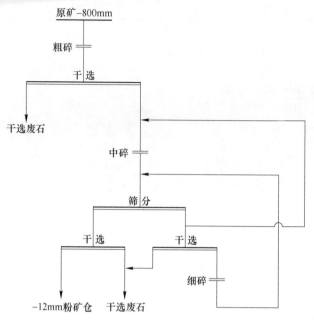

图 38-1　石人沟铁矿选矿厂改造前破碎系统流程

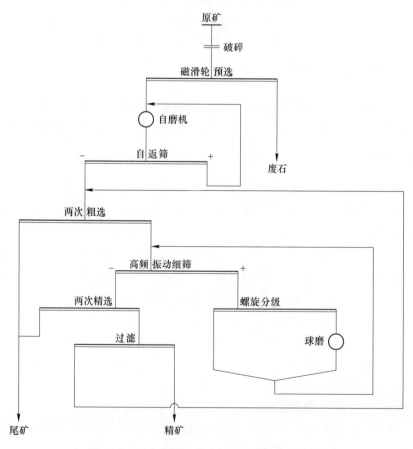

图 38-2　石人沟铁矿选矿厂现行选矿工艺流程

表 38-4 石人沟铁矿选矿厂磨选主要设备及技术性能

设备名称	型 号	数量/台	电动机功率/kW
湿式自磨机	ϕ5500×1800	3	800
格子型球磨机	MQG2736	3	400
高堰式双螺旋分级机	2FG-20（ϕ2000）	2	25
永磁筒式磁选机	CYT-1024（1050×2400）	3	3
永磁筒式磁选机	CTB-718（750×1800）	15	2.8
高频振动筛	GPS-1200-2	16	3

38.5 矿产资源综合利用情况

石人沟铁矿为单一铁矿，资源综合利用率 80.34%。

石人沟铁矿年产生废石 66.9 万吨，废石年利用量为零，废石利用率为零，废石处置率为 100%，处置方式为排土场堆存。

选矿厂尾矿年排放量 87.9 万吨，尾矿中 TFe 含量为 4.32%，尾矿年利用量为零，尾矿利用率为零，处置率为 100%，处置方式为尾矿库堆存。

39　水　厂　铁　矿

39.1　矿山基本情况

　　水厂铁矿为露天开采的大型矿山，无共伴生矿产，是首批国家级绿色矿山试点单位，也是首钢矿业公司建设的全国矿产资源综合利用示范基地。矿山于 1968 年 1 月 1 日建矿，1969 年 2 月 24 日投产。矿区位于河北省唐山市迁安市境内，南东距迁安市 20km，有县级公路相通；由矿区经迁安市、S252 省道、G205 国道南西距唐山市 80km。矿山专用铁路与京（北京）-秦（秦皇岛）铁路相连，交通方便。水厂铁矿开发利用情况见表 39-1。

表 39-1　水厂铁矿开发利用简表

基本情况	矿山名称	水厂铁矿	地理位置	河北省唐山市迁安市
	矿山特征	全国矿产资源综合利用示范基地，国家级绿色矿山	矿床工业类型	沉积变质型铁矿床
地质资源	开采矿种	铁矿	地质储量/万吨	60149.4
	矿石工业类型	磁铁矿石	地质品位（TFe）/%	26.71
开采情况	矿山规模	1100 万吨/年，大型	开采方式	露天开采
	开拓方式	汽车-半移动破碎-胶带联合运输开拓	主要采矿方法	组合台阶采矿法
	采出矿石量/万吨	898.2	出矿品位（TFe）/%	25.12
	废石产生量/万吨	4510.46	开采回采率/%	96.23
	贫化率/%	6.58	开采深度/m	240～-350（标高）
	剥采比/t·t^{-1}	4.52		
选矿情况	选矿厂规模	1800 万吨/年	选矿回收率/%	83.09
	主要选矿方法	三段一闭路破碎—中碎前筛分—细碎后干选抛废—阶段磨矿—阶段磁选		
	入选矿石量/万吨	1012.75	原矿品位（TFe）/%	26.91
	精矿产量/万吨	334.80	精矿品位（TFe）/%	67.59
	尾矿产生量/万吨	677.95	尾矿品位（TFe）/%	6.80
综合利用情况	综合利用率/%	79.95	废水利用率/%	92.55
	废石排放强度/t·t^{-1}	11.87	废石处置方式	排土场堆存
	尾矿排放强度/t·t^{-1}	1.96	尾矿处置方式	尾矿库堆存
	废石利用率	0	尾矿利用率	0

39.2 地质资源

39.2.1 矿床地质特征

首钢水厂铁矿矿床属沉积变质型（鞍山式）大型铁矿床，开采深度 240～-350m 标高。水厂铁矿属于迁安铁矿区成矿带。矿区的大地构造位置处于燕山沉降带中的山海关台凸与蓟县凹陷的过渡地带，从地质力学的观点看，本区位于阴山巨型纬向构造带东端的南部边缘与新华夏系第二沉降带的复合部位。从板块的观点看，冀东由马兰峪南套古板块、山海关-昌黎古板块和上清龙河古基底断陷所组成。迁安地区铁矿地层和构造是主要的控矿因素，该区铁矿主要产于太古界迁西群三屯营组地层之内；从Ⅲ级地质构造单元看，迁安地区铁矿分布处在迁西-青龙复式背斜的南东翼（迁西龙湾以西处于北西翼），Ⅳ级构造单元称之为迁安隆起的西部边缘，迁安隆起西缘复杂弧形褶皱带（Ⅴ级）分布于水厂-大石河-杏山一线，向北仰起收敛，其特点由一系列北北东-北东走向的开阔向斜和紧闭背斜及断裂组成，断裂构造主要有北北东-北东向、北东东-东西向、北西向 3 组，使得控矿构造复杂化。迁安隆起的东部边缘称之为东部复杂褶皱带，特点是由一系列的短轴背向斜组成，总体呈近南北向分布于青龙河与滦河交汇处的北部地区，即有棒锤山-水库短轴向斜（矿带）、磨盘山短轴向斜（矿带）、包官营短轴向斜（矿带）、彭店子短轴向斜（矿带）等，俗称东矿带。矿体一般是大的透镜状，矿床规模以中小型为主，向斜（矿体）向北端仰起。

矿石工业类型为需选磁铁矿石，矿区矿石矿物及脉石矿物成分简单，主要矿石类型为磁铁石英岩，其次有少量的赤铁矿和假象赤铁矿石，脉石矿物主要是石英、次为角闪石、透闪石、辉石、绿泥石和长石类矿物。矿石构造主要为条带状、条带条纹状，次为片麻状、块状等，有用元素为磁铁矿，TFe 含量为 25%～35%，共生有用元素利用价值很低，有害杂质 S、P、Pb 等相当低，属易选优质贫铁矿。本区硅铁建造的矿物组成，大致有三种状态，表现为三个粒级：

（1）分散在石英中的自形微晶状磁铁矿，粒度为 0.05～0.001mm 或更小。呈立方体、八面体或两者的聚形，弥散状分布或呈线状排列，可构成微层理。

（2）条带状、他形、半自形晶磁铁矿集合体，粒径为 0.2～1mm，与变质再结晶的石英大致属同一粒级。这种磁铁矿可能是较密集的自形磁铁矿小晶体和铁胶、铁的硅酸盐胶体经变质再结晶作用聚集而成，是主要工业矿物。

（3）沿辉石解理（裂开）析离出来的细或极细粒磁铁矿集合体。具变余筛状结构和席勒构造。辉石中的磁铁矿未被利用，在选矿中大部分流失掉。

39.2.2 资源储量

首钢水厂铁矿矿床规模为大型铁矿。截至 2013 年年底，首钢水厂铁矿累计查明资源储量（矿石量）60149.4 万吨，平均品位（TFe）26.71%。保有资源储量（矿石量）25851.5 万吨，平均品位（TFe）26.71%。

39.3　开采情况

39.3.1　矿山采矿基本情况

水厂铁矿为露天开采的大型矿山，采取汽车-半移动破碎-胶带联合运输开拓，使用的采矿方法为组合台阶法。矿山设计年生产能力 1100 万吨，设计开采回采率为 93%，设计贫化率为 7%，设计出矿品位（TFe）25.34%。

39.3.2　矿山实际生产情况

2013 年，矿山实际出矿量 898.2 万吨，排放废石 4510.46 万吨。矿山开采深度为 240~-350m 标高。矿山实际生产情况见表 39-2。

表 39-2　矿山实际生产情况

采矿量/万吨	开采回采率/%	出矿品位（TFe）/%	贫化率/%	露天剥采比/t·t⁻¹
872.1	96.23	25.12	6.58	4.52

39.3.3　采矿技术

39.3.3.1　开拓运输系统

水厂铁矿为大型深凹型露天采矿场，北采场总长度为 2900m，宽度为 1000m，采场总出入沟标高均为+104m，采场山坡露天高度为 195m，深凹露天高度为 454m。

选矿厂位于采场南侧，矿石破碎站卸矿标高为+106m，距南采场总出入沟约 1.5km，北采场总出入沟约 0.5km。

主要排土场有 3 个：河东排土场，位于采场东南侧，距北采场总出入沟约 2.3km；河西排土场，位于采场西北端，距南采场总出入沟约 1.6km；新水村排土场，位于采场西端，距南采场总出入沟约 1.2km。

目前北采场已经进入深凹露天开采，采场最低开采标高为-110m，采场上部+132m 标高以上全部靠帮，采场北帮靠滦河部位-95m 标高以上基本靠帮；南采场最低开采标高为+22m，受矿界限制已经无法进行正常的露天开采。

北采场已经进入深部开拓，采场外西北侧+117m 标高的固定破碎胶带系统仍然可以继续使用，深部矿、岩可移式破碎胶带系统也已经投入使用，矿、岩可移式破碎胶带系统均布置在南帮、采场中部。

目前采场内矿石可移式破碎卸矿标高为-20m，-38~+10m 标高的边帮胶带、+10m 标高的胶带转载站以及与+106m 矿石破碎站相接的胶带斜井均已投入使用，以后干线胶带沿采场边坡向下延伸至-80m 胶带转载站，再至-200m 终点站。可移式破碎机随采矿工程下移，通过移动胶带与干线胶带衔接。

岩石干线胶带自河东排土场向西跨越滦河，过桥后经胶带机斜井采场北端+34m 转载站，沿采场边坡向下敷设干线胶带至-50m 转载站和-110m 转载站，再折返至-215m 终点站。目前采场内岩石可移式破碎卸矿标高为-20m，-38m 标高以上的胶带系统均已投入使用。

39.3.3.2　采剥作业

露天开采境界采用浮动圆锥法。水厂铁矿露天采场主要参数见表 39-3。

表 39-3　水厂铁矿露天采场主要参数

项　目		单位	北采场
采场最高标高		m	295
采场最低标高		m	−350
采场封闭圈标高		m	80
采场上口尺寸（长×宽）		m×m	2900×900
采场底部尺寸（长×宽）		m×m	190×50
开采阶段高度		m	10~15
并段后阶段高度		m	22~30
并段后平台宽度		m	9.5~21
工作时阶段坡面角		(°)	75
终了时阶段坡面角		(°)	65
最终边坡角		(°)	38~46
采场内矿岩量	矿石	万吨	17285
	岩石	万吨	32513
	矿岩合计	万吨	49798
平均剥采比		t/t	1.88
矿石平均品位（TFe）		%	26.71

矿山采用 ϕ310mm、ϕ250mm 牙轮钻机穿孔，铵油和乳化油炸药爆破。装载主要采用 10m³ 电铲，矿岩运输采用载重 77t、85t、130t 自卸汽车，矿、岩用汽车运至采场内可移动破碎机或半固定破碎机破碎后，经主胶带分别运往选矿厂和排土场。整套工艺为半连续开采运输工艺。

39.3.3.3　露天采场装备

水厂铁矿露天采场主要采剥设备见表 39-4。

表 39-4　水厂铁矿露天采场主要采剥设备

序号	固资名称	规格型号	数量	车间
1	推土机	TY-320B	1	穿爆车间
2	液压挖掘机	DH300	1	穿爆车间
3	液压碎石机	卡特 330C	1	穿爆车间
4	水厂铁矿推土机	SD32	1	穿爆车间
5	单梁吊车	3T	1	穿爆车间
6	ZL 型炮孔填塞机	ZL50F-Ⅱ	2	穿爆车间
7	现场混装粒状铵油炸药车	BC-15	1	穿爆车间

序号	固资名称	规格型号	数量	车间
8	炮孔抽水车	JX1030TSA3	1	穿爆车间
9	BC-15 型现场混装粒状铵油炸药车	BC-15	2	穿爆车间
10	BC-7 型现场混装粒状铵油炸药车	BC-7	1	穿爆车间
11	炮孔抽水车	JX1030TSA3	1	穿爆车间
12	卡特挖掘机	CAT330C	2	穿爆车间
13	炮孔抽水车	JX1030DS	1	穿爆车间
14	GPS 智能终端	ZJH05	5	穿爆车间
15	挖掘机 S03	WK-10A	1	采掘车间
16	挖掘机 S011	WK-10B	9	采掘车间
17	挖掘机 24 号	WK-4	4	采掘车间
18	牙轮钻	C45R	1	穿爆车间
19	牙轮钻	SGKY-310	1	穿爆车间
20	牙轮钻	YZ-55	4	穿爆车间
21	边坡钻	F-9	2	穿爆车间
22	全液压履带式潜孔钻机	ROCL8 型	1	穿爆车间

39.4　选矿情况

39.4.1　选矿厂概况

首钢水厂铁矿选矿厂设计年选矿能力为 1800 万吨，设计入选品位为（TFe）26%，最大入磨粒度为 12mm，磨矿细度为 -0.074mm 占 78.65%。选矿方法为单一磁选工艺，铁精矿产率 33.22%，TFe 品位 67.63%。

水厂铁矿 2015 年选矿情况见表 39-5。

表 39-5　水厂铁矿 2015 年选矿情况

入选矿石量 /万吨	入选品位 /%	选矿回收率 /%	每吨原矿选矿耗水量 /t	每吨原矿选矿耗新水量 /t	每吨原矿选矿耗电量 /kW·h	每吨原矿磨矿介质损耗 /kg
1039.14	27.31	82.26	11.265	1.01	25.99	0.452

39.4.2　选矿工艺流程

39.4.2.1　破碎筛分流程

根据采出粒度和入选粒度要求，采用三段一闭路破碎流程，破碎产品粒度为 12~0mm 占 90%。筛下产品经磁滑轮甩尾后进入磨矿仓。选矿生产工艺流程如图 39-1 所示。

39.4.2.2　磨矿分级与选矿

水厂铁矿选矿采用两段阶段磨矿—阶段选别磁选工艺流程，工艺流程如图 39-1 所示。

原矿通过磁滑轮甩尾后，进入一次磨矿分级作业，其分级溢流入一次磁选机，一次精矿进入二次球磨，二次球磨机排矿进入二次磁选机，二次磁选精矿经过高频振网筛进行筛分，筛上经过浓缩后返回二磨，筛下产品进淘洗磁选机，淘洗精选机溢流返回一次磁选机，淘洗精选机精矿作为主厂的最终精矿，输送到过滤系统。水厂铁矿磨矿分级、选矿主要设备见表39-6。

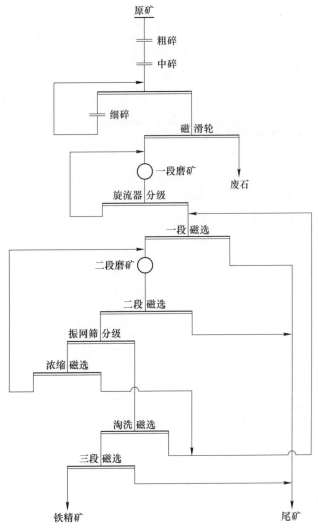

图 39-1　水厂铁矿选矿生产工艺流程

表 39-6　水厂铁矿磨矿分级、选矿主要设备

序号	规 格 名 称	单位	数量
1	KB63-75 型旋回破碎机	台	1
2	PX1400/170 破碎机	台	1
3	PYB2200 标准型圆锥破碎机	台	3
4	PYD2200 标准型圆锥破碎机	台	10

续表 39-6

序号	规 格 名 称	单位	数量
5	PYHD-5C 液压破碎机	台	1
6	SZZ1800×3600 振动筛	台	20
7	φ800×1150 强磁滑轮滚筒		1
8	φ3600×4500 格子型球磨机（一段磨矿）	台	7
9	φ2700×3600 格子型球磨机（一段磨矿）	台	
10	2FLG-3000×12000 高堰式双螺旋分级机	台	7
11	2FLG-2000×8200 高堰式双螺旋分级机	台	
12	φ1050×3000 半逆流型磁选机（一段磁选）	台	21
13	φ750×1800 半逆流型磁选机（一段磁选）	台	
14	φ3600×4500 溢流型球磨机（二段磨矿）	台	7
15	φ2700×3600 溢流型球磨机（二段磨矿）	台	
16	φ1050×3000 半逆流磁选机（二段磁选）	台	35
17	MVS2000×2000 高频振动筛	台	56
18	MVS2020 新型电磁振动高频筛	台	60
19	φ1050×3000 顺流型浓缩磁选机	台	14
20	φ600 精选机	台	28
21	CH-CXJ26000 淘洗磁选机	台	14
22	GN-40 型内滤式真空过滤机	台	14
23	GN-18.5 内滤式真空过滤机	台	

39.5 矿产资源综合利用情况

水厂铁矿为单一铁矿，资源综合利用率 79.95%。

水厂铁矿年产生废石 4096.82 万吨，废石年利用量为零，废石利用率为零，废石处置率为 100%，处置方式为排土场堆存。

选矿厂尾矿年排放量 677.69 万吨，尾矿中 TFe 含量为 6.61%，尾矿年利用量为零，尾矿利用率为零，处置率为 100%，处置方式为尾矿库堆存。

40 司家营铁矿

40.1 矿山基本情况

司家营铁矿为露天-地下联合开采铁矿的大型矿山，无共伴生矿产，是第二批国家级绿色矿山试点单位，也是首钢矿业公司建设的全国矿产资源综合利用示范基地。于2004年1月16日建矿，2007年10月18日投产。矿区位于河北省唐山市滦县，北距京山铁路滦县火车站9km，西距迁-曹铁路菱角山站4km；距唐钢55km；平-青-乐S252省道从矿区南西侧通过，交通方便。司家营铁矿开发利用情况见表40-1。

表40-1 司家营铁矿开发利用简表

基本情况	矿山名称	司家营铁矿	地理位置	河北省唐山市遵化市
	矿山特征	全国矿产资源综合利用示范基地，国家级绿色矿山	矿床工业类型	沉积变质型（鞍山式）大型磁（赤）铁矿床
地质资源	开采矿种	铁矿	地质储量/万吨	63917.9
	矿石工业类型	磁、赤铁矿石	地质品位（TFe）/%	28.7
开采情况	矿山规模	700万吨/年，大型	开采方式	露天-地下联合开采
	开拓方式	露天：汽车运输开拓；地下：竖井开拓	主要采矿方法	露天：组合台阶采矿法；地下：无底柱分段崩落法
	采出矿石量/万吨	1529.6	出矿品位/%	露天：TFe 26.17；地下：TFe 23.41
	废石产生量/万吨	7403	开采回采率/%	露天：93.26；地下：73.4
	贫化率/%	露天：6.7；地下：19.46	开采深度/m	30~-600（标高）
	露采比/t·t⁻¹	4.92	掘采比/米·万吨⁻¹	71.17
选矿情况	选矿厂规模	2200万吨/年	选矿回收率/%	73.44
	主要选矿方法	氧化矿：三段一闭路破碎—阶段磨—粗粒重选—细粒磁选—阴离子反浮选 原生矿：三段一闭路破碎—阶段磨矿—单一磁选		
	入选矿石量/万吨	1873	原矿品位（TFe）/%	25.61
	精矿产量/万吨	536.92	精矿品位（TFe）/%	65.61
	尾矿产生量/万吨	1336.08	尾矿品位（TFe）/%	9.54
综合利用情况	综合利用率/%	79.95	废水利用率/%	96
	废石排放强度/t·t⁻¹	14.99	废石处置方式	排土场堆存和其他
	尾矿排放强度/t·t⁻¹	2.40	尾矿处置方式	尾矿库堆存
	废石利用率/%	40.93	尾矿利用率	0

40.2　地质资源

40.2.1　矿床地质特征

40.2.1.1　地质特征

司家营铁矿矿床属沉积变质型（鞍山式）大型磁（赤）铁矿床，开采标高为 30～-600m。司家营铁矿位于中朝准地台—燕山台褶带—山海关抬拱西南边缘，其西南为蓟县坳陷，南部为黄骅坳陷。矿区最重要的铁矿赋矿层位是滦县岩群。区内基底构造以褶皱构造为主，基本构造格局自东向西由近南北向的阳山复背斜、司马复向斜构成。区域岩浆岩不发育，主要为燕山期形成的中酸性岩体和一些脉岩，少量穿切矿体的中基性脉岩。矿体及地层总体走向近南北，中部略向东凸出，沿倾斜倾角东陡西缓，上陡下缓。由矿体显示的总体构造格局为西倾的单斜形态，局部出现平缓背形，在矿体内部发育紧闭褶皱。矿区断裂构造较发育，按断裂构造发育程度和矿体形态特征可划分为东、西两个构造分区，与矿区矿段划分一致。断裂构造在大贾庄矿段相对较为发育，而司家营南矿段矿体较完整，基本没有被断层破坏。断裂构造按走向有北北西、北北东两组，较大的断层主要有四条，F_{12}、F_{13} 为北北西走向，位于大贾庄矿段 0 线附近至大 7 线南，F_{12} 延长约 900m，F_{13} 延长约 600m，两条断层平行延伸，东倾，倾角 70°～78°。司家营铁矿可分为南北两区，北区出露有少量的铁矿露头，以隐伏矿为主，南区由南矿段和大贾庄矿段组成，全部为隐伏矿体，全长 10.5km。北区由 4 个矿体组成：Ⅰ号矿体为层状，单斜产出，在北区长约 2km，是该矿最大的矿体（向南延伸至南矿区，总长约 8.5km）。Ⅱ号矿体为似层状或纺锤状，长度大约 1km，位于Ⅰ号矿体西侧。Ⅲ号矿体为多层矿体组成，长约 3km，该矿体较厚，一般厚 100～200m，最大厚度可达 300m，该矿体延深较大，400～600m，有的地段斜深 800～1200m，厚度仍很稳定，并有越向深部越趋完整的趋势，这种厚大矿体的形成主要由于褶皱所致。Ⅲ号矿体本身就是一个紧密的倒转向斜构造。Ⅳ号矿体长约 1.5km，位于Ⅲ号矿体西侧。矿体直接被中元古代地层不整合覆盖，局部地段矿体被剥蚀。司家营铁矿南区矿体全长 8.5km，宽 1～2km，由大贾庄矿段和南矿段组成。主要分布五个矿体，大贾庄矿段3 个矿体，南矿段 2 个矿体。大贾庄矿段（Ⅰ+Ⅱ）矿体和南矿段Ⅰ矿体为主矿体。南矿段：Ⅰ矿体位于矿区东侧，是北区Ⅰ矿体的南延，是南区规模最大矿体，约6km，呈层状，西倾，由多层矿体组成。Ⅱ矿体位于Ⅰ矿体西北部，长约 2km，矿体产状、形态、埋深等与Ⅰ矿体相似。整体呈向东凸出的弧形。矿体总体倾向西。Ⅲ号、Ⅳ号矿体规模较小且形态较复杂。

40.2.1.2　矿石质量

司家营铁矿矿石工业类型为需选磁、赤铁矿石，矿石类型简单，主要为磁铁石英岩和少量赤铁矿石英岩。磁铁石英岩矿石矿物主要为磁铁矿，少量赤铁矿和假象赤铁矿等；赤铁石英岩矿石矿物主要为赤铁矿、假象赤铁矿，脉石矿物以石英为主，次为铁闪石、阳起石以及少量普通角闪石等。石英含量一般为 50%～60%，角闪石类含量为 5%～15%。矿石以他形-半自形结构为主，以铁矿物（含闪石类矿物）与石英构成黑白相间且相互平行的条纹（条带）为特征，分为细纹状、条纹状构造（为主）和条带状构造（次之），三者多呈渐变接触关系。全区矿石平均品位（TFe）30.00%，其中赤铁矿石31.18%，磁铁矿石29.80%。矿区少量富铁矿石呈致密块状、稠密浸染状构造，主要矿物为磁铁矿（赤铁矿），石英等脉石矿物明显减少，颗粒明显较贫铁矿粗，一般0.05~1mm。

40.2.2 资源储量

矿石中主要有用组分为铁，伴生有益组分甚微，达不到综合利用的要求，为单一矿产。截至2013年年底，滦县司家营铁矿累计查明资源储量（矿石量）63917.9万吨，平均品位（TFe）28.70%；保有资源储量（矿石量）55566.4万吨，平均品位（TFe）28.70%。

40.3 开采情况

40.3.1 矿山采矿基本情况

司家营铁矿为露天-地下联合开采的大型矿山，露天开采采取汽车运输开拓，使用的采矿方法为组合台阶法；地下开采采取竖井开拓，使用的采矿方法为无底柱分段崩落法。矿山设计年生产能力700万吨，露天开采设计开采回采率为94%，设计贫化率为6%，设计出矿品位（TFe）28.57%；地下开采设计开采回采率为81.31%，设计贫化率为18.69%，设计出矿品位（TFe）28.57%。

40.3.2 矿山实际生产情况

2013年，矿山实际出矿量1529.6万吨，排放废石7403万吨。矿山开采深度为30~-600m标高。司家营铁矿露天部分实际生产情况见表40-2，矿山地下部分实际生产情况见表40-3。

表40-2 司家营铁矿露天部分实际生产情况

采矿量/万吨	开采回采率/%	出矿品位（TFe）/%	贫化率/%	露天剥采比/t·t⁻¹
1445.8	93.26	26.17	6.7	4.92

表40-3 司家营铁矿地下部分实际生产情况

采矿量/万吨	开采回采率/%	出矿品位/%	贫化率/%	掘采比/米·万吨⁻¹
83.8	73.4	23.41	19.46	71.17

40.3.3 采矿技术

40.3.3.1 露天开采

A 开拓运输系统

Ⅰ、Ⅱ露天开采的采矿规模为2100万吨/年，生产剥采比为3.81:1(t/t)，剥岩总量为8000万吨/年，采剥总规模为10100万吨/年。其中，Ⅰ采场采矿规模为1500万吨/年，生产剥采比为 4.0：1（t/t），剥岩 6000 万吨/年，采剥总规模为 7500 万吨/年；Ⅱ采场采矿规模为 600 万吨/年，生产剥采比为 3.33：1（t/t），剥岩 2000 万吨/年，采剥总规模为 2600 万吨/年。装载采用斗容为 4m³、10m³ 和 16m³ 电铲，矿岩运输采用载重 45t、91t、172t 自卸汽车。

设计将Ⅰ、Ⅱ采场开拓运输系统统一规划。矿山一、二期选矿厂分别位于Ⅰ采场西南 2km 和紧靠采场北端帮布置。岩石转载场位于采场西南部，直距约 3km，其岩石全部转运到曹妃甸进行填海造地。

a　矿岩运输条件简述

选矿厂位于Ⅰ采场西南 2km 和紧靠采场北段帮布置。岩石转载场位于采场西南部，直接距离约 3km。司家营铁矿北区Ⅱ采场为深凹型采矿场，南北走向长 1230m，东西宽 1200m，采场内有三处小山头，位于东南部，最高标高分别为 +108m、+72m、+60m，其余地形平坦。

b　开拓运输系统

开拓运输系统布置如下：

（1）公路开拓系统。

采场内固定道路主要采用折返式，布置在采场下盘，北、南两端各设一个总出入沟，标高分别为 42m（Ⅰ采场总出入沟）和 30m（Ⅱ采场总出入沟）。

司家营铁矿一期工程选矿厂位于采场西南部，主要由Ⅱ、Ⅲ采场供矿，矿岩粗破碎位于Ⅱ采场南端、Ⅱ采场总出入沟口附近；二期工程选矿厂位于北部，由Ⅰ采场供矿，矿石粗破碎位于Ⅰ采场北端、Ⅰ采场总出入沟口附近，岩石粗破碎设两个，位于采场上盘、N18 勘探线附近。-67m 水平以上矿石用汽车直接运往各自的矿石破碎站，-97m 水平以上岩石用汽车直接运往就近的岩石破碎站。采场内运输道路除下盘有部分固定线外主要为移动线，基本以螺旋线和折返线方式展线。

（2）深部破碎-胶带系统开拓。

1）Ⅰ采场矿石半移动破碎-胶带机开拓系统。

矿石半移动破碎-胶带机开拓系统选用 1 台半移动破碎机，每年完成 1500 万吨矿石破碎任务。胶带系统由 1 条斜井胶带机和 5 条边帮胶带机组成，胶带机斜井布置在采场北端帮，上口和地表固定破碎相通，标高为 40m，下口出露采场边帮，标高为 -67m，斜井胶带机长度为 430m，倾角为 14°；-67m 标高以下，胶带机采用边帮胶带形式布置在采场下盘，由 -67m 标高经 5 次转运至 -382m 标高，转运站标高分别为：-67m、-127m、-187m、-277m、-397m，边帮胶带机总长度为 1800m，-382m 为矿石半移动破碎的最终站，卸矿标高 -367m，利用采场内自然宽平台布设半移动破碎和卸车场地。

2）Ⅰ采场岩石半移动破碎-胶带机开拓系统，采用溜井-平硐-斜井胶带方案。

胶带机斜井布置在采场上盘，上口接采场上盘地表胶带，胶带机斜井由南向北至 -217m 标高，经转载折返向东南延伸至 -400m 标高，斜井胶带机长度为 1770m，倾角为 14°。-367m 为半移动破碎的最终站，汽车卸载标高为 -352m，利用采场内自然宽平台布设半移动破碎和卸车场地。

在Ⅰ采场内按照不同的服务标高，先布设 2 套溜井平硐与胶带机斜井相连，平硐标高 -217m、-400m，长度分别为 470m、100m；-217m 溜井平硐结束使用后，接续布设 1 套平硐-溜井系统，-400m 平硐与胶带机斜井-400m 标高相连。采场内降段溜井，半移动破碎布置在溜井上口附近，通过连接胶带与溜井相连，并随溜井降段而向下移动。岩石运输流程为：采场内汽车-半移动破碎机组-溜井-胶带运输机。

3）Ⅱ采场矿石半移动破碎-胶带机开拓系统。

矿石半移动破碎-胶带机开拓系统选用 1 台半移动破碎机，每年完成 600 万吨矿石破碎任务。胶带系统由斜井胶带机接边帮胶带机组成，胶带机斜井布置在采场南端帮，斜井上口和已经建成的地表矿石固定破碎下部矿仓相通，标高 30m，下口出露采场边帮，标高-42m，斜井胶带机长度为 377m，胶带机倾角为 10.8°。-42m 标高以下，胶带机采用边帮胶带形式布置在采场下盘，经 2 次转运至-292m 标高，转运站标高分别为：-127m、-247m，边帮胶带机总长度为 1080m，胶带机倾角为 14°。-292m 为矿石半移动破碎的最终站，汽车卸载标高-277m，采场内设宽平台布置半移动破碎和卸车场地。

4）Ⅱ采场岩石半移动破碎-胶带机开拓系统，采用斜井胶带接地表胶带方案。

斜井上口和岩石固定破碎地表胶带机相连，标高为 30m，下口出露采场边帮，标高为-97m，斜井胶带机长度为 508m，胶带机倾角为 14°。-97m 标高以下，胶带机采用边帮胶带形式折返布置在采场南端帮，经 2 次转运至-292m 标高，转运站标高分别为：-187m、-247m，边帮胶带机总长度为 780m，胶带机倾角为 14°。-292m 为岩石半移动破碎的最终站，汽车卸载标高-277m，采场内设宽平台布设半移动破碎和卸车场地。

B　采剥作业

a　采剥工艺选择

Ⅰ、Ⅱ采场为露天开采，分水平由上至下台阶式开采，露天开采结束后再进行挂帮矿量和露天坑底以下矿体的开采。该矿山工程地质条件简单，易剥岩。矿山采用露天台阶开采工艺，采用牙轮钻机穿凿中深孔，炸药爆破崩落矿岩，单斗挖掘机装载自卸汽车。

采场划分水平台阶由上向下逐层开采，开采台阶高度 12~15m，推至终了境界时每 2 个台阶并段为 24~30m；采、剥工作面沿矿体走向方向布置，向东西两侧推进；最小工作平台宽 40~50m，工作台阶坡面角 75°；开段沟底宽 45m。

采场采用组合台阶方式剥岩。组合台阶参数为：组合台阶高度 48~60m（4 个开采水平为一组），工作平台宽度 50m，安全平台宽度 15m，工作帮坡角 22.66°~27.55°。

采矿工作面结构参数及主要技术指标：

（1）工作面长度：300m。

（2）最小工作平台宽度：50m。

（3）安全平台：15m。

（4）采矿工作台阶高度：12~15m。

（5）组合台阶高度 48~60m（4 个开采水平为一组）。

（6）矿山生产剥采比：Ⅰ采场 4.0∶1(t/t)；Ⅱ采场 3.33∶1(t/t)。

b　穿孔爆破作业

该矿山露天开采采用牙轮钻机穿凿中深孔，炸药爆破崩落矿岩，不合格大块采用 SB1300-Ⅱ型液压碎石机进行二次破碎。矿山爆破危险区从露天采场轮廓线向外 200m 划定。另外，在进行爆破时，按个别飞散物对人员的安全距离设置爆破警戒线。爆破时禁止所有人员进入矿山爆破警戒线之内，以确保爆破工作安全进行。

　　c　铲装作业

挖掘机采用沃尔沃 EC460，装载机采用山工 ZL50F。矿山采用 $16m^3$ 电铲采矿和剥岩，台年综合效率为 700 万吨。

　　d　辅助作业设备

露天采场和废石场的辅助作业主要有场地平整，爆堆清理集堆、边坡维护、道路养护等，相应地需要配备碎石机、推土机、前装机、洒水车、压路机、平地机等辅助设备。

　　e　露天采场装备水平

司家营铁矿露天采矿车间主要设备见表40-4。

表 40-4　司家营铁矿露天采矿车间主要设备

序号	名称	型号	单位	数量
1	挖掘机	EC460	台	2
2	装载机	ZL50F	台	1
3	牙轮钻	KY-310A	台	5
4	电铲	WK-10B	台	5
5	电铲	WK-10c	台	1

40.3.3.2　地下开采

司家营铁矿Ⅲ采场地下开采范围内矿体为层状、倾斜矿体，厚度在中厚以上，采用无底柱分段崩落法。

　　A　矿块布置

当矿体厚度大于 20m 时，垂直于矿体走向布置回采进路；当矿体厚度小于 20m 时，沿矿体走向布置回采进路。

中段高度：60m

矿块高度：等于中段高度 60m

矿块长度：72m（垂直走向布置时 6 个进路）

进路间距：12m

分段高度：12m

开采回采率：85%

　　B　采切布置

　　a　无底柱分段崩落法

采准工程主要有通风天井、矿石溜井、回采进路和联络道等。通风天井、矿石溜井一般布置在下盘脉外，每个分段布置一条脉外进路联络道。

采切工程为切割天井、切割巷道等，自回采进路端部施工。

　　b　分段空场嗣后充填采矿方法

分段充填采矿方法的采切工程主要有分段巷道、出矿进路、溜井、天井、充填井、堑沟拉底巷和切割井等。

溜井采用脉外直溜井，溜井长度为48m，间距为100m；通风天井采用脉外斜井，倾角与矿体倾角相适应。溜井和通风天井分别从中段运输平巷和分段巷道反掘施工。充填井布置在间柱中间紧靠矿体上盘，从充填井联络道反掘施工，再由充填井中掘进通往采场的联络道。

出矿进路垂直矿体走向布置，间距为11m，分段巷道沿走向脉外下盘布置，距矿体12m，分段巷道和采区斜坡道相通，在分段巷道内掘出矿进路。从出矿进路端部开掘堑沟拉底巷道。切割井从堑沟拉底巷道中部采用中深孔拉槽法施工。

C　回采工艺

a　无底柱分段崩落采矿法

无底柱分段崩落采矿法采用中深孔凿岩、回采进路端部出矿的回采工艺。

中深孔凿岩在回采进路中进行。设计选用的凿岩设备为YGZ-90型凿岩机配CTC141凿岩台车凿上向中深孔。炮孔呈扇形布置，孔径65mm，孔深一般不大于15m，最小抵抗线1.5m，边孔倾角50°，排距（爆破步距）1.5m。

炮孔采用BQ-100型装药器装药，炸药采用铵油散装炸药，非电起爆系统双路起爆，一次爆破1~2排孔。

出矿采用2m³电动铲运机，1个矿块布置1台铲运机。

回采出矿量根据放矿制度进行，放矿制度按现代放矿理论通过试验编制，正常生产期间推荐采用低贫化或无贫化放矿制度。

正常生产时，采用单分段水平出矿。当需要多分段水平同时出矿时，上分段超前下分段的距离应大于20m。

上下分段共用一条溜井放矿，上一分段回采结束后，将溜井封闭，下分段应采取安全措施，以免上分段岩石对下分段开采造成安全事故。

为了减少大块的产出率，调整孔网参数，并在放矿溜井设格筛和液压碎石机，大块在进路中进行二次爆破处理。

b　分段空场嗣后充填采矿方法

分段充填采矿方法采用分段凿岩、分段出矿、分段充填的回采工艺。同时回采两个分段，回采结束后进行充填、养护。

中深孔凿岩在堑沟拉底巷中进行。设计选用YGZ-90型导轨式凿岩机配TJ25台架穿凿上向扇形孔，炮孔直径φ65mm，炮孔排距1.5~2.0m，孔底距2~3m。钻机效率35米/台班。钻机一次钻3~5排孔，随崩矿边退边钻。炮孔延米爆破量8t/m，钻孔合格率85%，炮孔利用率95%，年作业率70%计算，需要YGZ-90型导轨式凿岩机4台。

炮孔装药前进行测孔。炮孔采用BQ-100装药器装药，炸药采用铵油炸药，非电起爆系统起爆。采用中深孔拉槽法形成切割天井，以切割天井为自由面形成切割槽，以切割槽为自由面侧向崩矿。生产前要进行爆破试验，根据实验资料确定经济合理的炮孔、装药参数。

出矿采用2m³电动铲运机，铲运机效率15×10⁴吨/（台·年）。

采场放矿块度控制在750mm以内，不合格大块在进路中进行二次爆破处理。

D　采场通风

矿山采用侧翼对角式通风方式，井下采用多级机站通风方式。副井、斜坡道承担整个矿山的进风任务，回风井为专用出风井。-180m 以下矿体开采时由盲罐笼井进入采场。司家营铁矿地下采矿主要设备见表 40-5。

表 40-5　司家营铁矿地下采矿主要设备

序号	名称	规格	单位	数量
1	凿岩机	YGZ-90	台	6
2		CTC141	台	1
3	装药机	BQ-100	台	5
4	铲运机	2m³	台	1
5	液压碎石机		台	2

40.4　选矿情况

40.4.1　选矿厂概况

司家营铁矿有三个选矿厂，研山选矿厂、司家营选矿厂（氧化矿）、司家营选矿厂（原生矿）。研山选矿厂设计年选矿能力为 1500 万吨，设计主矿种入选品位为 26.78%，最大入磨粒度为 12mm，磨矿细度为 -0.074mm 占 60%，年入选矿石量 998.6 万吨。氧化矿选矿厂设计年选矿能力为 600 万吨，设计主矿种入选品位为 30.44%，最大入磨粒度为 12mm，磨矿细度为 -0.074mm 占 80%，年入选矿石量 698.5 万吨。原生矿选矿厂设计年选矿能力为 100 万吨，设计主矿种入选品位为 26.67%，最大入磨粒度为 12mm，磨矿细度为 -0.074mm 占 90%，年入选矿石量 176.1 万吨。

2015 年三个选矿厂共计入选原矿 1873 万吨，原矿品位 25.61%。选矿回收率 73.44%，精矿产率 28.68%，精矿品位全铁 65.61%。选矿方法为重选—磁选—浮选工艺，选矿产品是铁精粉，TFe 品位为 65.61%，2015 年司家营铁矿选矿指标见表 40-6。

表 40-6　2015 年司家营铁矿选矿指标

入选矿石量 /万吨	入选品位 /%	选矿回收率 /%	每吨原矿选矿耗水量 /t	每吨原矿选矿耗新水量 /t	每吨原矿选矿耗电量 /kW·h	每吨原矿磨矿介质损耗 /kg
1873	25.61	73.44	5.74	0.45	27.74	0.97

40.4.2　选矿工艺流程

司家营铁矿选矿工艺流程按原矿性质分为氧化矿流程和原生矿流程。

40.4.2.1　氧化矿石选矿工艺流程

氧化矿破碎采用三段一闭路流程，磨矿选别流程采用阶段磨、粗粒重选—细粒磁选—

阴离子反浮选的选别流程。原矿经皮带机给到一段磨矿—分级闭路流程（检查分级），分级溢流进入二段磨矿—分级闭路流程（预先分级），旋流器溢流进入粗细分级旋流器组，旋流器沉砂进入螺旋溜槽重选，经一粗、一精、一扫获得重选精矿。重选尾矿经中磁选抛除部分粗粒级尾矿和矿泥，同时产生一部分粗粒级中矿，和重选中矿一起返回到三段磨矿—分级流程，旋流器溢流和再磨产品共同返回粗细分级旋流器组。溢流进入弱磁选，弱磁尾矿浓缩后进入强磁选，抛除部分细粒级尾矿和矿泥，弱磁精矿和强磁精矿共同进入浮选系统进行一粗、一精、二扫流程选别，产生浮选精矿和尾矿。浮选精矿与重选精矿再混合形成最终铁精矿。司家营铁矿氧化矿选矿工艺流程如图 40-1 所示。

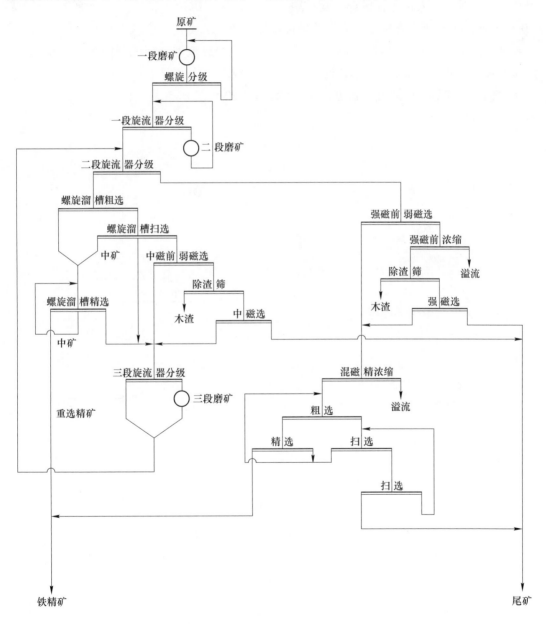

图 40-1　司家营铁矿氧化矿选矿工艺流程

40.4.2.2　原生矿选矿工艺流程

原生矿破碎采用三段一闭路破碎流程，磨矿选别流程采用阶段磨矿、单一磁选的选别流程。原矿破碎产品进入一段磨矿、分级，粒度达到-0.074mm 占 50%的产品进入磁选机进行磁选 I，磁选 I 尾矿进入旋流器组，旋流器溢流进入尾矿库，旋流器沉沙进入复振筛，筛上废渣由汽车运走，筛下给入两台强磁选机进行选别，尾矿返回尾矿库系统，精矿部分自流进入氧化矿系列一段旋流器泵池。

磁选 I 精矿进入高频振网细筛，筛上产品经磁选机浓缩后进入溢流型球磨机进行二段磨矿，磨机排矿进入磁选，磁选 IV 尾矿进入旋流器 I，磁选 IV 精矿返回细筛，筛下产品-0.074mm 占 80%进入磁选 II，甩掉部分合格尾矿后，二磁精矿进入水利旋流器组 II，旋流器 II 沉沙进入球磨机进行三段磨矿，磨矿排矿返回旋流器。旋流器溢流-0.065mm 占 90%进入磁选 III 进行选别，甩掉合格尾矿，精矿进入磁选柱精选，产生磁选精矿，磁选柱尾矿返回到三段磨矿前的旋流器 II。司家营铁矿原生矿选矿工艺流程如图 40-2 所示，选矿主要设备型号及数量见表 40-7。

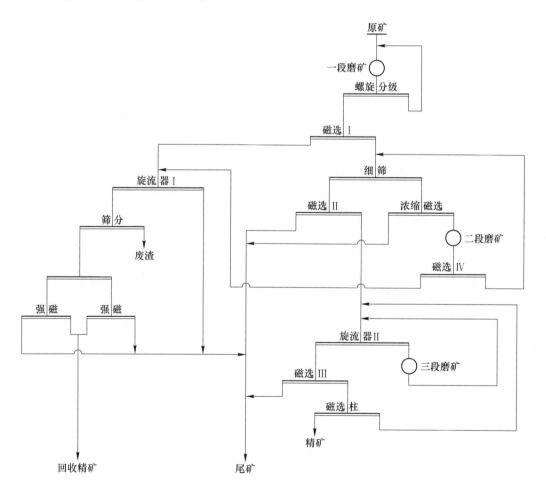

图 40-2　司家营铁矿原生矿选矿工艺流程

表 40-7　司家营铁矿选矿主要设备型号及数量

设备名称	型号	数量	设备名称	型号	数量
圆盘给料机	WRPB-3200	20		CTY1230	1
旋回破碎机	KB54-75	2	弱磁选机	NCTB-1540	11
	KB63-89	2		NCTB-1550	6
	1200/160	1		CTB-1540	2
	1400/220	1		CTB1230	21
颚式破碎机	CJ613	1		CTB1245	2
圆锥破碎机	CH870	4		CTB1030	9
	HP500S	3	中磁机	SLon1750	12
	HP500SH	4		LGS-2000E	1
高压辊磨机	RPS16-170/180B	2	强磁机	SLon1750	8
球磨机	MQY5585	3		SLon2000	3
	MQY5083	2		SSS2000	1
	MQG3650	5		LGS-2000	1
	MQY3650	5	螺旋溜槽	ϕ1500	224
	MQY3660	3	淘洗机	CH-CXJ32000	7
旋流器	FX660-GT×9	1	浮选机	JJF-20	3
	FX500-GX-S2×8	1		JJF-10	6
	ϕ500	13		BF-10	9
	ϕ660	0		BF-20	76
	ϕ350	8	浓缩机	ϕ50m	8
	RD350×8	1		ϕ30m	2
	FX200-GX×12	1		DTG-80	3
	FX840-GX-P	6	隔膜泵	TZPM1200	4
螺旋分级机	2FG-30	2		DGMB450/5B	4
层叠高频细筛	HPS-5M2-12B07	14		SGMB300/4	8
	2SG48-60W-5STK	2	盘式过滤机	96m²	6

40.5　矿产资源综合利用

司家营铁矿为单一铁矿，资源综合利用率 79.95%。

司家营铁矿年产生废石 7403 万吨，废石年利用量 3030 万吨，废石利用率为 40.93%，废石处置率为 100%，处置方式为排土场堆存和其他。

选矿厂尾矿年排放量 1187 万吨，尾矿中 TFe 含量为 10.64%，尾矿年利用量为零，尾矿利用率为零，处置率为 100%，处置方式为尾矿库堆存。

41 天 宝 铁 矿

41.1 矿山基本情况

天宝铁矿为露天开采的大型矿山，无共伴生矿产；于 2001 年 7 月 23 日建矿，2001 年
12 月 23 日投产。矿区位于河北省承德市宽城满族自治县，距宽城县直线约 18km，向北有
乡村公路与 S358 省道相通，向西经 S358 省道、S251 省道、G101 国道至承德市约 50km，
交通方便。天宝铁矿开发利用情况见表 41-1。

表 41-1 天宝铁矿开发利用简表

基本情况	矿山名称	天宝铁矿	地理位置	河北省承德市宽城满族自治县
	矿床工业类型	岩浆晚期分异型铁矿床		
地质资源	开采矿种	铁矿	地质储量/万吨	10609.7
	矿石工业类型	低贫磁铁矿石	地质品位	TFe: 16.41%, mFe: 8.77%
开采情况	矿山规模	900 万吨/年，大型	开采方式	露天开采
	开拓方式	汽车运输开拓	主要采矿方法	组合台阶采矿法
	采出矿石量/万吨	836.3	出矿品位（TFe）/%	8.5
	废石产生量/万吨	85.66	开采回采率/%	95
	贫化率/%	5	开采深度/m	810~470（标高）
	剥采比/t·t^{-1}	0.32		
选矿情况	选矿厂规模	870 万吨/年	选矿回收率/%	53.00
	主要选矿方法	三段一闭路破碎—中碎前筛分—细碎后干选抛废—阶段磨矿—阶段磁选—细筛再磨		
	入选矿石量/万吨	836.30	原矿品位（TFe）/%	8.5
	精矿产量/万吨	57.62	精矿品位（TFe）/%	65.00
	尾矿产生量/万吨	778.68	尾矿品位（TFe）/%	4.27
综合利用情况	综合利用率/%	50.35	废水利用率/%	80
	废石排放强度/t·t^{-1}	1.49	废石处置方式	排土场堆存
	尾矿排放强度/t·t^{-1}	13.51	尾矿处置方式	尾矿库堆存及其他
	废石利用率	0	尾矿利用率/%	25.68

41.2 地质资源

天宝铁矿矿床属岩浆晚期分异型铁矿床。矿石工业类型为需选低贫磁铁矿石，矿石中
主要有用组分为铁，伴生有益组分甚微，达不到综合利用的要求，为单一矿产。开采矿种

为铁矿，建设规模为年产铁矿石 900 万吨，开采深度为 810~470m 标高。

截至 2013 年 11 月底，天宝铁矿矿区内累计查明资源储量（矿石量）10609.7 万吨，保有资源储量（$w(\text{mFe}) \geqslant 8\%$）矿石量 6787.0 万吨，平均品位 TFe 16.41%、mFe 8.77%。截至 2013 年 11 月底，另估算保有低品位矿石（$w(\text{mFe}) = 6\% \sim 8\%$）资源储量（333）925.6 万吨，平均品位 TFe 14.77%、mFe 6.69%。

41.3 开采情况

41.3.1 矿山采矿基本情况

天宝铁矿为露天开采的大型矿山，采取汽车运输开拓，使用的采矿方法为组合台阶法。矿山设计年生产能力 900 万吨，设计开采回采率为 95%，设计贫化率为 5%，设计出矿品位（mFe）8.71%。

41.3.2 矿山实际生产情况

2013 年，矿山实际出矿量 836.3 万吨，排放废石 85.66 万吨。矿山开采深度为 810~470m 标高。天宝铁矿矿山露天部分实际生产情况见表 41-2。

表 41-2 天宝铁矿矿山露天部分实际生产情况

采矿量/万吨	开采回采率/%	出矿品位（mFe）/%	贫化率/%	露天剥采比/t·t^{-1}
880.3	95	8.5	5	0.32

41.3.3 采矿技术

矿山投产至今，一直采用露天开采方式，汽车-公路开拓运输方案，分层组合台阶采剥方法，台阶段高为 12m。采矿工艺由穿孔—爆破—采装—运输—排土等工艺组成。矿山使用的主要采矿设备有穿孔钻机、装载设备、矿用自卸汽车、推土机、装药车、前装机、液压破碎机等。

41.4 矿产资源综合利用情况

天宝铁矿为单一铁矿，资源综合利用率 50.35%。

天宝铁矿年产生废石 85.66 万吨，废石年利用量为零，废石利用率为零，废石处置率为 100%，处置方式为排土场堆存。

选矿厂尾矿年排放量 778.68 万吨，尾矿中 TFe 含量为 4%，尾矿年利用 200 万吨，尾矿利用率为 25.68%，处置率为 100%，处置方式为尾矿库堆存及其他。

42　铁蛋山铁矿

42.1　矿山基本情况

　　铁蛋山为地下开采铁矿的中型矿山，无共伴生矿产；建矿时间为 2005 年 4 月 10 日，投产时间为 2008 年 1 月 20 日。矿区位于辽宁省朝阳地区北票市境内，西南距北票市区约 50km，现有县、乡级公路通往北票市，另有地方准轨铁路途径矿区；至北票的铁路运距约 47km，交通比较方便。铁蛋山铁矿开发利用情况见表 42-1。

表 42-1　铁蛋山铁矿开发利用简表

基本情况	矿山名称	铁蛋山铁矿	地理位置	辽宁省朝阳地区北票市
	矿床工业类型	沉积变质型铁矿床		
地质资源	开采矿种	铁矿	地质储量/万吨	3271.6
	矿石工业类型	贫磁铁矿石	地质品位（TFe）/%	31.11
开采情况	矿山规模	100 万吨/年，大型	开采方式	地下开采
	开拓方式	竖井-斜坡道联合开拓	主要采矿方法	无底柱分段崩落法
	采出矿石量/万吨	98	出矿品位（TFe）/%	24.23
	废石产生量/万吨	8.9	开采回采率/%	84.11
	贫化率/%	17.71	开采深度/m	320~-310（标高）
	掘采比/米·万吨$^{-1}$	48.02		
选矿情况	选矿厂规模	226 万吨/年	选矿回收率/%	81.65
	主要选矿方法	阶段磨矿—阶段磁选的自磨—球磨工艺流程		
	入选矿石量/万吨	220.99	原矿品位（TFe）/%	22.45
	精矿产量/万吨	58.45	精矿品位（TFe）/%	69.30
	尾矿产生量/万吨	162.54	尾矿品位（TFe）/%	5.60
综合利用情况	综合利用率/%	68.67	废水利用率/%	80
	废石排放强度/t·t^{-1}	0.15	废石处置方式	自用消化
	尾矿排放强度/t·t^{-1}	2.78	尾矿处置方式	尾矿库堆存
	废石利用率/%	100	尾矿利用率	0

42.2　地质资源

42.2.1　矿床地质特征

42.2.1.1　地质特征

　　铁蛋山铁矿矿床工业类型为鞍山式沉积变质铁矿床，矿山开采深度为 320~-310m 标高。矿区属丘陵地区，地势平缓，山形低矮，地势北高南低。铁蛋山矿区采矿场东西两侧有40~60m宽的季节性河谷，仅雨季有水流通过。矿区附近较大河流为保国老河，发源于北票市蒙古营子，全长40多千米，由西北向东南流经矿区，在韩谷屯东南处与虹牛河汇合，该河常年流水，且雨季有洪水出现。铁蛋山海拔336m，目前最低标高为235m，比高179~215.3m。山岭呈北东至南西与北东构造线一致贯穿矿区。由于岩性不同，呈中间低缓周围较高，浅、中切割的构造剥蚀侵蚀堆积丘陵和山间沟谷地貌。矿区属于北温带季风气候区，根据朝阳地区气象资料统计：年降雨量494.19mm，年降雨多集中在6~8月份，年平均蒸发量为2430.99mm；年平均气温8~10℃，夏季最高气温40.5℃，冬季最低气温-28.8℃；降雪期为每年11月份至次年4月份；第四系疏松层冻结深度为1.22m。夏季盛行南风，其他季节风向多为西风和西北风。

矿区地处内蒙古地轴东段，内蒙古台背斜和燕山沉降带的接壤地带。区内出露地层主要为前震旦系建平群小塔子沟组变质岩系。岩性主要为混合岩、斜长角闪岩，次为石榴石斜长角闪岩和辉石石榴石斜长角闪岩。其间夹有四层磁铁石英岩。此外在地表浅部有零星分布的第四系残坡积洪冲积层。在矿区外围尚出露有侏罗系的火山岩系。区内岩浆岩主要发育有燕山晚期角闪二长斑岩、煌斑岩等小型脉岩。区内构造较为简单。铁矿床主要赋存在向南东倾斜的单斜构造变质岩系地层中。

矿体赋存在建平群小塔子沟沉积变质岩系的磁铁石英岩层中，具明显层控特征。矿层顶底板围岩为混合岩、斜长角闪岩等中深变质岩系。矿体属稳固矿岩，围岩属中等稳固岩石。铁蛋山矿段内共圈出大小矿体六条。自下而上依次为Ⅰ-1号、Ⅰ号、Ⅱ号、Ⅲ号、Ⅲ-1号、Ⅳ号矿体。其中Ⅰ号、Ⅱ号、Ⅳ号矿体为主矿体，其矿石资源储量分别占29%、46%、22%，共占97%。

矿体呈层状、似层状产出，局部有分枝复合膨缩现象，主矿体连续性较好，次要矿体连续性较差。各矿层之间的距离，在矿床北部为10~25m；中部和南部Ⅲ号矿体尖灭，Ⅳ号矿体与Ⅱ号矿体间距加大为50~100m。

各矿体的总体规模如下：

Ⅰ-1号矿体走向长240m，倾斜延深340m。厚度：浅部平均20.54m，深部平均23.60m。

Ⅰ号矿体走向长830m，倾斜延深640m。厚度：浅部平均16.28m，深部平均18.75m。

Ⅱ号矿体走向长620m，倾斜延深570m。厚度：浅部平均11.57m，深部平均21.99m。

Ⅲ号矿体走向长400m，倾斜延深250m。厚度：浅部平均6.80m，深部平均9.92m。

Ⅲ-1号矿体走向长110m，倾斜延深150m。厚度：浅部平均4.92m，深部平均6.44m。

Ⅳ号矿体走向长850m，倾斜延深450m。厚度：浅部平均10.30m，深部平均15.28m。

矿体总体走向呈近南北向，平均倾角为50°~65°，一般地表较陡而深部相对略缓，北部较陡、南部相对略缓。

42.2.1.2　矿石质量

矿石工业类型主要为贫磁铁矿石，地表浅部为氧化矿，矿石以假象赤铁矿为主，中深部为原生矿，矿石以磁铁矿为主。矿石中金属矿物主要为磁铁矿、假象赤铁矿、少量的黄铁矿和褐铁矿；脉石矿物主要有石英、少量的阳起石和石榴子石。矿石结构、构造主要为他形中粗粒状变晶结构，片麻状和条带状构造。

矿石中 Fe_2O_3 平均含量为 41.54%，SiO_2 含量为 45.56%，Al_2O_3 含量为 1.97%，CaO 含量为 0.84%，MgO 含量为 0.18%，MnO 含量为 0.0576%，P 含量为 0.078%，S 含量为 0.014%，Zn 含量为 0.12%，As 含量为 0.0002%。

矿石中主要有用元素全铁（TFe）平均品位为 31.11%，磁性铁（mFe）占有率约为 90%。有害元素 S 平均含量为 0.013%，P 平均含量为 0.1%，As 微量。

42.2.2　资源储量

矿床规模为中型，铁矿为单一矿产。截至 2013 年年底，该矿山累计查明铁矿石资源储量为 3271.6 万吨，保有铁矿石资源储量为 2009.33 万吨，铁矿的平均地质品位（TFe）为 30.94%。

42.3　开采情况

42.3.1　矿山采矿基本情况

铁蛋山铁矿为地下开采的大型矿山，采取竖井-斜坡道联合开拓，使用的采矿方法为无底柱分段崩落法。矿山设计年生产能力 100 万吨，设计开采回采率为 80%，设计贫化率为 20%，设计出矿品位 25.04%。

42.3.2　矿山实际生产情况

2013 年，矿山实际出矿量 98 万吨，排放废石 8.9 万吨。矿山开采深度为 320～-310m 标高。铁蛋山铁矿矿山露天部分实际生产情况见表 42-2。

表 42-2　铁蛋山铁矿矿山露天部分实际生产情况

采矿量/万吨	开采回采率/%	出矿品位/%	贫化率/%	掘采比/米·万吨$^{-1}$
80.64	84.11	24.23	17.71	48.02

42.3.3　采矿技术

铁蛋山采区主要采矿设备型号及数量见表 42-3。

表 42-3　铁蛋山采区主要采矿设备型号及数量

序号	设备名称	规格型号	使用数量/台（套）
1	钻机	AT1500	1
2	凿岩机	7655	3
3	柴油铲运机	CY-2C	2
4	柴油铲运机	ST3.5	2
5	柴油铲运机	ST1030	1

序号	设备名称	规格型号	使用数量/台（套）
6	电动铲运机	EJC145E	2
7	电动铲运机	EST3.5	5
8	电动铲运机	EST1030	2
9	掘进台车	Boomer281	3
10	凿岩台车	Simba H1254	4

42.4 选矿情况

42.4.1 选矿厂概况

铁蛋山铁矿矿山选矿厂为保国铁矿选矿厂，筹建于1967年，1972年投产，一期选矿设计规模年处理原矿石40万吨，磨矿为干式自磨流程。1982年改干式自磨为湿式自磨，设计能力为年处理矿石30万吨，因工艺技术与设备落后，现已停产拆除。二期工程于1981年7月投产，设计能力为年处理矿石50万吨。

2001年开始对原二期工程进行了一系列流程改造与扩建，另外收购附近地区粗精矿进行再磨再选。

选矿厂现设计选矿能力为226万吨，设计入选品位（TFe）为26%，最大入磨粒度为500mm，磨矿细度为-0.074mm占75%，铁精矿的全铁品位为69%~69.3%。

铁蛋山铁矿选矿情况见表42-4。

表 42-4 铁蛋山铁矿选矿情况

年份	入选量/万吨	入选品位/%	选矿回收率/%	每吨原矿耗水量/t	每吨原矿耗新水量/t	每吨原矿选矿耗电量/kW·h	每吨原矿磨矿介质损耗/kg	精矿产率/%
2011	175.4	23.53	78.27	9.5	0.36	23.53	0.35	26.68
2013	220.99	22.45	81.65	9.5	0.36	24.08	0.39	26.45

42.4.2 选矿工艺流程

原矿通过皮带给入5号自磨机，5号自磨机排矿给入分级筛，筛上通过磁滑轮，磁滑轮精矿通过圆锥破碎机后再返回5号自磨机构成闭路，磁滑轮尾矿直接排尾，筛下通过泵给入一段磁选机。

一段磁选机精矿给入一段细筛，一段细筛筛上给入一段脱水磁选机，一段脱水磁选机精矿给入5号球磨机，一段细筛筛下给入一段精选机，一段精选机精矿给入二三段磁选机，一段磁选尾矿、一段脱水磁选尾矿、一段精选机尾矿直接排尾。

二三段磁选机精矿给入二段细筛，二段细筛筛上给入二段脱水磁选机，二段脱水磁选机精矿给入 5 号球磨机，二段细筛筛下给入二段精选机，二段精选机尾矿给入二段脱水磁选机，二段精选机精矿给入精矿脱水磁选机，精矿脱水磁选机精矿形成最终精矿，二段磁选尾矿、二段脱水磁选尾矿、精矿脱水磁选机尾矿直接排尾。铁蛋山铁矿选矿厂工艺流程如图 42-1 所示。磨选分级设备见表 42-5。

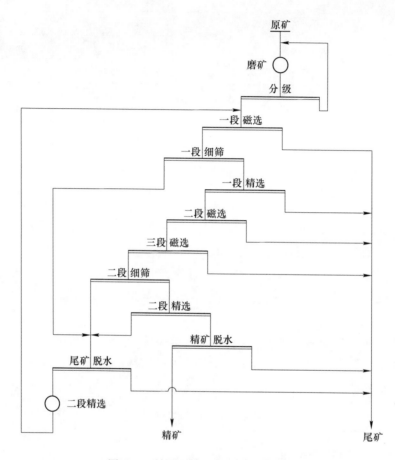

图 42-1　铁蛋山铁矿选矿厂工艺流程

表 42-5　铁蛋山铁矿磨选分级设备

设备名称	设备型号	台数	设备名称	设备型号	台数
圆锥破碎机	HP100	1	一段精选机	SWP-JXJ8000	20
自磨机	φ8×2.8	1	一段脱水磁选机	TGCT1030	3
球磨机	φ4.0×6.7	1	二三段磁选机	CTB1030	12
分级筛	ZKXG2148A	1	二段精选机	SWP-JXJ8000	12
一段细筛	MVS2020	40	二段脱水磁选机	TGCT1030	2
二段细筛	MVS2020	24	精矿脱水磁选机	CTB1021/CTB1024/CTB1030	4
一段磁选机	CTB1030	10	精矿泵	100ZJ-I-A50	2

42.5　矿产资源综合利用情况

铁蛋山铁矿为单一铁矿，资源综合利用率 68.67%。

铁蛋山铁矿年产生废石 8.9 万吨，废石年利用量 8.9 万吨，废石利用率为 100%，废石处置率为 100%，处置方式为筑路等自用消化。

选矿厂尾矿年排放量 162.54 万吨，尾矿中 TFe 含量为 6.03%，尾矿年利用量为零，尾矿利用率为零，处置率为 100%，处置方式为尾矿库堆存。

43　歪头山铁矿

43.1　矿山基本情况

歪头山铁矿为露天开采的大型矿山，无共伴生矿产，是第二批国家级绿色矿山试点单位。建矿时间为 1971 年 1 月 1 日，投产时间为 1971 年 5 月 1 日。矿区位于辽宁省本溪市溪湖区歪头山镇，距本溪市中心西北部约 30km，距沈丹线铁路歪头山火车站约 2km，由矿区到歪头山火车站有矿山专用铁路线，交通方便。歪头山铁矿开发利用情况见表 43-1。

表 43-1　歪头山铁矿开发利用简表

基本情况	矿山名称	歪头山铁矿	地理位置	辽宁省本溪市溪湖区
	矿山特征	国家级绿色矿山	矿床工业类型	沉积变质型（鞍山式）铁矿床
地质资源	开采矿种	铁矿	地质储量/万吨	28748.5
	矿石工业类型	磁铁矿石	地质品位（TFe）/%	31.62
开采情况	矿山规模	400 万吨/年，大型	开采方式	露天开采
	开拓方式	铁路-汽车联合运输开拓	主要采矿方法	组合台阶采矿法
	采出矿石量/万吨	463.88	出矿品位（TFe）/%	26.68
	废石产生量/万吨	625.9	开采回采率/%	95.54
	贫化率/%	6.74	开采深度/m	124.88~-103.12（标高）
	剥采比/t·t⁻¹	1.41		
选矿情况	选矿厂规模	500 万吨/年	选矿回收率/%	82.03
	主要选矿方法	粗碎—干选抛废—半自磨—磁选—精矿再磨再选		
	入选矿石量/万吨	536.97	原矿品位（TFe）/%	26.16
	精矿产量/万吨	168.02	精矿品位（TFe）/%	68.58
	尾矿产生量/万吨	368.95	尾矿品位（TFe）/%	6.84
综合利用情况	综合利用率/%	78.37	废水利用率/%	92.86
	废石排放强度/t·t⁻¹	3.72	废石处置方式	排土场堆存及建材等
	尾矿排放强度/t·t⁻¹	2.19	尾矿处置方式	尾矿库堆存及建材等
	废石利用率/%	9.58	尾矿利用率/%	3.11

43.2 地质资源

43.2.1 矿床地质特征

43.2.1.1 地质特征

歪头山铁矿矿床工业类型为沉积变质型铁矿（鞍山式铁矿），矿山开采深度为124.88~ -103.12m标高。歪头山铁矿出露地层主要是太古界鞍山群，由斜长角闪岩、黑云片麻岩、阳起石磁铁石英岩、阳起石片岩及阳起石英岩等组成，混合岩化作用比较普遍，变质程度为绿帘角闪岩相-角闪岩相。矿区主要存在两期褶皱构造，早期褶皱为一个向东倒转的大型向斜构造，轴向近南北，枢纽向南南东倾伏，形成于新太古代；晚期褶皱为近共轴叠加褶皱，多为中小型规模的紧闭-中等开阔褶皱，大部分受控于早期褶皱，局部可见其改造早期褶皱的现象。褶皱构造是矿区主要的控矿构造，铁矿体多赋存于向斜轴部。

该矿山开采范围内有6条主要矿体，编号分别为Fe1、Fe2、Fe3、Fe4、Fe5、Fe6。

Fe1：矿体走向长度为1940m，矿体平均倾角为30°，矿体平均厚度为5m。

Fe2：矿体走向长度为2600m，矿体平均倾角为40°，矿体平均厚度为22m。

Fe3：矿体走向长度为1500m，矿体平均倾角为30°，矿体平均厚度为11m。

Fe4：矿体走向长度为1000m，矿体平均倾角为30°，矿体平均厚度为11m。

Fe5：矿体走向长度为2400m，矿体平均倾角为40°，矿体平均厚度为22m。

Fe6：矿体走向长度为2040m，矿体平均倾角为30°，矿体平均厚度为9m。

矿体属于稳固矿岩，围岩属于稳固岩石。

43.2.1.2 矿石质量

矿石工业类型为磁铁矿，主要分磁铁贫矿和磁铁富矿，以磁铁贫矿为主。主要矿物成分为磁铁矿，占矿物成分的25%~40%，其次为石英，占矿物成分的50%~70%，阳起石占5%~15%，另有少量的白云石、方解石、磷灰石、蛇纹石、滑石和辉石等。磁铁矿为细粒变晶结构，条带（纹）状及块状构造，呈自形、半自形或他形粒状出现。矿石中各种铁矿物占有率分别为磁铁矿86.32%，碳酸铁0.68%~1.34%，赤铁矿1.72%~6.43%，褐铁矿0.95%~2.06%，硫化铁0.03%~0.13%，硅酸铁3.54%~8.24%。

矿石按照自然类型分为以下6类：条纹状阳起磁铁石英岩、条带状阳起磁铁石英岩、块状阳起磁铁石英岩、磁铁阳起岩、磁铁石英岩、阳起磁铁岩（磁铁富矿）。

各矿层中的矿石化学组分变化较小，处于稳定状态，有害元素含量均较低。全矿区平均品位：TFe为31.62%，SFe为29.02%，S为0.068%，P为0.063%，Mn为0.063%。

43.2.2 资源储量

歪头山铁矿矿床规模为大型，该铁矿为单一矿产。截至2013年年底，矿山累计查明铁矿石资源储量为287485kt，保有铁矿石量为89638kt，铁矿平均地质品位（TFe）为31.62%。

43.3　开采情况

43.3.1　矿山采矿基本情况

歪头山铁矿为露天开采的大型矿山，采取铁路-汽车联合运输开拓，使用的采矿方法为组合台阶法。矿山设计年生产能力 400 万吨，设计开采回采率为 90.5%，设计贫化率为 7.5%，设计出矿品位（TFe）28.98%。

43.3.2　矿山实际生产情况

2013 年，矿山实际出矿量 463.88 万吨，排放废石 625.9 万吨。矿山开采深度为 124.88～-103.12m 标高。歪头山铁矿矿山实际生产情况见表 43-2。

表 43-2　歪头山铁矿矿山实际生产情况

采矿量/万吨	开采回采率/%	出矿品位（TFe）/%	贫化率/%	露天剥采比/t·t⁻¹
402.0	95.54	26.68	6.74	1.41

43.3.3　采矿技术

歪头山铁矿采矿主要设备型号及数量见表 43-3。

表 43-3　歪头山铁矿采矿主要设备型号及数量

序号	设备名称	规格型号	使用数量/台（套）
1	牙轮钻机	YZ-35	6
2	牙轮钻机	C45R	3
3	挖掘机	WD-400	22
4	装载机	ZL50	7
5	推土机	TY220	7
6	推土机	上海 320	5
7	电力机车	ZG150-1500	27
8	电力机车	EL2-100	3
9	矿用自翻车	KF-60	222
10	内燃机车	GK1	1
11	轨道工程车	JY290	1
12	自卸汽车	33-07（40t）	10
13	贝拉斯汽车	7555B（40t）	4
14	特雷克斯汽车	TR50（45t）	3

43.4　选矿情况

43.4.1　选矿厂概况

歪头山铁矿有两个选矿车间：选矿车间、马选车间。选矿车间设计年选矿能力为500万吨，设计主矿种入选品位（TFe）为29.61%，最大入磨粒度为350mm，磨矿细度为-0.074mm占80%。马选车间设计年选矿能力为300万吨，设计主矿种入选品位（TFe）为28.00%，最大入磨粒度为350mm，磨矿细度为-0.074mm占85%。选矿方法为单一磁选法，选矿产品为铁精矿，选矿车间铁精矿全铁（TFe）品位为68.08%，马选车间铁精矿全铁（TFe）品位为67.92%。歪头山铁矿2015年选矿情况见表43-4。

表 43-4　歪头山铁矿 2015 年选矿情况

入选矿石量 /万吨	入选品位 /%	选矿回收率 /%	每吨原矿选矿耗水量 /t	每吨原矿选矿耗新水量 /t	每吨原矿选矿耗电量 /kW·h	每吨原矿磨矿介质损耗 /kg
选矿车间 565.85	25.91	82.07	15.15	1.13	27.14	0.88
马选车间 296.83	23.60	78.25	12.83	0.68	27.87	0.80

43.4.2　选矿工艺流程

歪头山铁矿选矿厂现有10台自磨机与9台球磨机组成的10个磨选系统及3个再磨再选系统，采用粗破碎—干选—自球磨磨矿—三段选别—再磨再选—磁选选矿工艺流程。

矿山采出的 0~1000mm 矿石，经电机车牵引至粗破碎卸车位置，直接卸入 1 台 PX1200/180 旋回破碎机，破碎后的产品粒度 0~350mm，经 2 台 XJG/BXJG 双质体近共振电振给料机，由皮带输送机送到 2 台 CTDG1516N 型大块矿石磁选机进行抛弃岩石，岩石由胶带输送机送到废石仓，矿石由胶带输送机运送到贮量为 32000t 的原矿槽。

矿石经电振给矿机给入 φ5500×1800 湿式半自磨机进行磨矿，磨矿产品 0~7mm 自流至 φ3000 一段永磁脱水槽进行选别，溢流自流入尾矿道，底流自流至由 2FLC-2400 沉没式双螺旋分级机与 MQY3245 溢流型球磨机组成的闭路磨矿，分级溢流产品自流至 φ3000 二段永磁脱水槽进行选别，溢流自流入尾矿道，底流自流至 CTB1021 半逆流筒式磁选机，磁选尾矿自流入尾矿道，磁选精矿用 150ZJ-I-A70 渣浆泵扬送至一段高频振网筛，筛下产品自流至 BX1024 磁选机，磁选尾矿自流入尾矿道，磁选精矿由 150ZJ-I-A57 渣浆泵扬送至 CXZ60 磁选柱，磁选柱精矿作为最终精矿 A 自流到 ZPG-72/6 盘式过滤机进行过滤，磁选柱中矿及一段筛上产品合并自流至 BX1024 浓缩磁选机，磁选尾矿自流至尾矿道，精矿自流到由 MQY3245 溢流型球磨机与 FX350/6 旋流器组成的闭路磨矿，旋流器溢流产品自流至 BX1024 磁选机，磁选尾矿自流至尾矿道，磁选精矿由 100ZJ-I-A50 渣浆泵扬送至二段德瑞克细筛进行筛分，筛上产品经 BX1024 浓缩磁选机浓缩后进入再磨深选循环工艺流程，筛下产品自流至 CTB1021 磁选机，磁选尾矿自流至尾矿道，磁选精矿作为最终精矿 B 自流至 ZPG-72/6 盘式过滤机进行过滤，精矿 A 及 B 合并过滤获得滤饼由胶带输送机送到精矿仓待运，过滤机溢流由 150ZJ-I-A57 渣浆泵扬送至 1 号及 2 号 2FLC-2400 螺旋分级机，所有尾矿经浓缩后扬送至尾矿坝。

歪头山铁矿选矿工艺流程如图 43-1 所示，选矿厂主要设备型号及数量见表 43-5。

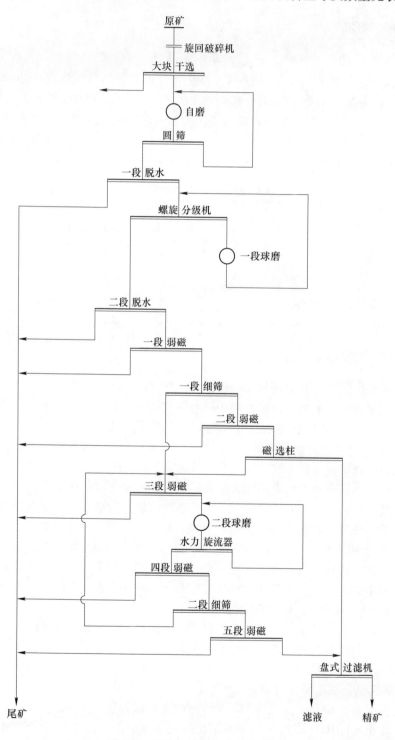

图 43-1　歪头山铁矿选矿工艺流程

表 43-5 歪头山铁矿选矿厂主要设备型号及数量

序号	设备名称	规格型号	使用数量/台（套）
1	旋回破碎机	PX1200/180	1
2	湿式自磨机	5500×1800	10
3	溢流型球磨机	3200×4500	12
4	螺旋分级机	2FLC-2400	9
5	盘式真空过滤机	ZPG72/6	6
6	中心传动浓密机	$\phi30m$	6
7	周边传动浓密机	$\phi53m$	2
8	高压浓密机	HRC25	1
9	大块干式磁选机	CTDG1516N	2
10	半逆流筒式磁选机	CTB1021	6
11	磁选机	BX1024	10
12	磁选机	CTB718	3
13	磁选机	CTB618	1
14	德瑞克细筛	2SG48-60W-5STK	2
15	高频振网筛	MVS2020	8
16	高频振网筛	2418 双层	8
17	磁选柱	$\phi600$	19
18	永磁脱水槽	$\phi3000$	32
19	电振给料机	XJG	54

43.5 矿产资源综合利用情况

歪头山铁矿为单一铁矿，资源综合利用率 78.37%。

歪头山铁矿年产生废石 625.9 万吨，废石年利用量 60 万吨，废石利用率为 9.58%，废石处置率为 100%，处置方式为排土场堆存及建材等。

选矿厂尾矿年排放量 368.91 万吨，尾矿中 TFe 含量为 6.7%，尾矿年利用 11.5 万吨，尾矿利用率为 3.11%，处置率为 100%，处置方式为尾矿库堆存及建材等。

44　吴 集 铁 矿

44.1　矿山基本情况

　　吴集铁矿为地下开采铁矿的大型矿山，S、P、Al_2O_3 等未达到综合利用指标要求，是第二批国家级绿色矿山试点单位。矿区位于安徽省霍邱县高塘镇，距霍邱县 26km，交通较为方便。吴集铁矿开发利用情况见表 44-1。

表 44-1　吴集铁矿开发利用简表

基本情况	矿山名称	吴集铁矿	地理位置	安徽省霍邱县
	矿山特征	国家级绿色矿山	矿床工业类型	沉积变质型镜铁矿床
地质资源	开采矿种	铁矿	地质储量/万吨	10145.52
	矿石工业类型	磁铁矿石	地质品位（TFe）/%	29.33
开采情况	矿山规模	200 万吨/年，大型	开采方式	地下开采
	开拓方式	竖井开拓、斜坡道开拓	开采回采率/%	80.34
	采出矿石量/万吨	168.33	贫化率/%	16.81
	掘采比/米·万吨$^{-1}$	69.52		
选矿情况	选矿厂规模	200 万吨/年		
	主要选矿方法	三段一闭路破碎—中碎前筛分—细碎后干选抛废—阶段磨矿—阶段磁选		
综合利用情况	综合利用率/%	67.50	尾矿排放强度/t·t^{-1}	3.19

44.2　地质资源

44.2.1　矿床地质特征

44.2.1.1　地质特征

　　吴集铁矿矿床类型属沉积变质型镜铁矿床。吴集铁矿（北段）主要开采矿种为磁铁矿，吴集铁矿北段整个矿床仅有一个矿带（编号为Ⅰ），自上而下（平面上自西向东）分别分布有 I_1、I_2、I_3 矿体以及 5 个未编号的零星矿体。I_2 矿体为主矿体，呈似层状，沿走向在 24、44 线矿体厚大，向两侧以及中间明显变薄，沿倾向一般中间厚，向两头变薄。该矿体在 16~28 线走向南东，倾向南西，倾角为 51°~70°；28~32 线变为近南北向，倾向西，倾角约为 70°；32~48 线走向南西，倾向南西，倾角为 60°~72°。该矿体顶板主要由黑云斜长片麻岩、间夹斜长角闪岩、黑云斜长片变粒岩等组成，底板由黑云斜长片麻岩、角闪黑云变粒岩等组成。由于受硅铁质岩层控制，矿体形态一般呈似层状、透镜体状产出，沿走向、倾向出现分枝复合现象，岩浆岩的穿插在一定程度上破坏了矿体的连续性、完整性。吴集铁矿北段矿床严格受层位控制，赋存于霍邱群吴集组上段地层中，属海侵沉积岩系，具有明显的沉积规律，硅铁建造经变质后，矿体分布于变粒岩、片麻岩、片岩过渡部位，多呈似层状-透镜状，沿走向可达数十米至3000余米，厚度为数米至数十米。区内基底构造为近南北向向斜构造，铁矿床受该构造制约而免遭剥蚀破坏，铁矿体分布于倒转向斜东翼。区内酸性岩浆岩较发育，初步认为是强烈混合岩化作用形成的一种酸性熔浆受动力作用驱动的原地-半原地产物。区内混合花岗岩与围岩界线明显，与成矿无明显关系。

44.2.1.2　矿石质量

金属矿物主要为磁铁矿，次为赤铁矿、假象赤铁矿（氧化带），少量黄铁矿、黄铜矿、褐铁矿、磁黄铁矿等。脉石矿物主要为石英，次为角闪石、黑云母、镁铁闪石、透闪石、石榴石少量斜长石、阳起石、方解石，微量白云母、磷灰石、榍石、锆石等。铁主要以磁铁矿为主（占83.86%）；其次为赤铁矿（占8.78%），其他矿物含铁较少。矿石化学成分简单，除主要组分铁外，伴生组分甚微，选矿的精矿部分经光谱半定量全分析也未发现有利用价值元素，有害组分含量也很低。

44.2.2　资源储量

吴集铁矿矿床规模为大型矿床，主矿种为铁矿，累计查明资源储量10145.52万吨，吴集铁矿（北段）矿床各类型矿石中伴生元素主要有S、P、Al_2O_3等，但含量甚微，均低于综合利用指标要求，故均未采取综合利用措施。

44.3　开采情况

44.3.1　矿山采矿基本情况

吴集铁矿为地下开采的大型矿山，采取竖井-斜坡道联合开拓，使用的采矿方法为嗣后充填法。矿山设计年生产能力200万吨，设计开采回采率为85%，设计贫化率为12.17%，设计出矿品位（TFe）26.73%。

44.3.2　矿山实际生产情况

2013年，矿山实际出矿量168.33万吨，排放废石21.5万吨。矿山开采深度为−30~−670m标高。吴集铁矿矿山露天部分实际生产情况见表44-2。

表44-2　吴集铁矿矿山露天部分实际生产情况

采矿量/万吨	开采回采率/%	出矿品位（TFe）/%	贫化率/%	掘采比/米·万吨⁻¹
168.33	80.34	23.37	16.81	69.52

44.3.3　采矿技术

44.3.3.1　采矿工艺

由于矿床开采深度比较大，服务年限比较长，经过技术经济比较后设计推荐采用分期开采的方案。第一期开采 -200~-500m 范围内的矿体，一期服务年限 21 年。二期开采 -500~-670m 区段，服务年限 4 年。

中段开采顺序为首采 -400m 中段，中段由下至上顺序进行回采。沿走向的开采顺序为前进式，即从矿床中央向两翼推进。由于采用阶段空场嗣后充填采矿法，同一阶段多层矿体开采顺序较为灵活，原则先采上盘矿体，后采下盘矿体。吴集铁矿体为隐伏矿体，主矿体平均厚度 21.18m，扩建前后开采方案不变，均采用地下开采，地下开采工艺流程不变。

44.3.3.2　中段高度和中段平巷布置

A　分段高度

吴集铁矿（北段）矿体比较规整，但矿体沿倾向、走向都有一定的变化。采用较低的中段高度有利于提高矿石回采率，本次凿岩分段高度确定为 25m，出矿中段、运输中段的高度确定为 100m。

B　中段平巷布置

根据采矿工艺要求，井下设出矿水平、凿岩水平和运输水平。出矿水平一期自上而下分别为 -300m、-400m、-500m；二期为 -600m，二期水平的划分需要根据深部勘探情况确定。出矿巷道布置在矿体下盘，距矿体 20m，出矿巷道内采用 TORO1400E 电动和 TORO1400 柴油铲运机出矿。

凿岩水平一期为 -300m、-325m、-350m、-375m、-400m、-425m，其中 -300m、-400m 水平同时作为回采时的出矿水平；二期为 -500m、-550m，其中 -500m 水平作为一期回采时的出矿水平。运输水平一期为 -325m、-425m、-525m；二期为 -625m。运输水平设在出矿水平以下，距出矿水平 25m，采用短溜井和出矿水平平巷相通，运输巷道内采用 ZK20-9/550 型 20t 电机车双机牵引 10m^3 底侧卸矿车运输矿石。运输平巷布置矿体下盘，距矿体 51m。水泵房、井下中央变电所、电机车检修硐室、调度室、油库、无轨设备检修硐室等建在 -525m 水平。牵引变电所、卸矿硐室等工程布置在 -525m 运输水平，在各主要生产中段布置采区变电所、等候室、卫生间等工程。

44.3.3.3　井下运输

扩建前后井下运输方式不变，矿（废）石运输采用无轨运输。矿石从采区溜井下部的振动放矿机装入 6m^3 底侧卸矿车，由 14t 电机车牵引至溜井井底车场，卸入主溜井，经破碎硐室粗碎后，由胶带机给入计量斗装底卸箕斗提升至地面矿仓。掘进废石装 0.7m^3 翻转矿车，由 7t 电机车牵引至副井井底车场装入罐笼，提升至 -200m 以上采空区进行回填，废石不出井。

44.3.3.4　井下粗碎系统

改扩建后，-525m 水平以上的矿石经溜井进入井下粗碎站，破碎成不大于 200mm 的块度，溜入下部矿仓，经振动放矿机给入胶带输送机运至与箕斗配套的计量装置，装入多绳底卸式箕斗内。-525m 水平卸矿，破碎硐室设在-568m 水平，破碎硐室内装一台 C140 颚式破碎机。破碎硐室设 CJ1213 型湿式除尘机组 1 台，水雾喷嘴若干个，控制破碎产生的粉尘，破碎硐室废气通过风管导至回风平巷。

44.3.3.5 井下通风系统

改扩建前后通风系统均采用中部进风，南北两侧风井出风的两翼对角抽出式通风方式。扩建后中部进风为副井和斜坡道（以副井为主要进风井）。扩建后通风系统采用中部副井和斜坡道入风，南回风井、北回风井出风的两翼对角抽出式通风系统。

南翼：副井→运输水平石门巷→南盘运输巷→穿脉通风天井→出矿水平及凿岩水平→阶段回风井→-325m 水平→南风井。

北翼：副井→运输水平石门巷→北盘运输巷→穿脉通风天井 →出矿水平及凿岩水平→阶段回风井→-250m 水平回风巷→北风井。

改扩建工程风机均安设在井下。改扩建后通风系统矿井总风量 256.76m³/s。

44.3.3.6 井下供排水系统

扩建前井下排水-200m 中段以上直接抽排，扩建后-200～-500m 中段汇水进入-525m 水仓后再集中由水泵排至地表水池。-525m 阶段以下开采时，将地下涌水排至副井-625m 水仓，再由该阶段泵房中的水泵接力排至地表水池。本次改扩建工程井下沉淀池和水仓（12000m³）、地表蓄水池（8000m³），与李楼矿共用。改扩建后井下涌水汇集至各水仓，再由该阶段泵房中的水泵接力排至地表水池，井下涌水实现全部回用，不外排。吴集铁矿采矿设备见表 44-3。

表 44-3 吴集铁矿采矿设备

序号	设备名称	型 号	单位	数量/总数	安装地点
1	凿岩机	YSP45	台	2/6	井下运矿中段
2	凿岩机	7655	台	4/12	
3	潜孔钻机	QZJ-100B	台	1/2	
4	潜孔钻	Simba261	台	1/2	
5	液压凿岩台车	Simba1254	台	2/4	
6	凿岩掘进台车	Rocket Boomer281	台	2/4	
7	混凝土喷机	PZ-5A	台	1/2	
8	铲运机	TORO400E	台	2/3	
9	铲运机	TORO1400D	台	2/3	
10	装药车	Rocmec	台	1/2	
11	电机车	ZK14-9/550	台	2/4	
12	卷扬机	JKM-4×6（Ⅲ）	台	1	主井
13	空压机	LUY200DA	台	2/4	井下
14	空压机	LGFYD-12/7	台	2/4	
15	颚式破碎机	C140	台	1	井下粗碎站

44.4　选矿情况

44.4.1　选矿厂概况

　　吴集铁矿选矿厂现有的选矿工艺流程主要是处理吴集铁矿北段探矿工程副产矿石，2005 年投产，2013 年处理矿石量 180.60 万吨，达产后年处理矿石量 200 万吨，矿石全部来自井下自采矿石。

44.4.2　选矿工艺流程

44.4.2.1　破碎筛分流程

　　吴集铁矿选矿厂破碎流程采用三段一闭路—中碎前干磁抛尾—细碎后二次抛尾的流程，破碎工艺流程如图 44-1 所示。矿山经地下破碎后（0～230mm）由主井提升到地面箕斗仓，分别由皮带机运至大块干选车间进行干选，经过干选后甩出的废物石经皮带机进入一次干选废石仓，矿石由皮带机运至中碎缓冲仓。矿石经 CH660 标准圆锥破碎机破碎后，由皮带机运至筛分车间分配仓，用 4 台 2YAH2460 振动筛进行筛分，筛上与筛中产品用皮带机送到细碎车间，用 CH660 短头圆锥破碎机进行细碎，破碎产品再用皮带机送到筛分车间，形成闭路。筛下 0～12mm 产品分别由四条干选皮带机进行干选，废石经皮带机运到二次干选废石仓，矿石经皮带机运至磨矿仓。

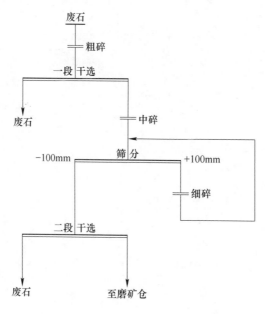

图 44-1　吴集铁矿选矿厂破碎工艺流程

44.4.2.2　磁铁矿选矿

　　磨矿仓内的矿石经皮带机给入一段 φ5030×6400 溢流型球磨机，球磨排矿给入 φ660 旋流器组进行一次分级，旋流器沉砂返回球磨形成闭路磨矿；旋流器溢流进入一段弱磁

CTB1230永磁筒式磁选机，一段弱磁精矿进入二段弱磁CTB1230永磁筒式磁选机进行选别，二段弱磁精矿进入二次分级设备 ϕ350旋流器组进行分级，沉砂进入磨机进行二段 ϕ5030×6400溢流型球磨机，磨矿后矿浆再返回旋流器形成闭路磨矿；旋流器溢流进入三段弱磁CTB1230永磁筒式磁选机进行选别，三段弱磁精矿浓缩磁选机进行浓缩，浓缩后的精矿为最终精矿送至过滤车间过滤，滤饼经皮带机运至精矿仓。一段弱磁选、二段弱磁选、三段弱磁选及浓缩磁选尾矿为最终尾矿。

44.5 矿产资源综合利用情况

吴集铁矿为单一铁矿，资源综合利用率67.50%。

45 西 台 铁 矿

45.1 矿山基本情况

西台铁矿为地下开采铁矿的小型矿山，无共伴生矿产；矿山成立于 2002 年 4 月 9 日。矿区位于青海省海西州都兰县察汉乌苏镇，交通较为方便。西台铁矿开发利用情况见表 45-1。

表 45-1 西台铁矿开发利用简表

基本情况	矿山名称	西台铁矿	地理位置	青海省海西州都兰县
	矿床工业类型	矽卡岩型矿床		
地质资源	开采矿种	铁矿	地质储量/万吨	113.34
	矿石工业类型	磁铁矿石		
开采情况	矿山规模	200 万吨/年，大型	开采方式	地下开采
	开拓方式	竖井开拓	开采回采率/%	90
	采出矿石量/万吨	2.5	贫化率/%	12
	掘采比/米·万吨⁻¹	131		
选矿情况	选矿厂规模	70 万吨/年	选矿回收率/%	83
	主要选矿方法	三段一闭路破碎—中碎干选抛废——段磨矿—两段磁选		
	入选矿石量/万吨	23.9	原矿品位（TFe）/%	33
	精矿产量/万吨	10.99	精矿品位（TFe）/%	60
	尾矿产生量/万吨	12.91	尾矿品位（TFe）/%	10.39
综合利用情况	综合利用率/%	69.56	尾矿排放强度/t·t⁻¹	1.34
	废石处置方式	排土场堆存	尾矿处置方式	尾矿库堆存

45.2 地质资源

青海西台铁矿矿床类型为矽卡岩型矿床，为单一矿产，矿体赋存于下石炭统碳酸盐岩与花岗闪长岩脉接触带中，矿区可见有 9 个矿体，最长者 210m，厚 2m，一般长 10m 左右，厚 1~2m，呈似层状、透镜状，主要矿石矿物为磁铁矿、少量磁黄铁矿。矿床规模为小型，矿山矿体为盲矿体。矿山累计查明资源储量为 1133.4kt。

45.3　开采情况

45.3.1　矿山采矿基本情况

西台铁矿为地下开采的小型矿山，采取竖井开拓，使用的采矿方法为留矿法。矿山设计年生产能力5万吨，设计开采回采率为90%，设计贫化率为12%，设计出矿品位（TFe）30%。

45.3.2　矿山实际生产情况

2013年，矿山实际出矿量2.5万吨。西台铁矿矿山露天部分实际生产情况见表45-2。

表45-2　西台铁矿矿山露天部分实际生产情况

采矿量/万吨	开采回采率/%	出矿品位（TFe）/%	贫化率/%	掘采比/米·万吨⁻¹
2.5	90	33	12	131

45.4　选矿情况

西台铁矿选矿厂与白石崖铁矿选矿厂为同一选矿厂，详见本书白石崖铁矿选矿情况。

45.5　矿产资源综合利用情况

西台铁矿为单一铁矿，资源综合利用率69.56%。

选矿厂尾矿年排放量1.43万吨，尾矿中TFe含量为15%。

46　小汪沟铁矿

46.1　矿山基本情况

小汪沟铁矿为露天-地下联合开采铁矿的大型矿山，无共伴生矿产，是第四批国家级绿色矿山试点单位；于 1987 年 9 月 4 日建矿，于 1993 年 5 月 28 日投产。矿区位于辽宁省灯塔市鸡冠山乡詹家村，距灯塔市约 28km，东距沈丹线上的火连寨车站 13km，西北距长大铁路由灯塔至铧子支线上的铧子车站 22km，矿区与选矿厂之间距离为 6.5km，有公路相通，交通较为方便。小汪沟铁矿开发利用情况见表 46-1。

表 46-1　小汪沟铁矿开发利用简表

基本情况	矿山名称	小汪沟铁矿	地理位置	辽宁省辽阳市灯塔市
	矿山特征	国家级绿色矿山	矿床工业类型	沉积变质型（鞍山式）铁矿床
地质资源	开采矿种	铁矿	地质储量/万吨	7628.58
	矿石工业类型	磁铁矿石	地质品位（TFe）/%	29.66
开采情况	矿山规模	115 万吨/年，大型	开采方式	露天-地下联合开采
	开拓方式	联合运输开拓	主要采矿方法	无底柱分段崩落法
	采出矿石量/万吨	132.639	出矿品位（TFe）/%	23.31
	废石产生量/万吨	108.8	开采回采率/%	92
	贫化率/%	12.8	开采深度/m	400~-265（标高）
	掘采比/米·万吨$^{-1}$	37		
选矿情况	选矿厂规模	300 万吨/年	选矿回收率/%	89.76
	主要选矿方法	三段一闭路破碎—干选抛废—阶段磨矿—阶段磁选—细筛再磨		
	入选矿石量/万吨	297.76	原矿品位（TFe）/%	28.84
	精矿产量/万吨	116.78	精矿品位（TFe）/%	66.00
	尾矿产生量/万吨	180.98	尾矿品位（TFe）/%	4.86
综合利用情况	综合利用率/%	82.58	废水利用率/%	96
	废石排放强度/t·t^{-1}	0.93	废石处置方式	排土场堆存及建材等
	尾矿排放强度/t·t^{-1}	1.55	尾矿处置方式	尾矿库堆存
	废石利用率/%	8.73	尾矿利用率	0

46.2　地质资源

46.2.1　矿床地质特征

46.2.1.1　地质特征

小汪沟铁矿矿床工业类型为沉积变质型铁矿，矿山开采深度为 400～-265m 标高。该区域为低山丘陵区，其最低海拔为 180m，最高海拔为 530m，一般多在 300m 左右。有一小山脉呈南北走向横卧矿区中部，北高南低，西侧为大汪沟，东侧为小汪沟，山坡较陡，地形坡度在 15°～45°之间，形成了较好的水文排泄网。区内植被较发育，以灌木为主。矿区地貌同属低山丘陵区，最高海拔约为 407m，最低海拔约 211m，相对高差约 196m。矿床位于南北走向分水岭西侧，地势东北高、西南低，地形起伏变化较大，坡度在 15°～45°之间。当地侵蚀基准面海拔为 180m。

矿区内有两条主要矿体，分别为Ⅰ号、Ⅱ号；在主矿体附近零星分布有五条规模较小的铁矿体，分别编号为 FeG1、FeG2、FeG3、FeG4、FeG5。

Ⅰ号矿体：矿体走向长度为 1300m，倾向南东或东，倾角为 40°～25°，倾向最大延深为 400m。矿体呈似层状、透镜状，厚度为 20～100m，平均厚度为 40m。Ⅰ号铁矿层矿石 TFe 含量在 20%～40%之间，磁铁贫矿平均品位（TFe）为 30.38%，磁铁低品位矿平均品位（TFe）为 22.93%。

Ⅱ号矿体：矿体走向长度为 800m，倾向南东，倾角为 25°～40°，倾向最大延深为 350m，最小延深为 120m。Ⅱ号铁矿层磁铁贫矿平均品位（TFe）为 30.35%，磁铁低品位矿平均品位（TFe）为 22.24%。

矿体顶底板围岩以混合岩为主，尚有少量云母石英岩、斜长角闪岩等。矿体属稳固矿岩，围岩属稳固岩石。

46.2.1.2　矿石质量

小汪沟铁矿矿石工业类型为磁铁矿石，矿区内矿石类型、结构构造、矿石矿物成分等总结如下。

（1）矿石类型。根据矿石与脉石矿物成分、含量及结构构造、粒度变化，本区铁矿石可分为两种自然类型：阳起磁铁石英岩型和透闪磁铁石英岩型。两种类型有时互为过渡，前者常含透闪石，后者常含阳起石，经测定计算，区内矿石的磁性率为 0.94～2.67（$w(\text{TFe})/w(\text{FeO})<2.7$），表明本工作区所有矿石全部为原生磁铁矿石。根据 35 件试样物相分析结果，矿石中全铁平均含量为 27.47%，磁性铁平均含量为 24.05%，硅酸铁平均含量为 1.67%，硫化铁平均含量为 0.18%，碳酸铁平均含量为 0.45%，褐铁矿平均含量 0.97%，硅酸铁、碳酸铁、硫化铁含量总和约为 2.3%，磁性铁占有率绝大多数大于 85%，平均含量为 86.98%，因此本区铁矿石的工业类型为需选磁性铁矿石。

（2）矿石结构与构造。小汪沟铁矿矿石结构、构造比较简单，以半自形-自形细粒结构及纤状花岗变晶结构，条带状、条纹状及块状构造为主。磁铁矿与透闪石或阳起石组成暗色条带，石英组成浅色条带，相间排列，条带宽窄变化在 1～10mm 之间，当磁铁矿在脉石中成稠密均匀分布时常构成块状构造矿石。

（3）矿石矿物成分。本区矿石矿物成分简单，金属矿物为单一磁铁矿。磁铁矿呈半自形-自形粒状，粒径一般为 0.074~0.208mm，平均粒径为 0.099mm，脉石矿物以石英为主，次为阳起石、透闪石及绿泥石、黑云母、方解石、电气石等。石英呈他形粒状，粒径一般为 0.05~0.6mm，平均粒径为 0.12mm。相对粗粒的石英晶体中多含细粒自形的磁铁矿；阳起石及透闪石呈柱状，粒径一般为 0.074~0.6mm，最粗为 1.0mm，平均粒径为 0.149mm，其他脉石矿物含量极少。

（4）矿石化学成分。构成铁矿石的主要化学成分是 SiO_2 和 TFe，铁矿石中 TFe 含量一般为 20%~40%，全区矿石 TFe 平均含量为 29.66%，其中，工业品位磁铁矿平均品位为 30.23%，磁铁低品位矿平均品位为 22.90%。矿石品位变化系数为 19.49%。SiO_2 一般含量为 49.08%~61.86%，平均含量 53.64%。FeO 是矿区内铁矿石中的次要化学成分，FeO 含量一般为 10%~25%，平均含量为 14.09%。矿石中 S 含量为 0.04%~0.96%，平均含量为 0.31%。P 含量为 0.06%~0.12%，平均含量为 0.10%。Mn 含量为 0.02%~0.15%，平均含量为 0.08%。

（5）矿石物理性质。矿石体重为 $3.3t/m^3$，硬度系数 $f=12~16$，松散系数 $k=1.5$，矿石湿度为 0.4%。

46.2.2　资源储量

小汪沟铁矿矿床规模为中型，该矿为单一矿产。截至 2013 年年底，该矿山累计查明铁矿石资源储量为 7628.58 万吨，保有铁矿石资源储量为 6997.882 万吨，铁矿平均地质品位（TFe）为 29.66%。

46.3　开采情况

46.3.1　矿山采矿基本情况

小汪沟铁矿为地下开采的大型矿山，采取平硐-斜坡道联合开拓，使用的采矿方法为无底柱分段崩落法。矿山设计年生产能力 115 万吨，设计开采回采率为 85%，设计贫化率为 15%，设计出矿品位（TFe）26.9%。

46.3.2　矿山实际生产情况

2013 年，矿山实际出矿量 132.639 万吨，排放废石 108.8 万吨。矿山开采深度为 400~ -265m 标高。小汪沟铁矿矿山露天部分实际生产情况见表 46-2。

表 46-2　小汪沟铁矿矿山露天部分实际生产情况

采矿量/万吨	开采回采率/%	出矿品位（TFe）/%	贫化率/%	掘采比/米·万吨$^{-1}$
132.639	92	23.31	12.8	37

46.3.3　采矿技术

46.3.3.1　采矿工艺构成要素

（1）上采区构成要素。阶段高度为 60m，回采进路间距为 12m，分段高度为 12m。采用垂直矿体走向布置进路，沿走向每72m划分为一个矿块，每个矿块布置1条矿石溜井，每两个矿块布置1条废石溜井。

（2）下采区构成要素。阶段高度为60m，回采进路间距为15~18m，分段高度为15m。采用垂直矿体走向布置进路，沿走向每90m划分为一个矿块，每个矿块布置1条矿石溜井，每两个矿块布置1条废石溜井。

46.3.3.2 地下开采工艺

采矿方法采用无底柱分段崩落法。构成要素：阶段高度60m，分段高度10m，进路间距10m，沿走向每60m划分为一个矿块，每个矿块布置1条矿石溜井，每两个矿块布置1条废石溜井。

小汪沟铁矿采矿设备型号及数量见表46-3。

表46-3 小汪沟铁矿采矿设备型号及数量

序号	设备名称	规格型号	使用数量/台（套）
1	电动铲运机	ADCY-2B	4
2	内燃铲运机	ACY-2H	4
		WJ-2E	3
		XYWJ-1	4
3	井下运矿卡车	AJK-12B	8
		AJK-15H	10
4	凿岩钻机	YGZ-90	4
5	采矿凿岩台车	SIMBAH157	2
		SIMBA1254	2
6	电动铲运机	LH409E	2
		ACY-2H	1
		ACY-4	2

46.4 选矿情况

46.4.1 选矿厂概况

小汪沟铁矿选矿厂设计年选矿能力为300万吨，设计入选品位（TFe）为28.85%，最大入磨粒度为12mm，磨矿细度为-0.074mm占83%。选矿方法为磁选法，选矿产品为铁精粉，铁精粉的全铁（TFe）品位为66%。该选矿厂现有4条生产线。

2011年、2013年小汪沟铁矿选矿情况见表46-4。

表46-4 2011年、2013年小汪沟铁矿选矿情况

年份	入选矿石量/万吨	入选品位/%	选矿回收率/%	每吨原矿选矿耗水量/t	每吨原矿选矿耗新水量/t	每吨原矿选矿耗电量/kW·h	每吨原矿磨矿介质损耗/kg	选矿产品产率/%
2011	258.75	24.52	88.26	4.7	0.62	19.63	0.91	32.86
2013	297.76	28.842	89.764	4.7	0.62	19.63	0.91	39.22

46.4.2　选矿工艺流程

46.4.2.1　破碎筛分流程

矿石在矿石料场经铲车传运至颚式破碎机料仓内，经颚式破碎机进行粗破后由橡胶传送带给料至中碎圆锥破碎机，破碎后物料给至振动筛进行首次筛分，筛下物料经磁滑轮干抛去除脉石后给入球磨机料仓；筛上物料至圆锥破碎机细碎，破碎后物料返回振动筛进行筛分，筛下成品料经磁滑轮干抛去除脉石后给入球磨机料仓，筛上物料再次返回细碎圆锥破碎机进行破碎。

46.4.2.2　磨选工艺流程

球磨机料仓内待选原矿经传送带给至一段球磨机进行粗磨，粗磨后矿浆经由螺旋分级机或旋流器进行分级，分级后物料分为两部分：粗颗粒物料再次返回一段球磨机破磨；细颗粒物料给入一段磁选机进行分选，选出脉石排入尾矿，有用矿物给入二段球磨机进行细磨。细磨后矿浆经由螺旋分级机或旋流器进行分级，粗颗粒物料返回二段球磨机继续破磨；细颗粒物料经二段磁选机进行分选，选出脉石排入尾矿，有用矿物给入高频振筛进行分选。筛上物料为不合格产品返回二段球磨机再次磨矿；筛下物料为合格产品给入三段磁选机进行最后一次分选，脉石排入尾矿，有用矿物给入过滤机进行脱水过滤，脱水过滤后产品为最终产品铁精矿粉，经运输带传运至精矿粉场地。小汪沟铁矿选矿设备型号及数量见表 46-5，小汪沟铁矿选矿工艺流程如图 46-1 所示。

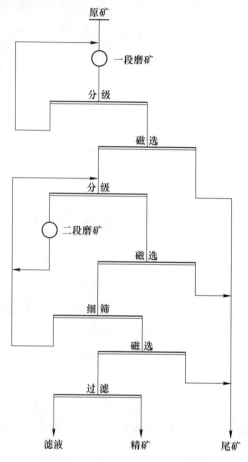

图 46-1　小汪沟铁矿选矿工艺流程

表 46-5　小汪沟铁矿选矿设备型号及数量

序号	设备名称	设备型号	台数
1	颚式破碎机	600×900	1
2	圆锥破碎机（中碎）	PYB1200	1
3	圆锥破碎机（细碎）	PYD1200	1
4	振动筛	2YAHG（1836）	1
5	颚式破碎机	CJ411	1
6	圆锥破碎机（中碎）	GP100S	1
7	圆锥破碎机（细碎）	CH440	1
8	振动筛	2YA-2148	1

序号	设备名称	设备型号	台数
9	圆锥破碎机（中碎）	CS440	1
10	圆锥破碎机（细碎）	HP5	1
11	振动筛	2YA2460	2
12	一段球磨机	MQG2736	1
13	一段配用螺旋分级机	2FG-20	1
14	二段球磨机	MQY2130	1
15	配用螺旋分级机	2FC-12	1
16	二段球磨机	MQY2145	1
17	配用螺旋分级机	FG-20	1
18	一、二段配用磁选机	CTB1024	6
19	配用高频振筛	MVSK2020b	4
20	一段球磨机	MQG2721	1
21	二段球磨机	MQY2721	1
22	二段配用旋流器	WDS×500	1
23	一段球磨机	MQY2736	2
24	一段配用旋流器	WDS×500	1
25	一段配用磁选机	CTB1232	8
26	二段配用旋流器	WDS×500	1
27	二、三系列共用高频筛	LK-02-MVS2148	3
28	一~三系列共用过滤机	ZPG-60-5	2
29	一~三系列共用回收机	JMCW1500-90-14	1
30	一~三系列共用回收机	JLCWⅡ-150-90-10	2
31	一段球磨机	3600×6000	2
32	一段配用旋流器	FX500-GT×6	1
33	一段配用磁选机	CTB1545	1
34	二段配用旋流器	FX500-PU×6	1
35	高频筛	DZ-MVS	4
36	过滤机	ZPG-60-5	2

46.5 矿产资源综合利用情况

小汪沟铁矿为单一铁矿，资源综合利用率82.58%。

小汪沟铁矿年产生废石108.8万吨，废石年利用量9.50万吨，废石利用率为8.73%，废石处置率为100%，处置方式为排土场堆存及建材等。

选矿厂尾矿年排放量180.98万吨，尾矿中TFe含量为3.73%，尾矿年利用量为零，尾矿利用率为零，处置率为100%，处置方式为尾矿库堆存。

47　小　营　铁　矿

47.1　矿山基本情况

小营铁矿为露天开采铁矿的中型矿山，无共伴生矿产；于 2003 年 12 月 23 日建矿，2004 年 12 月 23 日投产。矿区位于河北省承德市滦平县小营满族乡，滦平县城约 40km，西南距北京-通辽铁路桥头火车站 10km；南有红旗-滦河乡级公路与 G101 国道相接，交通方便。小营铁矿开发利用情况见表 47-1。

表 47-1　小营铁矿开发利用简表

基本情况	矿山名称	小营铁矿	地理位置	河北省承德市滦平县
	矿山特征	国家级绿色矿山	矿床工业类型	沉积变质型（鞍山式）铁矿床
地质资源	开采矿种	铁矿	地质储量/万吨	4995.0
	矿石工业类型	低贫磁铁矿石	地质品位（TFe）/%	15.75
开采情况	矿山规模	180 万吨/年，中型	开采方式	露天开采
	开拓方式	公路运输开拓	主要采矿方法	组合台阶采矿法
	采出矿石量/万吨	353.12	出矿品位（TFe）/%	15
	废石产生量/万吨	30	开采回采率/%	95
	贫化率/%	5	开采深度/m	891~480（标高）
	剥采比/t·t^{-1}	0.29		
选矿情况	选矿厂规模	300 万吨/年	选矿回收率/%	65.00
	主要选矿方法	三段一闭路破碎—阶段磨矿阶段磁选—细筛再磨		
	入选矿石量/万吨	353.12	原矿品位（TFe）/%	15.00
	精矿产量/万吨	52.97	精矿品位（TFe）/%	65.00
	尾矿产生量/万吨	300.15	尾矿品位（TFe）/%	6.18
综合利用情况	综合利用率/%	61.75	废水利用率/%	90
	废石排放强度/t·t^{-1}	0.57	废石处置方式	排土场堆存
	尾矿排放强度/t·t^{-1}	5.77	尾矿处置方式	尾矿库堆存
	废石利用率	0	尾矿利用率	0

47.2　地质资源

小营铁矿矿床属沉积变质型（鞍山式）铁矿床。矿石工业类型为需选低贫磁铁矿石，矿石中主要有用组分为铁，伴生有益组分甚微，达不到综合利用的要求，为单一矿产。开采矿种为铁矿，开采深度为891~480m标高。

截至2013年11月底，小营铁矿累计查明铁矿资源储量（矿石量）4995.0万吨，保有资源储量（矿石量）2466.54万吨，平均品位TFe：15.75%、mFe：7.53%。

47.3　开采情况

47.3.1　矿山采矿基本情况

小营铁矿为露天开采的中型矿山，采取公路运输开拓，使用的采矿方法为组合台阶法。矿山设计年生产能力180万吨，设计开采回采率为95%，设计贫化率为5%，设计出矿品位（TFe）10%。

47.3.2　矿山实际生产情况

2013年，矿山实际出矿量353.12万吨，排放废石30万吨。矿山开采深度为891~480m标高。小营铁矿矿山实际生产情况见表47-2。

表47-2　小营铁矿矿山实际生产情况

采矿量/万吨	开采回采率/%	出矿品位（TFe）/%	贫化率/%	露天剥采比/t·t⁻¹
371.706	95	15	5	0.29

47.3.3　采矿技术

采场设计为露天开采，采用水平分层阶段采矿方法。矿岩的普氏系数为8~12，但节理裂隙比较发育，矿体上部破坏风化比较严重。

露天境界：（1）露天采场边坡角45°~50°；（2）最终阶段边坡角70°；（3）阶段高度10m；（4）终了时两个台阶并段高度20.5m；（5）并段后（安全）清扫平台宽度8m；（6）露天采矿场的最高标高720m，露天开采场的最低标高500m。

采剥设计以KQ-150型潜孔钻钻孔，用现代220型1.5m³的挖掘机装车，运输采用自卸汽车。

主要采矿设备：深孔采用KQ-150A型潜孔钻穿孔，钻孔直径为170mm，钻头均采用柱齿型钻头。潜孔钻数量为5台。一次浅孔凿岩及二次破碎凿岩均采用7655型气腿型凿岩机。工作的凿岩机2台，1.5m³的挖掘机装矿时配1台，装岩时1台。深孔爆破和一次浅孔爆破均采用非电塑料导爆管起爆系统爆破，火雷管引爆，深孔爆破在白班进行，二次破碎采用火雷管及导爆管起爆。为了清理工作平台，以利于穿孔工作，并配合挖掘机作业，设计选用了2台推土机。

47.4　选矿情况

47.4.1　选矿厂概况

小营铁矿选矿厂设计年选矿能力300万吨，矿石来源于小营铁矿矿山自产矿石。设计主矿种入选品位（TFe）15%。

选矿厂采用单一磁选工艺流程。最大入磨粒度为 20mm，磨矿细度为 -0.074mm 占 75%。产品为铁精矿。

2011 年，选矿厂实际入选矿石量 274.6 万吨，入选品位（TFe）15%。精矿产量 41.19 万吨，精矿产率 15%，精矿品位（TFe）65%，选矿回收率（TFe）65%。

2013 年，选矿厂实际入选矿石量 353.121 万吨，入选品位（TFe）15%。精矿产量 52.97 万吨，精矿产率 15%，精矿品位（TFe）65%，选矿回收率（TFe）65%。

47.4.2　选矿工艺流程

47.4.2.1　破碎筛分流程

破碎工艺为四段一闭路流程。原矿经 1400/17 旋回破碎机粗碎后进入二段 PYB2200 圆锥破碎机。PYB2200 圆锥破碎机破碎后产品进入三段破碎设备 H4800，H4800 破碎后的产品进入细碎型 H4800，此细碎机与 2145 振动筛组成闭路筛分，最终碎矿产品粒度小于 8mm。小营铁矿选矿厂破碎工艺流程如图 47-1 所示。

47.4.2.2　磨矿分级

破碎后产品进入粉矿仓，磨矿系统为 5 个系列，其中 2 台 MQG2736 球磨机及其配套 2FG-2.0 分级机构成闭路磨矿，3 台 MQG3245 球磨机及其配套 2FG-2.4 分级机构成闭路磨矿，入磨粒度控制在 20mm 左右，磨矿浓度为 -0.074mm 占 75%±2%，溢流浓度 35%±2%。磨

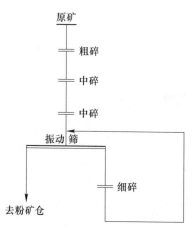

图 47-1　小营铁矿选矿厂破碎工艺流程

后进入一段磁选，精矿二段再磨利用 MQY2736 球磨机，磨矿粒度为 -0.074mm 占 80%。小营铁矿选矿厂磨矿主要设备及技术指标见表 47-3。

表 47-3　小营铁矿选矿厂磨矿分级主要设备及技术指标

工序	设备名称	型号	数量/台	电动机功率/kW
磨矿	球磨机	MQG3245	3	800
磨矿	球磨机	MQG2736	2	400
磨矿	球磨机	MQY2736	8	400
分级	螺旋分级机	2FG-2.0	2	45
分级	螺旋分级机	2FG-2.4	3	45

47.4.2.3　选矿工艺

小营铁矿选矿厂选矿流程为阶段磨矿阶段磁选，其中包括两段磨矿、两次分级、两段磁选、两次浓缩磁选，选矿工艺流程如图 47-2 所示。

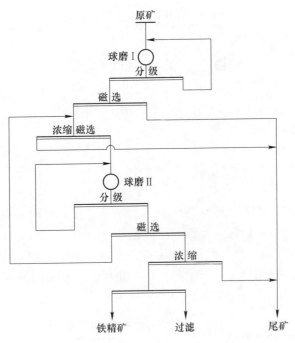

图 47-2　小营铁矿选矿厂选矿工艺流程

47.5　矿产资源综合利用情况

小营铁矿为单一铁矿，资源综合利用率 61.75%。

小营铁矿年产生废石 30 万吨，废石年利用量为零，废石利用率为零，废石处置率为 100%，处置方式为排土场堆存。

选矿厂尾矿年排放量 300.15 万吨，尾矿中 TFe 含量为 6.18%，尾矿年利用量为零，尾矿利用率为零，处置率为 100%，处置方式为尾矿库堆存。

48　眼前山铁矿

48.1　矿山基本情况

眼前山铁矿为露天-地下联合开采铁矿的大型矿山，无共伴生矿产，是第三批国家级绿色矿山试点单位。矿山建矿时间为 1960 年 8 月 1 日，投产时间为 1965 年 8 月 1 日。矿区位于辽宁省鞍山市千山风景区东北 5km，西距鞍山市中心 22km；北邻大砬子铁矿，西邻关门山铁矿，东邻谷首峪村，南邻洪台沟村，有乡、镇级公路与鞍千公路衔接，尚有铁路专线经七岭子与鞍山市东环铁路衔接，交通方便。眼前山铁矿开发利用情况见表 48-1。

表 48-1　眼前山铁矿开发利用简表

基本情况	矿山名称	眼前山铁矿	地理位置	辽宁省鞍山市千山区
	矿山特征	国家级绿色矿山	矿床工业类型	沉积变质型（鞍山式）铁矿床
地质资源	开采矿种	铁矿	地质储量/万吨	46010.0
	矿石工业类型	磁铁矿石	地质品位（TFe）/%	31.58
开采情况	矿山规模	240 万吨/年，大型	开采方式	露天-地下联合开采
	开拓方式	露天：公路运输开拓；地下：联合运输开拓	主要采矿方法	露天：组合台阶采矿法；地下：无底柱分段崩落法
	采出矿石量/万吨	73.78	出矿品位（TFe）/%	22.92
	废石产生量/万吨	45.98	开采回采率/%	90.65
	贫化率/%	9.27	开采深度/m	195～-195（标高）
	剥采比/t·t⁻¹	0.62		
选矿情况	选矿厂规模	1250 万吨/年	选矿回收率/%	72.54
	主要选矿方法	三段一闭路—中破前预先筛分 阶段磨矿—单一磁选—细筛再磨 连续磨矿—单一磁选—细筛再磨		
	入选矿石量/万吨	770	原矿品位（TFe）/%	26.75
	精矿产量/万吨	278	精矿品位（TFe）/%	67.5
	尾矿产生量/万吨	542	尾矿品位（TFe）/%	12.15
综合利用情况	综合利用率/%	65.76	废水利用率/%	92
	废石排放强度/t·t⁻¹	1.52	废石处置方式	排土场堆存
	尾矿排放强度/t·t⁻¹	1.50	尾矿处置方式	尾矿库堆存
	废石利用率	0	尾矿利用率	0

48.2 地质资源

48.2.1 矿床地质特征

48.2.1.1 地质特征

眼前山铁矿矿床工业类型为鞍山式沉积变质铁矿床，矿体总体走向为 270°~300°，由 Fe1、Fe2、Fe3 三个矿体组成，以 Fe1 矿体为主，在 Fe1 的矿体底部有一薄层 FeP 矿体断续零星分布。

Fe1 矿体：为主矿体，矿体东西长 1600m，南北向宽 55~194m，矿体倾角为 70°~86°，矿体属稳固矿岩，围岩稳固，地质构造复杂程度为中等，水文地质条件简单，开采技术条件中等。

Fe2 矿体：分布在 Fe1 矿体上盘千枚岩中，与 Fe1 矿体呈平行展布，距 Fe1 矿体 5~21m，东西长 690m，矿体呈似层状或扁豆状产出，倾向北东，倾角 50°~79°，倾向延深至 -135~-320m 水平标高。

Fe3 矿体：矿体东西长达 1030m，呈薄层状产出，与 Fe1 矿体产状基本一致，倾角 65°~87°，出露宽度 5~42m，距离 Fe1 矿体水平距离 4~92m，倾向延深至 -85~-360m 水平标高。

FeP 矿体：分布在 Fe1 主矿层下盘走向断层底部，呈薄层状盲矿体零星断续分布。距 Fe1 矿体水平距离 8~14m。

48.2.1.2 矿石质量

矿石工业类型主要为磁铁矿石。矿区矿石按自然类型划分有 8 种类型：磁铁石英岩、镁铁闪石磁铁石英岩、透闪阳起磁铁石英岩、绿泥磁铁石英岩、磁铁假象赤铁石英岩、假象赤铁石英岩、富铁矿石、菱铁磁铁石英岩。

矿区矿石按工业类型划分有 7 种类型：未氧化矿石（FeC）、半氧化矿石（FehC）、氧化矿石（Feh）、硅酸铁矿石（SiFe）、碳酸铁矿石（Cfe）、磁铁低品位矿石（FeCy）、氧化低品位矿石（FehCy）。

矿石结构主要为自形或半自形粒状变晶结构，矿石构造主要为条带状构造。矿石中金属矿物主要为磁铁矿，其次有少量赤铁矿、假象赤铁矿、碳酸铁和硅酸铁。矿石中脉石矿物主要为石英，其次有角闪石、绿泥石、少许碳酸盐矿物等。

矿石的平均地质品位 TFe 为 29.53%，S 含量 0.01%~2.04%，平均含量为 0.185%；P 含量 0.007%~0.097%，平均含量为 0.0499%；Mn 含量 0.03%~0.48%，平均含量为 0.165%。S、P 含量大部分低于有害组分允许含量。

48.2.2 资源储量

眼前山铁矿矿床主要矿种为铁矿，矿床规模为大型。截至 2013 年年底，矿山累计查明铁矿石资源储量为 460100kt，保有铁矿石资源储量为 343647kt，铁矿的平均地质品位（TFe）为 31.58%。

48.3　开采情况

48.3.1　矿山采矿基本情况

眼前山铁矿为露天-地下联合开采的大型矿山，露天部分采取公路运输开拓，使用的采矿方法为组合台阶法；地下部分采取联合运输开拓，使用的采矿方法为无底柱分段崩落法。矿山设计年生产能力 240 万吨，设计开采回采率为 85%，设计贫化率为 5%，设计出矿品位（TFe）26.81%。

48.3.2　矿山实际生产情况

2013 年，矿山的矿石全部井下生产，矿山实际出矿量 73.78 万吨，排放废石 45.98 万吨。矿山开采深度为 195~-195m 标高。眼前山铁矿矿山实际生产情况见表 48-2。

表 48-2　眼前山铁矿矿山实际生产情况

采矿量/万吨	开采回采率/%	出矿品位（TFe）/%	贫化率/%	露天剥采比/t·t⁻¹
80.86	90.65	22.92	9.27	0.62

48.3.3　采矿技术

矿山以往开采方式为露天开采，形成上口长 1410m、宽 570~710m、最终露天底标高 -183m 的露天坑，现在露采部分已基本结束，逐步改为地下开采。

眼前山铁矿采矿主要设备型号及数量见表 48-3。

表 48-3　眼前山铁矿采矿主要设备型号及数量

序号	设备名称	规格型号	使用数量/台（套）
1	牙轮钻机	Y-35	3
2	凿岩机	YT-28	2
3	凿岩机	COP1838ME-07	2
4	4m³ 电动铲运机	EST1030	4
5	柴油铲运机	ST710	4
6	移动式螺杆空压机	FHLGYA-110F-17	3
7	双臂掘进凿岩台车	Boomer282	3
8	全液压回采凿岩台车	Simba1354	4
9	矿用挖掘机	WK-4	5
10	挖掘机	EC360BLC	2
11	推土机	155A-1A	2
12	推土机	TY220	2
13	自卸汽车	CA3252P2K2T1A	10
14	振动放矿机	XLZ4.5X1.1X2-1	9

序号	设备名称	规格型号	使用数量/台（套）
15	20t 采准坑内卡车	MT2010	3
16	50t 采准坑内卡车	MT5020	4
17	装载机	LG956L	2
18	挖掘机液压锤	HB2200	1
19	平路机	16G	1
20	风机	K40-8-18	2

48.4　选矿情况

眼前山铁矿矿石主要供应鞍山矿业公司大孤山铁矿选矿厂，详见本书大孤山铁矿部分。

48.5　矿产资源综合利用情况

眼前山铁矿为单一铁矿，资源综合利用率 65.76%。

眼前山铁矿年产生废石 45.08 万吨，废石年利用量为零，废石利用率为零，废石处置率为 100%，处置方式为排土场堆存。

49　羊鼻山铁矿

49.1　矿山基本情况

羊鼻山铁矿为露天开采的大型矿山，主要开采矿种为铁矿、白钨矿，白钨矿是主要的共伴生矿产，是第三批国家级绿色矿山试点单位。矿山建矿时间为 2003 年 5 月 4 日，投产时间为 2004 年 11 月 4 日。矿区位于黑龙江省双鸭山市岭东区，与双鸭山市中心站直线距离 10km。由双鸭山市区通往建龙矿业有限公司有高等级公路，从建龙矿业公司通往南、北两矿区有内部运矿公路相连，交通较为便利。羊鼻山铁矿开发利用情况见表 49-1。

表 49-1　羊鼻山铁矿开发利用简表

基本情况	矿山名称	羊鼻山铁矿	地理位置	辽宁省双鸭山市岭东区
	矿山特征	国家级绿色矿山	矿床工业类型	沉积变质型（鞍山式）铁矿床
地质资源	开采矿种	铁矿、白钨矿	地质储量/万吨	11795.3
	矿石工业类型	磁铁矿石	地质品位（TFe）/%	27.59
开采情况	矿山规模	300 万吨/年，大型	开采方式	地下开采
	开拓方式	联合运输开拓	主要采矿方法	无底柱分段崩落法和阶段矿房法
	采出矿石量/万吨	162.81	出矿品位（TFe）/%	20.17
	废石产生量/万吨	23.5	开采回采率/%	86.15
	贫化率/%	17	开采深度/m	370～-500（标高）
	掘采比/米·万吨$^{-1}$	55.71		
选矿情况	选矿厂规模	300 万吨/年	选矿回收率/%	82
	主要选矿方法	三段一闭路破碎 铁矿：阶段磨矿阶段磁选 白钨矿：二段连续闭路磨矿—优先选硫—白钨常温粗选—钨粗精矿加温精选		
	入选矿石量/万吨	216.04	原矿品位（TFe）/%	20.17
	精矿产量/万吨	44.72	精矿品位（TFe）/%	65
	尾矿产生量/万吨	171.32	尾矿品位（TFe）/%	5.8
综合利用情况	综合利用率/%	70.64	废水利用率/%	90
	废石排放强度/t·t^{-1}	0.52	废石处置方式	排土场堆存及建材等
	尾矿排放强度/t·t^{-1}	3.83	尾矿处置方式	尾矿库堆存
	废石利用率/%	63.82	尾矿利用率	0

49.2　地质资源

49.2.1　矿床地质特征

49.2.1.1　地质特征

羊鼻山铁矿矿床的矿床工业类型为沉积变质型铁矿，矿床规模为大型。矿石工业类型主要为磁铁矿石。铁矿划分南、北两个矿区，北矿区建设两对竖井，即1号竖井与2号竖井，目前开拓Ⅰ号、Ⅱ号矿体。南矿区建设一对斜井及一对竖井，开拓Ⅸ号、Ⅺ号矿体。开采深度为370～-500m标高。

羊鼻山铁矿矿床划分南北两个矿段，探明14条矿体，南北矿段控制矿体总长度为6200m，矿体主要集中在下元古界大盘道组（Pt1dp）的第一岩段内，第一岩段由矽线石榴斜长片麻岩、透辉大理岩、石榴云母石英片岩、磁铁石英岩等组成，地层厚度为240m。北矿段含有Ⅰ号～Ⅶ号矿体，南矿段含有Ⅷ号～ⅩⅣ号矿体。单个矿体长度为80～2169m，平均厚度为2～28.4m，全铁品位（TFe）为27.15%～32.75%。矿体倾向230°～350°，倾角70°～90°。羊鼻山铁矿的磁铁矿体呈层状产出，矿体与围岩呈整合接触，矿体属坚硬矿石，稳固矿岩，围岩稳固。羊鼻山铁矿南、北矿段的矿床中共见到9条断层，这些断层截穿矿体和顶底岩。垂直断距40～70m，水平断距为60m，对矿体有较大破坏作用，直接影响对矿体的开采。

49.2.1.2　矿石质量

羊鼻山铁矿石以磁铁矿为主，约占金属矿物的95%，其次有钛铁矿、赤铁矿、黄铁矿、磁黄铁矿、褐铁矿和黄铜矿，脉石矿物为石英、斜长石、黑云母、白云母、石榴子石等。组成矿体的矿石类型有磁铁石英岩和赤铁石英岩。矿石结构主要为自形-半自形粒状变晶结构，构造为条带状、块状构造。磁铁石英岩型矿石全铁（TFe）平均含量为30.79%，最高为50.46%，SiO_2平均含量为39.34%，北区硫平均含量为0.168%，南区硫平均含量为0.466%，全区磷平均含量为0.125%。赤铁石英岩型矿石全铁（TFe）平均含量为33.2%，最高为39.57%，SiO_2平均含量为38.73%，硫平均含量为0.007%，磷平均含量为0.133%。

矿区内的钨矿体主要位于铁矿体的南侧，均为隐伏矿体。矿体受花岗岩与透辉石大理岩侵入接触带及其矽卡岩带的控制，呈北西走向，共发现6条矿体，其中Ⅰ号主矿体规模最大，长度大于1000m，平均厚度11.60m，总体呈似层状、透镜状和脉状，矿体顶板围岩为大理岩、矽卡岩，底板围岩主要为混合花岗岩和矽卡岩。矿区钨矿的主要含矿岩石为石榴石矽卡岩和透辉石矽卡岩。钨矿石中的含钨矿物均为白钨矿，白钨矿多呈半自形-自形晶粒状或粒状集合体，粒径0.1～1.5mm不等，多为0.5～1.0mm，主要以星点状、浸染状、稠密浸染状、细脉状分布于透辉石、透闪石、钙铝榴石的晶隙中或包含于透辉石、透闪石中，部分与石英共生，在钨灯下呈现蓝色的荧光。

49.2.2　资源储量

羊鼻山铁矿主要矿种为铁矿，伴生矿种为钨矿。截至2013年年底，矿山累计查明铁矿石资源储量为 117953kt，保有铁矿石资源储量为 101380.3kt，铁矿的平均地质品位为 27.59%；累计查明伴生矿产钨矿矿石量为 12549.6kt，查明钨金属量为 42670t，保有钨矿石资源储量为 11503.2kt，保有钨金属量为 39110.86t，钨矿的平均地质品位（WO_3）为 0.34%。

49.3　开采情况

49.3.1　矿山采矿基本情况

羊鼻山铁矿为地下开采的大型矿山，采取联合运输开拓，使用的采矿方法为无底柱分段崩落法和阶段矿房法。矿山设计年生产能力 300 万吨，设计开采回采率为 82.31%，设计贫化率为 17.3%，设计出矿品位（TFe）24.3%。

49.3.2　矿山实际生产情况

2013 年，矿山实际出矿量 162.81 万吨，排放废石 23.5 万吨。矿山开采深度为 370～ -500m 标高。羊鼻山铁矿矿山实际生产情况见表 49-2。

表 49-2　羊鼻山铁矿矿山实际生产情况

采矿量/万吨	开采回采率/%	出矿品位（TFe）/%	贫化率/%	掘采比/米·万吨$^{-1}$
162.81	86.15	20.17	17	55.71

49.3.3　采矿技术

矿山与东北大学结合研究出诱导冒落新采矿法，对岩性不稳固的矿段回采率超过 80%。部分矿段改用诱导冒落新采矿方法与加大人力对现场的管理后，采矿回采率进一步的提高，进而提高了矿产资源综合利用率。诱导冒落采矿法主要适用于矿石破碎不稳固的急倾斜中厚以上矿体，其原理是基于矿岩稳固性、散体流动性、冒落规律等系统研究基础上，利用势能诱导顶部矿石冒落。经实践证明，利用单分段凿岩诱导顶部矿体自然冒落，大幅度减少采准工程，简化采场结构，实现人员、设备在小暴露面积的巷道内凿岩、出矿作业，由此提高采矿回采率，实现安全高效的开采目标。现将诱导冒落采矿法技术规程简述如下。

49.3.3.1　诱导冒落法技术规程

诱导冒落法技术规程如下：

（1）矿石破碎的急倾斜中厚以上矿体，可用端部放矿的诱导冒落法开采。

（2）诱导工程的控制范围应包括回采区段矿体的整个厚度，当矿体倾角不足时，应合理崩落下盘岩石或采取分段诱导冒落方案。应用诱导冒落法的矿体厚度应不小于 8m，矿体产状与矿块高度关系见表 49-3。

表 49-3　矿体产状与矿块高度关系

矿体图	矿体厚度、倾角	采场适宜高度/m
	厚度大于 8m； 倾角大于 75°	50
	厚度大于 8m； 70°<$\theta_{倾角}$<75°	分段高度 25，阶段 50

（3）用沿脉巷道作诱导工程时，巷道的位置应视矿体倾角条件，设计紧贴下盘布置，或者布置在下盘矿岩交界线上，以便于完整崩落或诱导冒落下盘侧矿石，并将崩落或冒落的矿石最大限度回收。对于本阶段或分段不能回收的上盘侧矿石，转移到下阶段或分段回收。

（4）为确保巷道位置的合理性，沿脉巷道施工时，每一掘进循环，都需由地测人员画定中心线，确保巷道中心线与矿体下盘界线的距离不变。

（5）根据岩性采区必要的支护措施，支护形式分类见表 49-4，严防巷道冒顶事故发生。

表 49-4　支护形式分类

岩　性	支护形式	操　作　要　求
节理裂隙较发育的磁铁石英岩	视稳固性采用素喷或锚喷支护方式	素喷的厚度为 40mm，锚喷支护锚杆长度 2m，排距在 0.8~1.0m，排内间距 0.6~1.0m，两次喷浆厚度不小于 60mm。托盘要紧贴支护面，螺母要用专业设备拧紧
局部破碎磁铁矿	采用锚喷网支护方式	巷道掘完后首先喷射一层厚 30mm 的混凝土，然后安装锚杆和铺金属网，最后再次喷射混凝土成巷，混凝土厚度不低于 100mm，金属网间距 150mm
节理裂隙较发育的大理岩	一般采用喷浆、喷锚或喷锚网支护，对于局部特别破碎地段采用超前锚杆支护	喷浆厚度不小于 30mm。锚杆紧跟工作面施工

（6）炮孔布置形式。下盘边孔要紧贴下盘布置，矿体倾角小于 80°时应适度崩落下盘岩石，以减少下盘损失。同时，在满足临界冒落跨度的条件下，尽量保护上盘围岩，防止上盘岩石过早冒落与混入。

（7）炮孔排距的大小根据爆破夹制力和炮孔爆破的方向性确定，在矿体水平厚度为 8~12m 的范围内，炮孔排距采用 2~2.2m 为宜。

（8）每排炮孔爆破控制范围应包括整个矿体宽度。每排炮孔的个数根据矿体厚度而定，不宜过多。爆破厚度小于 10m 的矿体时，炮孔总数不超过 9 个，厚度大于 10m 时，炮孔总数不超过 10 个。

（9）为保护眉线不遭破坏，孔口不装药长度为 1.8~6.2m。

49.3.3.2　采准工程施工规程

采准工程施工规程如下：

（1）采准工程包括分段联巷、回采巷道、切割巷道、矿石溜井、切割井等。施工时要保证测量放点的准确性，工人施工要严格按照放点施工，确保达到设计要求位置。

（2）成巷时，按照设计要求的巷道断面尺寸进行作业，减少巷道超挖欠挖现象，保证巷道断面形状。

（3）对于需要采取支护的工程，要及时进行支护作业。其中需要喷浆的工程，宜在巷道掘进 25m 左右进行喷浆作业，每次喷浆要达到设计要求的厚度。对于需要喷锚支护的巷道，要紧跟工作面打锚杆，托盘要紧贴巷道壁面，螺母要拧紧，以保证巷道后续作业的安全。

（4）在采准工程施工过程中，测量人员要紧跟工程进度，及时给定巷道中心点，并将现场工程施工位置及时上图，上图滞后与实际形成的最大长度不超过 3.0m，最长时间不得超过 2 天。管理人员要严格检查，出现施工偏差要采取补救措施或及时纠正。

（5）严格按照设计要求进行验收，巷道超欠挖小于 0.1m、中心线最大偏离误差不超过 0.2m 者为优质工程；局部欠挖不超过 0.2m、巷道中心线最大偏离误差大于 0.2m 但不超过 0.5m 者为合格工程；喷射混凝土厚度偏差不超过 5mm、锚杆间距偏差不超过 50mm、托盘螺母拧紧者为合理工程。

（6）按采场衔接关系组织生产，采准工作既不应超前也不应滞后，保持掘进、凿岩与回采按采场顺序进行为宜。

49.3.3.3　凿岩爆破施工规程

凿岩爆破施工规程如下：

（1）凿岩工在施工时要严格按照设计炮孔进行施工，建议制作大比例尺测角尺板来控制炮孔倾角的定位精度，用红外线测距仪检测孔深。排距与划线误差不超过 10cm。

（2）凿岩过程中要保证工作面的正常供气及压力需求。为此，要检查风水管有无泄漏，发现问题及时处理。对于局部破碎矿段，要限制一次打炮孔的排数，防止炮孔大量破坏。

（3）凿岩过程中，未达到孔深而出现夹钻或打不动现象时，视炮孔的重要性采取处理措施，若为控制崩落范围的下盘边孔，孔深未达到设计深度的 90% 时，应在原有炮孔附近（一般不超过 0.3m）进行补孔。

（4）凿岩炮孔要及时验收，对不合格炮孔要及时补打。深度大于 10m 的炮孔的角度偏差不超过±1°，深度偏差不超过 0.5m；深度小于 10m 的炮孔的角度偏差不超过±2°，深度偏差不超过 0.3m。

（5）对验收不合格炮孔及时补打。

（6）在装药前，首先将装药巷道的照明接好，装药所用的设备及管路要提前检查维护好。所需的炸药、导爆管、导爆索以及起爆器材等随人员一同到达巷道，不能放置巷道内无人看管。当采用散装袋药时，为降低返粉率，根据炸药干湿程度添加适量柴油或清水，以炸药能攥成团为准，不得过湿或者过干。

（7）装药时，要先对装药炮孔进行清理，清楚孔内小块及矿渣，保证炮孔的顺畅。在采用装药器装药时，装药气压应达到 4.5~5MPa，保证装药密度。每一炮孔都要按照设计严格控制孔口不装药长度。

（8）训练并固定一组专业的装药人员，提高他们装药作业的熟练程度，以满足装药要求。严格按照设计装药，并记录装药孔数、装药炮孔实际深度、装药深度、所装炸药量等。对于变形破坏炮孔（如堵孔、错孔）进行记录，并对相邻炮孔适当增大装药量。

（9）爆破网络连接时，严禁用矿石块或其他物体砸断导爆管连接起爆器进行起爆的现象。当捆扎的导爆索或者导爆管线头较多时，减少捆扎线路数量，防止不稳定传爆现象发生。此外，对重要炮排，可考虑孔底加起爆弹起爆。

（10）爆破前，要按爆破设计规定的范围做好安全警戒工作，防止人员进入爆破警戒区，待相关采场人员撤离到安全距离之后才可爆破。

49.3.3.4　出矿管理规程

出矿管理规程如下：

（1）爆破后通风完毕，顶板检撬处理后，再进入采场进行出矿作业。

（2）出矿设备，包括装岩机与铲运机，要提前检修、保养，保持良好的运行状态。

（3）出矿过程中注意矿堆的变化，防止冒落的矿岩块沿散体斜坡滚落伤人或掩埋出矿设备现象发生。

（4）相邻多个采场同时出矿时，要合理调度矿车，减少工作面等待空矿车的时间。

（5）出矿过程中出现大块时，若大块能够放落至巷道底板上，在不影响正常出矿的情况下，可将大块放置一旁，待交班之前对大块进行二次爆破；若大块卡在下盘侧出矿口时，影响矿石的正常流动，要及时进行二次爆破，保持采场内下盘侧矿石的顺利放出。

（6）装岩机出矿时，进入出矿点的人员要与装矿矿车保持一定距离，防止装岩机卸矿时矿石散落伤人。

（7）在出矿结束后，由调度室值班人员记录步距出矿量，并做出出矿口矿岩分布位置素描。

羊鼻山铁矿采矿主要设备型号及数量见表 49-5。

表 49-5　羊鼻山铁矿采矿主要设备型号及数量

序号	设备名称	规格型号	使用数量/台（套）
1	潜孔钻机	QZJ-100B	7
2	潜孔钻机	QZJ-90	2
3	固定式空气压缩机	ML250	2

序号	设备名称	规格型号	使用数量/台（套）
4	风冷空压机	FHOG340A-42/8	3
5	矿用提升绞车	JT1200	1
6	矿用提升绞车	JT1000	1
7	铲运机	ST-3.5	1
8	铲运机	ST2K	1
9	铲运机	CY-2	2
10	装载机	XT992	6
11	装载机	YN920	5
12	装载机	LW220	10
13	电动装岩机	Z-30W	8
14	矿用电机车	ZK3-7/250	12
15	矿用电机车	ZK7-7/250	12
16	矿用电机车	ZK3-7/247	12
17	侧卸式矿车	2m³	7
18	矿车	0.75m³	110
19	耙矿绞车	2JP-30kW	2
20	耙矿绞车	2JP-55kW	28
合计			232

49.4　选矿情况

49.4.1　选矿厂概况

羊鼻山铁矿现有铁矿选矿厂和白钨矿选矿厂，白钨矿选矿厂暂无相关技术指标。铁矿选矿厂设计年选矿能力为 300 万吨，设计主矿种入选品位为 24.3%，最大入磨粒度为12mm，磨矿细度为 $-0.074mm$ 占 55%，选矿方法为湿式磁选法。选矿产品为铁精粉，铁精粉的全铁品位为 65%~66%，2011 年、2013 年矿山铁矿选矿情况见表 49-6。

表 49-6　2011 年、2013 年矿山铁矿选矿情况

年份	入选矿石量/万吨	入选品位/%	选矿回收率/%	每吨原矿选矿耗水量/t	每吨原矿选矿耗新水量/t	每吨原矿选矿耗电量/kW·h	每吨原矿磨矿介质损耗/kg	选矿产品产率/%
2011	171.25	22.16	85.10	6.00	0.50	21.00	0.72	28.60
2013	216.04	20.17	82.00	6.00	0.50	21.00	0.72	20.70

49.4.2　选矿工艺流程

49.4.2.1　破碎筛分流程

采用三段一闭路破碎流程，选用颚式破碎机对原矿进行粗碎，给矿粒度最大为500mm，排矿粒度最大为 224mm；采用不同型号的圆锥破碎机对粗碎的矿石进行中碎、细碎。使用筛孔为 16mm 的振动筛对破碎矿石进行筛分。羊鼻山铁矿选矿厂破碎工艺流程如图 49-1 所示。

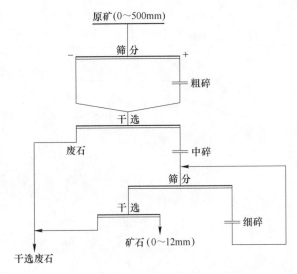

图 49-1 羊鼻山铁矿选矿厂破碎工艺流程

49.4.2.2 磨选工艺流程

一段磨矿采用格子型球磨机，给矿粒度为 0~12mm，给矿中为 -0.074mm 占 8%，分级采用高堰式双螺旋分级机进行分级，分级溢流粒度为 -0.074mm 占 55%。一次磁选使用永磁筒式磁选机。二段磨矿采用溢流型球磨机，给矿粒度为 -0.074mm 占 55%，产品粒度为 -0.074mm 占 85%。磁选采用不同型号的永磁筒式磁选机进行二次、三次、四次磁选。羊鼻山铁矿选矿厂磨选工艺流程如图 49-2 所示，主要选矿工艺设备见表 49-7。

表 49-7 羊鼻山铁矿选矿厂主要选矿工艺设备

序号	设备名称	设备型号	台数
1	振动给料机	GZG1535	2
2	颚式破碎机	PE900×1200	2
3	磁滚筒	CTRG0810	2
4	振动给料机	GZG1523	2
5	振动给料机	GZG1605	6
6	圆锥破碎机	GP300S	1
7	圆锥破碎机	GP500S	2
8	圆振动筛	YAH2460	3
9	格子型球磨机	MQG2736	4
10	高堰式螺旋分级机	2FLG-20	4
11	湿式永磁筒型磁选机	CTB1030	8
12	湿式永磁筒型磁选机	CTB1230	12
13	溢流型球磨机	MQY2736	4
14	尼龙细筛	自制，8 联	24

序号	设备名称	设备型号	台数
15	聚磁重选机	φ2500	4
16	筒型真空永磁过滤机	GYW-12	8

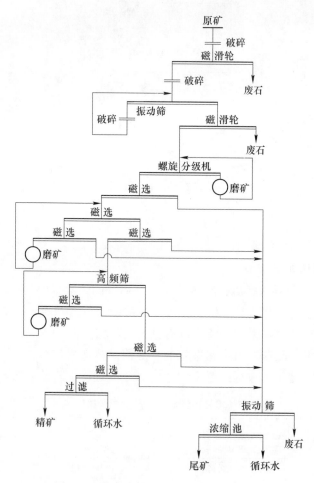

图 49-2　羊鼻山铁矿选矿厂磨选工艺流程

49.5　矿产资源综合利用情况

羊鼻山铁矿主要开采矿种为铁矿，伴生有钨，钨品位（WO₃）为 0.34%，资源综合利用率 70.64%。

羊鼻山铁矿年产生废石 23.5 万吨，废石年利用量 15 万吨，废石利用率为 63.82%，废石处置率为 100%，处置方式为排土场堆存及建材等。

选矿厂尾矿年排放量 171.3 万吨，尾矿中 TFe 含量为 5.8%，尾矿年利用量为零，尾矿利用率为零，处置率为 100%，处置方式为尾矿库堆存。

50 杨家坝铁矿

50.1 矿山基本情况

杨家坝铁矿为地下开采铁矿的中型矿山，主要共伴生矿产为镁矿。矿山成立于1972年1月。矿区位于陕西省略阳县，距略阳县县城约33km，东南距勉县县城27km，采矿车间与选矿厂间有简易公路相连通，长约8km，采矿车间与选矿车间之间有窄轨相连，窄轨长6km。选矿厂有略（阳）勉（县）公路通过，至略阳35km，至勉县32km；距阳（平关）安（康）铁路线上的董家坪车站21km，略勉公路由选矿车间通过，从选矿厂可直达位于勉县的汉中钢铁有限公司，交通较为便利。杨家坝铁矿开发利用情况见表50-1。

表 50-1 杨家坝铁矿开发利用简表

基本情况	矿山名称	杨家坝铁矿	地理位置	陕西省略阳县
	矿床工业类型	高中温热液型铁矿		
地质资源	开采矿种	铁矿	地质储量/万吨	6183.99
	矿石工业类型	高镁磁铁贫矿	地质品位（TFe）/%	34.65
开采情况	矿山规模	120万吨/年，大型	开采方式	地下开采
	开拓方式	竖井-平硐联合运输开拓	主要采矿方法	无底柱分段崩落法
	采出矿石量/万吨	71.6	出矿品位（TFe）/%	23.19
	废石产生量/万吨	6.308	开采回采率/%	83.5
	贫化率/%	33.62	掘采比/米·万吨$^{-1}$	3.43
选矿情况	选矿厂规模	120万吨/年	选矿回收率	76.02
	主要选矿方法	三段一闭路破碎—干选抛废—阶段磨矿阶段磁选		
	入选矿石量/万吨	66.20	原矿品位（TFe）/%	22.73
	精矿产量/万吨	19.49	精矿品位（TFe）/%	53.37
	尾矿产生量/万吨	40.71	尾矿品位（TFe）/%	8.06
综合利用情况	综合利用率/%	63.46	废水利用率/%	39
	废石排放强度/t·t^{-1}	0.33	废石处置方式	排土场堆存
	尾矿排放强度/t·t^{-1}	2.70	尾矿处置方式	尾矿库堆存
	废石利用率	0	尾矿利用率	0

50.2　地质资源

50.2.1　矿床地质特征

略阳杨家坝铁矿矿床类型为高中温热液型铁矿。矿山矿体为盲矿体，分别由主矿体和平行矿体组成。主矿体主要分布在 7~16 线间，长达 1100m，垂深 810m，矿体赋存标高 +1170~+360m，8~12 线矿体厚度最大最深。矿体的部分形态受区域内 F12 断层控制，主矿体产状与 F12 断层基本一致。9 线以西矿体走向北东 59°，以东走向基本为东西向，呈舒缓波状。以 13 线为枢纽，以西矿体南倾，倾角为 43°~81°，一般为 67°。倾角变化较大的部位为 8 线和 10 线，从上到下倾角逐渐变缓，分别为 78°~43° 及 75°~53°。倾角变缓部位矿体厚大。13 线以东矿体倾伏，倾角为 75°~84°，平均 78°，倾角稳定。

平行矿体受次一级断裂 F12-1、F12-3 控制，其产状随之变化，9 线以西走向为 59°，以东为东西向。矿体倾角为 55°~88°，一般为 63°。7、8 两线倾角从上到下逐渐变陡，分别是 81°~88° 及 52°~58°，矿体随之由厚变薄，9、10 两线基本不变。矿石工业类型为高镁磁铁贫矿，矿石平均品位（TFe）34.65%。

50.2.2　资源储量

该矿山铁为主要矿种。矿区 +815m 以下共有地质储量为 6183.9858 万吨，矿石平均品位（TFe）34.65%。设计范围内地质储量为 4564.97 万吨（+815m 水平至 +575m 水平），平均品位为 34.24%。

50.3　开采情况

50.3.1　矿山采矿基本情况

杨家坝铁矿为地下开采的大型矿山，采取竖井-平硐联合运输开拓，使用的采矿方法为无底柱分段崩落法。矿山设计年生产能力 120 万吨，设计开采回采率为 78%，设计贫化率为 30%，设计出矿品位（TFe）26%。

50.3.2　矿山实际生产情况

2013 年，矿山实际出矿量 71.6 万吨，排放废石 6.308 万吨。矿山开采深度为 1220~ -360m 标高。杨家坝铁矿矿山实际生产情况见表 50-2。

表 50-2　杨家坝铁矿矿山实际生产情况

采矿量/万吨	开采回采率/%	出矿品位（TFe）/%	贫化率/%	掘采比/米·万吨$^{-1}$
85.75	83.5	23.19	33.62	3.43

50.3.3　采矿技术

矿山总体开拓方案为平硐加侧翼盲竖井提升，三级机站通风方式。主要开拓工程包括：两条+815m平硐、两条盲箕斗主井、盲罐笼副井延深、斜坡道、西部回风竖井及回风斜井等。

该矿山设计开采范围为+815~+575m，设计年生产能力130万吨，东侧端部盲竖井开拓，对角抽出式通风，无底柱分段崩落法开采。

提升系统主要设备及操作如下：

主井：采用JKM-2.8×4（Ⅰ）C多绳摩擦式提升机配单箕斗带平衡锤提升，DJD1/2-6.3多绳底卸式箕斗，载重13t，提升高度320m。Z560-3A直流电机，电机功率900kW。承担矿山井下开采的矿石提升任务。

副井：利用原有+935~+815m副井继续往下延伸，原有1.85×4多绳提升机配4200mm×1464mm双层双车罐笼，罐笼自重8000kg，承载0.7m³翻斗车2辆，平衡锤12.5t。承担矿山开采过程中的废石、人员、材料等提升任务。

坑内采用轨道运输，每米钢轨重30kg，混凝土轨枕，轨距762mm。矿石采用ZK14-7/550-C（带翼板）电机车牵引FCC4-7侧卸矿车运输。废石采用ZK10-7/550电机车牵引YFC0.7-7翻转矿车运输。

50.4 选矿情况

杨家坝铁矿选矿厂为碤口驿选矿厂，于1986年建成投产，设计年生产规模80万吨，采用阶段磨矿、阶段选别工艺流程。1997年后，选矿厂先后增加了尾矿再选和细碎筛分后的干选工艺，提高了铁的回收率。杨家坝铁矿选矿厂选矿工艺流程如图50-1所示，杨家坝铁矿选矿回收情况见表50-3。

表 50-3 杨家坝铁矿选矿回收情况

指标名称	2011 年	2012 年	2013 年
入选矿石量/万吨	70.14	58.77	60.20
入选品位（TFe）/%	23.19	23.98	22.73
设计选矿回收率/%	76		
实际选矿回收率/%	76	76.05	76.02
尾矿品位/%	8	8.07	8.06

50.5 矿产资源综合利用情况

杨家坝铁矿为单一铁矿，资源综合利用率63.46%。

杨家坝铁矿年产生废石6.31万吨，废石年利用量为零，废石利用率为零，废石处置率为100%，处置方式为排土场堆存。

选矿厂尾矿年排放量52.25万吨，尾矿中TFe含量为8%，尾矿年利用量为零，尾矿利用率为零，处置率为100%，处置方式为尾矿库堆存。

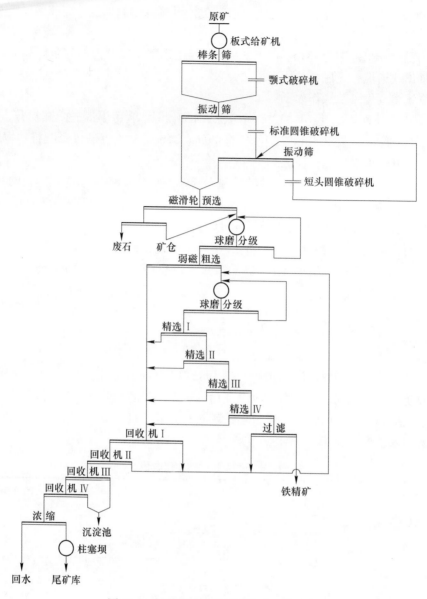

图 50-1　杨家坝铁矿选矿厂选矿工艺流程

51 英山铁矿

51.1 矿山基本情况

英山铁矿为露天开采铁矿的小型矿山，无共伴生矿产。矿山始建于 2004 年初，2006 年 3 月正式投产。位于安徽省巢湖市居巢区庙岗乡及肥东县桥头集镇结合部位，烔炀河至烟墩岗公路横穿整个矿区，并与合（肥）-裕（溪口）路、原 312 国道及合（肥）-芜（湖）高速分别于烔炀河、烟墩岗及王铁相接，西距省会合肥市 35km，东距巢湖市 25km，交通较为便捷。英山铁矿开发利用情况见表 51-1。

表 51-1 英山铁矿开发利用简表

基本情况	矿山名称	英山铁矿	地理位置	安徽省巢湖市居巢区
地质资源	开采矿种	铁矿	地质储量/万吨	147.23
	矿石工业类型	贫磁铁矿石	地质品位（TFe）/%	27.71
开采情况	矿山规模	6 万吨/年，小型	开采方式	露天开采
	开拓方式	联合运输开拓	主要采矿方法	分层分台阶采矿工艺
	采出矿石量/万吨	6~10	出矿品位（TFe）/%	24.69
	贫化率/%	5	开采回采率/%	95
	剥采比/$t \cdot t^{-1}$	1.68	开采深度/m	160~0（标高）
选矿情况	选矿厂规模	33 万吨/年	选矿回收率/%	79.54
	主要选矿方法	两段—闭路破碎—干选抛废—阶段磨矿—单一磁选		
	入选矿石量/万吨	17.51	原矿品位（TFe）/%	25.69
	精矿产量/万吨	5.588	精矿品位（TFe）/%	65.00
	尾矿产生量/万吨	11.42	尾矿品位（TFe）/%	8.06
综合利用情况	综合利用率/%	74.59	尾矿处置方式	尾矿库堆存
	废石处置方式	排土场堆存和建筑石料		

51.2 地质资源

英山铁矿矿权范围内设计开采 1~7 个矿体，开采深度+160~0m。入选矿石绝大部分为原生矿，矿石的矿物成分较为简单，主要金属矿物为磁铁矿、磁黄铁矿、磁赤铁矿。脉石矿物主要为石英、角闪石、黑云母、铁石榴子石及少量的磷灰石、绿泥石、斜长石、绿帘石等。矿石工业类型为需选贫磁铁矿石，磁铁矿结晶粒度一般 0.05~1.5mm，少数为 0.02mm，最大为 2mm，矿石结构较简单，主要有纤状花岗变晶结构、鳞片状花岗变晶结构和花岗变晶结构等，主要为片状构造及浸染状构造。有用组分简单、易选。可供利用的仅为铁，有害杂质 S、P、As、Sn、Pb、Zn、Cu 等低于允许含量，全铁平均品位 TFe：27.71%，mFe：22.23%，磁性占有率 80.22%。

英山铁矿整合区内矿体 7 个，保有资源量 147.23 万吨。

51.3　开采情况

51.3.1　矿山采矿基本情况

英山铁矿为露天开采的小型矿山，采取联合运输开拓，使用的采矿方法为分层采剥法。矿山设计年生产能力 6 万吨，设计开采回采率为 92%，设计贫化率为 8%，设计出矿品位 26%。

51.3.2　矿山实际生产情况

2013 年，矿山实际出矿量 71.6 万吨。矿山开采深度为 160~0m 标高。英山铁矿矿山实际生产情况见表 51-2。

表 51-2　英山铁矿矿山实际生产情况

采矿量/万吨	开采回采率/%	出矿品位/%	贫化率/%	剥采比/t·t^{-1}
85.75	95	23.19	5	1.68

51.3.3　采矿技术

英山铁矿矿山累计消耗资源量 111b 类为 95.53 万吨，损失资源量为 5.03 万吨。平均品位 29.41%，mFe：21.26%，磁性占有率为 89%。全铁地质品位为 27.63%，磁性品位为 24.24%，磁性占有率为 78.22%。矿山矿产资源开发利用方案由马钢集团设计研究院有限责任公司设计。从《普查报告》中及组合分析结果可见，矿石有用组分简单，可供利用的仅有铁。设计开采品位为 25.69%。根据矿体赋存条件及开采现状，开采方式选择凹陷式分层分台阶露天开采。具体开采方法与设备如下：

（1）采剥方法。为保证安全生产，露天采场采用阶段逐层自上而下的分层采剥，生产时台阶高度 10m。采区开采前，利用采场内现有的运输道路，将表土及碎石覆盖层剥离，然后修建运输道路，对松动的矿石、废石，采用 1.0m^3 挖掘机装运至选矿厂或废石堆场。

（2）穿孔工作。矿山矿、岩均需进行穿孔爆破才能进行装载。中深孔设备选用开山 90 型潜孔钻机，直径 90mm。根据穿孔工作量，考虑中深孔工作条件及废孔率，需要开山 90 型潜孔钻机 1 台，配 7m^3 移动式空压机 1 台，开山 90 型潜孔钻机用于正常生产穿孔，生产过程中采场出现的大块，不采用二次爆破的方式处理，而是利用 1m^3 挖掘机配振动锤进行机械破碎。

（3）爆破工作。根据采场实际地形状况和采掘推进条件，采用预裂爆破、浅眼爆破及中深孔爆破相结合的穿爆方式，进行现场穿爆工作，采场生产利用中深孔爆破。在形成初始工作面时，对降深小于 2.5m 的部分或地形标高未达到设计要求而又挖掘困难的地段采用浅眼爆破法。

爆破采用铵油及乳化炸药，导爆管非电起爆系统起爆，多排孔微差爆破，每次爆破孔数 15 个，炸药单耗 $q = 0.38 kg/m^3$。根据《爆破安全规程》的规定，中深孔爆破警戒半径 200m，浅孔爆破警戒半径 300m，爆破中产生的大块矿石、岩石，采用挖掘机配振动锤进行机械破碎，严禁采用裸露药包爆破。

（4）采装运输工作。矿山采用斗容为 1m³ 液压挖掘机为工作面的采装矿石、废石设备，采装辅助作业；平整和清理潜孔钻机工作场地；清理和修筑采场临时运输线路；清理采场最终边帮等。矿山主要采用 ZL30 型前装机用作采场辅助作业。

采场内各工作面采用 30t 自卸汽车运输矿石、废石，1 个台阶开采，各开采区水平爆破后的矿石、废石由 30t 自卸汽车运往选矿厂或废石堆场。

51.4 选矿情况

英山铁矿选矿厂设计原矿年处理能力 33 万吨，设计回收率 76.92%，实际年处理原矿 6 万~10 万吨，远未达到实际生产能力。矿山选矿厂矿石来源自供，采用两端一闭路破碎—阶段磨选—单一弱磁选工艺，一段磨矿-0.074mm 占 45% 左右，弱磁选抛尾，粗精矿再磨-0.074mm 占 75%，经两段弱精选可得到品位 65% 以上的铁精矿，选矿回收率 78.52%，尾矿品位小于 8%。英山铁矿选矿厂主要工艺设备见表 51-3。

表 51-3 英山铁矿选矿厂主要工艺设备

设备名称	性能及规格	单 位	数 量
颚式破碎机	PE0609	台	1
颚式破碎机	PEX250×1200	台	3
一段球磨机	MQG2727	台	2
一段高堰式单螺旋分级机	FG20φ2000	台	2
一段弱磁选磁选机	CTB1015	台	2
一段球磨机	MQG1870	台	2
一段沉没式单螺旋分级机	FC-20φ2000	台	2
二段弱磁选磁选机	CTB1015	台	2
三段弱磁选磁选机	CTB1015	台	2

51.5 矿产资源综合利用情况

英山铁矿为单一铁矿，资源综合利用率 74.59%。废石部分作为建筑石子，尾矿未利用，尾矿品位 5%~8%。

52 张家洼铁矿

52.1 矿山基本情况

张家洼铁矿为地下开采的大型矿山,共伴生矿产主要为钴矿,但品位低。1970 年 12 月建矿,矿区位于山东省莱芜市莱城区,距城区约 8km,交通方便。张家洼铁矿开发利用情况见表 52-1。

表 52-1 张家洼铁矿开发利用简表

基本情况	矿山名称	张家洼铁矿	地理位置	山东省莱芜市莱城区
	矿床工业类型	矽卡岩型磁铁矿		
地质资源	开采矿种	铁矿	地质储量/万吨	27454.3
	矿石工业类型	磁铁矿石	地质品位(TFe)/%	40.82
开采情况	矿山规模	250 万吨/年,大型	开采方式	地下开采
	开拓方式	采取竖井、水平巷道和轨道运输	主要采矿方法	无底柱分段崩落采矿法、充填法
	采出矿石量/万吨	470.9	出矿品位(TFe)/%	29.05
	贫化率/%	28.82	开采回采率/%	72.74
选矿情况	选矿厂规模	480 万吨/年	选矿回收率/%	76.29
	主要选矿方法	自磨—球磨连续磨矿—磁选—重选—浮选联合选别		
	入选矿石量/万吨	482.5	原矿品位(TFe)/%	63.48
	精矿产量/万吨	170.42	精矿品位(TFe)/%	29.39
	尾矿产生量/万吨	312.08	尾矿品位(TFe)/%	10.77
综合利用情况	综合利用率/%	55.49	尾矿排放强度/t·t⁻¹	2.17
	尾矿处置方式	尾矿库堆存	废石处置方式	排土场堆存

52.2 地质资源

52.2.1 矿床地质特征

52.2.1.1 地质特征

张家洼铁矿矿床类型为矽卡岩型磁铁矿,矿区位于中朝准地台(Ⅰ)、鲁西断隆(Ⅱ)、鲁西断块隆起(Ⅲ)、莱芜断陷(Ⅳ)东侧。北靠泰山断块凸起,南与新甫山单断凸起相毗邻。莱芜断陷盆地边缘以大断裂与凸起分界,其南缘有石门官庄-劝礼断层,而东、北、西三面被泰安-铜冶店、蔡庄及泰安-孝义二断层所环绕，构成了长约 70km，南北宽 8~22km 的向北凸出的半月形盆地。盆地内地层自古生界至新生界均有出露。

盆地主要形成于燕山构造期，发育褶皱构造，形成矿山弧形背斜，并伴随有较强烈的岩浆活动，盆地内形成的背斜构造和闪长岩类侵入体与矽卡岩型铁矿形成关系密切。

张家洼铁矿区范围内包括 Ⅰ、Ⅱ、Ⅲ 三个矿床，且紧密相联。

（1）Ⅰ矿床：该矿床共由 10 个矿体组成，其中主矿体（Ⅰ）占总储量 97.88%。该矿床的矿体赋存部位主要有两个，一个是闪长岩与奥陶系大理岩的接触带（Ⅰ）；另一个是在奥陶系或近接触带的闪长岩中，赋存有较小的零星矿体 3 个（xⅠ~xⅢ）。此外在古近系和新近系底部有残、坡积的砾岩铁矿体 6 个，即 LⅠ、LⅡ、LⅤ、LⅥ、LⅦ、LⅧ。

矿体围岩：主矿体围岩其顶板为奥陶系大理岩或古近系和新近系砾岩，底板为闪长玢岩或大理岩；零星矿体围岩其顶板为闪长玢岩或蛇纹石化大理岩，底板为蛇纹石化大理岩或矽卡岩及闪长玢岩；砾岩矿体围岩其顶板为古近系和新近系砾岩，底板多为大理岩和主矿体磁铁矿。

（2）Ⅱ矿床：该矿床有 Ⅰ~Ⅵ矿体、砾岩及零星矿体组成。Ⅰ、Ⅳ矿体位于石炭系与奥陶系假整合面，Ⅲ、Ⅵ矿体位于深部闪长岩与大理岩的接触带附近，Ⅱ、Ⅴ矿体位于闪长玢岩岩床下部及附近蛇纹石化大理岩中。总体走向为北北东 17°，倾向北西，倾角一般为 10°~30°，多顺层产出，与围岩产状基本一致。埋深在 400~1000m 之间。工程控制的范围：沿走向 1600 余米，北与Ⅲ矿床西部矿体相接，以 F1 断层为界，呈断层接触；沿倾向最宽为 800m，一般为 300~500m；控制最大深度为 1000m。

矿床中部的 F3 断层及与其方向一致的闪长岩凸起带，将矿床分为东西两部分，中间为一狭长无矿带。矿体的层次较多，最大单层厚度 39.87m，薄者 1~2m，主矿体的单层厚度一般为 10~20m。

矿体围岩：Ⅰ、Ⅳ矿体围岩其顶板为石炭系板岩或古近系和新近系砾岩，底板为闪长玢岩或大理岩；Ⅱ、Ⅴ矿体围岩其顶板多为闪长玢岩或蛇纹石化大理岩，底板为蛇纹石化大理岩或矽卡岩；Ⅲ、Ⅵ矿体围岩其顶板为大理岩或蛇纹石大理岩，底板多为矽卡岩、闪长岩等。

（3）Ⅲ矿床：该矿床共由 18 个矿体组成，其中主矿体 4 个，编号为Ⅲ1~Ⅲ4，占总储量的 97.5%；次要矿体 7 个，编号为Ⅲ5~Ⅲ11；零星小矿体 7 个，编号为ⅢX1~ⅢX7。Ⅲ1~Ⅲ3 矿体位于石炭系与奥陶系假整合面，Ⅲ4~Ⅲ5 矿体位于闪长岩与大理岩接触带，Ⅲ6~Ⅲ11 矿体均为中石炭系中薄层矿体。

矿体围岩：Ⅲ1 矿体围岩其顶板为石炭系板岩和角岩；底板为中奥陶系大理岩；Ⅲ2 矿体围岩其顶板为中石炭系板岩和角岩，局部为古近系和新近系砂砾岩；底板为透辉石化闪长岩、磁铁矿化蛇纹岩、透辉石矽卡岩等；Ⅲ3 矿体围岩其顶板为中石炭系板岩和角岩，局部为古近系和新近系砂砾岩；底板为透辉石矽卡岩和大理岩；Ⅲ4 矿体围岩其顶板多为大理岩；底板为闪长岩和透辉石矽卡岩。

Ⅰ矿床Ⅰ矿体（主矿体）夹石为大理岩、矽卡岩及闪长玢岩；零星矿体及砾岩矿体无夹石。Ⅱ矿床Ⅳ矿体在 12 线附近有两层薄层夹石，夹石为含磁铁蛇纹石化大理岩；Ⅱ、Ⅴ矿体，夹层较多，夹石多为闪长玢岩或较厚的蛇纹石化大理岩；Ⅲ、Ⅵ矿体矿层层数较多，为多层矿合并而成，因此夹石较多而且较厚，夹石成分多为含磁铁蛇纹石化大理岩及蛇纹石化大理岩。Ⅲ矿床主矿体夹石主要为含磁铁矿蛇纹岩、透辉石矽卡岩、大理岩、透辉石辉石化闪长岩等。

52.2.1.2　矿石质量

原生矿石的自然类型按其构造大致可分为致密块状矿石、块状矿石、浸染状矿石、蜂窝状矿石、角砾状矿石、条带状矿石、松散状矿石七种，主要为致密块状磁铁矿矿石和浸染状矿石。矿石中金属矿物约占 60%，脉石矿物约占 40%。金属矿物以磁铁矿为主（占金属矿物的 95%），其次为赤铁矿（占金属矿物的 4%），少量褐铁矿及金属硫化物。矿区铁矿为磁铁矿自然类型，矿石氧化程度较轻，氧化不均匀，很少出现氧化矿石。

矿石工业类型为需选铁矿石。金属矿物主要为磁铁矿，次为赤铁矿，少量为水赤铁矿、自然铜、褐铁矿，微量黄铁矿、黄铜矿等，脉石矿物主要为蛇纹石、方解石、绿泥石、透辉石，少量皂石、沸石、石英、尖晶石等。

（1）磁铁矿。多呈半自行-他形粒状，粒径多在 0.016~0.195mm 之间，最大为 1mm，最小为 0.008mm。

（2）赤铁矿。呈片状、脉状，为交代磁铁矿而成，一般粒径为 0.05~0.1mm。

（3）褐铁矿。为不规则脉状、蜂窝状，常见于磁铁矿间隙及脉石矿物中，且常与自然铜共生，有时可见到黄铁矿的细小残余。

（4）自然铜。为不规则片状、树枝状他形集合体，一般粒径 0.008~0.08mm。

（5）黄铜矿。很少见，呈他形集合体充填于磁铁矿、黄铁矿或脉石裂隙边缘。尚有少量铜蓝、斑铜矿、辉铜矿。化学物相含量硫化铜占 0.01%，自然铜占 0.057%，氧化铜占 0.027%，总铜占 0.094%。

（6）钴。平均含量为 0.015%，其赋存状态据单矿物分析，主要赋存在磁铁矿、假象赤铁矿中，目前选矿方法难以回收。据钴化学物相分析，矿物氧化钴含量为 0.0082%，硫化钴含量为 0.0198%，其结果表明部分钴总以氧化物相的形式存在，这部分钴难以回收，大部分钴以硫化物形式与黄铁矿密切共生，可通过回收黄铁矿来达到综合回收的目的。

矿物主要结构有半自形晶粒状结构或他形粒状结构、假象结构、交代残留结构、网格结构和压碎结构等。矿石构造主要为致密块状、块状、浸染状、蜂窝状、角砾状和条带状构造。

矿石主要元素为 Fe，有益伴生元素为 Co、Cu，有害元素为 S、P、Zn、As、Sn 等，造渣组分有 CaO、MgO、SiO_2、Al_2O_3，其中 MgO 含量较高，矿石为高镁自熔-碱性矿石。S 含量平均为 0.015%，P 平均含量为 0.024%。

52.2.2　资源储量

主要开采矿种为磁铁矿石，矿床规模为大型，截至 2009 年 12 月 31 日，查明铁矿资源储量 27454.3 万吨。全矿区累计查明伴生铜金属量 189091.0t。

该矿区主要矿种为铁矿，矿石中主要伴生组分为 Co 和 Cu。矿石中铜的品位变化很大，最高达 2.47%，而一般均小于 0.1%，平均品位为 0.071%。钴元素在矿石中含量最高达 0.414%；一般在 0.01% 左右，平均含量 0.015%。

52.3 开采情况

52.3.1 矿山采矿基本情况

张家洼铁矿为地下开采的大型矿山，采取竖井开拓，使用的采矿方法为无底柱分段崩落法。矿山设计年生产能力 360 万吨，设计开采回采率为 70%，设计贫化率为 30%，设计出矿品位（TFe）36.87%。

52.3.2 矿山实际生产情况

2013 年，矿山实际出矿量 476.5t，排放废石 57 万吨。矿山开采深度为 -140 ~ -700m 标高。张家洼铁矿矿山实际生产情况见表 52-2。

表 52-2 张家洼铁矿矿山实际生产情况

采矿量/万吨	开采回采率/%	出矿品位（TFe）/%	贫化率/%	掘采比/米·万吨$^{-1}$
340.6	72.74	29.36	28.82	75

52.3.3 采矿技术

矿床开采为地下开采，开拓方式为无底柱分段崩落采矿法，采取竖井、水平巷道联合开采和轨道运输的方式。部分采区试验由崩落法改为充填法采矿。为了提高采矿强度、降低采矿成本，鲁中矿业有限公司对井下无底柱分段崩落法采矿参数进行了优化，选择矿体比较厚大的港里矿区 -250m 中段 18 ~ 26 线的矿体，进行大参数的采矿试验，为提升采准巷道的掘进和中深孔凿岩速度，公司分别引进了 SANDVIK 公司 DD210 掘进凿岩台车、DD210-5 中深孔凿岩台车。从生产效率来看，效果良好。

矿山采用无底柱分段崩落法，矿块沿走向长 50m，垂直走向为 50 ~ 60m，分段高度为 10m，进路间距为 10m，7655 型凿岩机、进口凿岩台车掘进凿岩，0.75m^3 电动铲运机出渣，YGZ-90 型凿岩机配 TJ-25 型台架，进口凿岩台车回采凿岩，922E 电动铲运机回采出矿。

52.4 选矿情况

52.4.1 选矿厂概况

采用磁滑轮干选、自磨、球磨两段磨矿和磁—重—浮选别流程。生产铁精矿、铜精矿和高品位块矿。铁精矿产品质量稳定，低硫、低磷、全自熔，是国内少有的优质钢铁原料。

自 2006 年开始，公司开始对原工艺流程进行改造，增加了细筛再磨，用强磁选代替原来的螺旋溜槽重选，回收弱磁性矿物，提高铁综合回收率。改造重浮选流程，用离心机和摇床对再磨后的铁矿物进一步提高品位。

52.4.2 选矿工艺流程

张家洼铁矿选矿厂分为干选和湿选两部分。干选流程为：主井提矿至原矿磁滑轮，经磁滑轮选别筛分，磁滑轮精矿和尾矿中小于 50mm 粒级的产品进入磨矿仓，磁滑轮尾矿中大于 50mm 粒级的产品经手选，获得手选精矿（红矿、绿矿）和干选尾矿。湿选流程为：磨矿仓原矿由给矿机给入皮带运至自磨机，自磨排矿经球磨—分级—脱水槽—磁选得到铁精矿。磁选尾矿经 φ45m 浓密机浓缩，浓缩底流由胶泵输送至重选，经 2 段重选、2 段浮选、2 段重选再选，获得重选铁精矿、浮选铜精矿。磁选铁精矿和重选铁精矿混合自流至过滤机，经过滤得到最终铁精产品。

入选矿石量及矿石来源：矿石来源于鲁中矿业有限公司小官庄铁矿、张家洼铁矿、港里铁矿。

采出的矿石经地下破碎后（0~350mm），通过主井箕斗提升卸入箕斗仓，经带式输送机先进行干选，干选精矿和外购矿石送入磨矿仓，干选尾矿给入手选胶带，选出赤铁矿块，直接销售，废石用汽车运往废石场。

磨矿仓中的矿石给入 φ6m×3m 湿式自磨机磨矿，自磨机筒筛筛上自返到自磨机内，筛下流入 φ3000 高堰式双螺旋分级机分级，返砂给入 φ3.2m×4.5m 溢流型球磨机，与球磨机构成闭路磨矿，分级机溢流粒度为−0.074mm 占 70%。磨矿产品给入 CTB1200×3000 永磁筒式磁选机进行弱磁粗选，粗选磁精进 CTB1050×3000 永磁筒式磁选机进行一次弱磁精选，一次精选磁精进 BKJ1050×3000 永磁筒式磁选机进行二次弱磁精选。磁选尾矿进现有的 φ45m 中矿浓缩机浓缩，弱磁精矿自流给入德瑞克高频细筛，筛下为最终精矿，筛上用泵给入旋流器分级，沉砂进 φ3200×5400 溢流型球磨机进行一次再磨，并与旋流器构成闭路，溢流给入 BKJ1050×3000 永磁筒式磁选机（四磁）选出精矿与细筛筛下合并成最终精矿，磁选尾矿进新建的 φ45m 中矿浓缩机浓缩。

现有的 φ45m 中矿浓缩机底流返回进 SL-φ1420×1500 圆筒筛除渣，再进 SL-φ2000 立环脉动高梯度磁选机进行一次强磁选，强磁尾为最终尾矿，强磁精进 φ18m 铁精矿浓缩池浓缩，底流进 CLF-4 粗颗粒浮选机浮选，经过一粗、一扫、一精选出铜精矿，铜精矿进现有的脱水系统。浮选尾矿用泵给入旋流器分级，沉砂进 φ3200×5400 溢流型球磨机进行二次再磨，并与旋流器构成闭路，溢流和新建的 φ45m 中矿浓缩机底流进 SL-φ1420×1500 圆筒筛除渣，再进 SLon-φ2000 立环脉动高梯度磁选机进行二次强磁选，强磁尾为最终尾矿，强磁精进 6-S 摇床重选，选出赤铁精矿、最终尾矿。张家洼铁矿选矿厂选别工艺流程如图 52-1 所示，选别作业主要设备见表 52-3。

表 52-3 张家洼铁矿选矿厂选别作业主要设备

设备名称	规 格	台 数	功率/kW
湿式自磨机	φ6000×3000	2	1250
	φ5000×1800	3	1000
球磨机	φ3200×4500	2	1250
	φ2700×3600	3	1000
再磨机	φ3600×6000	5	1250

设备名称	规格	台数	功率/kW
高堰式双螺旋分级机	ϕ3000	2	45
	ϕ2000	3	
磁选机	CTB1200×3000	5	7.5
	CTB1050×3000	5	7.5
	BKJ1050×3000	5	7.5
德瑞克高频细筛	F48-120R-4M	10	15
浮选机	CLF-8	17	15
立环脉动高梯度磁选机	SL-ϕ2000	12	
离心机	SLon-2400	24	22
双层摇床	S-6	10	1.5

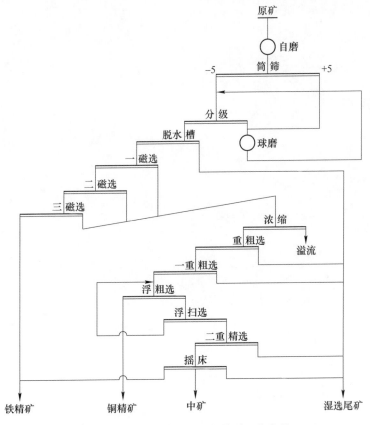

图 52-1　张家洼铁矿选矿厂选别工艺流程

52.5　矿产资源综合利用情况

　　张家洼铁矿为单一铁矿，铜、钴含量未达到伴生组分的工业要求，资源综合利用率55.49%。选矿厂尾矿年排放量 330.60 万吨，尾矿中 TFe 含量为 10.17%，尾矿年利用量为零，尾矿利用率为零，处置率为 100%，处置方式为尾矿库堆存。

第2篇 锰矿

MENG KUANG

53 大 新 锰 矿

53.1 矿山基本情况

大新锰矿为露天-地下联合开采的大型锰矿企业，无共伴生矿产，是第四批国家级绿色矿山试点单位。矿山始建于 1958 年 11 月，由地方组织开采，2006 年 2 月 28 日，采矿权人为中信大锰矿业有限责任公司。矿区位于广西壮族自治区崇左市大新县下雷镇，矿区有公路通南宁、大新、靖西、崇左等县市，距大新县城 60km，距南宁 210km，有准二级公路相通；距靖西县城 58km，距湘桂铁路的崇左火车站 120km，交通方便。大新锰矿开发利用情况见表 53-1。

表 53-1 大新锰矿开发利用简表

基本情况	矿山名称	大新锰矿	地理位置	广西壮族自治区崇左市大新县
	矿山特征	国家级绿色矿山	矿床工业类型	沉积热液锰矿床
地质资源	开采矿种	锰矿	地质储量/万吨	7427.30
	矿石工业类型	富锰矿石、铁锰矿石、贫锰矿石	地质品位/%	氧化锰矿 31.92 碳酸锰矿 21.37
开采情况	矿山规模	露天：45 万吨/年，地下：60 万吨/年，大型	开采方式	露天-地下联合开采
	开拓方式	露天：公路运输开拓；地下：竖井-平硐-斜井联合开拓	主要采矿方法	露天：组合台阶法 地下：留矿法
	采出矿石量/万吨	143.60	出矿品位/%	19.82
	废石产生量/万吨	703.32	开采回采率/%	88.11
	贫化率/%	9.27	开采深度/m	620~420（标高）
	剥采比/t·t⁻¹	13.6		
选矿情况	选矿厂规模	碳酸锰：120 万吨/年 氧化锰：30 万吨/年	选矿回收率/%	82.70
	主要选矿方法	氧化锰：三段一闭路破碎—粗碎分级—重选—磁选 碳酸锰：三段一闭路破碎—单一磁选		
	入选氧化锰/万吨	37.02	氧化锰原矿品位（MnO）/%	28.39
	氧化锰精矿产量/万吨	22.35	氧化锰精矿品位（MnO）/%	32.16
	入选碳酸锰/万吨	106.58	碳酸锰原矿品位（MnO）/%	16.86
	碳酸锰精矿/万吨	85.43	碳酸锰精矿品位/%	23.14

综合利用情况	综合利用率/%	72.87	废水利用率/%	83
	废石排放强度/t·t⁻¹	6.41	废石处置方式	排土场堆存
	尾矿排放强度/t·t⁻¹	0.30	尾矿处置方式	尾矿库堆存和再选回收
	废石利用率	0	尾矿利用率/%	16.5

53.2　地质资源

53.2.1　矿床地质特征

53.2.1.1　地质特征

广西大新锰矿位于广西壮族自治区大新县下雷镇，矿床类型为沉积热液锰矿床。下雷锰矿为一超大型锰矿床，大新锰矿属于下雷锰矿区的一部分，矿区包括南部、中部、北部三个矿段，由原生沉积碳酸锰矿和次生氧化锰矿组成，赋存于氧化带的氧化矿大部分处于340m 标高以上，氧化带以下为碳酸锰，锰矿层自下而上分为三层，层与层之间均有一层夹层。从地表露头及开采所揭露锰矿带的含锰岩系的岩性组合可看到，与碳酸锰矿床相伴生的岩石主要为硅质岩-泥岩-灰岩等岩石组合。矿层层位稳定，呈层状产出，产状与围岩一致。分Ⅰ、Ⅱ、Ⅲ三个锰矿层，锰矿层围绕昂起端及南北两翼分布，东西长 9km，南北宽 2~2.5km。矿体埋深 0~435m。Ⅰ矿层：碳酸锰矿石主要为棕红色，灰绿色及铁黑色，次为浅灰色、深灰色、紫红色、黑绿色、肉红色等，矿层的厚度为 0.5~3.23m，氧化锰矿石 Mn 平均品位 33.01%、碳酸锰矿石 Mn 品位 22.47%；Ⅱ矿层：碳酸锰矿石主要有棕红色、灰绿色，次为紫红色、浅灰色、灰色、深灰色等，矿层厚度为 0.6~5.05m，氧化锰矿石 Mn 品位 34.82%、碳酸锰矿石 Mn 品位 24.01%；碳酸锰矿石颜色比较单调。上部为深灰色；下部以灰色为主，夹有浅灰绿、灰白及肉红等色，矿层风化后呈黑色，Ⅲ矿层厚 0.5~3.13m，氧化锰矿石 Mn 品位 31.17%、碳酸锰矿石 Mn 品位 17.61%。

53.2.1.2　矿石质量

大新锰矿矿石工业类型主要为富锰矿石、铁锰矿石、贫锰矿石三个工业类型。大新锰矿区碳酸锰矿石也划分富锰矿石、铁锰矿石、贫锰矿石三个工业类型。

A　矿石的结构构造

碳酸锰矿石结构以微粒结构为主，次为细粒结构、显微鳞片泥质结构、生物碎屑结构、显微柱状结构、显微叶片结构和显微鳞片结构；构造以块状、豆状、鲕状、条带状、微层状和斑点状构造为主。氧化锰矿石的矿石结构以显微隐晶结构、微粒-细粒结构、泥质结构为主，矿石构造多为胶状、凝块状、空洞状、网格状、粉末状、页片状、葡萄状及肾状构造。

B　矿石的矿物成分

碳酸锰矿石的矿物成分复杂、种类繁多。矿石矿物主要为菱锰矿（13%~32%）、钙菱锰矿（23%~48%）和锰方解石（6%~19%）；次为蔷薇辉石（0%~7%）、锰帘石（0%~

1.25%）、锰铁叶蛇纹石（0%~5%）、红帘石（0%~0.45%）；偶见黑镁铁锰矿、硅锰矿、胶状硅酸锰和含锰石榴石。脉石矿物主要为石英（5%~11%）、绿泥石（1.6%~5.5%）、黑云母（0.05%~0.48%）等。氧化锰矿石主要含锰矿物为软锰矿、硬锰矿和偏锰酸矿；主要含铁矿物为褐铁矿、赤铁矿和针铁矿；主要脉石矿物为石英、高岭石和水云母。

53.2.2　资源储量

大新锰矿主要生产矿种为锰矿，矿床规模为大型。截至2013年年底，矿区保有资源储量7427.30万吨，其中氧化锰178.57万吨，碳酸锰矿7248.29万吨，低品位矿25.99万吨。

53.3　开采情况

53.3.1　矿山采矿基本情况

大新锰矿为露天-地下联合开采的大型矿山。露天开采部分采取公路运输开拓，使用的采矿方法为组合台阶法；地下开采部分采取竖井-平硐-斜井联合开拓，使用的采矿方法为留矿法。露天矿山设计年生产能力为45万吨，地下矿山设计年生产能力为60万吨，生产规模为大型矿山。露天矿开采氧化锰矿石和碳酸锰矿石，地下开采仅有碳酸锰矿石。露天矿山设计开采回采率为85%，设计贫化率为15%，设计出矿品位为17.81%；地下矿山设计开采回采率为80%，设计贫化率为24%，设计出矿品位为16.69%。主矿种最低工业品位为10%。

53.3.2　矿山实际生产情况

2013年，矿山实际出矿量143.60万吨，排放废石703.32万吨。矿山开采深度为620~420m标高。大新锰矿矿山实际生产情况见表53-2。

表53-2　大新锰矿矿山实际生产情况

采矿量/万吨	开采回采率/%	贫化率/%	出矿品位/%	露天剥采比/t·t^{-1}
143.30	88.11	19.82	9.27	13.6

53.3.3　采矿技术

53.3.3.1　露天部分

矿山已生产多年，采用自上而下分台阶（水平）进行开采、中深孔爆破、挖掘机装载、自卸汽车运输的台阶式采剥工艺。

采剥工作面主要参数为：工作台阶高度：10m；工作台阶坡面角：70°；最小工作平台宽度不小于40m。

53.3.3.2　地采部分

地下采矿部分采用潜孔、中深孔留矿法。下面将分别介绍中深孔留矿法-垂直扇形中深孔落矿留矿法与潜孔留矿法-浅孔电耙留矿法。

A　中深孔留矿法-垂直扇形中深孔落矿留矿法

矿块的回采顺序自上而下，从中央向两侧推进，上分段超前、下分段 1~2 个爆破步距。落矿采用 YGZ-90 凿岩机配 FJ-25 型台架在分段凿岩平巷内钻凿垂直扇形中深孔，孔径 60~65mm，最小抵抗线 1.5m，孔距 1.5~1.8m，硝铵炸药采用 BQ-100 装药器装药，导爆管及微差继爆管起爆，每次两侧各爆 2~3 排孔。

出矿方式每次爆破后，从底部中央切割槽放出一次爆破量的 30% 左右，其余矿石暂留采场内支护空区，并保证下次爆破自由面处于挤压状态，最后集中出矿，采用 1.5m³ 电动铲运机铲装矿石卸入采场溜井，在装矿平巷用振动放矿机装车。

采场爆破后通风，炮烟可直接从采场中央回风联络道排至上阶段回风平巷。凿岩及装运平巷利用采场进风风流，并配备局扇将污风从回风天井及联络道排至上阶段回风平巷。

采下矿石二次破碎在斗川或装运平巷内，用 7655 凿岩机凿眼或敷炮爆破，块度小于 600mm。

矿房回采完成后应及时回采矿柱。分别在分段凿岩联络道巷、天井联络道或出矿平巷内向间柱及顶柱打中深孔一次爆破，爆破后暂留一分段厚矿石以缓冲围岩垮落对坑内冲击。空区处理视围岩滑落的实际情况，必要时采用深孔强制崩落。

B　潜孔留矿法-浅孔电耙留矿法

a　矿块构成要素

矿块长度为 50m，中段高度 32~60m，间柱高 6m、顶柱高 2m，底柱高 5m、漏斗间距为 5m，矿房采幅宽度为矿体厚度（大于 1.0m）。

b　采准切割工作

矿块沿矿体走向布置，中段运输平巷布置在矿体脉内偏向下盘，采用漏斗放矿底部结构，在沿脉运输巷道向上开掘采场天井至上中段沿脉平巷，接着在天井两侧自拉底水平起每隔 5m 在间柱内开凿联络道与矿房联通，在沿脉平巷内每隔 5m 向上开凿漏斗颈与拉底平巷联通，再扩成喇叭形漏斗，并形成拉底切割平巷，然后安装木漏斗闸门回采。

c　回采工艺及设备选择

在矿房内自拉底层开始自下而上分层回采，在每一个分层中进行凿岩、爆破、通风，局部放矿，平场及处理松石，回采分层高度为 1.5m，回采工作面按长梯段布置。梯段长度在 12~15m 之间，使用 YSP-45 型向上式凿岩机打上向浅孔炮爆眼落矿，炮眼按之字形布置，炮孔排距 0.8~1m，孔距 0.6~0.8m，孔深 1.6m。每次爆破后，内底部漏斗放出约 1/3 的矿石，其余崩落矿石暂留在矿房内维护采空区，并保持回采工作面高度为 2m，作为下次凿岩爆破作业的工作平台，然后进行采场通风，撬顶处理松石，整平场地，再开始下个作业循环，直到采场顶部边界最后一次回采爆破后，再进行大量放矿。采场出矿采用人工控制漏斗闸板将矿石装入矿车，人力推车运出地面。

d　采场通风

采场新鲜风流由沿脉运输平巷进入采场天井，再经联络道进入采场工作面，污风经采场另一侧天井到上部回风平巷再汇入总回风系统排出地表。

e　矿柱回采

浅眼留矿法的矿房回采结束交放出全部矿石后，开始回采间柱。为了减少和避免地表岩体移动，设计确定顶底柱不予回采。

　　f　间柱回采

　　在联络道内用 YSP-45 型凿岩机打向上浅眼落矿，回采 2/3 宽度的间柱，留下 1/3 宽度的间柱维护采场天井，采下的矿石经底部漏斗放出。

　　g　采空区处理

　　矿柱回采结束后封闭所有通往采空区的通道，确保人员的安全以及减少矿井通风的漏风量。露天矿山采矿设备型号及数量见表 53-3，地下矿山采矿设备型号及数量见表 53-4。

表 53-3　露天矿山采矿设备型号及数量

序号	设备名称	规格型号	数量/台
1	空气压缩机	4L-20/8	4
2	空气压缩机	V-12.5	1
3	空气压缩机	VHP-750	4
4	潜孔钻	KQ150A	6
5	潜孔钻	YQ150	1
6	液压履带式露天钻机	ATLAS　ROC D7	1
7	液压履带式露天钻机	ATLAS　CM760	1
8	液压履带式露天钻机	ATLAS　CM765	1
9	日立液压挖掘机	ZAXIS200.210LC 斗容 0.9m³	2
10	日立液压挖掘机	ZX330 斗容 1.6m³	4
11	沃尔沃挖掘机	EC360BLC 斗容 1.6m³	2
12	沃尔沃挖掘机	EC460BLC 斗容 2.1m³	3
13	装载机	柳工　ZL40B	1
14	装载机	柳工　ZL50C	4
15	红岩自卸汽车双桥车	CQ3253BP324	61
16	履带式推土机	HD220-3	2
17	履带式推土机	TY220	1
18	履带式推土机	MD23	1
19	履带式推土机	SD23	1
20	绿化洒水车	WFA5140GPSE	1

表 53-4　地下矿山采矿设备型号及数量

序号	设备名称	规格型号	数量/台
1	架线式电机车	CJY3-7G(ZK3-7/250)	16
2	架线式电机车	CJY10-7G	1
3	架线式电机车	CJY10-7G(ZK10-7/250V)	10
4	10t 电机车	CJY10-7G(ZK10-7/250-3)	10
5	矿用柴油机钢轮牵引车	CCG3/762	1
6	柴油牵引车	762/5t	1
7	钢轮柴油机牵引车	CCG3.0/600	1
8	钻机（岩心钻）	YGZ-90	1

序号	设备名称	规格型号	数量/台
9	立柱式潜孔钻机	QZS100D	4
10	凿岩机台架	YGZ-90，FIJ25	2
11	凿岩机	YGZ-90	2
12	矿车	0.8(1320)	972
13	小矿车	KUF0.7-7(1320)	100
14	矿车	0.8(1321)	25
15	侧卸式矿用斗车	K22，2m³	35
16	底卸式矿用斗车	1.2m³	17
17	卷扬机	JTK1.2×0.8	6
18	卷扬机	JTP-1.2×1/30	2
19	卷扬机	JK2.0×1.5	1
20	卷扬机	JKMD2.25×4	1
21	卷扬机	JTP-1.6×1.2/20	1
22	稳车（慢动绞车）	JM5	1
23	前卸式箕斗	轨距 900mm，4m³	1
24	电动耙矿绞车	2DPJ(2JP)-30	50
25	电耙	2JP-15	22
26	电耙	2JP-30	9
27	振动放矿机	ZZF(G)3.5/1.2-1.26/5.5	1
28	振动放矿机	FZC2.3/1.2-3	4
29	振动放矿机	FZC2.3/1.2-4	49
30	挖斗装载机	LW-80	19
31	轨轮式挖斗装载机	LW-120	2
32	轨轮式挖斗装载机	LWL-160	1
33	轮式装载机	ZL50CN	1
34	轨轮立爪装载机	LZ-80	1
35	电动装岩机	Z-30	1
36	梭车（梭式矿车）	ST-8	5
37	梭车（梭式矿车）	S-8	2
38	井下用材料车	YLC3-7	2
39	喷浆机	JSP-6	1
40	防跑车装置		16
41	自动防跑车装置		10
42	监控设备		18
43	电动耙矿绞车	2DPJ-30	31
44	电动耙矿绞车	2JP-15	3

序号	设备名称	规格型号	数量/台
45	井下用材料车	YLC3-7	1
46	井下用平板车	YPC5-7	1
47	单梁超重机	LDA10t，7.5~9m	1
48	平巷人车	FRC-18-50	2
49	380 主扇	K45-6NO.19 带扩散器	1
50	前卸式箕斗	轨距 900mm，4m^3	2
51	局部通风机	15kW	2
52	局部通风机	YBT-11	51
53	局部通风机	YBT-22	2
54	局部通风机	YBT-18.5	45
55	螺杆式空压机	LU-110-8	4
56	螺杆式空压机	LU132-10	10
57	螺杆式空压机	LU-110-8A	1
58	活塞式空气压缩机	VF-13/7	1
59	螺杆式空压机	LU-132-8	3
60	稳车（慢动绞车）	JM5	1
61	电动耙矿绞车	2DPJ（2JP）-30	16
62	电动耙矿绞车	2DPJ-15	3
63	矿用提升机	JTP-1.6×1.5/24	1
64	插轨式斜井人车	XRC-15	1
65	人车信号装置	KTL115	1

53.4　选矿情况

大新锰矿选矿厂位于大新县下雷乡境内的蚂蝗岗，距下雷镇 2km。目前已形成年产 30 万吨氧化锰选矿、年产 60 万吨碳酸锰干选线。选矿厂年入选原矿石量主要是露天开采氧化锰、碳酸锰原矿石及地下开采的碳酸锰原矿石构成。2013 年氧化锰入选原矿石量为 37.02 万吨，平均 MnO 品位为 28.39%，碳酸锰入选原矿石量为 106.58 万吨，平均品位为 16.86%；选矿回收率设计为 76%，实际选矿回收率为 82.70%，氧化锰精矿量为 22.35 万吨，平均品位 32.16%，碳酸锰精矿量为 85.43 万吨，平均品位 23.14%。

53.4.1　碳酸锰湿选线

碳酸锰湿选线设计原矿年处理能力为 60 万吨，产品精矿产率为 65%、回收率为 76%，产品主要为碳酸锰精矿，产品主要供应金属锰电解车间使用。碳酸锰湿选线选矿工艺流程为三段一闭路破碎—单一磁选，碳酸锰湿选线工艺流程如图 53-1 所示。主要破碎设备有：C80 颚式破碎机、GP100S 中碎圆锥破碎机、HP200 细破圆锥破碎机；选别设备有 DPMS 干式永磁选机及 DPMS 湿式永磁选机。

53.4.2　碳酸锰干选线

年产 60 万吨碳酸锰干选线破碎流程采用三段一闭路系统，在破碎流程中对 7~24mm 粒级进行预粗选选出部分精矿（粗粒级精矿），预粗选尾矿返回细碎作业进行破碎，破碎系统最终将原矿破碎至 0~7mm 后进入选别流程；选别流程采用一粗一扫选别流程，碳酸锰干选工艺流程如图 53-2 所示。

53.4.3　氧化锰生产线

氧化锰生产线设计原矿年处理能力为 30 万吨，产品精矿产率为 65%、回收率为 76%，产品主要为二级电池锰砂、二级化工锰砂、冶金块矿，产品多为外销。氧化矿工艺流程为三段一闭路破碎—粗碎分级—重选—磁选。

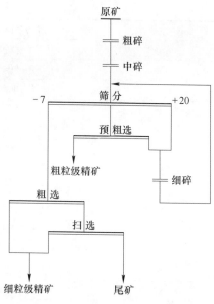

图 53-1　碳酸锰湿选线工艺流程

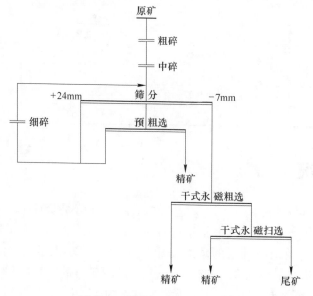

图 53-2　碳酸锰干选工艺流程

主要破碎设备有：C80 颚式破碎机、GP100S 中碎圆锥破碎机、GP100 细破圆锥破碎机；选别设备有梯形跳汰机、DPMS 湿式永磁选机。

氧化锰选矿工艺流程如图 53-3 所示。

53.5　矿产资源综合利用情况

大新锰矿由原生沉积碳酸锰矿和次生氧化锰矿组成锰矿，资源综合利用率 72.87%。

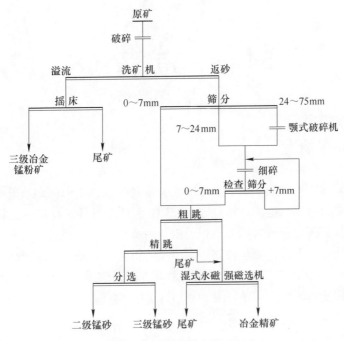

图 53-3 氧化锰选矿工艺流程

大新锰矿年产生废石 703.32 万吨，废石年利用量为零，废石利用率为零，废石处置率为 100%，处置方式为排土场堆存。

选矿厂尾矿年排放量 33.92 万吨，尾矿中 Mn 含量为 6.42%，尾矿年利用 5.61 万吨，尾矿利用率为 16.54%，处置率为 100%，处置方式为尾矿库堆存和再选回收。

54　斗　南　锰　矿

54.1　矿山基本情况

斗南锰矿是集锰矿采、选、冶为一体的大型联合企业，矿山为地下开采，无共伴生矿产。矿山前身为文山州斗南锰矿，始建于 1973 年 5 月，当月即投产。是第二批国家级绿色矿山试点单位。矿区位于云南省文山州砚山县阿舍乡，地处蒙自、开远、砚山三县交界地带，矿区北经阿舍至平远街简易公路与 323 国道相通，里程 22km；东达砚山县城 78km，东南至文山州 80km。文山县城至文山普者黑机场 5km，国道主干线衡昆高速公路（GZ75）穿越县境，交通较便利。斗南锰矿开发利用情况见表 54-1。

表 54-1　斗南锰矿开发利用简表

基本情况	矿山名称	斗南锰矿	地理位置	云南省文山州砚山县
	矿山特征	国家级绿色矿山	矿床工业类型	海相原生沉积矿床
地质资源	开采矿种	锰矿	地质储量/万吨	1239.4
	矿石工业类型	原生锰矿石	地质品位/%	23.58
开采情况	矿山规模	30 万吨/年，大型	开采方式	地下开采
	开拓方式	斜井-平硐联合开拓	主要采矿方法	留矿法和房柱法
	采出矿石量/万吨	19.97	出矿品位/%	16.04
	废石产生量/万吨	8.45	开采回采率/%	85.44
	贫化率/%	20.29	开采深度/m	1940~1200（标高）
	掘采比/米·万吨$^{-1}$	336		
选矿情况	选矿厂规模	20 万吨/年	选矿回收率/%	82.08
	主要选矿方法	两段一闭路破碎—粗细分级—单一磁选		
	入选矿石量/万吨	19.97	原矿品位（MnO）/%	18.08
	精矿产量/万吨	11.85	精矿品位（MnO）/%	25.00
	尾矿产生量/万吨	8.12	尾矿品位（MnO）/%	7.98
综合利用情况	综合利用率/%	70.13	废水利用率/%	74.01
	废石排放强度/t·t^{-1}	0.71	废石处置方式	排土场堆存
	尾矿排放强度/t·t^{-1}	0.68	尾矿处置方式	尾矿库堆存和筑路
	废石利用率	0	尾矿利用率/%	163

54.2 地质资源

54.2.1 矿床地质特征

54.2.1.1 地质特征

斗南锰矿矿床工业类型为海相原生沉积矿床,矿区位于上扬子地台之富宁-那坡被动大陆边缘盆地与南盘江-右江山前坳陷的交汇部位。该区以东为湘桂地堑盆地,北为碳酸盐岩台地,西为康滇断隆带,南为崇左沟弧盆系,区内地层广泛分布古生界和三叠系地层,新生界地层仅少量分布,其间缺失了上奥陶统、志留系、侏罗系及白垩系地层。区内构造总体上是一个环绕屏马-越北古陆于北西向作同心圆状构造带的外带,弧形构造由一系列弧形断裂和线状褶皱构成。

矿区锰矿赋存于中三叠统法郎组(T_2f)中,法郎组可分为上下两个含锰层位:一个是在法郎组中上部,即"上含矿段"中部的"白姑含主矿层亚段"($T_2f_5^2$),含矿段为一套泥质粉砂岩地层为主,夹多层碎屑状灰岩及锰矿层组成的地层,白姑采区产出的矿层属此层位;另一个是在法郎组中下部,即"下含矿段"下部的"戛科含主矿层亚段"($T_2f_4^1$),含矿地层为一套粉砂-泥岩组成,间夹角砾碎屑灰岩及锰矿层,戛科采区产出的矿层属于此层位。两层相距平均为157.17m。

戛科采区有4层(V_1、V_2、V_3、V_{3+2})可采,其中V_1矿层规模最大,V_2矿层次之,但V_2矿层规模小,离V_1矿层较近,V_1矿层开采后,采空区上部V_2矿层已被破坏,V_3、V_{3+2}矿层仅少部地段可采;白姑采区有5层(V_8、V_{7a}、V_9、V_{7b}、V_6)可采,其中V_8矿层规模最大,V_{7a}矿层次之,V_9、V_{7b}、V_6矿层仅少部地段可采。矿区主要矿体为V_1、V_8、V_{7a},矿层主要呈层状、似层状、透镜体状产出,斗南锰矿矿区主要矿体特征见表54-2。

表54-2 斗南锰矿矿区主要矿体特征

矿体编号	长度/m	厚度/m	延深/m	形态	矿体倾角/(°)	平均品位/%
V_1	2154	1.43	>650	层状	37	24.78
V_{7a}	2080	1.52	>284	似层状	27	23.65
V_8	2320	1.28	>541	层状	24	18.61

54.2.1.2 矿石质量

斗南锰矿区锰矿物以原生沉积的褐锰矿为主,次为钙菱锰矿和锰方解石,地表氧化形成硬锰矿和软锰矿。

矿区锰矿矿石自然类型划分为原生锰矿石和表生锰矿石两大类。原生锰矿石包括原生氧化物矿石、原生碳酸盐矿石、原生过渡型矿石;表生锰矿石包括致密矿状硬锰矿石、土状偏锰酸矿石。

以矿石的自然类型为基础,根据矿石构造和主要脉石矿物(或造渣成分)的不同,该矿区矿石工业类型划分为原生锰矿石和表生氧化锰矿石。

54.2.2　资源储量

该锰矿为单一矿产，矿床规模为中型。矿山累计查明资源储量 12394kt，矿山查明工业矿石资源储量 12137kt，平均品位为 23.58%；查明低品位矿石资源储量 257kt，平均品位 10.98%。

54.3　开采情况

54.3.1　矿山采矿基本情况

斗南锰矿为地下开采的大型矿山，采取斜井－平硐联合开拓，使用的采矿方法为留矿法和房柱法。矿山设计年生产能力为 20 万吨，设计开采回采率为 80%，设计贫化率为 16%，设计出矿品位为 21.2%，主矿种最低工业品位为 15%。

54.3.2　矿山实际生产情况

2013 年，矿山实际出矿量 19.97 万吨，排放废石 8.45 万吨。矿山开采深度为 1940～1200m 标高。斗南锰矿矿山实际生产情况见表 54-3。

表 54-3　斗南锰矿矿山实际生产情况

采矿量/万吨	开采回采率/%	贫化率/%	出矿品位/%	掘采比/米·万吨⁻¹
30.33	85.44	20.29	16.04	336

54.3.3　采矿技术

开采方式为地下开采，开拓方式为白姑采区采用斜井开拓，戛科采区采用平硐开拓。采矿方法采用房柱法和留矿法两种方法，经多年生产实践，以上两种采矿方法是可行的。根据矿体倾角的不同，房柱采矿法主要应用于戛科矿段北翼矿体的开采，浅孔留矿采矿法主要应用于戛科矿段南翼矿体的开采。

54.3.3.1　房柱采矿法

房柱采矿法用于开采矿房顶板相对稳定的水平和缓倾斜矿体，一般矿石厚度不宜过大。其主要工艺是：掘支人行井、出矿井、拉底切割平巷和切割上山，采用进路式回采方式，以拉底切割平巷和切割上山为联络道，分别由上部向拉底切割平巷方向逐步退采，遵循"掘二采二"的原则。在回采过程中，需留足够尺寸和数量的不对称矿柱护顶，确保采矿作业安全。采用此法回采矿房矿石安全可靠，但采矿损失率高，一般在 25% 左右，如遇采场顶板稳定性差，损失率更高。

54.3.3.2　浅孔留矿法

浅孔留矿法主要用于矿体倾角较大，矿块较为连续，矿块顶板稳定性较好，且矿层及矿层顶底板受褶皱、段层裂隙或其他地质条件影响较小的矿块，其优点是采矿强度大，矿柱不易回收，放矿过程中遇大块卡堵放矿通道，将造成矿石大量损失，特别是采场顶底板稳定性差，顶底板冒落，大量废石混入，造成贫化严重，贫化率达 35% 左右。

54.4　选矿情况

　　矿山选矿厂设计年选矿能力 20 万吨。选矿工艺为湿式磁选，现有的生产选矿工艺是在 2005 年技术改造试验的基础上定型的，选矿厂现生产流程为两段一闭路破碎，原矿破碎粒度为 0~30mm，闭路筛分为湿式作业，筛下 0~30mm 进螺旋分级机脱去部分 0~0.5mm 细泥，0.5~30mm 粒级则分级磁选，分级粒度为 15~30mm、5~15mm、0.5~6mm 三个级别，15~30mm、6~15mm 两个级别用永磁干式强磁选机（一粗选一扫选），用湿式永磁机对 0.5~6mm 粒级和螺旋分级机溢流的分选，湿式永磁机对 0.5mm 溢流分选。斗南锰矿选矿工艺流程如图 54-1 所示。

　　通过技术改造，斗南锰矿选矿厂选矿工艺指标有较大的提高。2011 年入选矿石总量 28.50 万吨，入选矿石平均品位 15.98%，产出精矿量 13.45 万吨，精矿平均品位 28.21%。2013 年入选矿石量 19.97 万吨，入选矿石平均品位 18.08%，产出精矿量 11.85 万吨，精矿平均品位 25.00%。

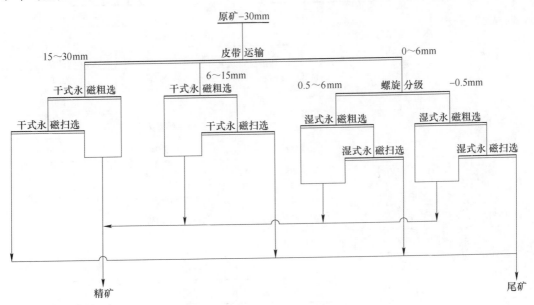

图 54-1　斗南锰矿选矿工艺流程

54.5　矿产资源综合利用情况

　　斗南锰矿是由原生锰矿石和表生锰矿石组成的锰矿，资源综合利用率 70.13%。

　　斗南锰矿年产生废石 8.45 万吨，废石年利用量为零，废石利用率为零，废石处置率为 100%，处置方式为排土场堆存。

　　选矿厂尾矿年排放量 8.12 万吨，尾矿中 Mn 含量为 7.98%，尾矿年利用 13.16 万吨，尾矿利用率为 162%，处置率为 100%，处置方式为尾矿库堆存和筑路。

55　高 燕 锰 矿

55.1　矿山基本情况

高燕锰矿为地下开采的小型锰矿企业，无共伴生矿产。矿山始建于 2002 年，2005 年正式投产，隶属城口县矿产资源开发有限责任公司。矿区位于重庆市城口县高燕乡大元村，在城（口）- 万（源）公路旁，距城口县城约 13km，距万源县城运距 100km，交通较为方便。高燕锰矿开发利用情况见表 55-1。

表 55-1　高燕锰矿开发利用简表

基本情况	矿山名称	高燕锰矿	地理位置	重庆市城口县
	矿床工业类型	沉积碳酸锰矿床		
地质资源	开采矿种	锰矿	地质储量/万吨	54.8
	矿石工业类型	高磷低铁锰矿石	地质品位/%	22.13
开采情况	矿山规模	5 万吨/年，小型	开采方式	地下开采
	开拓方式	平硐-斜井联合开拓	主要采矿方法	留矿法
	采出矿石量/万吨	1.57	出矿品位/%	18.40
	废石产生量/万吨	2	开采回采率/%	83.53
	贫化率		开采深度/m	1080~735（标高）
选矿情况	原矿石经简单手选处理后，直接用于冶炼			
综合利用情况	综合利用率/%	83.53	废水利用率	
	废石排放强度/t·t^{-1}	1.27	废石处置方式	废石场堆存和做建材
	废石利用率/%	100	尾矿利用率	

55.2　地质资源

55.2.1　矿床地质特征

55.2.1.1　地质特征

高燕锰矿矿床类型为沉积碳酸锰矿床，矿区范围内出露地层主要为震旦系上统灯影组、下统陡山沱组及南华系上统明月组地层。其中，震旦系下统陡山沱组（Z1ds）为含矿层位，可分为两个岩性段：第二段（Z1ds2）顶部为锰矿层，中上部为黑色炭质页岩，下部为黑色水云母页岩夹薄层粉砂岩，底部常见一层黑色泥质石灰岩，厚 40~50m；第一段

（Z1ds1）上部为黑色、深灰色砂质页岩与粉砂岩互层，下部砂质成分增多，形成砂质岩及砂质页岩，厚55~60m。

区内锰矿层均属高燕锰矿1矿段，可分为1~5个矿分层，其中2~5分层合称为主矿层（锰矿层夹页岩），1分层称为次矿层（页岩夹锰矿层）。依据锰矿体所处向斜位置不同，1矿段分为轿顶石中向斜锰矿体和寨包北向斜锰矿体，后者又分为北向斜南翼锰矿体和北向斜北翼锰矿体，高燕锰矿矿区主要矿体特征见表55-2。

表55-2 高燕锰矿矿区主要矿体特征

矿 体	长度/m	厚度/m	延深/m	形态	倾向	倾角/(°)	平均品位/%
中向斜锰矿体	1040	0.14~2.61	400~500	层状-似层状	北东	72~77	22.13
北向斜南翼锰矿体	860	0.57~2.72	280~400	层状-似层状	北东	55~72	20.85
北向斜北翼锰矿体	160	0.50~1.78	100~150	层状-似层状	南西	60~70	19.87

55.2.1.2 矿石质量

根据矿石主要锰矿物的成因可划分为氧化锰矿石和原生碳酸盐锰矿石两大自然类型。矿区内地表氧化矿已经采完，保有资源矿石类型均属原生锰矿石，工业类型属高磷低铁锰矿石。

矿物组分以菱锰矿、锰白云石为主，硅质、水云母黏土矿物、炭质、黄铁矿、胶状黄铁矿、云母次之。

矿石结构主要为球粒状结构、自形-半自形晶结构、显微球粒-他形粒状结构；矿石构造主要为层状、似层状、条带状、条纹状、块状构造等。

55.2.2 资源储量

高燕锰矿曹家山工区规模为小型，开采矿种为锰矿，累计查明资源储量548kt，平均品位为22.13%，截至2013年年底，矿山保有资源储量221kt，平均品位为21%。

55.3 开采情况

55.3.1 矿山采矿基本情况

高燕锰矿为地下开采的小型矿山，采取平硐-斜井联合开拓，使用的采矿方法为留矿法。矿山设计年生产能力为5万吨，设计开采回采率为85%，主矿种最低工业品位为15%。

55.3.2 矿山实际生产情况

2013年，矿山实际出矿量1.57万吨，排放废石2万吨。矿山开采深度为1080~735m标高。高燕锰矿矿山实际生产情况见表55-3。

表55-3 高燕锰矿矿山实际生产情况

采矿量/万吨	开采回采率/%	贫化率/%	出矿品位/%	掘采比/米·万吨$^{-1}$
1.57	83.53	—	18.40	—

55.3.3 采矿技术

55.3.3.1 开拓方案

目前，矿山采用地下开采方式，多级平硐梯次开拓和平硐-暗斜井开拓相结合的开拓方案。

55.3.3.2 采矿方法

区内锰矿体厚度较薄，产状陡倾，采用留矿采矿法开采，即将上部矿石崩落下来作为下一步作业人员的工作平台，再向上崩落矿石，层层向上，直至开采完毕，而后大量放矿运走。

A 结构和参数

每个矿块长 60m，即每一阶段相邻两天井间距为 60m；不留设底柱（另行架设人工假底用以放矿），预留间柱宽 9m，顶柱控制厚 3m。相邻矿井的分界处留设隔离矿柱。各水平巷道留设保安矿柱。

B 采准工作

按设计先行施工阶段运输大巷，再沿阶段运输大巷按 60m 水平间距分别施工天井与上一阶段运输大巷或回风斜井相通；天井布设在间柱内，天井宽 3m，两侧间柱残留宽度各 3m；最后沿天井垂向每隔 5m 施工水平联络道将相邻两矿块贯通。

C 拉底切割

不留底柱。可分为三步：（1）在阶段运输巷道中，向上施工上向垂直炮孔，孔深 1.8～2.2m，所有炮孔一次爆破，由此崩下的矿堆称为第一分层矿堆。（2）站在第一分层矿堆上，继续向上施工第二分层炮孔，孔深 1.5～1.6m；将第一分层矿堆装运出去（在不爆破第二分层炮孔前提下），而后架设人工假底（包括假巷和木质漏斗），在人工假底上铺设一层弹性垫层。（3）引爆第二分层炮孔，崩下的矿石从木质漏斗中放出一部分运走；然后平整矿堆和清理工作面，为回采做准备。

D 回采

回采工作包括凿岩、爆破、局部放矿、撬顶平场、最终大量放矿等。

（1）凿岩。在拉底切割崩落的矿堆上，再施工上向炮孔，炮孔采用之字形排列，间距 0.8～1.0m，孔深 1.5m（相当于分层矿厚）。

（2）爆破。采用矿用岩石炸药放炮落矿的方式，将分层矿石崩落下来。

（3）局部放矿。用重力自溜放矿或振动机强制放矿方式，从漏斗处将崩落的矿石部分放走。

（4）撬顶平场。局部放矿后，将顶板和两帮浮石撬落清除，将残留矿堆进行平整以便作业人员站立作业。作业人员依次重复前述凿岩、爆破、局部放矿的程序，层层向上，直至将矿块上部的矿石全部崩落下来。

（5）最终大量放矿。矿块内的矿石全部崩落下来后，即可将所有矿堆全部放出运走。

E 矿石矿井提升与运输

矿井平巷采用人力推车，斜井采用绞车提升；地面运输采用索道转运至山下城口-万源公路旁的料仓内，再用自卸汽车通过公路运输外运至深加工厂。采用 2JTP1.6×1.2-20

型绞车用于提升，滚筒直径为 1600mm、宽度为 1200mm，容绳量为 880m，钢绳直径为 24.5mm，牵引力为 45kN，电机为 130kW。

55.4 矿产资源综合利用情况

高燕锰矿开采碳酸锰矿石，资源综合利用率为 83.53%。

高燕锰矿年产生废石 2 万吨，废石年利用量 2 万吨，废石利用率为 100%，废石处置率为 100%，处置方式为废石场堆存和做建材。

矿石未经选矿处理，无尾矿排放。

56　古 城 锰 矿

56.1　矿山基本情况

古城锰矿为地下开采的大型锰矿企业，无共伴生矿产。矿山始建于 2003 年。矿区位于湖北省长阳土家族自治县高家堰镇境内，距 318 国道约 10km，有简易公路与国道相接；距宜昌市城区 38km，距长阳土家族自治县城区 20km，已建成的沪蓉高速公路及宜万铁路都从矿区附近经过，交通尚属方便。古城锰矿开发利用情况见表 56-1。

表 56-1　古城锰矿开发利用简表

基本情况	矿山名称	古城锰矿	地理位置	湖北省长阳土家族自治县
	矿床工业类型	海相沉积型锰矿床		
地质资源	开采矿种	锰矿	地质储量/万吨	1457.5
	矿石工业类型	碳酸盐类菱锰矿	地质品位/%	17.82
开采情况	矿山规模	30 万吨/年，大型	开采方式	地下开采
	开拓方式	平硐开拓	主要采矿方法	削壁充填法
	采出矿石量/万吨	41.98	出矿品位/%	18.24
	废石产生量/万吨	1.6	开采回采率/%	87.82
	贫化率/%	9.1	开采深度/m	215~415（标高）
	掘采比/米·万吨$^{-1}$	25.2		
综合利用情况	综合利用率/%	87.83	废石利用率/%	100
	废石排放强度/t·t^{-1}	0.04	废石处置方式	废石场堆存和做建材

56.2　地质资源

56.2.1　矿床地质特征

56.2.1.1　地质特征

古城锰矿矿床类型为海相沉积类型，碳酸盐类菱锰矿，位于湖北长阳县城西北 16km 的古城村和王家棚村一带，地处长阳背斜核部。长阳复背斜东段呈东西向延伸，在杨溪至乾沟转为北西西-南东东向，随后偏转成北北东-南南西向，延伸 90km。背斜东段宽阔，达 20km，西段狭窄，为 5~10km。古城锰矿位于背斜东段。构造线呈近东西向，核部出露南华系、震旦系地层，两翼由寒武系至二叠系地层组成。古城锰矿区内大面积出露震旦系灯影组和陡山沱组地层,南华系南沱组冰碛岩及莲沱组砂岩出露面积少。锰矿赋存于古城组与南沱组两套冰碛岩之间的大塘坡组中。古城组主要为一套含砾的陆源碎屑岩与白云岩;南沱组主要为含砾砂岩、含砾粉砂质黏土岩和含砾粉砂质页岩。大塘坡组自下而上可分为三段:第一段下部为黑色含锰碳质页岩,中上部为灰黑色、黑色炭质页岩,见顺层状黄铁矿产出;第二、三段下部为灰黑色-黑灰色纹层、条带状含粉砂质页岩、含碳质粉砂质页岩,向上炭质、泥质逐渐减少,砂质含量逐渐增多,上部为灰-深灰色纹层状粉砂质页岩,夹少量灰色薄-中层粉砂岩、石英砂岩。锰矿赋存在大塘坡组第一段含锰黑色页岩下部,含锰岩层总体产状倾向北,一般厚 12~14m,最厚可达 18m 左右。含锰岩系呈透镜状,长轴长 2800m,东西向延伸。南北宽约 1800m,面积约 5km²。矿体呈层状、似层状、透镜状紧密交错叠置而成,与围岩呈整合接触关系,矿体产状与顶底板围岩产状基本一致。矿体直接顶板岩石为黑色页岩,富含黄铁矿,矿体直接底板为黑色薄层含锰炭质页岩,不同部位底板岩层厚薄不一。

56.2.1.2 矿石质量

古城锰矿矿石矿物主要以菱锰矿为主,其次为锰的氧化物,脉石矿物中结晶矿物主要为黄铁矿、白云母、钠长石、铁钙辉石,还有少量菱铁矿、方解石和极少量的金红石。含锰矿物主要呈现隐晶质形式,极少数菱锰矿呈鱼子状展布的近菱形结晶态。除上述矿物之外,锰矿石中还有陆源碎屑物质、有机质和少量胶磷矿。陆源碎屑以黏土矿物为主。古城锰矿矿石的结构类型比较简单,以条带状构造、块状构造、致密块状构造为主,典型结构包括泥晶、微晶结构、鱼子状结构、草莓状结构、自形-半自形结构以及碎屑结构等类型。

56.2.2 资源储量

古城锰矿主要开采碳酸锰矿石,累计查明资源储量 14575kt,矿床规模为中型。

56.3 开采情况

56.3.1 矿山采矿基本情况

古城锰矿为地下开采的大型矿山,采取平硐-溜井联合开拓,使用的采矿方法为崩落法。矿山设计年生产能力为 30 万吨,设计开采回采率为 70%,设计贫化率为 10%,设计出矿品位为 16.04%,主矿种最低工业品位为 17%。

56.3.2 矿山实际生产情况

2013 年,矿山实际出矿量 41.98 万吨,排放废石 1.6 万吨。矿山开采深度为 215~415m 标高。古城锰矿矿山实际生产情况见表 56-2。

表 56-2 古城锰矿矿山实际生产情况

采矿量/万吨	开采回采率/%	贫化率/%	出矿品位/%	掘采比/米·万吨⁻¹
37.95	87.82	18.24	9.1	25.20

56.3.3　采矿技术

古城锰矿矿山采用地下开采方式，平硐溜井形式开拓，对应小于 3.5m 矿厚块段采用长壁式崩落法，单体液压支护后退式开采，对应大于 3.5m 矿厚块段采用整体悬移支架壁式崩落放顶矿方法开采。

56.4　矿产资源综合利用情况

古城锰矿开采碳酸盐矿石，资源综合利用率为 87.83%。

古城锰矿年产生废石 1.6 万吨，废石年利用量为 1.6 万吨，废石利用率为 100%，废石处置率为 100%，处置方式为废石场堆存和做建材。

矿石未经选矿处理，无尾矿排放。

57 龙 头 锰 矿

57.1 矿山基本情况

龙头锰矿为地下开采的中型锰矿企业，无共伴生矿产。矿山始建于 1965 年，矿区位于广西河池市宜州市龙头乡，直距宜州市约 54km，距矿区约 1km，有河都高速公路相接，另有公路与金宜一级路相通，至金宜一级公路运距约 30km，至黔桂铁路金城江站运距约 43km，矿山交通方便。龙头锰矿开发利用情况见表 57-1。

表 57-1 龙头锰矿开发利用简表

基本情况	矿山名称	龙头锰矿	地理位置	广西河池市宜州市
	矿床工业类型	古陆边缘浅海还原环境沉积矿床		
地质资源	开采矿种	锰矿	地质储量/万吨	126.67
	矿石工业类型	原生碳酸锰，次生氧化锰	地质品位/%	15.54
开采情况	矿山规模	9 万吨/年，中型	开采方式	地下开采
	开拓方式	斜井-平硐联合开拓	主要采矿方法	全面采矿法和浅孔留矿法回采
	采出矿石量/万吨	1.53	出矿品位/%	14.70
	贫化率/%	4.79	开采回采率/%	90
	开采深度/m	665.17~-4.83（标高）		
选矿情况	选矿厂规模	7.5 万吨/年	选矿回收率/%	83.00
	主要选矿方法	两段一闭路破碎—磁选		
	入选矿石量/万吨	3.4	原矿品位（MnO）/%	13.10
	精矿产量/万吨	2.244	精矿品位（MnO）/%	16.50
	尾矿产生量/万吨	1.156	尾矿品位（MnO）/%	7.62
综合利用情况	综合利用率/%	90		

57.2 地质资源

57.2.1 矿床地质特征

57.2.1.1 地质特征

龙头锰矿矿床为古陆边缘浅海还原环境沉积矿床，矿区有两个含矿带，分别位于下石炭统大塘阶地层两个旋回的厚层与薄层灰岩之间。位于第一旋回的主要为层状碳酸盐锰矿，为本区主要开采对象；位于第二旋回的透镜体锰矿，层位不稳定、厚度变化无规律、矿体小，无工业价值，两者垂直距离 40~50m。

主要矿体分布范围：矿体大部分位于背斜的南西翼，自瓜瓢山起经金城硐、观音山、李家背、楼梯屯、山猪薄、竹椅山、雷霆山至凤凰头，向南东延至成村为止，断续分布，长约 15km。但矿体连续较好的仅以瓜瓢山至山猪薄一段，连续延长 3000m，宽 250~500m，最大倾斜延伸 650m。位于背斜的北东翼的矿体很少，仅在银山背部及白山、北山分布有零星矿饼。矿体赋存最高标高为 +570m，最低标高为 0m。矿体最小埋藏深度为 0m，最大埋藏深度为 340m。矿体倾角 5°~84°。

主要矿层分述：主要矿层中，共有四层矿，其层次为自上而下定名，整个含矿带垂直厚度约 8m，矿层厚度分布如图 57-1 所示。

第一层矿厚一般为 0.6~0.8m，个别厚 1.5m，最薄为矿体边缘接近尖灭处。第一夹层厚一般为 0.9m，最大为 1.2m，最小为 0.7m。第二层矿一般厚 0.3m，沿倾向深部变薄尖灭，个别厚 0.4m，最薄为矿体边缘接近尖灭处。第二夹层厚一般为 0.9~1m。第三层矿一般厚 0.4m，个别厚 0.5m，最薄为矿体边缘接近尖灭处。第三夹层一般厚 2.25~3m。第四层矿全层厚 1.5m，其中有 4 个小矿层，以第二第三小层较厚，一般为 0.2~0.4m，第一及第四小层较薄，一般仅为 0.05~0.15m，其中各小夹层厚 0.1~0.4m。

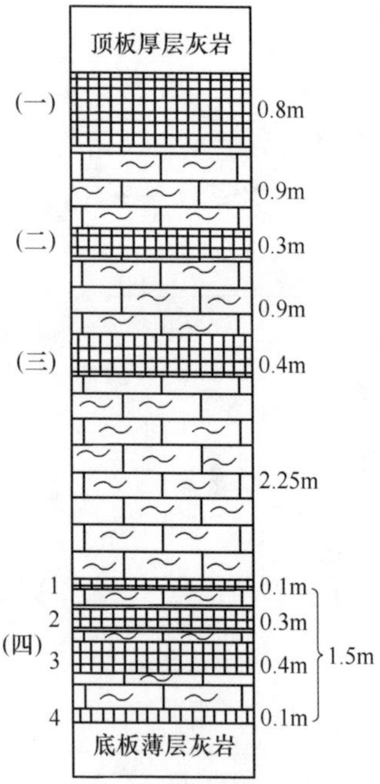

全区以第一层及第四层矿面积较大，厚度亦较大，并较为稳定，也是矿山开采的主要对象。第二、第三层矿厚度较薄，矿体面积亦比第一、第四层小，此两层矿厚度基本达不到开采厚度，储量核实没有对这两层矿进行储量估算。矿山开采也是以回采这两层矿开展。

图 57-1　矿层厚度分布

矿层绝大部分为原生矿，氧化矿只分布于近地表的氧化带及深部具裂隙溶洞处，氧化深度无规律，一般为地表往下 10~20m。

57.2.1.2　矿石质量

矿区锰矿石分为原生碳酸锰、次生氧化锰两大类。次生氧化锰矿主要赋存于地表以下 10~20m。原生碳酸锰矿为冶金碳酸锰贫锰矿石及含锰灰岩。原矿每 1% 锰含磷量最低为 0.0028%，最高为 0.064%，平均为 0.0072%，按（p）/（Mn）的比值来分可划为高磷矿石。$(CaO+MgO)$ 与 $(SiO_2+Al_2O_3)$ 的质量百分比最高为 2.91，最低为 1.73，如按 $(CaO+MgO)$ 与 $(SiO_2+Al_2O_3)$ 的质量百分比可分为碱性矿石。Mn 与 Fe 的质量百分比最高为 78.65，最低为 4.43，平均为 16.89，如按 Mn 与 Fe 的质量百分比分可划为低铁锰矿石。矿石主要矿物成分有锰方解石、含锰方解石及钙菱锰矿石等。碳酸锰矿石在各矿层中都有不同的特征，下面分别说明主要回采的一、四矿层的矿物特征。

第一层：主要矿物成分为锰方解石、钙菱锰矿。次要矿物成分还有含锰方解石、方解石、黄铁矿、玉髓、泥质、炭质、石英及白云母。呈灰色、灰黑色，微粒结构，有较大胶结度，致密，断口平滑，节理发育，黄铁矿分布于层面，呈晶粒或排列成细脉，不易破碎。薄层中多为均粒结构，常见炭质粒点或粉末状不均匀分布，有时为定向排列组成线理。矿石品位在一般为 15%~18%，平均品位 16.64%。

第四层矿：第一小层的主要矿物成分为含锰方解石锰。次要矿物成分还有黄铁矿、玉髓、铁质、炭质及石英。呈浅灰色、淡红色及棕色，有线理，致密，断口平坦或贝壳状，有方解石细脉，棕色部分含黄铁矿晶粒稍多。第二小层的主要矿物成分为锰方解石、钙菱锰矿。次要矿物成分还有方解石、玉髓、黄铁矿。呈灰白色、灰黄色、肉红色棕色及黑色，同一层有两至三种颜色相叠，致密、性脆、贝壳状断口，黑色为致密层状，无线理，层面除黄铁矿分布外，沿节理有时也见有方解石脉充填，薄层中见有含锰方解石或钙菱锰矿微粒紧密结合组成的隐晶质结构，有方解石及石英等细脉穿插。第三小层的主要矿物成分为锰方解石、钙菱锰矿。次要矿物成分还有方解石、玉髓、黄铁矿、白云母及绿泥石。呈灰色、土黄色、淡肉红色、灰黄色及黑色。节理较发育，性脆，断口呈贝壳状，均匀微粒结构。第四小层的主要矿物成分为锰方解石、钙菱锰矿。少含黄铁矿，一般为灰白色，略致密，矿层很薄，一般为 0.05~0.1m。第四层矿矿石品位一般为 15%~20%，平均品位 16.55%。

第一及第四层矿平均含 Mn 的品位为 15.54%，平均含 P 品位为 0.112%，SiO_2 平均含量为 10.89%，平均含 Fe 品位为 0.92%，平均灼失量为 29.76%。平均含 CaO 为 25.07%。矿体没有其他共伴生矿产。

各矿层之间之夹层为含锰灰岩，主要矿物为方解石，其他次生的还有石英、玉髓、黄铁矿、炭质、铁质及白云母等。颜色为灰色、灰白色。断口不平，不等粒结构、微粒结构，致密层状，有星点黄铁矿分布。含锰品位一般为 3%~8%，个别达 10%以上。

57.2.2　资源储量

矿区内主要矿种为锰，没有共伴生矿产，截至 2013 年年底，矿山保有锰矿石资源储量为 126.67 万吨。

57.3　开采情况

57.3.1　矿山采矿基本情况

龙头锰矿为地下开采的中型矿山，采取平硐开拓，使用的采矿方法为留矿法。矿山设计年生产能力为 9 万吨，设计开采回采率为 90%，设计贫化率为 10%，设计出矿品位为 14.81%，主矿种最低工业品位为 11%。

57.3.2　矿山实际生产情况

2013 年，矿山实际出矿量 1.53 万吨。矿山开采深度为 665.17~-4.83m 标高。龙头锰矿矿山实际生产情况见表 57-2。

表 57-2　龙头锰矿矿山实际生产情况

采矿量/万吨	开采回采率/%	贫化率/%	出矿品位/%	掘采比/米·万吨$^{-1}$
1.53	90	10	14.70	—

57.3.3　采矿技术

　　龙头锰矿矿山开采设计先由原中南冶金局设计，后下放给原广西壮族自治区冶金工业厅锰矿公司进行设计，设计年产量为 10 万吨；2006 年 12 月，广西工业建筑设计研究院对矿区 3~18 线矿床又进行了开采设计，设计年产量为 9 万吨。设计采矿回收率 90%，贫化率 10%。现矿山已开采 40 多年，地表氧化矿部分已全部采完。

　　目前，矿区瓜瓢山 250m 标高以上部分第一、第四层矿已经采完，李家背工区也已采完，观音山 235m 标高以上除 476~525m 标高还有部分第四层矿，其他已采空。楼梯屯一带 365m 标高以上也基本采完。累计总采出矿量约 250 万吨。2005 年 11 月，经有关部门核实评审，矿山保有锰矿资源储量 150.53 万吨。

　　2006~2013 年，矿区主要是开采 476~525m 标高通风巷中段的矿体，矿体倾角 20°~25°，采用全面法进行回采。主要采矿设备：YT-28 凿岩机、SDPJ-15 电扒、OPT-307 空气压缩机、柴油牵引机车等。累计消耗资源储量共计 23.86 万吨。因此，截至 2013 年年底，矿山保有锰矿石资源储量（122b+333）为 126.67 万吨。

57.4　矿产资源综合利用情况

　　龙头锰矿开采碳酸锰矿石，资源综合利用率为 90%。

　　矿石未经选矿处理，无尾矿排放。

58 盆架山锰矿

58.1 矿山基本情况

盆架山锰矿为地下开采的中型锰矿企业，无共伴生矿产。矿山始建于 2006 年 8 月，2008 年 3 月 1 日正式投入生产。矿区位于贵州省铜仁市下溪乡万山特区境内盆架山-麦禾溪地段，至下溪乡为矿山简易公路约 8km，下溪乡至万山镇有乡村级公路约 20km，从万山至湘黔线大龙站与 320 国道约 30km，通信信号基本覆盖矿段，交通方便。盆架山锰矿开发利用情况见表 58-1。

表 58-1 盆架山锰矿开发利用简表

基本情况	矿山名称	盆架山锰矿	地理位置	贵州省铜仁市下溪乡
	矿床工业类型		海相沉积型锰矿床	
地质资源	开采矿种	锰矿	地质储量/万吨	383.91
	矿石工业类型	碳酸锰矿石	地质品位/%	15.47
开采情况	矿山规模	5 万吨/年，中型	开采方式	地下开采
	开拓方式	平硐-斜井联合开拓	主要采矿方法	房柱法
	采出矿石量/万吨	9.29	出矿品位/%	11.50
	废石产生量/万吨	0.48	开采回采率/%	70
	开采深度/m		700~200（标高）	
综合利用情况	综合利用率/%	70	废水利用率	0
	废石排放强度/t·t⁻¹	0.07	废石处置方式	做建材
	废石利用率/%	100		

58.2 地质资源

58.2.1 矿床地质特征

58.2.1.1 地质特征

盆架山锰矿矿床工业类型为小型海相沉积碳酸锰矿床。震旦系大塘坡组第一段，是区内锰矿富集的唯一层位，通称含锰岩系。主要由炭质页岩、菱锰矿层、含锰炭质页岩、含炭质黏土质锰质灰岩等组成，具从下至上、由细变粗的进积序列。总体厚度由北东向南西呈现变厚的趋势。据其岩性组合特征，由上而下大致可以细分为 6 小层，在矿段内仅有厚度的变化。

（1）上覆地层：大塘坡组第二段含炭质粉砂质页岩。

1）黑色炭质页岩。厚度：1.73~7.54m。

2）黑色炭质页岩。纹层构造发育，细粒黄铁矿集合体、石英-方解石细脉顺层或沿节理分布。厚度：2.27~4.12m。

3）黑色含锰炭质页岩。厚度：2.35~2.46m。

4）黑色、钢灰色细粒条带状、块状菱锰矿夹少量黑色炭质页岩及黏土岩。厚度：0.38~3.32m。

5）黑色含锰炭质页岩。纹层构造发育，见菱锰矿条纹顺层分布。厚度：0.21~2.39m。

6）黑色含砾炭质页岩。砾石呈粒状，个别为小团块呈较密集星点状分布。厚度：0.12~0.43m。

（2）下伏地层：铁丝坳组含砾杂砂岩。

盆架山矿段锰矿矿层赋存于震旦系下统大塘坡组第一段（Z1d1）含锰岩系底部，层位固定，产状与围岩基本一致，走向北东，倾向北西或南东，倾角为 14°~34°。矿层呈层状、似层状缓倾斜大致顺层产出，沿走向和倾向稳定而连续分布，仅有厚度变化。岩层走向延伸大于 3000m，宽 1300~2000m，厚度为 0.50~2.18m，平均厚度为 0.96m。

58.2.1.2　矿石质量

矿区矿石工业类型为碳酸锰矿，氧化锰矿石分布极少，不具工业价值。矿石的主要矿物组分以菱锰矿为主，其次为锰白云石、锰方解石、黏土矿物及炭质有机物等。不同矿石类型的矿物成分有差异。其中，块状矿石中的菱锰矿含量比条带状矿石高，而黏土矿物及炭质有机质则较条带状矿石少。

58.2.2　资源储量

盆架山锰矿采矿权范围内，累计查明资源储量 3839.1kt，平均品位为 15.47%，全部为工业矿石（品位不小于 10%）。截至 2013 年年底，矿山保有资源储量 2792.2kt，矿石中的主要有益组分是 Mn，单件样品 Mn 品位 10.30%~20.98%，矿段平均 15.94%，变化系数 21%；工程平均 Mn 品位 10.35%~18.10%，属贫锰矿石。矿石中主要有害组分是 P，其含量极值为 0.045%~0.338%，平均 0.223%，属高磷矿石，据统计，P 含量与 Mn 品位的高低不相关。

58.3　开采情况

58.3.1　矿山采矿基本情况

盆架山锰矿为地下开采的中型矿山，采取平硐-斜井联合开拓，使用的采矿方法为房柱法。矿山设计年生产能力为 5 万吨，设计开采回采率为 80%，设计贫化率为 10%，设计出矿品位 13.92%，主矿种最低工业品位为 12%。

58.3.2　矿山实际生产情况

2013 年，矿山实际出矿量 9.26 万吨，排放废石 0.48 万吨。矿山开采深度为 955~

500m 标高。盆架山锰矿矿山实际生产情况见表 58-2。

表 58-2 盆架山锰矿矿山实际生产情况

采矿量/万吨	开采回采率/%	贫化率/%	出矿品位/%	掘采比/米・万吨$^{-1}$
6.76	87.82	24.3	11.50	325

58.3.3 采矿技术

目前，矿山采用地下开采方式，平硐与斜井开拓，全矿设一个主斜井和一个副平硐，一个回风斜井，矿山共划分为三个采区进行开采，矿山总体开采顺序为阶段下行式开采，即先采上阶段内的矿体，后采下阶段内的矿体。阶段内以后退式进行回采。主要采矿工艺如下：

（1）采矿方法：为房柱式采矿法。

（2）矿块（采场）布置与结构参数。

矿块沿矿体走向从南往北布置，矿块结构参数如下：

矿块长度 40~60m，矿块高度 8~20m，矿块内设 3~4 个回采矿房，矿房跨度 8~15m，矿房顶柱厚 3~4m；矿房底柱厚 4~5m。

矿房内留规则的间柱矿柱，矿柱间距 5~8m；矿柱尺寸长×宽为 3m×4m。在顶板岩层软弱和地质构造发育时，以留连续矿柱为宜。

矿房结构参数可根据开采实际情况进行优化。

（3）采切工作。

采准工作包括开掘阶段运输巷道、切割上山、拉底平巷、人行联络道、电耙绞车硐室等。阶段运输巷道的位置设在脉内。脉内布置，探采结合好，采准工程量小，投产快，但运输能力小，需留顶、底柱，矿柱矿量损失较多。切割上山布置在矿块边界一侧，从中段运输道与切割上山交汇处自下而上掘通上部回风巷道，是作为开始回采的自由面和通风之用。出矿漏斗设在运输平巷一侧，漏斗间距为 5~8m。

（4）回采工作。

回采工作面沿走向推进。从切割上山开始，沿矿体走向，向一侧布置 2~3 个梯段，梯段长为 8~20m，下梯段超前上梯段的距离一般为 3~5m。梯段工作面可使凿岩和出矿工作平行进行，避免作业间相互干扰，有利于提高矿块生产能力。当矿体倾角变陡，可用倾斜梯段或直线工作面，从切割巷道开始，自下而上逆矿体倾斜推进。当开采矿岩稳固性较差的缓倾斜薄矿体时，可用沿倾斜的似扇形工作面，从矿块上部开始，由上而下推进。采用浅孔落矿，孔径一般为 42mm，孔深为 2m，孔距为 1m，排距为 0.8m，一次推进距离为 1.2m。崩矿时不宜破顶、底板，以确保安全和降低矿石贫化。崩下的矿石，用电耙运搬至底部装矿漏斗装车外运。电耙绞车可安设在电耙硐室中段运输巷道侧帮中。电耙安在硐室中的优点是直线耙矿，司机可观察耙斗的运行情况，操作方便，耙矿过程中，矿石滚下对电耙硐室安全有威胁。电耙绞车安在切割巷道中，则形成拐弯或接力耙矿，绞车移动较频繁。当矿体较厚，一个放矿漏斗担负的出矿量较大时，用硐室较有利。当矿体较薄，倾角变陡时，则把电耙绞车放在切割巷道中较合适。

（5）采场落矿及搬运方式。

每个采场内配置 YT-24 凿岩机钻孔爆破法落矿，采用自下而上分层回采，分层高度为 2~2.5m，回采工作面多为梯段布置。回采凿岩采用向上凿岩或水平凿岩的方式。

采场中回采的矿石主要靠矿石自重滑入底部漏斗，但有少部需用电耙搬运到底部漏斗，漏斗出矿采用电动装岩机装车。

（6）采场通风。

爆破后一般需进行 30~60min 的通风，经专职安全员检测，采场空气质量符合安全规定的要求时，其他出矿人员才能进入作业面作业。新鲜风流由主井进入到中段运输平巷后，进入切割巷，冲洗工作面后，污风经回风上山、回风平巷从回风井排出井外。

（7）采场支护与顶板管理。

回采矿房时的采空区主要依靠留设矿房周边的矿柱来维护。矿房的顶板，在正确取定矿房跨度的情况下，只检查处理松石，一般不进行支护。对局部稳固性较差的顶板可采用锚喷支护。

采用房柱法进行采矿，一定要加强顶柱和间柱的安全管理。在回采过程中必须切实做好顶板的安全检查工作，并确定专人经常检查处理顶板及两帮的松石；发现顶板有漏水等异常现象，应先打探眼，探明情况采取措施后，方可继续作业。

间柱留设要规范，大小尺寸、间距要大致统一，在开采过程中，要对矿柱进行观察与监测，如发现异常情况，应及时采取相应处理措施。

（8）矿柱回收。

矿柱回收必须根据矿山开采实际情况，在确保采区整体与作业安全的前提下，进行矿块的顶、底间柱回收，为了安全，建议采用间隔式回收，即每隔一个中段回收一个矿柱，矿块内的矿柱原则上不回收，如矿柱位置高，周边条件又比较好，可以回收时，可将炮孔一次性打好，一次起爆回收。

对确定需要回收的矿块顶柱，在矿房回采时一并回收，底柱留作下一中段回收。矿块间柱要待两个矿块开采结束后将炮孔打好后一次爆破回收。

（9）采空区处理。

采场回采结束后，要及时对采空区进行封闭，让顶板自然垮落充填空区。

（10）开采顺序。

开采顺序：在开采范围内采用中段下行式开采，即先采上中段，后采下中段。矿块内采用自下而上分层回采。

（11）运输路线。

一采区：采场→中段运输平巷→运输上山→溜矿井→主平硐→地面堆矿场或外销；

二采区：采场→中段运输平巷→主斜井→地面堆矿场；

三采区：采场→中段运输平巷→暗斜井→主平硐→地面堆矿场或外销。

盆架山锰矿主要采矿设备见表 58-3。

表 58-3 盆架山锰矿主要采矿设备

采区	序号	设备型号	使用	备用	总计	备 注
一采区	1	VF-IB/B23m^3 型空压机	1	0	1	排气量 23m^3/min 排气压力 8MPa 机功率 75kW
	2	S-4/5 型空压机	2	0	2	排气量 4m^3/min 排气压力 5MPa 机功率 22kW
	3	YT-24 凿岩机	8	4	12	耗气量 3.0m^3/min
	4	K-4-NO11 型主扇机	1		1	电机功率 30kW（前期）
	5	DK-6-NO14 型主扇机	2		2	电机功率 2×55kW（后期）
	6	JK58-1NO4 型局部通风机	2		2	电机功率 5.5kW 风压范围 1648～1020Pa 最小风筒直径 0.4m
		JK58-2NO4 型局部通风机	2		2	电机功率 11kW 风压范围 2983～1811Pa 最小风筒直径 0.4m
	7	CTY5.0/6B 型蓄电机车	3	1	4	电机功率 90kW
	8	东面运输上山提升机 JTP1.6×1.5-20 型	1		1	电机功率 185kW
		西面运输上山提升机 JTP1.2×1-24 型	1		1	电机功率 75kW
	9	Z-30 型电动装岩	3	1	4	
	10	TXU-75A 型探水钻	1	1	2	电机功率 4 千瓦/台
	11	ZP-Ⅱ型混凝土喷射机	1		1	处理能力：5m^3/min 电机功率 8 千瓦/台
	12	电耙	2		2	电机功率 30 千瓦/台

58.4 矿产资源综合利用情况

盆架山锰矿开采碳酸锰矿石，资源综合利用率为 70%。

盆架山锰矿年产生废石 0.48 万吨，废石年利用量 0.48 万吨，废石利用率为 100%，废石处置率为 100%，处置方式为做建材和堆存。

矿石未经选矿处理，无尾矿排放。

59　天　等　锰　矿

59.1　矿山基本情况

　　广西天等锰矿是露天开采的大型锰矿企业，无共伴生矿。矿山的前身是广西壮族自治区天等锰矿，隶属于广西锰矿公司，1997 年年底开始建设，1998 年 11 月建成投产。矿区位于广西崇左市天等县北部的东平镇、百色市田东县江城境内，以公路交通为主，南距天等县县城 40km、崇左火车站 170km，东南距南宁市 175km，东距隆安县右江码头 56km，交通方便。天等锰矿开发利用情况见表 59-1。

表 59-1　天等锰矿开发利用简表

基本情况	矿山名称	天等锰矿	地理位置	广西崇左市天等县
	矿床工业类型	海相原生沉积矿床		
地质资源	开采矿种	锰矿	地质储量/万吨	1498.92
	矿石工业类型	氧化锰矿石		
开采情况	矿山规模	25 万吨/年，大型	开采方式	露天开采
	开拓方式	公路运输开拓	主要采矿方法	组合台阶法、横采掘带法
	采出矿石量/万吨	29.77	出矿品位/%	14.77
	废石产生量/万吨	150.81	开采回采率/%	91.2
	贫化率/%	3.95	开采深度/m	620~440（标高）
	剥采比/t·t^{-1}	5.2		
选矿情况	选矿厂规模	30 万吨/年	选矿回收率/%	67.45
	主要选矿方法	洗矿脱泥—筛分		
	入选矿石量/万吨	29.18	原矿品位（MnO）/%	14.19
	块矿精矿产量/万吨	10.13	块矿精矿品位（MnO）/%	21.37
	粉矿精矿产量/万吨	3.05	粉矿精矿品位（MnO）/%	20.66
	尾矿产量/万吨	16.01	尾矿品位（MnO）/%	8.41
综合利用情况	综合利用率/%	70.85	废水利用率/%	16.08
	废石排放强度/t·t^{-1}	11.44	废石处置方式	建材
	尾矿排放强度/t·t^{-1}	0.95	尾矿处置方式	尾矿库堆存和建材
	废石利用率	0	尾矿利用率/%	16.99

59.2　地质资源

59.2.1　矿床地质特征

59.2.1.1　地质特征

东平锰矿区矿床类型为沉积型矿床，矿区位于洞蒙复式向斜核部，原生锰矿体主要受下三叠统北泗组地层控制，呈层状或透镜状产出，与围岩呈整合接触，界线清楚，其直接顶底板均为含锰硅质泥灰岩，局部矿体中有夹石。含锰地层整体上是一套硅质、泥质、碳酸盐组合，发育水平层理，生物稀少，以少量介形虫化石为主，反映浅海陆棚的沉积环境。东平锰矿区含矿层已控制长约47km，含矿层中 I、II、III、IV、V、VI、VII、VIII、IX、X 十个矿层，其中IX矿层细分为IX1、IX2 两层；X 矿层细分为X1、X2、X3 三层。其中 I、II、III、IV 为主矿层，分别延长44.4km、45.4km、21.9km 和47.2km，由含锰层经次生氧化富集成相应的氧化锰矿层，常分段产出。单段长一般大于500m，最长为8.3km。 I～IV矿层的累计出露长度分别为38.9 km、41.4km、19.9km 和43.1km，平均厚度分别为 2.04m、3.48m、2.18m 和3.87m。其间三个夹层厚分别为 1.8m、2.74m 和1.35m。矿和夹层共厚17.46m。IV矿层上距上部IX1 矿层平均厚度为35.8m， I 矿层下距底部X3 矿层平均厚度为9.66m。

矿区内锰矿石可划分为三种矿石类型：贫碳酸锰矿、锰帽型层状氧化锰矿及堆积型氧化锰矿。其中贫碳酸锰矿为原生沉积，赋存于下三叠统北泗组第二段、第三段（含锰硅质泥灰岩岩段）中，呈层状、似层状产出。锰帽型层状氧化锰矿由贫碳酸锰矿（也有为含锰灰岩）氧化富集而成。堆积型锰矿由层状氧化锰矿风化剥蚀迁移堆积而成，一般规模小，零星分布。原生碳酸锰矿石品位低、颗粒细、含硅高。层状氧化锰矿为该矿区主要矿层。

59.2.1.2　矿石质量

矿石类型按矿石的成分特点可分为：偏锰酸矿石与贫碳酸锰矿石两类；按矿石结构构造又可分为：（1）块状矿石；（2）薄层状矿石；（3）纹层状矿石；（4）网格状矿石；（5）脉状矿石；（6）葡萄状、肾状矿石；（7）角砾状（或花斑状）矿石等。

主矿层的主要矿石类型如下： I 矿层：中部块状矿石，上、下部为纹层状矿石；II 矿层：薄层状、纹层状矿石与块状矿石；III矿层：块状矿石杂有薄层状、纹层状矿石；IV矿层：块状与薄层状矿石。按工业指标可划分为层状氧化锰矿原矿和堆积型氧化锰两个类型。开采矿种主要为氧化锰矿石。锰矿石中的矿石矿物以菱锰矿和含锰方解石为主，脉石矿物包括石英、方解石、绢云母及水云母、高岭石等，含少量绿泥石、石墨、白云母。矿石结构主要有为微晶结构、显微鳞片泥质结构。构造以条带状构造、块状构造为主。

59.2.2　资源储量

矿区内主要矿种为锰，矿床规模为大型。天等锰矿累计查明锰矿石资源储量为1498.92 万吨。

59.3 开采情况

59.3.1 矿山采矿基本情况

天等锰矿为露天开采的大型矿山，采取公路运输开拓，使用的采矿方法为组合台阶法。矿山设计年生产能力为 25 万吨，设计开采回采率为 92%，设计贫化率为 10%，主矿种最低工业品位为 15%，其中氧化锰地质品位为 14.11%、碳酸锰地质品位为 11.64%，设计出矿品位（Mn）为 0.38%。

59.3.2 矿山实际生产情况

2013 年，矿山实际出矿量 29.77 万吨，排放废石 150.81 万吨。矿山开采深度为 620～440m 标高。天等锰矿矿山实际生产情况见表 59-2。

表 59-2 天等锰矿矿山实际生产情况

采矿量/万吨	开采回采率/%	贫化率/%	出矿品位/%	露天剥采比/t·t⁻¹
29.19	91.2	14.77	3.95	5.2

59.3.3 采矿技术

天等锰矿矿床开采方法采用露天组合台阶式公路运输开拓，采矿方法为横采掘带采矿，开采顺序确定为自上而下，由矿体上盘到下盘，设计台阶高度为 10m，台阶边坡角大于 60°，设计安全平台及清扫平台。

设计选用采剥设备为 1.6m³ 铲斗挖掘机和 2.1m³ 铲斗挖掘机装车，13.5t 自卸红岩车和 17.5t 自卸红岩车、东风大力神车运输，矿山属中型机械化装备水平。天等锰矿采矿设备型号及数量见表 59-3。

表 59-3 天等锰矿采矿设备型号及数量

序号	设备名称	规格型号	数量/台（套）
1	一体化钻机	阿特拉斯 L6	1
		阿特拉斯 D45	1
2	自卸式矿车	东风	8
		红岩	13
3	挖掘机	沃尔沃 480	1
		沃尔沃 460	2
		日历 330	2
4	装载机	柳工 560	2
5	推土机	T220	2

59.4 选矿情况

天等锰矿设计采用单一洗选工艺，对不同矿段不同品质的原矿进行分选，流程简单，主要设备采用 CXK-1600×7630 双螺旋洗矿机。主要产品有冶金锰块矿、粉矿。近年来，由于使用新的大型洗矿机，大大提高生产效率，天等锰矿洗选矿生产能力超过设计水平。

2011~2013 年采场入选矿石量及矿石来源构成见表 59-4。

表 59-4 2011~2013 年采场入选矿石量及矿石来源构成

年份	矿段	类型	矿量/t	采出品位/%		
				Mn	Fe	P
2011	洞蒙	原矿	73321.1	13.33	10.7	0.216
		堆积矿	25629	9.75	9.35	0.112
		收购矿	3325.14	9.93	9.7	0.168
	渌利	原矿	135869	15.54	7.51	0.147
		收购矿	46626.3	15.03	6.66	0.121
	驮仁西	原矿	48360.1	15.27	6.31	0.124
2012	洞蒙	原矿	80660.1	14.45	11.18	0.291
		堆积矿	7902.9	9.03	10.06	0.17
	渌利	原矿	153924.6	14.62	7.83	0.311
		堆积矿	27892.6	11.16	10.43	0.17
	驮仁西	原矿	35727	15.69	5.78	0.129
2013	驮仁4采	原矿	31515.17	12.75	4.83	0.10
	渌利	原矿	200904.25	13.73	6.02	0.14
	驮仁3采	原矿	59556.89	16.49	4.67	0.09

2011~2013 年精矿产品 Mn、Fe、P 含量见表 59-5。

表 59-5 2011~2013 年精矿产品 Mn、Fe、P 含量

年份	洗出精矿	矿量/t	品位/%		
			Mn	Fe	P
2011	块矿	124428.28	22.35	9.28	0.374
	粉矿	11400.13	19.74	9.27	0.181
2012	块矿	118160	22.16	10.06	10.06
	粉矿	11816	20.35	10.38	0.706
2013	块矿	101302.74	21.37	18.68	0.184
	粉矿	30539.8	20.66	9.56	0.22

59. 5　矿产资源综合利用情况

　　天等锰矿开采氧化锰矿石，资源综合利用率 70. 85%。

　　天等锰矿年产生废石 150. 81 万吨，废石年利用量为零，废石利用率为零，废石处置率为 100%，处置方式为废石场堆存。

　　选矿厂尾矿年排放量 16. 01 万吨，尾矿中 Mn 含量为 3. 44%，尾矿年利用 2. 12 万吨，尾矿利用率为 13. 24%，处置率为 100%，处置方式为尾矿库堆存和建材。

60 天台山锰矿

60.1 矿山基本情况

天台山锰矿是地下开采的大型锰矿企业，共伴生矿为磷矿。矿山始建于 1996 年 11 月。矿区位于陕西省汉中市汉台区武乡镇，距汉中市直线距离为 22km，距汉台区武乡镇为 3km，距阳（平关）-安（康）铁路汉中火车站 24km，均有城乡三级公路相接，交通较方便。天台山锰矿开发利用情况见表 60-1。

表 60-1 天台山锰矿开发利用简表

基本情况	矿山名称	天台山锰矿	地理位置	陕西省汉中市汉台区
	矿床工业类型	沉积型锰矿床		
地质资源	开采矿种	锰矿	地质储量/万吨	1512.28
	矿石工业类型	碳酸锰矿石	地质品位/%	19.78
开采情况	矿山规模	10 万吨/年，大型	开采方式	地下开采
	开拓方式	平硐-斜井-盲竖井联合开拓	主要采矿方法	浅孔留矿法和无底柱分段崩落法
	采出矿石量/万吨	7.8	出矿品位/%	18.77
	废石产生量/万吨	0.8	开采回采率/%	88.3
	贫化率/%	11.2	开采深度/m	700~200（标高）
	掘采比/米·万吨$^{-1}$	190		
综合利用情况	综合利用率/%	83	废石利用率/%	75
	废石排放强度/t·t^{-1}	0.1	废石处置方式	做建材

60.2 地质资源

60.2.1 矿床地质特征

60.2.1.1 地质特征

天台山锰矿矿床类型为沉积型矿床，矿区在区域构造上处于乱石礁复背斜和城固岭复向斜之间，构造复杂，褶皱和断裂均较发育，控制着矿层的分布形态及产状，影响着矿层的完整性。构造线方向虽各处变化比较频繁，但总体走向为 60°～240°。岩层倾角较陡，一般在 60°～85°。矿区内未发现较大的构造破碎带。天台山磷锰矿为一磷、锰矿互为顶底板的共生矿床。锰矿层赋存于寒武系下统塔南坡组第二岩性段∈1t2 含锰白云岩的底部,是磷矿层的顶板。具有工业意义的锰矿体分布于塔南坡矿段灵官垭背斜北翼 50~84 勘探线间,其分布范围大体与磷矿的 P_{II-2}、P_{II-3}、P_{II-4} 矿体相一致。锰矿体的产状、构造特征也与磷矿体基本相同。矿石类型以沉积碳酸锰矿为主,地表有少量次生氧化锰矿石。

60.2.1.2　矿石质量

天台山锰矿矿石类型以碳酸锰矿为主,地表有少量次生氧化锰矿石。该矿山矿石矿物成分主要有以下几种:

(1) 碳酸锰矿石矿物成分。锰白云石-含锰白云石,该类矿物是区内主要含锰矿物,一般含量 70%~90%,集中了矿石中的主要锰元素。

(2) 硫锰矿。矿石中主要金属矿物之一,含量达 10%,新鲜者肉眼不易识别,经风化后在矿石表面显示褐色斑点或不规则条纹。

(3) 锰铝榴石。含量 5% 以下,为深玫瑰色,粒状,自形-半自形晶,具规则多边形切面,玻璃光泽,正突起很高,均质体,一般粒度为 0.29~0.36mm,最大可达 0.87mm。常被锰白云石部分或全部交代而保留其外形轮廓。

(4) 黄铁矿。矿石中含量较多且较普遍的一种矿物,含量 1%~5%。有 5 种产出形态:草莓状黄铁矿、粗粒黄铁矿、脉状黄铁矿、自形结构变晶结构黄铁矿、磁黄铁矿。

(5) 石英、绢云母、方解石。矿石中主要脉石矿物,其中石英含量变化不定,从 1%~25%,一般在 1%~5%,主要呈粒状及脉状充填于矿石裂隙中;绢云母(包括白云母)含量多在 1% 左右,呈大小不等的鳞片状,沿磷灰石脉或石英脉边部呈线状分布;方解石常与后期石英、白云母等组成脉体产出。

(6) 胶磷矿-磷灰石。胶磷矿呈纺锤状、椭圆状的胶状体不均匀分布,部分显示条带状;磷灰石呈板状或粒状紧密相嵌,大小悬殊,从 0.04~0.3mm 到 2.52mm 左右,不均匀地分布在矿石中,有的呈不规则的细脉状。

60.2.2　资源储量

矿山主要矿种为磷、锰矿石,矿床规模为中型。天台山锰矿矿权范围内保有的磷、锰资源总储量为 1304.93 万吨,MnO 平均品位 18.71%;P_2O_5 平均品位 18.53%。

60.3　开采情况

60.3.1　矿山采矿基本情况

天台山锰矿为地下开采的大型矿山,采取平硐-斜井-盲竖井联合开拓,使用的采矿方法为浅孔留矿法和无底柱分段崩落法。矿山设计年生产能力为 10 万吨,设计开采回采率为 80%,设计贫化率为 7.2%,设计出矿品位为 18%,主矿种最低工业品位为 14%。

60.3.2　矿山实际生产情况

2013 年,矿山实际出矿量 7.8 万吨,排放废石 0.8 万吨,天台山锰矿矿山实际生产情况见表 60-2。

表 60-2 天台山锰矿矿山实际生产情况

采矿量/万吨	开采回采率/%	贫化率/%	出矿品位/%	掘采比/米·万吨$^{-1}$
9.4	83	18.5	7.9	165

60.3.3 采矿技术

天台山锰矿现有斜井已从 990m 坑口延伸到 700m 中段，该斜井是为开采 Mn_{II-1} 矿体而设计施工的，Mn_{II-1} 矿体 700m 水平以上的开拓运输系统及配套设施均已形成。由于 Mn_{II-1} 矿体矿石质量好，售价是 Mn_{I-1} 矿体矿石和磷矿石的 3~5 倍，Mn_{II-1} 矿体必须分采，设计利用该斜井作为辅助提升井，除承担人员、材料、设备提升外，还用以提升 Mn_{II-1} 矿体开采的矿石。盲竖井设计在 71 与 72 勘探线之间的矿体下盘（塌陷范围外 50m 处），该处为无矿区。盲竖井与现有的 988m 平硐构成平硐盲竖井开拓系统，并在各中段与斜井联通，形成联合开拓系统。盲竖井为磷矿石、Mn_{I-1} 矿石及部分废石的提升井（视作主井）。井下各中段采用 ZK3-6/250 架线电机车，配 0.7m^3 翻转式矿车运输。斜井提升的矿石由人工推至 1 号矿仓卸载（运距约 50m），竖井提升的矿（废）石采用 ZK7-6/500 架线电机车运至 2 号矿（废）石仓卸载。矿权范围内的 P_{II-3}、P_{II-4} 矿体尚未采动过，若利用现有开拓工程，经济上不够合理，因此，设计在猫儿寺沟 1030m 水平新开一个平硐（实为阶段平硐），开采 P_{II-3}、P_{II-4} 号 1030m 水平以上的矿段；P_{II-2}、P_{II-3} 及 P_{II-4} 号矿体（71 勘探线以西）990~1030m 水平之间的矿段，由 990m 水平开采（为减少矿岩大量反向运输，990m 水平在猫儿寺沟与地表贯通）；上述两个中段的矿岩，均在各中段采用 ZK3-6/250 架线电机车，配 0.7m^3 翻转式矿车直接运出硐外。

该矿山采用浅孔留矿法采矿方法和无底柱分段崩落法。

60.3.3.1 浅孔留矿法采矿法

矿块沿矿体走向布置，标准矿块高 40m，长 50m，顶柱高度为 3m，底柱高 5m，间柱宽 6m。沿矿体走向在矿体与下盘围岩接触处掘进中段运输巷道，在中段运输巷道内沿矿体走向每隔 50m 掘一条 1.8m×1.8m 的天井，划分出独立的矿块，天井布置在矿块间柱中。在天井中沿矿体向上每隔 5.0m 向两侧掘进断面为 1.8m×1.8m 的联络道，其长度为 2m。在矿块沿脉运输平巷中每隔 5m 掘凿漏斗穿，漏斗颈。然后在沿脉运输巷道上方约 5m 处掘进拉底平巷，其断面约为 1.8m×2.0m。漏斗颈和拉底平巷联通后，把漏斗颈扩帮刷大成漏斗，形成无格筛漏斗自重放矿底部结构。

矿房回采是逆矿体倾斜方向自下而上分层回采，分层高度为 2m，沿矿体走向方向自矿房一侧向另一侧后退式开采，回采工作面呈倒梯形布置。在每一个分层中采用 YSP45 型凿岩机打上向浅眼落矿，孔径 40mm，孔深 2.0m，最小抵抗线 1.0m，炮孔间距为 1.0m，每吨炸药消耗量 0.50kg，每米炮孔崩矿量 2.16t，人工装药爆破，然后进行通风、洒水、撬浮石和平场。在平场前，要进行局部放矿，矿石利用自重通过底部漏斗放入中段沿脉运输平巷。该采矿方法矿块昼夜生产能力可达到 150t。

放矿分两步骤，即局部放矿和大量放矿。局部放矿放出每次崩落矿石的 30% 左右，使回采工作面保持 2.0~2.5m 空间。当矿房回采至顶柱时，进行大量放矿，大量放矿时一定要快速均匀地放矿。

60.3.3.2 无底柱分段崩落法

矿块高度等于中段高度（55m），标准矿块为 60m（即 6 条进路），矿块垂直矿体走向布置，矿块长度为 60m，分段高度取 11m，各分段间的进路菱形布置，其间距为 10m，回采进路长度大致等于矿体水平厚度（再加 5m 下盘岩石），平均为 23.35m。

各中段在矿体下盘脉外布置沿脉运输平巷与中段石门相连接。从脉外运输平巷两端布置人行通风天井，每相邻两个矿块布置一条采场溜井，从运输水平贯穿本中段的各个分段。在矿体下盘布置设备材料井，贯通本中段的各回采分段。在各中段的东翼塌陷范围以外布置回风井，并经过回风联络道与布置在矿区东南翼的总回风井相连通，这样形成了中段和各分段的两个独立的人行通道及整个中段的通风系统。

在各分段的矿体上盘脉内沿矿体边界布置切割平巷，在切割平巷内每 20~40m 布置一条切割井，切割井高度接近上分段切割巷道底板 1.0m 左右，该井作为切割工作的自由面，切割工作从东翼第一个井开始后退式进行。

采用 YG-90 型凿岩机钻凿垂直扇形中深孔，采用膨化硝铵炸药爆破落矿，起爆采用起爆器和非电导爆管加导爆索复式爆破网络。炮孔直径为 60~70mm，炮孔排距（抵抗线）$W=1.6~1.8m$，孔底距 $0.8~1.2W$，每米炮孔崩矿量 6.0~8.0t，一次爆破炸药消耗量控制在每吨 0.32~0.35kg。回采进路中每次爆破一排炮孔（切割道及有加强排时可爆破二排）。

根据矿体的赋存特征及开采技术条件，推荐 71 勘探线以西采用浅孔留矿法，71 勘探线以东采用无底柱分段崩落法。矿山总体按自上而下的顺序逐中段依次回采，同一中段采用两翼后退式回采；首采 P_{II-3}、P_{II-4} 号矿体 1030m 中段，P_{II-2}、Mn_{II-1} 和 Mn_{I-1} 号矿体 735m 中段的东翼。矿石回采率 88%，矿石贫化率 10%，推荐年生产规模 20 万吨，矿山服务年限 33 年。

60.4 矿产资源综合利用情况

天台山锰矿开采碳酸锰和胶磷矿矿石，资源综合利用率 83%。

天台山锰矿年产生废石 0.8 万吨，废石年利用量 0.6 万吨，废石利用率为 75%，废石处置率为 100%，处置方式为废石场堆存和建材。

矿石未经选矿处理，无尾矿排放。

61　瓦房子锰矿

61.1　矿山基本情况

瓦房子锰矿是地下开采的中型锰矿企业，无共伴生矿。矿山始建于 1950 年 1 月 3 日，1950 年 12 月 3 日投产，属鞍钢集团矿业公司下属国有矿山，是鞍钢锰铁和锰矿石原料生产基地。矿区位于辽宁省朝阳县瓦房子镇，北距朝阳市（县）区直线距离约 65km，北距铁路锦（州）-承（德）线大平房车站约 50km，距 G25 高速公路长（春）至深（圳）线杨树湾出口约 44km，南距公路省道朝（阳）至青（龙）线约 12km，矿山各采区与瓦房子镇均有简易公路相通，交通方便。瓦房子锰矿开发利用情况见表 61-1。

表 61-1　瓦房子锰矿开发利用简表

基本情况	矿山名称	瓦房子锰矿	地理位置	辽宁省朝阳县
	矿床工业类型	浅海相沉积氧化锰矿床		
地质资源	开采矿种	锰矿	地质储量/万吨	1448.1
	矿石工业类型	氧化锰矿石	地质品位/%	25
开采情况	矿山规模	22 万吨/年，中型	开采方式	地下开采
	开拓方式	斜井开拓	主要采矿方法	削壁充填法
	采出矿石量/万吨	10.19	出矿品位/%	25.34
	废石产生量/万吨	30.6	开采回采率/%	81
	贫化率/%	5.92	开采深度/m	460~285（标高）
	掘采比/米·万吨$^{-1}$	1286.16		
选矿情况	原矿石经手选将矿石与夹石分开，经人工两次手选后可达Ⅱ级品矿石			
综合利用情况	综合利用率/%	81	废石处置方式	做建材
	废石排放强度/t·t^{-1}	2.97		

61.2　地质资源

61.2.1　矿床地质特征

61.2.1.1　地质特征

瓦房子锰矿矿床工业类型为浅海相沉积氧化锰矿床，矿区属于冀东辽西侵蚀中低山区的辽西低山丘陵区，地势低缓。矿区内海拔高度一般在 325.00~500.00m，最高为 658.90m，相对高差为 323.90m。地表植被发育较差，地形低缓地带多为表土覆盖，局部岩石裸露。

矿区处于中朝准地台-燕山台褶带-辽西台陷-朝阳穹褶断束中东部，柏山隆起的南东缘，瓦房子复背斜团山子向斜中的一翼。区域上出露地层主要有中元古界蓟县系、古生界寒武系、中生界侏罗系、白垩系地层。区内断裂较发育，多呈北东向展布。褶皱以瓦房子复背斜团山子向斜为主，地层走向总体呈北东向展布。区内岩浆活动较强烈，具有多期性。岩浆岩较发育，以基性-中性侵入岩为主，主要岩性为辉绿岩、角闪玢岩、闪长玢岩、安山玢岩，多呈岩床、岩墙、岩脉产出。区域上主要金属矿产为锰矿。

矿体赋存于中元古界蓟县系铁岭组地层中，矿体呈饼状，矿体产状与地层基本一致，在矿区南部走向为北西，到北部后转为北东，走向为 $315°～25°$，倾向北东-南东，倾角为 $10°～17°$。

区内有 3 层矿体，即上层矿、中层矿和下层矿，上层矿无工业价值，主要开采中、下层矿。矿床成因类型属海相沉积型（瓦房子式）锰矿。

中层矿位于蓟县系铁岭组地层中下部，在下层矿之上 3～6m。围岩为灰岩和暗紫-黑色含锰粉砂质页岩夹砂岩透镜体，其间有锰矿饼。矿体延长 3900m，铅直厚度为 0.3～1.84m。矿石品位（Mn）为 10.12%～43.79%。

下层矿位于蓟县系铁岭组地层底部或下部中，距蓟县系洪水庄组之顶部 0～2m。围岩上部为含锰粉砂质页岩夹锰矿饼群，矿饼间夹叶竹状含锰页岩和锰质岩。下部为硅质角砾岩，呈不连续透镜体，局部过渡为石英岩。矿体延长 3900m，铅直厚度 0.3～1.34m。矿石品位（Mn）为 10.13%～38.31%。

三层矿的间隔变化较稳定，一般中、下层矿之间距为 4～5m，中、上层矿之间距为 8～12m。由于寒武纪前的侵蚀作用，在矿区内个别地区的中、上层矿常部分缺失。

矿体埋藏深度大于 300m，矿体形态较复杂，连续性较差。中下层矿均由断续的矿饼群组成，厚度比较稳定，一般为 2m 左右，个别地段可达 4m，大致发育于垂直距离 2m 之内。一般而言，中层矿是由小而多的矿饼组成，下层矿是由大而少矿饼组成。中、下层矿矿饼的形状及大小变化较大，长由几厘米至数米或数十米，厚度由不到 1 厘米到数十厘米。一般呈凸镜体状，其厚度与长度之比变化较大，亦有呈马铃薯状者。

区内碳酸锰矿矿饼群连续性较强，呈似层产出，矿饼较少，无矿带较短。

中层矿矿饼群的厚度比下层矿厚度大，但在沿走向及倾向上均迅速歼灭。矿饼群最长 129m，最短 3m，平均长度 29m。矿饼群最大厚度除去夹石厚度 0.5～1.2m，平均 0.9m。矿饼群沿走向的距离较大，一般约 8m。中层矿厚度变化较下层矿变化剧烈，无矿带较多。

下层矿矿饼群连续性较大，整个矿饼群呈似层状产出，整个厚度亦变化较小，矿体厚度较薄。

综上，中层矿矿饼群规模较小，但矿体厚度较大，下层矿矿饼群规模较大，但矿体厚度较薄。

61.2.1.2　矿石质量

瓦房子锰矿根据矿物组合及结构构造，主要为氧化锰矿石。工业类型属贫锰矿石。矿石体重为 3.36～3.50t/m³。

矿石中矿物成分较简单，原生氧化锰矿的矿物以水锰矿为主，少见软锰矿和褐锰矿。脉石矿物主要有石英、蛋白石、玉髓、方解石等。

原生氧化锰矿石颜色呈黑、钢灰或红黑色，主要矿物为水锰矿，含有硬锰矿，靠近侵入体附近有褐锰矿及黑锰矿，靠近碳酸锰矿附近有菱锰矿。

脉石矿物主要有石英、蛋白石、玉髓、方解石等。石英呈圆粒状，蛋白石、玉髓呈球粒状或放射状散布于水锰矿碳酸盐基质中。碳酸盐呈鲕状或为胶结物，后生石英及方解石呈细脉状。

软锰矿除地表外，在地下深部存在极少。

褐锰矿在地表及地下深部均可见到。灰褐色略带绿色，具弱磁性，呈不规则的他形粒状，具条带状构造。

矿石结构呈他形-细粒集合体、鲕状及球状结构。矿石构造主要有致密块状、条带状、竹叶状构造。

矿石中 Mn 含量一般为 15%~30%，含铁较高约为 11%，稳定的铁锰矿石烧矢量较高。矿石中锰铁之和原生氧化矿在 30%~50%，次生氧化碳酸矿在 30%~40%。锰铁比值：原生氧化矿约为 2:1，部分优质矿可达 3:1，碳酸矿为 1:1~1.5:1，次生氧化矿约为 2:1。

61.2.2 资源储量

瓦房子锰矿矿床规模为中型，截至 2013 年年底，该矿山累计查明锰矿石资源储量为 1448.1 万吨，保有锰矿石资源储量为 838.6 万吨，锰矿平均地质品位为 25%，该锰矿为单一矿产。

61.3 开采情况

61.3.1 矿山采矿基本情况

瓦房子锰矿为地下开采的中型矿山，采取斜井开拓，使用的采矿方法为削壁充填法。矿山设计年生产能力为 22 万吨，设计开采回采率为 76%，设计贫化率为 8%，设计出矿品位为 27%，主矿种最低工业品位为 10%。

61.3.2 矿山实际生产情况

2013 年，矿山实际出矿量 10.19 万吨，排放废石 30.6 万吨。矿山开采深度为 460~285m 标高。瓦房子锰矿矿山实际生产情况见表 61-2。

表 61-2 瓦房子锰矿矿山实际生产情况

采矿量/万吨	开采回采率/%	贫化率/%	出矿品位/%	掘采比/米·万吨$^{-1}$
12.74	81	25.34	5.92	1286.16

61.3.3 采矿技术

矿区范围内，矿山由北向南划分为四个采区，分别为鸡冠山采区、雹神庙采区、江家沟采区和杨树沟采区。根据矿体的赋存条件，各采区的主要开拓方式为平硐、盲斜井开

拓，采矿方法全部采用削壁充填采矿法，采出矿石由人工手选达到合格锰矿石。矿山在
405~415m 水平之间布置有贯穿四个采区的运输大巷（简称为 401 大巷），各采区均有主、
副提升斜井，并与各中段甩车场和调车场相连。中段水平运输采用电机车牵引窄轨矿车的
铁路运输方式。各采区均有各自独立的排水、通风、供水、压气及供电系统。各采区均为
生产采区，其外部配套设施及办公设施等均齐全。

瓦房子锰矿采矿设备型号及数量见表 61-3。

表 61-3　瓦房子锰矿采矿设备型号及数量

序号	设备名称	规格型号	使用数量/台（套）
1	卷扬	JT-1200	1
		GKT1.2×1.2	1
		JT1600/1224	1
		JT-1000	1
		JT-0.8	14
		JT-0.5×0.55	2
		KT-205×2.0	1
		JTP-1.6	2
		JK-2.5	1
		JTP1.2X1	2
		JT1.2	4
2	空压机	5L-40/8	1
		4L-20/8	1
		TIGER-55H8	5
		DLG-10/0.8	4
		FHOGD-55F	2
		LC55A	3
		2D12-100/8	2
		4L-20/8	5
		VF-6/8	2
		DLG-6/1.0	1
		LC-55	2
		BLT-75	2
3	水泵	1150D30×5	4
		100D45×6	6
		WQ50-70	2
		6DA8×7	1
4	电机车	ZK7-600/250	10
		ZK3-600/250	6
		CJY3/6GB	4

61.4 矿产资源综合利用情况

瓦房子锰矿开采氧化锰矿石,资源综合利用率为81%。

瓦房子锰矿年产生废石30.3万吨,废石年利用量为零,废石利用率为零,废石处置率为100%,处置方式为废石场堆存。

矿石未经选矿处理,无尾矿排放。

62　杨家湾锰矿

62.1　矿山基本情况

杨家湾锰矿是地下开采的大型锰矿企业，无共伴生矿，第三批国家级绿色矿山试点单位。矿山始建于 2008 年 8 月，同年 9 月正式投入生产。矿区位于贵州省松桃县，距冷水溪乡政府驻地 15km，有乡级公路相通。距松桃县县城约 55km，距渝怀铁路孟溪站约 30km，交通方便。杨家湾锰矿开发利用情况见表 62-1。

表 62-1　杨家湾锰矿开发利用简表

基本情况	矿山名称	杨家湾锰矿	地理位置	贵州省松桃县
	矿山特征	国家级绿色矿山	矿床工业类型	沉积型锰矿床
地质资源	开采矿种	锰矿	地质储量/万吨	14015.2
	矿石工业类型	碳酸锰矿石	地质品位/%	15.26
开采情况	矿山规模	30 万吨/年，大型	开采方式	地下开采
	开拓方式	平硐开拓	主要采矿方法	房柱法
	采出矿石量/万吨	36.63	出矿品位/%	13.47
	废石产生量/万吨	4	开采回采率/%	70
	开采深度/m	884~480（标高）		
综合利用情况	综合利用率/%	70	废石利用率/%	50
	废石排放强度/t·t^{-1}	0.12	废石处置方式	做建材

62.2　地质资源

62.2.1　矿床地质特征

62.2.1.1　地质特征

矿区内出露地层主要有青白口系板溪群清水江组、南华系铁丝坳组、大塘坡组、南沱组及第四系等。其中，锰矿产于南华系大塘坡组（Nh1d）。按岩石组合特征，大塘坡组（Nh_1d）可分为三段。

第一段（Nh_1d_1）：习称含锰岩系，仅于矿段北部地表断续出露。主要岩性为黑色炭质页岩、含锰炭质页岩，下部常夹 2~4 层浅灰色薄层（0.2~0.7cm）富含黄铁矿黏土岩，底部见 1~2 层菱锰矿层，厚 0.5~2.44m。黄铁矿多呈粉至细粒状顺层或星散状分布。与下伏铁丝坳组呈整合接触。

第二、三段（Nh_1d_{2+3}）：下部为深灰-灰黑色含炭质页岩、粉砂质页岩，局部夹 1~2 层浅灰、灰色薄层（4~8cm）粉至细粒含长石石英砂岩。岩石中的炭质含量由下往上逐渐减少，含少量星点状黄铁矿，水平层理及条带状构造发育。上部为深灰、黄灰色层纹状粉砂质页岩夹黏土质条带及薄层（0.20~3cm），中部常见一层乱交层纹构造。

含锰岩系中从杂砂岩以上至凝灰质细砂岩（或黏土岩）以下，由 1~2 层菱锰矿和含锰炭质页岩或炭质页岩等组成的含矿层，习称下层矿，是矿段内的主要含矿层位。

氧化锰矿现已采掘殆尽。目前，矿山保有的锰矿为碳酸锰矿。原生碳酸锰矿赋存于原生带，矿区内仅下层矿具工业意义，其特征如下：含锰岩系中从杂砂岩以上至凝灰质细砂岩（或黏土岩）以下，由 1~2 层菱锰矿和含锰炭质页岩或炭质页岩等组成的含矿层，习称下层矿，是矿段内的主要含矿层位。

下层矿主要分布在向斜中段青岗坪-短河溪-施家田等轴部地段。向斜两翼的该部位，西部有矿化，东部未见矿化，已相变为炭质页岩或含锰炭质页岩等。含矿层呈层状、似层状，大致顺层产出。产状与地层基本一致，走向北东 30°~40°，倾向北西或者南东，倾角平缓，一般为 10°~20°，由地表向深部渐趋变缓，一般为 10°~15°。

含矿层沿走向长 1000~2000m，顺倾向最大延伸 500~1000m。一般距底板含砾杂砂岩为 2.26~4.11m，多为一层矿，厚度为 0.60~13.04m，平均为 5.63m，厚度变化系数为 98.80%。杨家湾锰矿矿区主要矿体特征见表 62-2。

表 62-2　杨家湾锰矿矿区主要矿体特征

矿体编号	长度/m	厚度/m	延深/m	形态	产状/(°)	平均品位/%
I -332	600	5.29	>560	层状、似层状	35∠20	15.26
II -332	400	1.72	>760	层状、似层状	35∠5	15.26
V -332	600	10.68	>560	层状、似层状	35∠9	15.26
IX-333	600	8.04	>180	层状、似层状	35∠9	15.26

62.2.1.2　矿石质量

根据矿石主要锰矿物的成因，可划分为氧化锰矿石和原生碳酸锰矿石两大自然类型。目前矿山保有的矿石类型仅有原生碳酸锰矿，其特征概述如下：

按矿石结构构造主要分为条带状矿石和薄层块状矿石。条带状矿石呈黑色、黑灰色，具泥晶-微晶结构，条带状构造，泥状断口。主要由泥晶、微晶菱锰矿和钙菱锰矿组成，含有大量的泥质和炭质与菱锰矿偏集组成条带。锰品位极值为 10.06%~19.44%，一般为 III~IV 级品矿石。薄层块状矿石呈深灰-钢灰色薄层，见显微隐晶-泥晶结构，薄层块状构造，有机质、炭质相对较少，含锰量极值 16%~21%，多为 II~III 级品矿石。

该矿段碳酸锰矿石呈黑色、深灰黑色、钢灰色等，层理、条带状构造清晰，故主要为条带状矿石。此条带状构造是由菱锰矿、泥质、有机质、炭质富集相间组成的，其条带状厚度在 0.1~3mm，均匀地互层分布构成条带。

矿山范围内锰矿石工业类型为碳酸锰矿石，主要矿物组分以菱锰矿、钙菱锰矿为主，次为锰白云石、含锰方解石，有黄铁矿、石英、黏土矿物及炭质有机质、硫酸盐、磷灰石、胶磷矿及其他矿物等。不同矿石类型的矿物成分及含量有一定差异。碳酸锰矿石的化学组分：Mn 15.9%；P 0.139%；SiO$_2$ 29.26%；Al$_2$O$_3$ 1.16%～10.63%，平均 6.38%；Cu 0.016%；Pb 0.001%；Zn 0.009%；Co 0.003%；Ni 0.004%；CaO 5.85%；MgO 7.28%；矿石烧失量 24.73%。

62.2.2　资源储量

锰矿石中伴生有益组分有 Cu、Pb、Zn、Co、Ni 及 Ag，但含量甚微，目前经济技术条件下，尚无综合回收利用的价值。杨家湾锰矿采矿权范围内，累计查明资源储量 14015.2kt，矿床规模为中型，平均品位为 15.26%，全部为工业矿石（品位不小于 10%）。矿山碳酸锰矿属于高磷低铁、贫锰难选矿石。

62.3　开采情况

62.3.1　矿山采矿基本情况

杨家湾锰矿为地下开采的大型矿山，采取平硐开拓，使用的采矿方法为房柱法。矿山设计年生产能力为 30 万吨，设计开采回采率为 70%，设计贫化率为 10%，设计出矿品位为 13.73%，主矿种最低工业品位为 12%。

62.3.2　矿山实际生产情况

2013 年，矿山实际出矿量 36.63 万吨，排放废石 4 万吨。矿山开采深度为 884～480m 标高。杨家湾锰矿矿山实际生产情况见表 62-3。

表 62-3　杨家湾锰矿矿山实际生产情况

采矿量/万吨	开采回采率/%	贫化率/%	出矿品位/%	掘采比/米·万吨$^{-1}$
32.96	70	13.47	13.47	176

62.3.3　采矿技术

目前，矿山采用地下开采方式，平硐开拓，全矿设一个平硐、一个回风斜井、一个水平，上下山开采，矿山总体开采顺序为阶段下行式开采，即先采上阶段内的矿体，后采下阶段内的矿体。阶段内以后退式进行回采。主要采矿工艺如下：

（1）采矿方法：采矿方法为房柱法。

（2）矿房布置与结构参数。

1）矿块布置及构成要素。沿矿体走向每 150m 左右划分一个盘区，每个盘区划分两个矿块，每个矿块再划分矿房和矿柱，矿房和矿柱交替排列；矿块沿矿体走向每隔 4 个矿房留一带状连续矿柱，矿柱宽 6～7m，其中开设通风井。每个矿房加房间矿柱，长度为 10m，矿房净跨度为 7m；矿柱宽度为 3m，矿柱间距为 10m，矿房矿柱 3m×4m，不连续分布，阶段矿柱厚 3m。

2）矿房结构参数。矿房长度为阶段斜长：75m；矿房宽度为：60m；矿房高度一般为：矿体厚度。矿房间规则矿柱的宽度，依经验一般取 3～7m，间距一般取 5～8m；在顶板岩层软弱和地质构造发育时，以留矿壁为宜，矿壁宽度为3～5m，该矿采用规则矿柱法。

（3）采切工作。

采准切割工程包括掘进运输平巷、联络巷道、电耙硐室、放矿溜井、人行通风天井等。以盘区为回采单元进行采准切割，在矿体底盘布置一条沿脉运输平巷，矿柱中开凿一人行天井，在矿房之间开凿切割上山，在矿体的下部沿矿体的走向开凿切割平巷，切割平巷与沿脉运输平巷之间开凿放矿漏斗，其间距5～6m。靠近各溜井口开凿电耙硐室，利用上山贯穿地表或上部中段平巷或采空区作为风井。

（4）回采工作。

采用从下向上逐排回采，用YT-25气腿式凿岩机凿岩、爆破落矿，电耙出矿，即每个矿房从下部切割巷道开始，以一字形梯状工作面逆倾向向上推进。顶、底留作永久性矿柱，间柱部分回收。

房柱法回采主要技术指标：矿块每天生产能力：900～650t矿石损失率：10%；采场回采率：70%；YT-25凿岩机台效：45～55吨台班；出矿用电耙运搬，采用2DPJ-30型绞车，配0.3m³耙斗。

（5）采场落矿季矿石运搬。

在采场内用YT-25凿岩机爆破落矿，孔径一般为38～42mm，孔深1.6～2m，孔距1.2m，排距1m，装入2号岩石炸药，一次推进距离2m。崩矿时不宜破顶、底板，以确保安全和降低矿石贫化。采场内的矿石经放矿漏斗，在中段运输巷内装入矿车，由矿车将矿石运往地面堆矿场。

（6）采场通风。

爆破后一般需进行0.5h左右的通风。新鲜风流由中段运输巷，经天井进入切割工作面，冲洗工作面后，污风经切割上山从中段回风巷、回风石门排至回风斜井到达地面。

（7）采场支护与顶板管理。

开采后形成的采空区，设计采用嗣后部分废石充填或封闭，确保矿山安全生产。在上部采空区崩落部分顶板岩石（放顶）作为缓冲垫层，局部采场采空矿石后，立即进行封闭，严禁人员入内。杨家湾锰矿采矿主要设备及数量见表62-4。

表62-4　杨家湾锰矿采矿主要设备及数量

序号	设备名称	型号	主要技术参数	单位	数量		
					使用	备用	合计
1	气腿式凿岩机	YT25	耗气量2.8m³/min	台	18	5	23
2	局部通风机	DSFA-5	风量1.5～3.8m³/S、2×5.5kW	台	3	3	6
3	探水钻	TXU-75A	额定电压380V、N=4kW	台	3	1	4
4	电耙	2DPJ-55	耙斗容积0.5～0.6m³、台班：80～100t	台	6	3	9
5	空压机	QSI-200	电机功率200kW、容积流量37.7m³/min	台	1	1	2

62.4　矿产资源综合利用情况

杨家湾锰矿开采碳酸锰矿石，资源综合利用率 70%。

杨家湾锰矿年产生废石 4 万吨，废石年利用量 2 万吨，废石利用率为 50%，废石处置率为 100%，处置方式为废石场堆存及其他。

矿石未经选矿处理，无尾矿排放。

63　遵 义 锰 矿

63.1　矿山基本情况

遵义锰矿是地下开采的大型锰矿企业，共伴生矿产有煤、铁矿、硫铁矿等。矿山始建于 1950 年 6 月，1958 年 10 月投入生产。矿区位于贵州省遵义市红花岗区，平距遵义市市中心约 7km，有矿山专线运输公路与经过遵义市中心城区的遵崇高速公路、贵遵高等级公路及 326、210 国道和川黔铁路遵义运输南站连接，并且通过铁路、公路往南可达贵阳、北达重庆等，公路、铁路运输条件良好。遵义锰矿开发利用情况见表 63-1。

表 63-1　遵义锰矿开发利用简表

基本情况	矿山名称	遵义锰矿	地理位置	贵州省遵义市红花岗区
	矿床工业类型	沉积型锰矿床		
地质资源	开采矿种	锰矿	地质储量/万吨	2975.21
	矿石工业类型	碳酸锰矿石	地质品位/%	22.27
开采情况	矿山规模	45 万吨/年，大型	开采方式	地下开采
	开拓方式	平硐-斜井联合开拓	主要采矿方法	房柱法
	采出矿石量/万吨	9.53	出矿品位/%	16.57
	废石产生量/万吨	2.17	开采回采率/%	91.46
	开采深度/m	955～500（标高）		
综合利用情况	综合利用率/%	91.46	废石处置方式	做建材
	废石排放强度/t·t^{-1}	0.23		

63.2　地质资源

63.2.1　矿床地质特征

63.2.1.1　地质特征

遵义锰矿矿床类型为沉积型锰矿，矿区内出露地层依次有二叠系中统茅口组（P2m）、上统龙潭组（P3l）和长兴组（P3c），三叠系下统夜郎组（T1y）和茅草铺组（T1m）及第四系（Q）等地层。矿区锰矿层为一层，赋存于二叠系上统龙潭组（P3l）底部，假整合覆盖于茅口组之上，层位稳定，产状与围岩基本一致。

矿体呈层状、似层状产出。南翼矿层倾向南东，倾角为 24°～45°，而北西翼倾向北西，倾角为 24°～43°。矿层直接底板一般为 0.1～0.2m 的灰绿色铝土质页岩或炭质页岩，其下为二叠系茅口组灰岩，矿层直接顶板为灰色黏土页岩，厚度 0.5~2.0m。

矿层在矿区内南翼沙坝矿段连续性较好，沿出露线出露近 4000m，沿倾向 130~1000m 范围内未见矿层尖灭的现象；厚度一般在 2m 左右，个别地段可达 3.5m。北西翼矿层厚度在 0~6.69m，在走向和倾向上变化较大，一般延长 200~300m 范围外，矿层即变薄或尖灭。从南而北矿层厚度增大、品位增高的趋势明显。遵义锰矿矿区主要矿体特征见表 63-2。

表 63-2 遵义锰矿矿区主要矿体特征

矿体编号	长度/m	厚度/m	延深/m	形态	倾角/(°)	平均品位/%
1	4100	2.12	500	层状、似层状	38	22.27
2	2100	2	500	层状、似层状	65	22.27

63.2.1.2 矿石质量

遵义锰矿矿石工业类型为高硫、中-高铁、低磷和低硅贫锰矿石。矿区矿石类型有氧化锰矿石和碳酸盐锰矿石两种，前者分布于潜水面以上的氧化带，距离地表 10~50m 不等的范围内，后者分布于潜水面以下，距离地表 10~50m 不等的范围以外。

（1）氧化锰矿石。沿矿层垂直方向上，可分为上、中、下三部分。下部为黑色软锰矿，呈粉末状或粒状结构，矿石中含 Mn 30%~35%，含 Fe 8%~13%，含 SiO_2 13%；中部以灰黑色、黑色薄层状硬锰矿为主，粒状结构、块状构造，矿石中含 Mn 20%~25%，含 Fe 8%~18%，含 SiO_2 10%~20%；上部黑色、灰黑色硬锰矿，与中部矿层相似，但具有层理构造，矿石中含 Mn 12%~21.8%，含 Fe 10%~12.0%，含 SiO_2 18%~32%。矿区平均有益、有害组分：Mn 31.23%，Fe 12.96%，P 0.145%，S 0.071%，SiO_2 18.01%，Al_2O_3 11.02%，CaO 0.39%，MgO 0.22%，烧失量 12.59%，$w(Mn)/w(Fe)$ 为 1.54，属于高铁锰矿石。矿物成分主要为硬锰矿、软锰矿、偏酸锰矿、褐铁矿。其次为水云母、高岭石类矿物、海绿石、次生石英、黄铁矿、斑铜矿等。

（2）碳酸盐锰矿石（包括含锰方解石、锰方解石、菱锰矿等）。沿矿层垂直方向上仍可分上、中、下三部分。下部以灰色致密的钙菱锰矿为主，厚度 0.3~0.7m，矿石中含 Mn 15%~26%，Fe 6%~10%，SiO_2 8%~12%；中部黑色、灰黑色薄层状或块状钙菱锰矿为主，矿石中含 Mn 18%~23%，Fe 8%~11%，SiO_2 8%~14%；上部矿石与中部矿石之间没有明显的区别，但从化学成分明显区别，一般含锰低，而 Fe、SiO_2 较高。矿区平均有益、有害组分及含量：Mn 20.02%，Fe 9.40%，P 0.045%，S 4.19%，SiO_2 12.79%，Al_2O_3 7.34%，CaO 6.23%，MgO 2.48%，烧失量 24.38%，$w(Mn)/w(Fe)$ 为 2.17，属于低磷高铁锰矿石。矿物成分主要为含锰方解石、菱锰矿、黑锰矿、褐锰矿等。

63.2.2 资源储量

遵义锰矿分公司锰矿采矿权范围内，累计查明资源储量 29752.1kt，矿床规模为大型，矿床矿石平均品位为 22.27%，全部为工业矿石（品位不小于 10%），与锰矿伴生的矿产有煤、铁矿、硫铁矿等，其中铁矿、煤矿厚度和延伸均较小，未开发利用；硫铁矿全区均有分布，地质工作表明仅铜锣井矿段具有一定的规模，计算资源储量 554.68 万吨，但品位较低，目前尚难利用。

63.3 开采情况

63.3.1 矿山采矿基本情况

遵义锰矿为地下开采的大型矿山，采取平硐开拓，使用的采矿方法为房柱法。矿山设计年生产能力为 45 万吨，设计开采回采率为 80%，设计贫化率为 10%，设计出矿品位为 18.33%，主矿种最低工业品位为 12%。

63.3.2 矿山实际生产情况

2013 年，矿山实际出矿量 9.53 万吨，排放废石 2.17 万吨。矿山开采深度为 955 ~ 500m 标高。遵义锰矿矿山实际生产情况见表 63-3。

表 63-3 遵义锰矿矿山实际生产情况

采矿量/万吨	开采回采率/%	贫化率/%	出矿品位/%	掘采比/米·万吨$^{-1}$
9.53	91.46	12.52	16.57	168

63.3.3 采矿技术

目前，矿山采用地下开采方式，平硐+斜井开拓，全矿全设一个平硐和一个副斜井、一个回风斜井，矿山各矿段各分为 5~6 个阶段进行开采，矿山总体开采顺序为阶段下行式开采，即先采上阶段内的矿体，后采下阶段内的矿体。阶段内以后退式进行回采。主要采矿工艺如下：

（1）采矿方法：电耙留矿采矿法。

（2）矿块结构参数。

1）电耙留矿采矿法（矿体倾角大于 55°）。电耙留矿采矿法矿块沿走向布置，长度约为 40m，相邻矿块的间柱 7m，顶柱为 5.5m。

采场人行通风天井：布置在矿块间柱中，沿矿体底板掘进；每 5m 高度，向两侧采场掘进联络道，作进入采场凿岩、爆破和放矿后平整场地通道。相邻矿块天井联络道在标高上错开布置。

采场顺路溜井随工作面沿矿体底板砌筑，直径为 2m，每个溜子担负该矿块出矿；溜子倾角为 60°~70°，溜子垂高 3~5m，担负本阶段出矿。

2）电耙留矿采矿法（矿体倾角为 30°~50°）。采矿方法构成要素与急倾斜相同，不同点只是在顺路溜井中增加一台出矿电耙。

（3）回采工艺。

凿岩机穿孔所需压缩气体由地面空压机站集中供给。起爆采用非电雷管起爆。

采场运搬：采下矿石均采用 2DPJ-3D 电耙出矿。采出原矿块度为 0~300mm。大于 300mm 矿岩，需进行二次爆破，二次爆破集中在班末进行。

在地下开采过程中，矿石损失率为 20%，废石混入率为 10%，采出矿石品位：沙坝矿段 20.99%，铜锣井矿段 16.85%。

采场通风除尘：每个回采队配备一台局扇，将新鲜风送入回采工作面。

矿山主要采矿设备型号及数量见表 63-4。

表 63-4　矿山主要采矿设备型号及数量

序号	设备名称	单位	数 量/台		
			工作	备用	合计
1	$2m^3$ 电动铲运机	辆	2		2
2	Z30 轨道装岩机	辆	4		4
3	防水门	台	2		2
4	YT-27 型凿岩机	台	48	16	64
5	YSP-45 凿岩机	台	2	0	2
6	YT-27 凿岩机	台	4	2	6
7	YSP-45 凿岩机	台	4	2	6
8	Z30 型轨道式电动装岩机	台	2	0	2
9	HPZU-5B 型混凝土喷射机	台	1	0	1
10	2DPJ-3D 电耙	台	16	6	22
11	JK40-1NO5.5 局扇	台	24	8	32
12	PH30-74B 型砼喷射机	台	2		2
13	ZK7-7/550-8 型架线式电机车	辆	6		6
14	ZK3-7/250-2 型架线式电机车	辆	16		16
15	多功能服务车	辆	2		2
16	$0.7m^3$ 翻转式矿车	辆	204	68	272
17	5t 平板车（YPC-5-6）	辆	4	1	5
18	3t 材料车（YLC-3-6）	辆	4	2	6
19	1t 炸药车	辆	4	1	5
20	0.5t 卫生车	辆	4	1	5
21	1.7m×2.32m 型防水门	台	2		2

（4）矿石运输。

井下各阶段运输巷采用架线式电机车牵引 $0.7m^3$ 翻转式矿车运输矿石及废石。各阶段的矿石运至箕斗装载点装箕斗提升至地面矿仓。人员、材料及设备经副井和各盘区斜井至各阶段工作面。

（5）采场通风。

爆破后一般需进行 0.5h 左右的通风。新鲜风流由中段运输巷，经天井进入切割工作面，冲洗工作面后，污风经切割上山从中段回风巷、回风石门排至回风斜井到达地面。

（6）坑内排水。

矿区属亚热带高原性气候，雨量多集中于 6~8 月。矿床为以岩溶承压含水层为主的充水矿床。

各矿段在盘区斜井车场处设置排水系统（排水系统包括中央变电所、水泵房、水仓、吸水井、管子斜道、联络道等），用泵扬送至主平硐自流出地表。

63.4　矿产资源综合利用情况

　　遵义锰矿开采碳酸锰矿石，与锰矿伴生的矿产有煤、铁矿、硫铁矿等，其中铁矿、煤矿厚度和延伸均较小，地质勘查中未做评价；硫铁矿全区均有分布，但品位较低，目前尚难利用。资源综合利用率91.46%。

　　遵义锰矿年产生废石2.17万吨，废石年利用量为零，废石利用率为零，废石处置率为100%，处置方式为废石场堆存。

　　矿石未经选矿处理，无尾矿排放。

参 考 文 献

[1] 冯安生，郭保健，等. 矿产资源概略研究［M］. 北京：地质出版社，2018.

[2] 冯安生，鞠建华. 矿产资源综合利用技术指标及其计算方法［M］. 北京：冶金工业出版社，2018.

[3] 金永铎，冯安生. 金属矿产利用指南［M］. 北京：科学出版社，2007.

[4] 冯安生，吕振福，武秋杰，等. 矿业固体废弃物大数据研究［J］. 矿产保护与利用，2018（2）：40-51.

[5] 张亮，冯安生. 国内外概略研究现状对比及建议［J］. 中国国土资源经济，2017：10-15.

[6] 冯安生，许大纯. 矿产资源新"三率"指标研究［J］. 矿产保护与利用，2012（4）：4-7.

[7] 马冰，冯安生. 市场经济国家的矿产资源概略性评价［J］. 国土资源情报，2011（2）：36-39.

[8] 马冰，冯安生. 国外矿产资源概略性评价的管理和规范［J］. 国土资源情报，2011（6）：36-40.

[9] 中国地质科学院郑州矿产综合利用研究所. 全国重要矿山"三率"综合调查与评价［R］. 郑州：中国地质科学院郑州矿产综合利用研究所.

[10] 杨洪永，荣腾霞，杨辉艳. 城口高燕锰矿矿床地质特征与找矿预测［J］. 西部探矿工程，2009（2）：81-83.

[11] 王洪彬，李丽匣，申帅平，等. 微细粒级钛铁矿预富集工艺研究［J］. 矿冶工程，2016（5）：37-40.

[12] 沈承珩，等，世界黑色金属矿产资源［M］. 北京：地质出版社，1995.

[13] 代堰锫，朱玉娣，张连昌，等. 国内外前寒武纪条带状铁建造研究现状［J］. 地质论评，2016（3）：735-757.

[14] 张朋，乔树岩，姜海洋，等. 辽宁鞍本地区铁矿成矿规律与资源潜力分析［J］. 地质与资源，2012（1）：134-138.

[15] 李士江，全贵喜. 鞍山-本溪地区含铁变质地层的划分与对比［J］. 地质找矿论丛，2010（2）：107-111.

[16] 沈保丰，翟安民，杨春亮，等. 中国前寒武纪铁矿床时空分布和演化特征［J］. 地质调查与研究，2005（4）：196-206.

[17] 沈保丰，翟安民，苗培森，等. 华北陆块铁矿床地质特征和资源潜力展望［J］. 地质调查与研究，2006（4）：244-252.

[18] 徐翔，章晓林，张文彬. 攀枝花钒钛磁铁矿浮钛时磨矿细度的影响［J］. 矿山机械，2010（9）：93-96.

[19] 潘文，张仁彪，叶飞，等. 黔东地区锰矿资源特征及开发利用［J］. 世界有色金属，2017（17）：132-135.

[20] 余文刚，毛治超，孙春叶. 我国锰矿资源及评价方法综述［J］. 金属世界，2013（2）：22-24.

[21] 王殿华. 广西锰矿资源深度开发的新视野［J］. 中国锰业，2006（2）：25-28.

[22] 付勇，徐志刚，裴浩翔，等. 中国锰矿成矿规律初探［J］. 地质学报，2014（12）：2192-2207.

[23] 茹廷锵，等. 广西锰矿地质［M］. 北京：地质出版社，1992.

[24] 姚培慧. 中国锰矿志［M］. 北京：冶金工业出版社，1995.

[25] 王运敏. 中国黑色金属矿选矿实践［M］. 北京：科学出版社，2008.